普通高等教育"十二五"规划教材
电工电子基础课程规划教材

微机原理与接口技术

（第2版）

黄玉清　刘双虎　杨胜波　主编

胡　捷　谭顺华　陈春梅　唐东明　编

U0216758

电子工业出版社
Publishing House of Electronics Industry
北京·BEIJING

内 容 简 介

本书是省精品课程、省"质量工程"精品教材,依据电工电子基础平台课程教学基本要求编写,以 8086CPU 作为教学芯片,介绍微机原理的基本理论与技术应用。主要内容包括:绪论、8086 微处理器、8086 指令系统、汇编语言程序设计、微机的输入与输出、中断系统、定时/计数技术、并行接口、串行通信接口、DMA 控制器、存储器、数/模和模/数转换、课程综合设计等。本书提供大量实例,配套电子课件、习题参考答案和课程教学网站等。

本书可作为高等学校电子信息与电气专业和计算机专业相关课程的教材,也可作为培训、自学和考研的参考用书,还可供相关领域的科技工作者学习参考。

未经许可,不得以任何方式复制或抄袭本书之部分或全部内容。

版权所有,侵权必究。

图书在版编目(CIP)数据

微机原理与接口技术 / 黄玉清,刘双虎,杨胜波主编. —2 版. — 北京:电子工业出版社,2015.8
电工电子基础课程规划教材
ISBN 978-7-121-26340-8

I. ①微… Ⅱ. ①黄… ②刘… ③杨… Ⅲ. ①微型计算机—理论—高等学校—教材 ②微型计算机—接口—高等学校—教材 Ⅳ. ①TP36

中国版本图书馆 CIP 数据核字(2015)第 130318 号

策划编辑:王羽佳
责任编辑:王晓庆
印　　刷:北京虎彩文化传播有限公司
装　　订:北京虎彩文化传播有限公司
出版发行:电子工业出版社
　　　　　北京市海淀区万寿路 173 信箱　　邮编:100036
开　　本:787×1092　1/16　印张:18.5　字数:534 千字
版　　次:2011 年 6 月第 1 版
　　　　　2015 年 8 月第 2 版
印　　次:2023 年 7 月第 18 次印刷
定　　价:39.90 元

凡所购买电子工业出版社图书有缺损问题,请向购买书店调换。若书店售缺,请与本社发行部联系,联系及邮购电话:(010)88254888。

质量投诉请发邮件至 zlts@phei.com.cn,盗版侵权举报请发邮件至 dbqq@phei.com.cn。

服务热线:(010)88258888。

第 2 版前言

本书是省精品课程、省"质量工程"精品教材。

随着微型计算机技术的迅猛发展，为适应本科教育教材更新需求和电子信息科学与电气信息类专业课程基本要求，根据作者多年来从事高校"微机原理及应用"、"单片机原理及应用"课程的教学实践和科研开发的切身经验，以培养学生计算机设计应用系统能力的目的，并考虑近年来嵌入式系统、微电子和通信等技术领域的迅速发展和需求，我们组织编写了本书。

本书详细地从概念上讲述了计算机的基本组成和工作原理，特别是用简单模型机形象、直观地介绍了计算机的主要工作过程，使学生对计算机的原理和运行机制有较深刻的理解。

第 2 版仍然保持原来的写作风格，但在内容的编排顺序上，调整个别章节，删除了 80x86 一章，并进行了仔细校对。由于微机原理与接口技术作为非计算机专业的硬件技术基础，举足轻重。随着微处理器技术的发展，32 位微处理器的使用相当普遍。但用 32 位 CPU 作为初学者的教学芯片，所需基础知识量大，还需进一步探索。当前用 8086 CPU 作为教学芯片来介绍微机组成，我们认为还是恰当的。因此本书主要以 8086 CPU 为例，重点介绍微机组成原理与结构，调整了汇编语言与设计。为保持本书知识体系的完备，本书与前一版的核心内容基本一致。

本书可作为高等学校电子信息与电气专业和计算机专业"微机原理"、"微机原理与接口技术"等课程的教材。本书面向普通学生，入门要求降低。本书充分考虑到普通高等学校本、专科学生及自学人员的实际知识水平，以清晰的逻辑结构展开教学内容，尽量使用浅显生动的语言，不惜笔墨详尽讲解重点和难点知识。本书可被用于不同对象、不同层次、不同课时的教学。

本书提供配套电子课件、习题参考答案和课程教学网站，请登录华信教育资源网（http://www.hxedu.com.cn）注册下载。

本书第 1、2、8 章由西南科技大学杨胜波副教授编写，第 3、6、7 章由西南科技大学黄玉清教授编写，第 4 章由西南科技大学谭顺华副教授编写，第 10、11 章由成都信息工程大学刘双虎编写，第 5、12 章由西南科技大学胡捷副教授编写，第 9 章由西南科技大学唐东明博士编写，第 13 章与附录由西南科技大学陈春梅副教授编写，全书由黄玉清教授主编并统稿。

本书得到四川省精品课程、四川省高等教育"质量工程"之精品教材建设、西南科技大学精品课程（031222）、西南科技大学教材规划项目（06jc0027）资助。

本书是作者在多年积累的相关教学实践和科研成果的基础上编写而成的。西南科技大学吴坚教授、陈波教授（博士）、李磊民教授、江虹教授（博士）对本书提出了诸多宝贵的修改意见，在此表示衷心的感谢！本书的编写过程中，参考了大量国、内外文献资料，在此，特向有关作者表示衷心的感谢！

限于作者的水平，且时间有限，缺点和错误在所难免，殷切期望广大读者提出宝贵意见，敬请批评指正。

作　者

2015 年 7 月

目　录

第1章　绪论 ································· 1
　1.1　计算机发展概述 ················· 1
　　1.1.1　早期计算机 ················· 1
　　1.1.2　电子数字计算机 ············· 2
　　1.1.3　微处理器 ··················· 3
　1.2　计算机中的信息编码 ··········· 4
　　1.2.1　二进制编码 ················· 4
　　1.2.2　整数的编码 ················· 5
　　1.2.3　实数的编码 ················· 8
　　1.2.4　十进制数的编码 ············· 8
　　1.2.5　英文字符的编码 ············· 9
　　1.2.6　汉字的编码 ················· 9
　　1.2.7　多文种的编码 ··············· 9
　1.3　计算机运行原理 ··············· 9
　　1.3.1　计算机的定义 ··············· 9
　　1.3.2　计算机的组成结构 ·········· 10
　　1.3.3　微机的组成结构 ············ 13
　　1.3.4　模型机 ···················· 15
　　1.3.5　指令集设计 ················ 17
　　1.3.6　程序设计 ·················· 18
　　1.3.7　程序载入 ·················· 19
　　1.3.8　取指令和程序计数器 ········ 20
　　1.3.9　流程控制 ·················· 21
　　1.3.10　总线时序 ················· 21
　　1.3.11　I/O 接口的数据传送方式 ··· 22
　1.4　微机系统 ···················· 23
　　1.4.1　微机系统的三个层次 ········ 23
　　1.4.2　PC 系统 ·················· 24
　本章小结 ························· 24
　习题 ····························· 25
第2章　8086 微处理器 ················ 26
　2.1　内部结构 ···················· 26
　　2.1.1　结构特点 ·················· 27
　　2.1.2　总线接口单元 BIU ·········· 29
　　2.1.3　执行单元 EU ··············· 30

　　2.1.4　8086 工作过程 ············· 31
　2.2　引脚 ························· 32
　　2.2.1　最小模式和最大模式 ········ 32
　　2.2.2　引脚定义 ·················· 34
　2.3　存储器组织 ·················· 36
　2.4　总线时序 ···················· 37
　　2.4.1　8086 总线周期 ············· 37
　　2.4.2　8086 信号的时序要求 ······· 38
　　2.4.3　最小模式总线时序 ·········· 38
　　2.4.4　最大模式总线时序 ·········· 40
　2.5　PC/XT 微机总线 ·············· 41
　本章小结 ························· 41
　习题 ····························· 42

第3章　8086 指令系统 ················ 43
　3.1　概述 ························· 43
　　3.1.1　指令的构成 ················ 43
　　3.1.2　8086 指令的基本格式 ······· 43
　3.2　8086 的数据类型 ············· 44
　　3.2.1　基本数据类型 ·············· 44
　　3.2.2　数据与编码 ················ 45
　3.3　8086 CPU 的寻址方式 ········· 45
　　3.3.1　立即数寻址 ················ 46
　　3.3.2　寄存器寻址 ················ 46
　　3.3.3　直接寻址 ·················· 46
　　3.3.4　寄存器间接寻址 ············ 47
　　3.3.5　寄存器相对寻址 ············ 48
　　3.3.6　基址变址寻址 ·············· 48
　　3.3.7　相对基址变址寻址 ·········· 49
　　3.3.8　I/O 端口寻址 ·············· 49
　3.4　8086 CPU 指令系统 ··········· 50
　　3.4.1　数据传送类指令 ············ 50
　　3.4.2　算术运算类指令 ············ 56
　　3.4.3　逻辑运算与移位指令 ········ 65
　　3.4.4　串操作类指令 ·············· 70
　　3.4.5　控制转移类指令 ············ 74

3.4.6 处理器控制指令 ·············· 82
本章小结 ························· 84
习题 ···························· 84

第4章 汇编语言程序设计 ········· 86

4.1 汇编语言程序设计的特点 ········ 86
4.1.1 机器语言 ················· 86
4.1.2 汇编语言 ················· 86
4.1.3 汇编语言程序设计的特点 ······ 86
4.1.4 8086 宏汇编源程序的组成 ····· 88
4.1.5 汇编语句格式 ·············· 88
4.2 8086 宏汇编语言基本语法 ······· 89
4.3 伪指令 ····················· 92
4.3.1 符号定义伪指令 ············ 93
4.3.2 数据定义伪指令 ············ 93
4.4 DOS 和 BIOS 功能调用 ········ 97
4.4.1 DOS 系统功能调用 ·········· 97
4.4.2 BIOS 功能调用 ············ 98
4.5 汇编语言程序设计 ············ 99
4.5.1 汇编语言程序设计的步骤 ······ 99
4.5.2 顺序结构程序设计 ·········· 100
4.5.3 分支结构程序设计 ·········· 102
4.5.4 循环结构程序设计 ·········· 103
4.5.5 子程序设计 ·············· 108
本章小结 ······················ 114
习题 ·························· 115

第5章 微机的输入与输出 ········ 118

5.1 接口概述 ·················· 118
5.1.1 接口的功能 ·············· 118
5.1.2 接口中的信息类型 ·········· 119
5.1.3 接口的典型结构 ··········· 120
5.2 端口的编址方式 ············· 121
5.2.1 存储器映像编址方式 ········· 121
5.2.2 端口独立编址方式 ·········· 121
5.2.3 IBM PC/AT 机端口地址的分配 ··· 122
5.2.4 端口地址的译码 ··········· 123
5.3 数据传送的方式 ············· 124
5.3.1 程序控制传送方式 ·········· 124
5.3.2 DMA 传送方式 ············ 129
本章小结 ······················ 130
习题 ·························· 130

第6章 中断系统 ··············· 132

6.1 中断系统的基本概念 ·········· 132
6.1.1 中断的概念 ·············· 132
6.1.2 有关中断的术语 ··········· 133
6.2 中断系统的组成 ············· 134
6.2.1 中断系统的功能 ··········· 134
6.2.2 中断系统的组成 ··········· 135
6.2.3 CPU 响应中断的处理过程 ····· 137
6.3 8086 微机中断系统 ··········· 138
6.3.1 8086 中断方式 ············ 138
6.3.2 中断向量表 ·············· 140
6.3.3 8086 CPU 响应中断的流程 ···· 141
6.3.4 中断服务程序设计举例 ······· 142
6.4 8259A 可编程中断控制器 ······· 145
6.4.1 8259A 的功能 ············ 145
6.4.2 8259A 的外部特性与内部结构 ··· 145
6.4.3 8259A 的控制命令字与初始化
编程 ··················· 148
6.4.4 8259A 的操作命令字 OCW ···· 152
6.4.5 8259A 的工作方式 ········· 154
6.4.6 8259A 在微机系统中的应用 ···· 159
6.5 中断服务程序设计 ··········· 159
6.5.1 中断程序设计步骤 ·········· 159
6.5.2 应用举例 ··············· 160
6.6 高档微机中断系统简介 ········· 166
6.6.1 高档微机中断结构 ·········· 166
6.6.2 实地址模式下查询向量表 ······ 167
本章小结 ······················ 168
习题 ·························· 168

第7章 定时/计数技术 ·········· 170

7.1 概述 ····················· 170
7.2 Intel 8253 可编程定时/计数器 ···· 170
7.2.1 8253 的基本功能和内部结构 ···· 170
7.2.2 8253 的引脚信号 ·········· 172
7.2.3 8253 的控制字与初始化编程 ···· 174
7.2.4 8253 的工作方式 ·········· 176
7.3 8253 应用举例 ·············· 181
7.3.1 8253 的一般应用 ·········· 181
7.3.2 8253 在微机系统中的应用 ······ 183
本章小结 ······················ 186

习题 ··· 186

第8章 并行接口 ····························· 188

8.1 通信概述 ······························ 188

    8.1.1 并行通信和串行通信 ········· 188

    8.1.2 通信中需要解决的问题 ······· 188

8.2 可编程并行接口 8255 ············· 189

    8.2.1 系统连接、内部结构和外部
引脚 ································· 189

    8.2.2 8255 控制字 ·················· 191

    8.2.3 8255 工作方式 ·············· 192

    8.2.4 读 PC 口 ····················· 196

    8.2.5 8255 应用举例 ·············· 197

本章小结 ···································· 203

习题 ··· 203

第9章 串行通信接口 ··················· 204

9.1 概述 ··································· 204

    9.1.1 串行通信数据的收发方式 ··· 204

    9.1.2 串行通信数据的传输方向 ··· 205

9.2 串行通信接口标准 RS-232C ··· 205

9.3 可编程串行通信接口芯片 8251A ··· 208

    9.3.1 8251A 的基本性能 ·········· 208

    9.3.2 8251A 芯片外部引脚信号 ··· 209

    9.3.3 8251A 芯片内部结构及其功能 ··· 210

    9.3.4 8251A 芯片的命令字和状态字 ··· 211

9.4 串行接口应用举例 ··············· 214

    9.4.1 基于 8251A 可编程通信
接口芯片 ······················· 214

    9.4.2 基于 BIOS 串行通信口功能
调用 ······························ 216

本章小结 ···································· 218

习题 ··· 218

第10章 DMA 控制器 ················ 219

10.1 DMA 技术概述 ·················· 219

    10.1.1 DMA 的两种工作状态 ····· 219

    10.1.2 DMA 的传送过程 ··········· 219

10.2 8237 的引脚特性和内部结构 ··· 220

    10.2.1 8237 的引脚 ················ 220

    10.2.2 8237 的内部结构 ·········· 221

10.3 8237 的控制寄存器格式和软命令 ··· 223

10.4 8237 的编程应用 ··············· 226

    10.4.1 8237 的编程步骤 ·········· 226

    10.4.2 编程举例 ···················· 226

    10.4.3 8237 在 PC/XT 微机中的应用 ··· 227

习题 ··· 228

第11章 存储器 ·························· 229

11.1 半导体存储器的分类及性能指标 ··· 229

    11.1.1 半导体存储器的分类 ······ 229

    11.1.2 半导体存储器的性能指标 ··· 230

11.2 读/写存储器 RAM ·············· 231

    11.2.1 静态随机存取存储器
（SRAM） ····················· 231

    11.2.2 动态随机存取存储器
（DRAM） ···················· 234

11.3 只读存储器 ROM ··············· 236

    11.3.1 可编程 ROM（PROM） ··· 236

    11.3.2 可擦除可编程 ROM
（EPROM） ··················· 236

    11.3.3 电可擦除可编程 ROM
（EEPROM） ················· 237

    11.3.4 闪速存储器（Flash Memory） ··· 238

11.4 内存储器系统的设计 ··········· 238

    11.4.1 存储器芯片的选择 ········· 238

    11.4.2 存储器芯片与 CPU 的连接 ··· 239

    11.4.3 存储器的地址译码方法 ··· 239

11.5 微机存储器的层次结构及管理 ··· 240

    11.5.1 存储器层次结构 ··········· 240

    11.5.2 Cache 的工作原理 ········· 241

    11.5.3 存储器管理 ················ 242

本章小结 ···································· 244

习题 ··· 244

第12章 数/模和模/数转换 ········· 245

12.1 概述 ································· 245

12.2 D/A 转换器 ························ 245

    12.2.1 D/A 转换器概述 ············ 245

    12.2.2 D/A 转换器的常用参数 ··· 246

    12.2.3 D/A 转换器的连接特性 ··· 246

12.3 D/A 转换器的应用 ·············· 247

    12.3.1 DAC0832 介绍 ············· 247

    12.3.2 DAC0832 的连接与编程 ··· 248

12.3.3 其他 D/A 转换器介绍 ············· 251

12.4 A/D 转换器 ······························· 251

12.4.1 A/D 转换器概述 ··················· 251

12.4.2 A/D 转换器的主要技术指标 ···· 253

12.4.3 A/D 转换器的连接特性 ········· 254

12.5 A/D 转换器的应用 ···················· 254

12.5.1 ADC0809 介绍 ···················· 254

12.5.2 ADC0809 的连接与编程 ········· 255

12.5.3 其他 A/D 转换器介绍 ··········· 259

本章小结 ··· 260

习题 ··· 260

第 13 章 课程综合设计 ···················· 261

13.1 设计过程 ································· 261

13.2 参考题目 ································· 262

13.2.1 秒表程序设计 ···················· 262

13.2.2 骰子模拟程序设计 ··············· 263

13.2.3 霓虹灯控制系统设计 ············· 263

13.2.4 计算器程序设计 ················· 263

13.2.5 打字速度训练程序 ··············· 264

13.2.6 多路智力竞赛抢答器设计 ······· 264

13.2.7 双机通信系统设计 ··············· 265

13.2.8 模拟 21 点游戏程序设计 ········· 265

13.2.9 百米赛跑游戏模拟程序设计 ····· 266

13.2.10 电子实时时钟软件设计 ········· 267

13.2.11 简易电子琴设计 ················· 268

13.2.12 交通信号灯控制系统设计 ······· 269

13.2.13 光条式菜单程序设计 ············· 270

13.2.14 单词记忆测试器程序设计 ······· 271

13.2.15 汽车信号灯控制系统设计 ······· 272

13.2.16 步进电机工作原理模拟程序
设计 ··························· 273

13.2.17 波形发生器设计 ················· 274

13.2.18 数据采集系统设计 ··············· 276

13.2.19 文本编辑器设计 ················· 276

13.2.20 学生成绩管理程序 ··············· 277

附录 A 常用 ASCII 码表 ··················· 278

附录 B DOS 系统功能调用表
（INT 21H）························ 279

附录 C ROM-BIOS 调用一览表 ············· 284

附录 D 8086 汇编出错信息摘要 ··········· 286

附录 E DEBUG 常用命令集 ················· 287

参考文献 ··· 288

第 1 章　绪　　论

微机（微型计算机）是大规模、超大规模集成电路的产物，具有成本低、性能强的特点，是目前应用最广泛的计算机种类。微机具有独特的组成结构，但在实现原理和运行机制上与通用计算机没有本质区别。

本章首先简要介绍计算机的发展历程，接着以数字计算机的信息编码入手，讨论计算机的组成结构、微机的结构特点，通过一个模型机说明数字计算机的运行原理，引出总线概念和时序概念，最后简要介绍微机系统的三个层次，并给出本课程学习的一个实际 PC 微机系统结构。

本章为后续各章提供必要的概念基础。建议本章学时为 2～3 学时。

1.1　计算机发展概述

1.1.1　早期计算机

人类使用进位制计数系统以来，不同地区曾相继出现过各种计算工具。已知最早的计算工具是中国古代的算筹，后来演变出算盘，古巴比伦、古埃及、古希腊、古印度、古罗马等文明古国也都先后出现了各自的计算工具，如算盘、算板、沙盘等。这些计算工具的原理基本相似，都是使用某种具体的物体来代表数，人们按规则操作这些物体来实现计算，实际上计算过程仍然是由人脑完成的，这些物体只起到暂时存储中间结果的作用。近代，欧洲出现了比例规、对数计算尺等计算工具，进一步简化了操作过程，但仍然脱离不了人脑的参与。人类随着对未知领域认识的不断拓展，对于计算精度和计算速度的要求越来越高。一直以来，人类都在尝试制造能够代替人脑计算的更为高效、更为可靠的工具。

1623 年，德国人威廉·施卡德（Wilhelm Schickard）制造出第一部机械计算器，这台机器采用钟表齿轮原理，能进行 6 位数的加减运算，通过钟声输出结果。施卡德的机器在计算工具上的突破意义远远超出了其实用价值，它在无人参与的情况下，第一次自动完成了计算过程。在这之后，类似的发条动力、手摇动力机械计算器不断涌现。1642 年，历史上著名的法国科学家布莱士·帕斯卡（Blaise Pascal）为税收统计发明了一种称为 Pascaline 的轮式计算器（Wheel Calculator），可进行 6 位十进制数、一位二十进制数和一位十二进制数（与法国当时的货币制相应）的加法和减法运算。1673 年，德国数学家哥弗雷德·莱布尼茨（Gottfried Leibniz）在 Pascaline 基础上增加了阶梯式圆柱齿轮，制造出可进行四则运算的步进计算器（Stepped Reckoner）。

1801 年，法国人约瑟夫·马利·杰卡德（Joseph Marie Jacquard）发明了一种提花织布机，可以通过穿孔卡（Punched Card）来设定织花图样，是第一种可编程性质的机器。

1832 年，英国天文学家查尔斯·巴贝奇（Charles Babbage）开始着手设计制造分析机（Analyse Engine）。分析机以蒸汽机为动力，主要包括三部分：Store 的齿轮阵列，可存储 1000 个 50 位数；Mill 的齿轮计算装置，类似帕斯卡轮式计算器，可进行 50 位数的运算；第三部分没有具体命名，受杰卡德织布机的启发，以穿孔卡控制整个机器的操作顺序。除此之外，分析机还设计有在 Store 和 Mill 之间往返传送数据的部件，以及输出结果的打印部分，这种结构与现代通用计算机已经非常接近了。分析机受限于当时的机械加工精度，并没有全部完成，但曾经成功运行了用穿孔卡描述的伯努利

（Bernoulli）数计算程序，是第一台自动计算和可编程的机器，其设计思想为现代通用计算机奠定了理论基础。

进入 20 世纪以后，数学和工业技术都得到了充分的发展，数学的成就为计算机的设计提供了理论基础，而工业技术的改进为计算机的制造提供了物质基础。

1936 年，英国数学家阿兰·图灵（Alan Turing）发表了论文《论可计算数在判定问题中的应用》（*On Computer Numbers with an Application to the Entscheidungs Problem*），以布尔代数为基础，从理论上证明了可将逻辑中的任意命题用一种通用的机器来表示和完成，这种抽象的机器模型被称为图灵机（Turing Machine），是最早提出的通用计算机定义，并成为计算理论的核心思想。

1937 年，美国数学家克劳德·香农（Claude Shannon）发表了论文《继电器和开关电路的符号分析》（*A Symbolic Analysis of Relay and Switching Circuits*），建立了使用开关电路实现逻辑和数学运算的理论基础。

1941 年，德国人康拉德·楚泽（Konrad Zuse）采用继电器制造出第一台符合图灵机定义的通用计算机 Z-3。Z-3 采用二进制计数，程序输入采用穿孔电影胶片，数据输入由一个数字键盘输入，计算结果用小电灯泡显示。1944 年，美国数学家霍德华·艾肯（Howard Aiken）根据巴贝奇分析机的设计思想，也制造出一台继电器计算机 ASCC（Automatic Sequence Controlled Calculator，全自动化循序控制计算机），其用户哈佛大学将其命名为 Mark I。Mark I 采用十进制计数，数据和指令通过穿孔卡片机输入，输出则通过电传打字机，由它计算的《数学用表》至今还在使用。

1939 年，美国爱荷华州立大学的约翰·文森特·阿塔纳索夫（John Vincent Atanasoff）及研究生克里福特·贝瑞（Clifford Berry）开发出第一台电子计算机，被称为阿塔纳索夫-贝瑞计算机（Atanasoff-Berry Computer）。这台计算机使用了 300 个真空电子管执行算术与逻辑运算，开创了一个计算机的新时代。

1.1.2　电子数字计算机

电子计算机源于 20 世纪电子领域基础研究的突破，目前，以微电子技术为基础制造的电子计算机已经完全取代了机械计算机和机电（继电器）计算机，因此电子计算机也直接简称为计算机。依据信息的表达形式不同，电子计算机可分为电子模拟计算机和电子数字计算机。电子模拟计算机采用连续的模拟电信号表达信息，以运算放大器等模拟电路处理模拟电信号，计算精度取决于模拟器件，而且必须通过手动更改模拟电路才能改变处理过程，性能难以提高，目前只应用在某些专业领域。电子数字计算机采用离散的数字量表达和处理信息，计算精度有保证，易于实现可编程控制，因此成为发展的主流。现在所说的计算机一般都是指电子数字计算机。今天，电子数字计算机的用途也不再仅限于数值计算，强大的计算能力和极高的计算速度使得计算机已经成为文字、图形、声音、影像等多种信息处理的有力工具。

电子数字计算机的发展与电子技术的进步紧密相关，一般划分为 4 个时代。

1. 电子管时代（1945—1955 年）

最初的电子计算机，如阿塔纳索夫-贝瑞计算机、ENIAC（Electronic Numerical Integrator And Computer，电子数字积分计算机）等，以真空电子射线管作为关键器件。电子管的工作机理决定了其成品体积大、质量大、易碎、制造成本高，电子管计算机不仅速度慢，而且体积庞大、耗电量巨大、对环境要求苛刻、可靠性差，制造、运行和维护的费用都很高，因此电子管计算机只有少量研究机构使用，基本用于数值计算，如计算三角函数表等。

2．晶体管时代（1955—1965 年）

1947 年半导体晶体管发明以后，有了电子管的替代品，由于晶体管比电子管体积小、质量小、速度快、耗电省、造价低，且性能更可靠，所以得到大规模商业化生产，使计算机的制造和维护成本大大降低。晶体管时代，计算机的使用范围在研究机构中进一步扩大并进入一些大型企业，主要用于科学和工程计算，如偏微分方程的求解。

3．集成电路时代（1965—1970 年）

1958 年出现了将成千上万个晶体管制造在一片半导体晶片上的集成电路（IC，Integrated Circuit），使得计算机在体积、质量、速度、功耗、可靠性等指标上大幅提高，制造成本大大降低。集成电路时代，计算机的应用范围迅速扩大到各个领域，用途不再局限于数学计算，还应用于数据处理、文字处理等多个方面。

4．大规模集成电路时代（1970—1978 年）、超大规模集成电路时代（1978 年至今）

大规模集成电路（Large-Scale Integrated Circuit）、超大规模集成电路（Very Large-Scale Integrated Circuit）的出现使计算机的性价比进一步提高，并且使计算机的发展形成了两个大的分支。

一个分支是巨型计算机（Super Computer），巨型机也称超级计算机或高性能计算机，并无明确定义，一般是指在当代一定时期内计算能力最强的最高性能计算机。巨型机耗资巨大，代表了一个国家的最高计算机技术，是综合国力的体现。目前，巨型机的处理速度已达浮点运算每秒百万亿次的数量级。巨型机主要应用在天文、天气预报、量子化学、核物理等科学计算领域，人工智能、虚拟现实等研究领域，以及政府统计、企业财务管理等数据处理领域。

另一个分支是微型计算机（Microcomputer），微机是最近 30 多年来依赖 LSI、VLSI 技术发展起来的通用计算机，以其体积小、质量小、性价比高等特点，被很快应用到生产管理、自动控制、经营管理和个人事务等广泛领域。现在的微机的性能已经远远胜过 30 年前的巨型机。

这个时代的一个标志性事件就是集成了控制单元和运算单元的集成电路芯片的诞生，也就是现在频繁提及的两个名词——中央处理器 CPU（Central Processing Unit）和微处理器（Microprocessor）。随着以此为核心的微机的普及，颠覆性地改变了通信、传媒等行业的传统模式，催生出众多新兴行业和高科技产业，大大提高了社会生产率和科技创新能力，彻底改变了整个世界，影响了人类的生活方式。

1.1.3　微处理器

作为微机的核心，微处理器在 30 多年的时间里更新换代的速度超出了大多数人的想象。

通常，有两个重要指标可以衡量微处理器的性能：一个是字长（Word Length），指微处理器一次能计算的二进制数据（称为字，Word）的位数，表征微处理器的运算能力；另一个是时钟频率，指触发微处理器工作的时间节拍，从一定程度上表征微处理器的工作速度。

对于集成电路而言，更高的集成度意味着电子传送距离更短、工作频率更高、功耗更低且制造成本更低。更高的频率意味着更好的性能。Intel 创始人戈登·摩尔（Gordon Moore）在 1965 年曾预测集成度的增长趋势，被称为摩尔定律：每隔一年芯片中的晶体管会翻番，1975 年修订为每隔两年芯片中的晶体管会翻番。之后的 30 多年，这一预测奇迹般地被事实所验证。表 1.1 所示为最有影响力的微处理器制造商 Intel 的几款不同时期产品的对比，可具有代表性地说明微处理器不断更新的发展历程。

集成电路的集成度依赖于制造工艺，制造工艺一般以逻辑门电路线宽来描述，目前主流微处理器采用的是 45 nm 工艺。从理论角度讲，硅晶体管集成工艺还能够继续缩小到 4 nm 的级别，这时晶体管将因为电子漂移（Electrons Drift）而无法控制电子的进出。如果到那时还找不到替代半导体晶体管的材料，摩尔定律便会失效。一些可能的新材料，碳纳米管（Carbon Nanotubes）、硅纳米线（Silicon

Nanowires）、分子开关（Molecular Crossbars）、相态变化材料（Phase Change Materials）、自旋电子（Spintronics）等目前都处于实验阶段，今后计算机的发展还要拭目以待。

表 1.1　　Intel 微处理器产品

年　　份	1971	1974	1978	1985	2007
典型微处理器	4004	8080	8086	80386	QX9650
字长（位）	4	8	16	32	64
时钟频率	108 kHz	2 MHz	4.77 MHz	16 MHz	3 GHz
线宽	10 μm	6 μm	3 μm	2 μm	45 nm
芯片集成度（晶体管/片）	$2.3×10^3$	$6×10^3$	$29×10^3$	$275×10^3$	$410×10^6$

人类对未知世界的探索永无止境，对新一代计算机的研究也从未停止过，基于新技术、新理论的另一个计算机时代必将到来，通过生命物质和量子特性来实现计算机技术的发展，也许是目前最具想象力的解决方案。

1.2　计算机中的信息编码

1.2.1　二进制编码

计算机是处理信息的机器，除了数值信息外，还有文字、符号、声音、图像等不同种类的信息，那么在计算机中如何表达这些信息呢？

数字计算机使用数字信号表达信息。若干位数字的组合可以表达多种信息而又不混淆，称为编码。例如，5 位十进制数的组合有 10^5 = 100 000 种，即可以表达 100 000 种信息而不混淆。这样按约定形成的表达信息的编码称为数据，显然，数据是信息在计算机中的表达形式。

同理，数字计算机的指令（控制计算机执行某种操作的命令）也是由数字编码表达的。从广义上讲，指令编码也是数据。

自从楚泽在 Z-3 计算机中首先采用二进制计数以来，现代电子数字计算机都采用二进制编码。之所以采用二进制，而不采用人们常用的十进制或其他进制编码，有以下两个原因。

（1）二进制是最基本的进位计数系统，容易表达。二进制只有两个基本数字：0 和 1，是基本数字最少的进制。计算机内的电路只要能实现两种状态的表达（如三极管的饱和导通和截止、继电器的通和断、磁片的磁化和消磁、光盘对光的反射和不反射等），都可以实现二进制数的表达。而我们习惯的十进制有 10 个基本数字，0～9，在计算机中实现 10 种状态的表达显然困难得多。

（2）二进制运算规则简单，可以通过逻辑和移位电路实现。二进制数加法通过逻辑异或实现，进位可以通过逻辑与实现；二进制数减法可以通过转化为加补码实现；二进制数乘法可以通过部分积右移加被乘数实现；二进制数除法可以通过部分余数左移减除数实现。而要实现十进制数的运算规则，实现电路就复杂得多了。

因此，现代电子数字计算机中存储和处理的所有信息都采用二进制编码。例如，自然数 5 的 8 位无符号数编码是 00000101B（后缀 B 表示这是二进制数字），整数–9 的 8 位符号数编码是 11110111B，汉字"杨"的 Unicode 编码是 0110011101101000B。在计算机中表达不同类型的信息时，采用不同的编码形式，后面将介绍几种常用的编码。针对数值信息（数学值）的编码，为了区分数值本身及其编码，一般将表达数值的编码称为机器数，将数值本身称为真值。

我们会发现，虽然二进制编码表达简单，但其内容和位数却不方便识别，由于 4 位二进制数相当于一位十六进制数（$2^4 = 16$），所以在本书后续章节中，会经常采用十六进制数代替二进制编码。例如，上面的三个二进制编码分别为 05H、0F7H 和 6768H，其中后缀 H 表示这是十六进制数字。要注意的是，最高位为 A～F 的十六进制数前面要添加一个 "0"，这是为了与其他符号区分开，其他符号规定不以 0～9 开头。这样，可以很快判断出上面三个十六进制数分别是 8 位、8 位和 16 位二进制编码，如果需要，可以很快转化出相应的二进制编码。必须注意，计算机中并不存在这些十六进制数，写成十六进制数只是为了方便识别二进制编码的内容和位数。

1.2.2 整数的编码

计算机中定义两类整数：无符号数和符号数。

1. 无符号数编码

无符号数没有符号，不用考虑符号的编码，所以实际上无符号数编码直接使用真值的二进制形式。8 位无符号数编码表如表1.2 所示，可以表达 0～255 共 256（8 位编码，$2^8 = 256$）个无符号数。

表 1.2 8 位无符号数编码表

无符号数	无符号数编码（8 bit）
0	00000000
1	00000001
2	00000010
...	...
127	01111111
128	10000000
...	...
255	11111111

由于无符号数编码就是真值，显然，无符号数编码可以直接进行算术运算。如：

$$[64]_无 + [100]_无 = 01000000B + 01100100B$$
$$= 10100100B = [164]_无$$

计算机的字长是有限的，有限位数的无符号数编码也只能表达一定范围的无符号数，如果运算结果超出这个范围，就会产生错误，这种情况称为溢出。例如，以下计算是错误的：

$$[200]_无 + [100]_无 = 11001000B + 01100100B$$
$$= 00101100B = [44]_无（错误）$$

由于 8 位无符号数编码表达的真值范围是 0～255。300 超出了无符号数所能表达的范围，没有对应的 8 位无符号数编码，上面这个加法得到的结果肯定是错误的。无符号数编码的加法/减法是否溢出，可以通过最高位的进位/借位来判别。

2. 符号数编码

符号数编码不仅要表示真值绝对值，而且要表示符号。曾经使用和正在使用的有 4 种编码方法：原码（Signed Magnitude），反码（One's Complement），补码（Two's Complement），以及移码（Excess-N or Biased Representation）。

（1）原码

X 为真值，n 位原码的定义为：

$$[X]_原 = |X| \qquad 0 \leqslant X < 2^{n-1}$$
$$[X]_原 = 2^{n-1} + |X| \qquad -2^{n-1} < X \leqslant 0$$

从原码定义可以看出：原码的最高位表示符号（非负数表示为 0，非正数表示为 1），其他位是真值绝对值。8 位原码编码表如表 1.3 所示，可表达-127～+127 共 255 个符号数。

一些早期计算机（例如 IBM 7090）使用原码表示法。其特点如下。

① 乘、除运算比较方便，可以独立地对符号和真值绝对值分别处理。

表 1.3 8 位原码编码表

符号数	原码
−127	11111111
...	...
−3	10000011
−2	10000010
−1	10000001
−0	10000000
+0	00000000
+1	00000001
+2	00000010
+3	00000011
...	...
+127	01111111

② 加、减运算比较复杂，首先需通过两个原码的符号，确定实际要做加法还是减法，然后可能还需要比较真值绝对值的大小，才能判别出结果的符号。

$$[+5]_原 + [-9]_原 = ?$$

$$[+5]_原 = 00000101B \quad [-9]_原 = 10001001B$$

两个原码的符号位不同，实际做减法。真值绝对值 0000101B < 0001001B，结果符号为负。所以

$$[+5]_原 + [-9]_原 = 2^{n-1} + 0001001B - 0000101B = 10000100B = [-4]_原$$

③ 0 的原码有两个，判断是否为 0 要比较两次。

$$[+0]_原 = 00000000B \quad [-0]_原 = 10000000B$$

（2）反码

由于加、减运算是算术逻辑单元的基本操作，操作频率远高于乘、除运算，而原码的符号位不参与运算，需要单独处理。为了提高数据处理效率，解决符号位参与加、减运算的问题，引入了反码。

X 为真值，n 位反码的定义为：

$$[X]_反 = |X| \qquad 0 \leqslant X < 2^{n-1}$$

$$[X]_反 = 2^n - 1 - |X| \qquad -2^{n-1} < X \leqslant 0$$

从反码定义可以看出：非正数的反码是其真值绝对值的 1 补数；也可以在真值绝对值的基础上按位求反得到，故得名反码。8 位反码编码表如表 1.4 所示，可表达 -127～+127 共 255 个符号数。

一些老式计算机使用反码表示法，如 PDP-1，CDC 160A，UNIVAC 1100/2200 系列等。其特点如下。

① 符号位一起参与加、减运算。但反码加法，进位需要送回到最低位再加（循环进位）；反码减法，借位需要送回到最低位再减（循环借位）。

表 1.4　8 位反码编码表

符号数	反码
-127	10000000
...	...
-3	11111100
-2	11111101
-1	11111110
-0	11111111
+0	00000000
+1	00000001
+2	00000010
+3	00000011
...	...
+127	01111111

$$[X_1]_反 + [X_2]_反 = [X_1 + X_2]_反$$

$$[9]_反 + [5]_反 = 00001001B + 00000101B + 进位 = 00001110B + 0 = 00001110B = [14]_反$$

$$[X_1]_反 - [X_2]_反 = [X_1 - X_2]_反$$

$$[5]_反 - [9]_反 = 00000101B - 00001001B - 借位 = 11111100B - 1 = 11111011B = [-4]_反$$

② 减法运算可转换为加法，简化了算术逻辑单元的设计。

$$因为 [-X]_反 + [X]_反 = 2^n - 1 - |X| + |X| = 2^n - 1，故 [-X]_反 = 2^n - 1 - [X]_反 = (\,[X]_反)_反$$

$$[X_1 - X_2]_反 = [X_1]_反 - [X_2]_反 = [X_1]_反 + [-X_2]_反 = [X_1]_反 + ([X_2]_反)_反$$

$$[9]_反 - [5]_反 = [9]_反 + ([5]_反)_反 = 00001001B + (00000101B)_反 + 进位$$

$$= 00001001B + 11111010B + 进位$$

$$= 00000011B + 1 = 00000100B = [4]_反$$

③ 0 的反码仍然有两个。

$$[+0]_反 = 00000000B \quad [-0]_反 = 11111111B$$

（3）补码

反码较好地解决了符号参与运算的问题，但由于循环进位需要两次算术相加，延长了计算时间，为进一步简化算术逻辑单元的设计，引入了补码。

X 为真值，n 位补码的定义为：

$$[X]_{补} = |X| \qquad\qquad 0 \leqslant X < 2^{n-1}$$

$$[X]_{补} = 2^n - |X| \qquad -2^{n-1} \leqslant X < 0$$

表 1.5　8 位补码编码表

符号数	补码
−128	10000000
−127	10000001
...	...
−3	11111101
−2	11111110
−1	11111111
0	00000000
+1	00000001
+2	00000010
+3	00000011
...	...
+127	01111111

从补码定义可以看出：负数的补码是其真值绝对值的 2 补数；也可以在真值绝对值的基础上按位求反加 1 得到。8 位补码编码表如表 1.5 所示，可表达−128〜+127 共 256 个符号数。

当代计算机都使用补码表示法。其特点如下。

① 同反码一样，补码的符号位一起参与加、减运算，并且回避了反码的循环进位和循环借位。

$$[X_1]_{补} + [X_2]_{补} = [X_1 + X_2]_{补}$$

$$[9]_{补} + [5]_{补} = 00001001B + 00000101B = 00001110B = [14]_{补}$$

$$[X_1]_{补} - [X_2]_{补} = [X_1 - X_2]_{补}$$

$$[5]_{补} - [9]_{补} = 00000101B - 00001001B = 11111100B = [-4]_{补}$$

② 同反码一样，补码的减法运算可转换为加法。

因为$[-X]_{补} + [X]_{补} = 2^n - |X| + |X| = 2^n$，故$[-X]_{补} = 2^n - [X]_{补} = ([X]_{补})_{反} + 1$

$$[X_1 - X_2]_{补} = [X_1]_{补} - [X_2]_{补} = [X_1]_{补} + [-X_2]_{补} = [X_1]_{补} + ([X_2]_{补})_{反} + 1$$

这里要注意：$[-128]_{补}$其实没有相应的 2 补数$[128]_{补}$（因为$-2^{n-1} \leqslant X < 2^{n-1}$），但只要加法运算不溢出，结果也是正确的。

$$[9]_{补} - [5]_{补} = [9]_{补} + ([5]_{补})_{反} + 1 = 00001001B + (00000101B)_{反} + 1$$
$$= 00001001B + 11111010B + 1$$
$$= 00000100B = [4]_{补}$$

$$[9]_{补} - [-5]_{补} = [9]_{补} + ([-5]_{补})_{反} + 1 = 00001001B + (11111011B)_{反} + 1$$
$$= 00001001B + 00000100B + 1$$
$$= 00001110B = [14]_{补}$$

$$[-9]_{补} - [-128]_{补} = [-9]_{补} + ([-128]_{补})_{反} + 1 = 11110111B + (10000000B)_{反} + 1$$
$$= 11110111B + 01111111B + 1$$
$$= 01110111B = [119]_{补}$$

③ 0 的补码只有一种表示。

$$[0]_{补} = 00000000B$$

④ 补码同样也存在溢出问题，但溢出的判断很简单，如：

$$[+120]_{补} + [+16]_{补} = 01111000B + 00010000B = 10001000B = [-120]_{补}（错误）$$

当补码加法/减法操作后，如果最高位进位/借位与次高位进位/借位不相同，表示运算结果溢出，否则表示无溢出，这种判别方法也称为双高异或判别法。比如 120 + 16 时，次高位有进位为 1，最高位没有产生进位为 0，1 异或 0 = 1，说明有溢出。

（4）移码

X 为真值，n 位移码的定义为：

$$[X]_{移} = 2^{n-1} + [X]_{补} \qquad -2^{n-1} \leqslant X < 2^{n-1}$$

从移码定义可以看出：移码是在补码基础上加一个偏移量（Bias）得到的。

如果是 8 位移码，则：

$$[+9]_{移} = 10001001B \qquad [+5]_{移} = 10000101B$$

$$[-9]_{移} = 01110111B \qquad [-5]_{移} = 01111011B$$

引入移码的目的是用于浮点数的指数编码，这样指数比较时不必比较符号位，并保证 0 的编码为全 0（参见具体浮点编码标准）。

1.2.3　实数的编码

实数中包含小数点，可表示为若干等价形式。作为规格化（Normalization）形式，任何一个不为 0（0 一般都作为特例编码）的实数 X 都可唯一表示为：

$$X = \pm M \times R^E \qquad R^{-1} < |M| < 1$$

M 为小数形式，称为尾数（Mantissa or Significand），代表 X 的全部有效数字；

R 为采用的进位制的基（Base or Radix）；

E 为整数形式，称为指数（Exponent），代表 X 的小数点实际位置。

如一个实数 −13.6640625 用二进制可唯一表示为：

$$-13.6640625 = -0.136640625 \times 10^2 = -1101.1010101B = -0.11011010101B \times 2^4$$

计算机中的实数编码有两种形式：定点（Fixed Point）和浮点（Floating Point），区别在于是否固定指数，即小数点的位置。

1. 定点编码

定点编码定义指数 E 不变，即小数点在尾数中的位置固定（一般定义在尾数数值部分的最前面或最后面），因此只需要编码符号和尾数。定点编码表达的实数称为定点数，采用定点编码的计算机称为定点机。

假定 8 位定点编码的最高位是符号位，低 7 位为尾数数值部分的原码，定义指数 $E = 0$，即小数点固定在尾数数值部分的最前面。则一个二进制实数 −0.1011001B 的定点编码为 11011001B。

定点机电路实现简单，但由于指数固定，表达的定点数范围非常小。如上面的编码，除 0 以外，表达范围为 $|0.0000001B| \sim |0.1111111B|$，表达范围之外的实数，在计算前需要用比例因子将其转化为规定的定点数（规格化），计算后再用比例因子将结果转化为实际值，为了保持计算精度和不溢出，计算过程中可能需要多次调整比例因子。

2. 浮点编码

浮点编码除符号和尾数外，还要编码指数（称为阶码），用于指示小数点在尾数中的位置，即小数点可"浮动"。浮点编码表达的实数称为浮点数，采用浮点编码的计算机称为浮点机。

我们假定 8 位浮点编码的最高位是符号位，中间 3 位为指数的补码，低 4 位为尾数的原码。则一个二进制实数 −0.01011001B = −0.1011001B × 2⁻¹ 的浮点编码为 11111011B。这种编码除 0 以外，表达范围为 $|0.1000B| \times 2^{-4} \sim |0.1111B| \times 2^3$，相对定点编码，在相同存储空间，浮点编码表示的数值范围大（指数可变化），但付出了一些精度代价（尾数数值部分编码位数减少）。浮点计算机构造复杂，但表达范围大，运算精度高。

早期微机以定点处理器为主，随后又出现了"定点处理器+浮点协处理器"的形式，现在已经普遍采用浮点处理器。浮点编码格式曾经出现过多种，目前都基本统一为 IEEE754 标准（IEEE754 指数编码采用移码，移码的定义和尾数规格化与本书介绍不同，具体编码格式请参见相关资料）。

1.2.4　十进制数的编码

十进制数的二进制编码称为 BCD（Binary Coded Decimal）码。十进制有 10 个基本数字，4 位二进制编码有 $2^4 = 16$ 种组合，原则上可任意定义其中的 10 种组合来表示十进制的 10 个基本数字，但通常选择前 10 个组合。根据需要，也可以用 8 位二进制数来编码十进制数。这两种编码分别称为压缩型十进制的二进制编码（Packet BCD）和非压缩型十进制的二进制编码（Unpacket BCD），如表 1.6 所示。BCD 可以进行算术运算，但结果需要调整（具体调整过程可参见后续章节）。

表 1.6　BCD 编码表

十进制数	Packet BCD	Unpacket BCD
0	0000	00000000
1	0001	00000001
2	0010	00000010
3	0011	00000011
4	0100	00000100
5	0101	00000101
6	0110	00000110
7	0111	00000111
8	1000	00001000
9	1001	00001001

1.2.5　英文字符的编码

美国国家标准学会（ANSI）1963 发布了《美国信息交换标准代码》（ASCII，American Standard Code Information Interchange），主要用于统一当时不同计算机厂商使用的字符集，现在 ASCII/ISO646/GB1988 也仍然是最通用的编码系统。受当时设备所限，ASCII 码采用 7 位编码，表达 128 个字符，其中包括英文大写字母 26 个、英文小写字母 26 个、十进制数字 10 个、常用符号 33 个和通用控制符号 33 个（参见附录 A）。

1.2.6　汉字的编码

"信息交换汉字编码字符集基本集"（GB2312—1980）是我国发布的第一个汉字编码标准。GB2312 采用 2 字节（每字节 7 位）编码，共计字符 7445 个，其中包括简体汉字 6763 个、一般符号 202 个、序号 60 个、数字 22 个、拉丁字母 52 个、日文假名 169 个、希腊字母 48 个、俄文字母 66 个、汉语拼音字母 37 个。GB2312—1980 是几乎所有的中文系统和国际化的软件都支持的中文字符集，也是最基本的中文字符集。

1.2.7　多文种的编码

为便于多个文种的同时处理，对世界上的所有文字统一编码，国际标准化组织和 Unicode 协会共同发布了新的编码字符集标准 ISO/IEC10646.1: 1993《信息技术通用多 8 位编码字符集（UCS，Universal Multiple-Octet Coded Character Set）第一部分：体系结构与基本多文种平面》，相应的国家标准是 GB13000.1—1993。它采用 4 字节（每字节 8 位）编码，这 4 字节分别表示组、平面、行和字位（128 组×256 平面×256 行×256 字位）。目前实现的是 00 组的 00 平面，称为"基本多文种平面"（BMP，Basic Multilingual Plane），编码位置 65536 个。由于基本多文种平面所有字符编码的前两个字节都是 0，目前在默认情况下按照 2 字节处理。

1.3　计算机运行原理

1.3.1　计算机的定义

1. 自动计算的机器

什么是计算机（Computer）？算盘是计算机吗？对数计算尺、能进行四则运算的计算器是计算机吗？对于计算机，从不同角度有不同的描述，很难有一个公认的严密定义。我们可以简单认为：计算机是可以自动计算（即自动处理数据）的机器。从这个角度来说，算盘和对数计算尺不是计算机，因为如果没有人脑参与，它们就无法完成计算过程，也得不出结果。而计算器在输入算式后按"="键，就可以自动输出结果，计算过程也完全由计算器完成，所以计算器是计算机，自动洗衣机、手机、MP3播放器、游戏机、GPS 导航仪等许多日用电器其实都具有计算机的特性。

那计算机是如何实现自动计算的呢？不能像算盘一样依靠人脑参与计算过程，又要按人的要求来完成计算，就必须要满足两个条件：首先计算机应该能接收命令，并根据命令实现相应的操作，这是实现自动计算的基础；其次在计算机运行前，要先告诉计算机一些命令，这些命令的组合就称为程序，只有计算机中预先存储程序，计算机才能有命令执行。例如，洗衣机就是一个由电机驱动波轮旋转的机械，一个人可以通过查看手表掌握时间，顺序完成开动电机、停止电机、进水、排水等操作，实现洗衣过程。现在的自动洗衣机在机械结构上并没有什么变化，但只要接通电源后，它却可以自动实现与人工操作相同的洗衣过程，这就是因为它内置了存有程序的计算机。有的洗衣机拥有专门清洗羊毛衣物的功能，而有的却没有，也取决于其是否预先存储清洗羊毛的程序。那么，到底什么是程序呢？

2. 程序和指令

程序（Program）是实现特定应用的数据定义和指令序列。其中，数据是计算机自动计算的对象，而指令（Instruction）是指挥计算机执行各种基本操作的命令，一条指令对应一种基本操作。前面提到，在现代计算机中，数据是以二进制编码形式表达的，同理，指令也通过二进制编码形式表达。

在研制一种计算机时，就已经设计好了这台计算机能执行的所有操作并定义了相应的命令（指令），这些所有指令的集合称为指令集（Instruction Set）。显然计算机只能识别自己指令集里面的指令，不同的计算机，往往指令集也不同。

表 1.7　菜谱和程序

蛋炒饭菜谱	程序
食材说明： 鸡蛋 米饭 油 盐	数据定义（数据结构）： 数据 A 数据 B 数据 C 数据 D
操作步骤： 鸡蛋搅成蛋花 油烧热 加入蛋花 炒 加入米饭 炒 加入盐 炒	指令序列（算法）： 指令一（处理数据 A） 指令二（处理数据 C） 指令三（数据 A 加入数据 C） 指令四（处理数据 C） 指令三（数据 B 加入数据 C） 指令四（处理数据 C） 指令三（数据 D 加入数据 C） 指令四（处理数据 C）

下面通过一个蛋炒饭菜谱的例子，进一步加深对程序和指令的理解，如表 1.7 所示。

蛋炒饭菜谱（程序）记录了制作蛋炒饭所需的食材（数据定义）和操作步骤（指令序列）。只要有菜谱（程序），具备这些食材（定义了数据），并按操作步骤处理这些原料（执行程序中的指令，对数据进行处理），就可以做出蛋炒饭（数据处理后的结果）。

数据定义说明了对数据的组织，数据的组织方法称为数据结构（Data Structure）。指令"序列"说明程序中的指令不是胡乱堆积的，而是按照实现特定应用的方法，有序地处理数据，实现特定应用的方法称为算法

（Algorithm）。瑞士计算机科学家尼古拉斯·沃斯（Niklaus Wirth）总结出一个著名的公式：程序 = 数据结构 + 算法。数据定义和算法都不是唯一的，数据处理结果可能存在差异。例如，不同菜谱记录的蛋炒饭的食材和操作步骤可能不同，有的先要预炒一下米饭，有的不预炒，有的先炒饭后放蛋，有的先炒蛋后加饭，虽然都可以做出蛋炒饭，但可能风味各异。

明白了程序的作用，现在可以得出计算机的较为完整的定义：通过程序控制自动处理数据的机器。

1.3.2　计算机的组成结构

1. 图灵机和通用计算机

让我们再回到图灵机和通用计算机概念的讨论。

如图1.1所示，图灵机原型包括：一条无限长的纸带，纸带划分为一个一个的格子，每个格子可以包含一个来自有限字母表的符号；一个读写头，可在纸带上移动并读写符号；一套控制规则，根据当

前机器所处的状态和当前读取的符号来确定读写头下一步的动作；一个寄存器（指存储一个数据的装置），保存当前机器所处状态，所有可能状态的数目是有限的。

首先数据由符号表示并记录在纸带上，图灵机启动后，读写头根据当前状态和读取的符号，按控制规则转移到另一个状态并保存到寄存器，由这个状态控制读写头在纸带上移动和读写，重复这个过程直到转移到停止状态。图灵证明，任何可解的计算问题，不论做多少次状态转移，图灵机总是能解出来的。这个普适性原则显示只存在一种类型的通用计算机，任何物理装置可进行的计算，都可以由这个通用计算机来完成。

图1.2所示为根据图灵机归纳的通用计算机结构。

图 1.1 图灵机

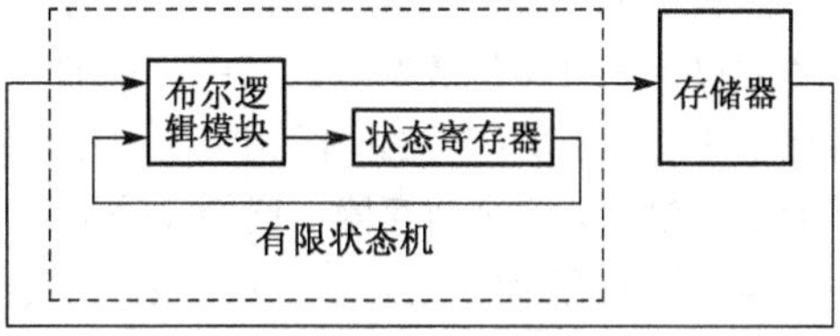

图 1.2 通用计算机结构

控制规则由布尔逻辑模块实现，根据从存储器读取的数据和寄存器保存的当前状态，布尔逻辑模块完成向另一个状态转移的工作。

纸带由存储器代替，其他部分可由有限状态机代替。有限状态机（Finite State Machine）是表示有限个状态及在这些状态之间的转移和动作等行为的数学模型，可由布尔逻辑模块和存储当前状态的寄存器构成。寄存器（Register）是记录一个数据的装置，而存储器是由多个寄存器组合而成的阵列。

根据图灵机理论，一台通用计算机，只要配合适当的程序（构建逻辑模块），提供足够的运行（时间）和存储（空间），就足以模拟其他所有类型的计算机。因此两个计算机的差别，仅在于速度和存储而已，所有计算机在本质上都是相同的。如果逻辑模块固定，则这台计算机只能完成固定的计算，很多早期的计算机，如帕斯卡轮式计算器，其齿轮仅具有加减逻辑功能，因此只能完成加减运算。而通用计算机，之所以能够模拟任何其他计算机，是靠改变逻辑模块的算法逻辑（可编程序）实现的。只要满足图灵条件，微型计算机就可以与巨型计算机一样完成相同的工作。但某些现代计算机基于简化的目的，依然维持固定程序的设计方式。例如，手持计算器只包含算术运算和一些函数程序，不能用来玩游戏；MP3 播放器也只包含 MP3 格式的解码程序，无法实现文字处理功能。这些计算机也称为专用计算机。专用计算机与通用计算机之间的重要区别是：是否可以改变程序（可编程）。

2. 冯·诺依曼结构

1945 年，德国人冯·诺依曼（Von Neumann）为 EDVAC（Electronic Discrete Variable Automatic Computer，离散变量自动电子计算机）总结出一种程序存储（Stored-Program）的设计结构，并在 1946 年主持普林斯顿大学 IAS（The Institute for Advanced Study，普林斯顿高级研究所）计算机设计时进一步完善，被称为冯·诺依曼结构或普林斯顿结构（Princeton Architecture）。

图 1.3 所示为冯·诺依曼结构框图。早期的计算机，由于处理的数据有限，数据存储器和逻辑处理部分一般结合在一起。冯·诺依曼结构将数据的存储与处理分离，设置独立的存储器存

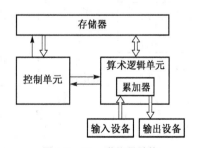

图 1.3 冯·诺依曼结构

储数据和指令，并使用二进制编码数据和指令。程序存储使计算机具有可编程能力，是一种实际化的图灵机结构，因此，现代计算机基本都沿用这个结构，程序存储计算机相对于早期计算机也被称为通用计算机。

另一种设计结构是由哈佛大学提出的哈佛结构（Harvard Architecture）。哈佛结构与冯·诺依曼结构的不同之处在于指令和数据分开存储，结构较为复杂。哈佛结构的优点是可以使指令和数据有不同的数据宽度，而且可以预取指令，具有较高的执行效率。

根据冯·诺依曼结构，计算机必须具备5个基本部分：算术逻辑单元（ALU，Arithmetic Logic Unit）、存储器（Memory）、控制单元（Control Unit）、输入设备（Input）和输出设备（Output）。

算术逻辑单元实现数据处理。计算机作为信息处理的工具，数据处理是其最根本的功能，一般应完成基本的算术和逻辑运算操作。其中，累加器（Accumulator）是一种暂存器（暂时存储寄存器），用来存储处理过程中所产生的中间结果，避免频繁访问存储器而造成的算术逻辑单元等待。现代算术逻辑单元中一般设计多个暂存器，已经几乎不再使用"累加器"这个名词了。

存储器用以暂存原始数据、中间结果、最终处理结果及程序。

控制单元实现指令的执行，根据指令控制算术逻辑单元的操作及各部分之间的数据传送。

输入设备实现原始数据和程序的输入，如键盘、鼠标、光电读入机等；输出设备实现处理结果的输出，如显示器、打印机、绘图仪等。输入设备和输出设备也常合称为输入/输出设备（I/O设备）或外设，不同的输入/输出设备极大地拓展了计算机的应用领域。

3. 以存储器为中心的冯·诺依曼结构

早期计算机的设计以算术逻辑单元为中心，除算术逻辑单元访问存储器外，外设等操作也要通过算术逻辑单元访问存储器，这样就会显著影响系统效率。因此，现代计算机普遍采用的是以存储器为中心的冯·诺依曼结构，如图1.4所示。

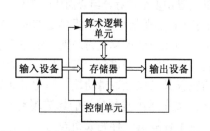

图1.4 以存储器为中心的冯·诺依曼结构

计算机的5个基本部分的关系可通过它们之间形成的两种信息流来表征。

一种是数据流，数据流以存储器为中心，其他部分之间的数据传送都要经过存储器的暂存中转。输入设备输入的原始数据和程序（计算机中各部分之间传送的信息广义上都是数据）要暂存在存储器；控制单元从存储器读取指令；算术逻辑单元从存储器得到原始数据，处理后的结果再存回存储器；输出设备输出从存储器传送来的最终处理结果。数据流表征了配合数据处理和程序执行所必需的操作——数据传送。

表1.8 厨房与计算机的类比

厨房	计算机	
装食材的盘子	数据存储区	存储器
菜谱	程序存储区	
看菜谱	取指令	
人脑	译码	控制单元
人手	发出控制信号	
锅	算术逻辑单元	
冰箱	输入设备	
餐桌	输出设备	

另一种是控制流，控制流以控制单元为中心。控制单元从存储器读取指令（数据流），根据指令译码产生发向其他部分的控制信号（控制流），指挥算术逻辑单元的数据处理，协调各部分之间的数据传送（数据流）。控制流表征了计算机自动运算的实现——程序执行。

现在，我们在了解计算机组成结构的基础上，再来重新类比一下表1.7所示的例子。如表1.8所示，在厨房制作蛋炒饭的过程完全可以类比计算机的工作情况。表1.9更为具体地类比了蛋炒饭菜谱和程序。

表 1.9　菜谱和程序

蛋炒饭菜谱	程序
原料说明：	数据定义（数据结构）：
1 号盘，用于装鸡蛋	存储器 1，用于存放数据 A
2 号盘，用于装米饭	存储器 2，用于存放数据 B
3 号盘，用于装油	存储器 3，用于存放数据 C
4 号盘，用于装盐	存储器 4，用于存放数据 D
操作步骤：	指令序列（算法）：
从冰箱取鸡蛋到 1 号盘	指令六，输入设备→存储器 1
从冰箱取米饭到 2 号盘	指令六，输入设备→存储器 2
从冰箱取油到 3 号盘	指令六，输入设备→存储器 3
从冰箱取盐到 4 号盘	指令六，输入设备→存储器 4
从 1 号盘取鸡蛋到锅中	指令一，存储器 1→算术逻辑单元
打蛋	指令二，处理数据
从锅中倒回蛋液到 1 号盘	指令一，存储器 1→算术逻辑单元
从 3 号盘放油到锅中	指令一，存储器 3→算术逻辑单元
加热油	指令三，处理数据
从 1 号盘加入蛋液到锅中	指令四，存储器 1＋算术逻辑单元→算术逻辑单元
炒	指令五，处理数据
从 2 号盘加入米饭到锅中	指令四，存储器 2＋算术逻辑单元→算术逻辑单元
炒	指令五，处理数据
从 4 号盘加入盐到锅中	指令四，存储器 4＋算术逻辑单元→算术逻辑单元
炒	指令五，处理数据
从锅中盛出蛋炒饭到 2 号盘	指令一，存储器 2←算术逻辑单元
将蛋炒饭端到餐桌	指令七，输出设备←存储器 2

1.3.3　微机的组成结构

微机作为 LSI、VLSI 技术的产物，主要以提高"性价比"为设计目标，在结构上有两个显著特点：一是采用 CPU，二是各组成部件之间采用总线连接。

图 1.5 所示为一个典型的微机结构，微机由 CPU、存储器、I/O 接口等主要部件组成，各部件通过总线连接在一起，时钟为 CPU 提供时间节拍，输入/输出设备（虚线以下）不再作为微机的标准部件。

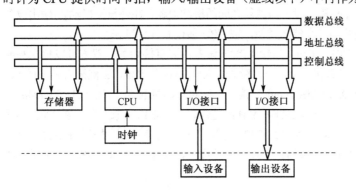

图 1.5　典型的微机结构

1. 总线

在冯·诺依曼结构中，5 个基本部分通过数据流和控制流互连在一起。但是这种形式不仅连接复杂、难于扩展，而且还会制约各自的发展。

　　总线（Bus）是连接各部件的一组公共信号线，微机采用总线结构，各部件之间的关系由冯·诺依曼结构中的相互连接转变为全部面向总线的单一连接。不再直接互连，有利于各部件独立发展，避免相互限制。全部面向总线，符合总线标准的部件都可以通过单一连接总线而融入微机组成中，使微机具有很高的扩展性和兼容性。

　　总线最初只是 CPU 引脚的延伸，后来为了摆脱对具体 CPU 的依赖，制定了独立的微机总线标准。曾经和目前使用比较广泛的总线标准有：ISA（Industry Standard Architecture，工作频率 8 MHz）、MCA（Micro Channel Architecture，工作频率 10.33 MHz）、PCI（Peripheral Component Interconnect，工作频率 66 MHz）等。制定一个总线标准一般要包括物理尺寸、信号、电平、通信协议和仲裁协议的定义。

　　尽管总线标准不同，但围绕总线上各部件之间数据传送的目的相同。总线按功能一般分为三类：数据总线、地址总线和控制总线。这三类总线信号相互协调，共同实现总线数据的传送。

2．CPU

　　算术逻辑单元和控制单元（合称为 CPU）集成到一片 VLSI 芯片中，不断提高的集成度既降低了芯片的重量、体积和制造成本，又为进一步提高运行速度提供了可能。CPU 从存储器取指令、译码并执行，是微机系统的核心；指令的执行主要完成两类功能：一是控制总线上各部件之间的数据传送，二是控制算术逻辑单元的数据处理。对算术逻辑单元的控制在 CPU 内完成，而对数据传送的控制是由 CPU 发出和接收标准总线信号实现的。

3．存储器

　　存储器存储数据和程序，采用 VLSI 芯片制造，构造上是带译码电路的寄存器阵列。

4．I/O 接口

　　与冯·诺依曼结构相比，微机结构增加了输入/输出接口（I/O 接口或简称接口）部件，这完全是输入/输出设备面向总线的结果。

　　面向总线标准设计制造的 CPU 和存储器，接入总线显然没有任何问题。而面向应用的输入/输出设备，种类繁多，虽然为了规范这些设备的数据传送也制定了一些通信标准（如用于 DTE 和 DCE 通信的 RS232 标准等），但在信号定义、数据类型、传送速率等很多方面都与总线标准存在较大差异，因此输入/输出设备无法直接接入总线。

　　I/O 接口作为输入/输出设备与总线之间的缓冲电路，在外设侧以输入/输出设备通信标准信号实现数据交换，在总线侧则与存储器类似，被 CPU 通过总线标准信号访问。

　　因此在微机结构中，CPU 与输入/输出设备不再直接相关，双方可以独立发展，极大地促进了输入/输出设备应用的提高和普及。一旦新的输入/输出设备出现，必然配合相应的 I/O 接口，如针对硬盘的 IDE（Intelligent Drive Electronics）接口、针对打印机的 SPP（Standard Parallel Port）接口、针对新兴的数字设备的 USB（Universal Serial Bus）接口和 IEEE1394 接口等。要注意，这里提到的 IDE、SPP、USB 和 IEEE1394 与前面提到的 RS232 一样，指的是输入/输出设备与相应 I/O 接口之间的通信标准，CPU 与输入/输出设备交换数据只是通过在总线上访问相应的 I/O 接口，不用也不必关心这些标准。

5．时钟

　　时钟部件的作用就是产生一定频率的脉冲。从冯·诺依曼结构中没有看到有关时钟的部分，但作为时序逻辑电路，CPU 的任何操作，包括控制单元的取指、译码和执行，以及算术逻辑单元的数据处理，都是通过在时钟脉冲触发下有序进行的若干最基本操作实现的，这个以时钟脉冲为时间节拍发生的过程称为时序（Timing）。"时序"这个词从英文字面看是定时的意思，中文字面解释就是时间顺序。

时钟脉冲的频率就是 CPU 的工作频率，频率越高，CPU 的操作速度就越快。时钟脉冲的周期称为时钟周期（Clock Cycle）。时钟周期作为 CPU 最基本操作的时间节拍，也是微机的最小定时单位。

执行一条指令的时间称为指令周期（Instruction Cycle），由于所有最基本操作的定时单位是时钟周期，显然指令周期由若干时钟周期组成，如图1.6所示，以时钟脉冲为节拍，说明了某条指令可能的指令周期。指令周期包括取指周期（Fetch Cycle）和执行周期（Execution Cycle）两个阶段。执行周期又包括译码、取操作数、数据处理和存操作数等若干基本操作。从图 1.6 中可以看出，CPU 译码需要一个时钟周期，数据处理需要三个时钟周期，每次数据传送（取指、存取操作数）需要 4 个时钟周期。

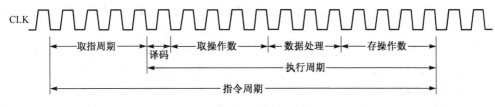

图 1.6 时钟脉冲

CPU 控制数据处理的时钟周期数会由于操作的不同而不同，例如，乘除法比加减法的基本操作步骤多，一般需要更多的时钟脉冲触发。但控制数据传送的时钟周期数一般是固定的，这是因为 CPU 以总线标准信号访问总线，每次都是类似的基本操作步骤。把 CPU 访问一次总线的时间称为总线周期（Bus Cycle），显然这里的总线周期由 4 个时钟周期组成。

1.3.4 模型机

如图1.7所示，为了比较直观地说明微机运行原理，我们构造了一个简单的模型机。模型机由 CPU、存储器和 I/O 接口等部件及连接它们的总线构成。总线组成分为数据总线、地址总线和控制总线三类。显然，在总线上的各部件中都存在暂存数据的寄存器，这些寄存器是总线数据传送的主要对象。因此将多个存储器和多个 I/O 接口中的寄存器抽象为图 1.7 中的形式。

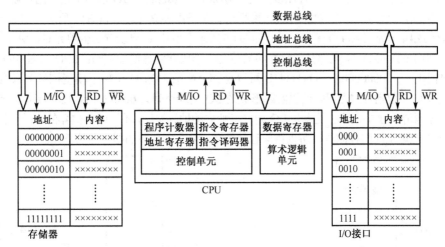

图 1.7 模型机

1. 地址和地址空间

存储器是带译码电路的寄存器阵列，数据存储组织为字节序列。字节（Byte）是存储器的基本单位，字节最初定义为 8 位二进制数据，根据需要也可以定义为其他长度，一般若不特别注明，提到字节都是指 8 位二进制数据。每个存储器单元（存储器中的寄存器一般称为存储器单元）存储一字节并对应唯一的编号，这个编号称为地址（Address）。通过地址，存储器译码电路就可以唯一定位对应的存储器单元。与信息编码和指令编码一样，地址也以二进制编码。设模型机存储器有 256 个存储器单元（存储器单元数目总是 2^n），$2^8 = 256$，则地址编码需要 8 位二进制数字。

与存储器类似，I/O 接口中的每个 I/O 端口（I/O 接口中的寄存器习惯上称为 I/O 端口）也存储一字节并对应唯一的地址。设模型机 I/O 端口数有 16 个，$2^4 = 16$，I/O 接口译码电路需要 4 位二进制编码的地址，才能区分每一个 I/O 端口。

CPU 从存储器取指令时，必须发出指令所在存储器单元的地址，程序计数器就是暂存这个地址的寄存器。CPU 根据指令访问存储器单元或 I/O 端口中的数据时，也必须发出相应的地址，地址寄存器就是暂存这个地址的地方。前面也提到，总线中也专门有一类地址总线，其功能就是从 CPU 向存储器和 I/O 接口的译码电路传送地址。译码电路对地址译码后，即可定位到相应的存储器单元或 I/O 端口，这个过程称为寻址（Addressing）。

CPU 发出的地址编码的位数，决定了能够寻址的数目。CPU 可发出的所有地址形成了一个连续的线性空间，这个空间称为地址空间（Address Space），表达寻址的范围。这里设模型机采用 8 位地址编码，则可寻址的存储器单元和 I/O 端口的数目有 $2^8 = 256$ 个，形成的地址空间为 00000000B～11111111B。

为了正确寻址存储器单元和 I/O 端口，在地址分配上一般可以采取两种方式。一种方式是将地址空间的一部分分配给存储器单元，另一部分分配给 I/O 端口，通过统一的地址即可寻址到相应的存储器单元或 I/O 端口，称为统一寻址。如图1.8所示，将地址空间 00000000B～11101111B 分配给存储器单元，将 11110000B～11111111B 分配给 I/O 端口，这种分配实际是通过存储器和 I/O 接口的译码电路实现的，若 CPU 发出的地址在 00000000B～11101111B 范围内，则寻址到存储器单元，若地址在 11110000B～11111111B 范围内，则寻址到 I/O 端口。统一寻址方式把 I/O 端口地址视为像存储器单元地址一样，所以也称为存储器映像（Memory Map）方式，优点是总线访问指令统一，缺点是寻址存储器单元的范围减少了。

另一种方式是再专门定义一根控制线来区分存储器单元地址和 I/O 端口地址，这样就形成了两个独立的地址空间，这种方式称为独立寻址。模型机就是采用独立寻址，如图1.7所示，定义一个 M/$\overline{\text{IO}}$ 信号区分存储器单元地址和 I/O 端口地址。如图1.9所示，当 CPU 寻址存储器单元时，M/$\overline{\text{IO}}$ 输出高电平，00000000B～11111111B 全部分配给存储器单元，形成存储器地址空间；CPU 寻址 I/O 端口时，M/$\overline{\text{IO}}$ 输出低电平，00000000B～11111111B 可以全部分配给 I/O 端口，由于模型机最多只有 16 个 I/O 端口，只使用低 4 位地址线即可，所以实际形成的 I/O 地址空间为 0000B～1111B，高 4 位地址线的状态对访问没有影响。独立寻址的优点是 I/O 端口有独立的地址空间，不影响存储器的寻址范围。但 CPU 需要增加区分地址空间的控制线，所以访问存储器单元和 I/O 端口的指令必然不同。

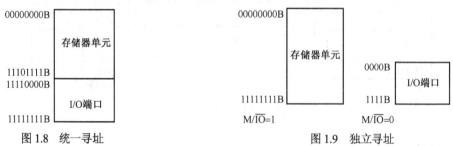

图 1.8　统一寻址　　　　　　　　　　　图 1.9　独立寻址

2. 总线的功能类型

有了地址概念后，我们再来看模型机三类不同功能总线的作用。

数据总线是各部件之间数据传送的公共通道。针对存储器和 I/O 接口组织为字节序列的情况，这里定义为 8 位宽度。为避免数据冲突，CPU、存储器、I/O 接口中的寄存器都通过双向三态缓存器连接数据总线。数据总线作为它们的公共通道，同一时刻只允许一个寄存器发送而另一个寄存器接收，即数据总线要分时使用。

地址总线用于 CPU 寻址存储器单元和 I/O 端口，针对采用独立寻址方式和存储器单元数目，这里定义为 8 位宽度。由于同一时刻 CPU 控制单元通过地址总线只可能发出一个确定的地址，寻址到一个参与数据传送的存储器单元或 I/O 端口，数据传送的另一方一定是 CPU 内部的寄存器，由控制单元在 CPU 内部直接控制。

控制总线用于 CPU 控制单元控制数据总线上的传送过程。模型机设置读 $\overline{\text{RD}}$、写 $\overline{\text{WR}}$ 两根信号线控制存储器单元或 I/O 端口与数据总线连接的双向三态缓存器。读信号选通输出缓冲器，写信号选通输入缓冲器，同一时刻读、写信号不可能同时出现。M/$\overline{\text{IO}}$ 信号线用于选通存储器单元或 I/O 端口的译码电路，保证两个地址空间的正确访问。

三类总线不是独立作用的三组信号线，它们是协调完成数据传送的：CPU 首先通过地址总线和 M/$\overline{\text{IO}}$ 信号线寻址存储器单元或 I/O 端口，然后通过 $\overline{\text{RD}}$ 或 $\overline{\text{WR}}$ 控制线确定数据传送方向，最后被选通的寄存器与 CPU 通过数据总线实现数据传送。

数据传送是总线要实现的目的，数据总线是传送通道，地址总线定位数据的所在，控制总线控制数据传输的方向，三总线协调作用，共同实现数据传输的目的。访问总线，实现总线上数据传送的设备，称为总线主控器（Bus Master）。在这里，地址和控制信息都由 CPU 发出，显然 CPU 就是总线主控器。

3. CPU 的一般组成

模型机 CPU 的算术逻辑单元定义为 8 位字长，即一次能处理 8 位二进制数据。包含的数据寄存器相应设计为 8 位，用于暂存从存储器取得的数据和处理后的结果。为了简明，数据处理操作只定义加法和减法两种。

微型机 CPU 的控制单元主要包含程序计数器、地址寄存器、指令寄存器、指令译码器及控制逻辑等。程序计数器用于寻址指令，指令寄存器暂存取得的指令，指令译码器对指令进行译码并配合控制逻辑向其他部件发出控制信息，地址寄存器用于寻址算术逻辑操作所需的数据。针对地址空间情况，程序计数器和地址寄存器都设计为 8 位。针对存储器组织为字节序列，暂存指令的指令寄存器、分解指令的指令译码器也都设计为 8 位。

1.3.5 指令集设计

指令集是一个计算机所有指令的集合，指令是指挥计算机基本操作的命令，设计什么指令决定于计算机需要实现哪些基本操作。

观察冯·诺依曼结构，计算机必须具有数据处理和数据传送两类最基本的操作。实际上除此之外，还应该具有流程控制的能力。

流程（Program Flow）指示程序执行的顺序。程序在存储器中的存储顺序是固定不变的，但按算法要求，程序的执行顺序往往与存储顺序不同，如在条件判断时会产生分支，在调用和转向时会产生转移、返回等。流程控制就是指按算法要求实现程序的执行顺序。

据此，我们为模型机一共定义了 8 种基本操作。相应地，我们为模型机控制单元设计了指令集，如表 1.10 所示，包括 8 条指令：两条数据处理指令（加法和减法操作）、两条存储器访问指令、两条输入/输出访问指令、一条流程控制指令（无条件转移）及一条空操作指令。

表 1.10　模型机指令集

基本操作	指令编码（机器指令）		汇编指令
	操作码	操作数	
数据寄存器←输入端口	000xbbbb		IN　A, bbbb
输出端口←数据寄存器	001xbbbb		OUT　bbbb, A
数据寄存器←存储器	010xxxxx	aaaaaaaa	MOV　A, aaaaaaaa
存储器←数据寄存器	011xxxxx	aaaaaaaa	MOV　aaaaaaaa, A
数据寄存器←数据寄存器+存储器	100xxxxx	aaaaaaaa	ADD　A, aaaaaaaa
数据寄存器←数据寄存器−存储器	101xxxxx	aaaaaaaa	SUB　A, aaaaaaaa
程序转移	110xxxxx	aaaaaaaa	JMP　aaaaaaaa
空操作	11111111		NOP

在指令编码中，只需要三位编码（$2^3=8$）就可以明确是哪种基本操作，称为操作码（Opcode）。但为方便存储，一般以字节为编码单位，多出来的位（表中 x 表示的位）可先保留，以备以后扩展时使用。操作涉及的数据称为操作数（Operand）。如果不能通过操作码明确操作数，就需要另外编码：存储器单元地址需要一字节的编码（表中 aaaaaaaa 表示的位）；I/O 端口地址只需要 4 位编码，可使用操作码中的保留位（表中 bbbb 表示的位）。所以指令长度常常与操作数类型有关。

二进制编码出来的指令，计算机可以直接识别和执行，但难于理解和记忆，因此常使用助记符（Mnemonic）表示操作码，使用符号（Symbol）表示操作数，即使用文本代表指令。这样的文本便于理解和记忆，称为汇编指令（Assemble Instruction）。为避免误解，一般把计算机可以直接识别和执行的二进制编码指令称为机器指令（Machine Instruction）。在表 1.10 中，我们也为机器指令定义了汇编指令，显然，汇编指令与机器指令是一一对应的。

汇编指令描述程序的语法规则称为汇编语言（Assemble Language），采用汇编语言编写的文本程序称为源程序（Source Program），组成源程序的文本称为源代码（Source Code），与源程序对应的二进制编码程序称为目标程序（Object Program），组成目标程序的二进制编码称为机器码（Machine Code）。虽然源程序易于编写和阅读，但仍然必须翻译成对应的目标程序才能被计算机识别，这个翻译过程可以人工完成，也可以通过汇编程序（Assembler）完成。

控制单元从存储器取出二进制编码，要经过译码之后才能判断是否是指令集中的某一条指令。如果是指令，则执行这条指令要求的操作；如果不是指令，控制单元不执行任何操作，或者根据设计去执行另外一段专门对应发生这种情况的程序。

指令集一般还要设计一条空操作指令。这条指令的操作码与存储器上电后的初始状态（一般为全1）一样。这样，当控制单元从未存储指令的存储器单元中取指令时，就不会认为取到的不是指令，控制单元执行空操作指令时不会发出任何控制信号。有了空操作指令后，程序设计就有了很大的灵活性，例如，在两条有效指令之间就可以保留一段存储器空间而不会影响到程序的执行。

指令集中设计有一条程序转移指令。其实大家从后续章节的学习中可以了解到，要实现完全的流程控制，还需要调用、返回和条件转移指令，但为了模型机尽可能简单明了，我们只设计了这条无条件转移指令。

1.3.6　程序设计

如果要利用模型机来完成一个简单的数据处理任务，假设命名为 manage，首先就要为模型机编写一个程序。为了保持程序的可读性及程序设计的高效性，我们采用汇编语言编写源程序，再翻译为机器可识别的目标程序。

假设从 0010B 和 0101B 端口输入数据，相加后从 1100B 端口输出。以下是 manage 的汇编语言源程序：

```
              ORG    00000000B        ;指示存储器地址
              FIR    DB  0            ;在存储器中为暂存数据分配 3 字节，初始值都为 0
              SEC    DB  0            ;用符号 FIR、SEC、THR 代表 3 个存储器单元的地址
              THR    DB  0
              ORG    00001000B        ;指示存储器地址
     START:   IN     A, 0010B         ;用符号 START 代表当前指令的存储器地址
              MOV    SEC, A
              IN     A, 0101B
              ADD    A, SEC
              OUT    1100B, A
```

整个程序包含数据和指令：先是对数据的定义，在存储器中分配 3 字节，用于暂存输入数据、中间结果、输出数据等；然后是 5 条指令实现数据的输入、处理（加法）和输出。

对照我们设计的模型机指令集，会发现源程序中出现的 ORG 和 DB 并不是指令集中的指令，自然不会有对应的机器编码。实际上这两串文本是用于向汇编程序指示存储器分配的汇编命令（Directive），也称为伪指令。

FIR、SEC、THR 和 START 等符号代表存储器单元的地址。

最后，再将源程序翻译成目标程序。表 1.11 所示为 manage 源程序与目标程序之间的转换对应关系。

表 1.11　源程序与目标程序之间的转换对应关系

源代码（源程序）				存储器地址	机器码（目标程序）
ORG 00000000B	FIR	DB	0	00000000	00000000
	SEC	DB	0	00000001	00000000
	THR	DB	0	00000010	00000000
ORG 00001000B	START:	IN	A, 0010B	00001000	00000010
		MOV SEC, A		00001001	01100000
				00001010	00000001
		IN	A, 0101B	00001011	00000101
		ADD A, SEC		00001100	10000000
				00001101	00000001
		OUT 1100B, A		00001110	00101100

1.3.7　程序载入

我们知道，计算机开机之后，如果存储器中没有预存程序，计算机就无法按我们的要求完成操作，所以开机前存储器中必须预存程序。

编写好以上的 manage 程序后，就要将程序载入存储器里，以便控制单元读取到指令并执行。

早期的计算机需要人工直接操作硬件。当时程序记录在穿孔卡片（有孔和无孔表示二进制的两种状态）上，操作人员先用读卡机把一个程序读入计算机，然后扳动开关启动计算机运行程序，程序运行结束后，再读入下一个程序的穿孔卡片。显然，这种依靠人工调度程序的方式，计算机会空闲很多时间，运行效率很低。

很快，人们就编写了专门的载入程序。首先载入程序要常驻存储器并运行，等待运行的很多其他程序记录在磁带上，然后操作人员把调度命令通过穿孔卡片读入，载入程序就可以根据这些调度命令载入磁带上相应的程序运行。这种方式不依靠人工调度，计算机自动载入程序执行，不存在空闲时间，

运行效率大大提高。要注意区分的是，这种方式并不是裸机（没有装载任何程序的计算机）所能做到的，依靠的是预先运行的载入程序。载入程序的思想经过发展，逐步形成了以后的操作系统——一种控制硬件和调度软件全面管理计算机资源的程序。

因此，目前通用计算机都预存一个载入程序在只读存储器（ROM，Read Only Memory）中。只读存储器一旦被写入，其内容不再改变，即只能读出不能写入。采用只读存储器后，计算机每次开机就可以运行载入程序，载入程序根据操作人员的调度命令，载入要求的程序。

假设模型机的存储器在地址空间 11000000B～11111111B 之间采用的是只读存储器，并预存有载入程序。载入程序接收调度命令，就可以把之前所编写的 manage 程序载入地址空间 00000000B～00001110B 之间的存储器单元，接下来就是执行这个程序。

存储器中可能存储多个程序，一个程序中除了指令也往往包含数据，显然不应该把数据也当成指令进行执行。例如，现在地址00000000B 和 11000000B 处分别存储了 manage 程序和载入程序，而 manage 程序开始的地方存放的是数据而不是指令，期望执行的应该是从 START（00001000B 单元）开始的指令。控制单元会停止执行载入程序而从 START 开始执行这个 manage 程序吗？

1.3.8　取指令和程序计数器

执行指令包括取指令和译码发出控制信号两个阶段。后一阶段通过指令译码器和控制逻辑电路对设计的指令集（8 条指令编码）实现译码，并转换成相应的控制信号来实现指令要求的操作，这里主要讨论从存储器取指令的过程。

程序计数器（PC，Program Counter）是控制单元中一个重要的寄存器，其内容是控制单元要执行的下一字节指令的地址，控制单元根据这个地址从存储器取得一字节指令后，就对程序计数器加 1，始终指向下一字节指令的地址，这样控制单元就可以逐字节地不断取得指令。如果程序计数器的内容为全 1，加 1 后内容为全 0，并不会因为溢出而导致取指令操作停止。因此计算机从一开机，控制单元就会自动执行从存储器取指令的操作，而且永远也不会停止。

根据设计时的要求，计算机每次复位后，程序计数器都有一个初始值，这个初始值就是计算机要执行的第一条指令的第一字节的地址。现在可以假设模型机的程序计数器初始值为11000000B，这也是为什么要把载入程序预存在地址 11000000B 处的原因——只要模型机一开机，就会执行载入程序。

值得注意的是，不论程序计数器指向的存储器单元中是否预存指令，控制单元都会机械地完成取指令操作，并将取得的内容作为指令进行译码，因此一定要保证程序计数器指向计划运行的程序，以免产生不可预知的操作。

在前面我们曾把计算机定义为"自动运算的机器"，自动运算是执行程序实现的，而有了程序计数器的概念后，我们知道，程序的执行是靠程序计数器的推动实现的，所以，计算机也是"自动运行的机器"。

现在我们可以来回答 1.3.7 节提出的疑问了。首先想要从执行的载入程序转到 START（00001000B 单元）开始执行 manage 程序，就需要载入程序把程序计数器的内容修改为 00001000B。

当控制单元逐字节执行指令到 manage 程序的最后一字节（00001110B 单元）时，这时的程序计数器加 1 后的内容为 00001111B，控制单元将从 00001111B 单元继续取指令执行。这以后的存储器单元如果预存有其他程序，就将执行这个程序；如果没有预存指令，控制单元译码后会认为是空操作指令（存储器单元的初始值为全 1），一直到 11000000B 单元处重新执行载入程序——这些也许并不是我们预计的结果。所以 manage 程序不能说是错误的，但流程控制至少是不恰当的。

1.3.9 流程控制

观察 manage 程序，会发现程序的执行顺序就是存储顺序，好像并不需要流程控制，但为了避免出现 1.3.8 节描述的后果，我们尝试给 manage 程序最后加一条转移指令 JMP START。表 1.12 所示为重新形成的汇编语言源程序和机器码（目标程序）的对照表。

表 1.12 增加流程控制后的程序

源代码（源程序）				存储器地址	机器码（目标程序）
ORG 00000000B	FIR	DB	0	00000000	00000000
	SEC	DB	0	00000001	00000000
	THR	DB	0	00000010	00000000
ORG 00001000B	START:	IN	A, 0010B	00001000	00000010
		MOV	SEC, A	00001001	01100000
				00001010	00000001
		IN	A, 0101B	00001011	00000101
		ADD	A, SEC	00001100	10000000
				00001101	00000001
		OUT	1100B, A	00001110	00101100
		JMP	START	00001111	11000000
				00010000	00001000

当从 00010000B 单元取得 manage 程序的最后一字节指令（JMP START 的第 2 字节）后，这时虽然程序计数器加 1 指向 00010001B 单元，已经超出 manage 程序的范围，但执行这条 JMP START 指令的作用正是将程序计数器的内容修改为 00001000B（符号 START 代表的地址），所以下一条指令将从 00001000B 单元取得，又开始循环地执行这个 manage 程序了。

从这里可以看出，流程控制之所以能解决程序存储顺序与算法要求的执行顺序不同而出现的问题，根本上是通过修改程序计数器实现的。

如果不需要不断地进行加法处理，也可以把增加的转移指令更改为 TAIL: JMP TAIL，形成的机器码为 11000000 00001111B，执行这条转移指令后，程序计数器内容始终修改为这条转移指令的地址（符号 TAIL 代表这条转移指令的地址 00001111B），以后会不停地执行这条指令，形成一个死循环。

当然最好的方式是返回到载入程序，再由载入程序载入其他程序去执行，这时载入程序的功能相当于操作系统。

1.3.10 总线时序

在对图 1.6 所示的时钟电路的介绍中，我们知道 CPU 访问一次总线的时间称为总线周期，这里假设模型机的总线周期也由 4 个时钟周期（一般称为 T 状态）组成，分别称为 T_1、T_2、T_3 和 T_4。

总线时序就是总线周期中三类总线信号之间存在的定时关系。现在以模型机指令集中的两条存储器访问指令为例，说明总线时序。

MOV THR, A（THR 代表地址 00000010B），执行时产生的写周期如图 1.10 所示。

T_1：CPU 通过地址总线发出地址信号 00000010B，控制线 M/$\overline{\text{IO}}$ 输出高电平，译码后选中 00000010B 存储器单元。

T_2：CPU 发送寄存器 A 中的数据到数据总线，同时 CPU 通过控制总线发出写信号，选通 00000010B 存储器单元与数据总线之间的输入缓冲器，数据总线上的数据可以传送到 00000010B 存储器单元。

T_3：保证充分时间，数据稳定输入到 00000010B 存储器单元。

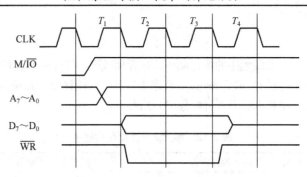

图 1.10 总线时序（写周期）

T_4：CPU 撤出所有信号。

MOV A, FIR（FIR 代表地址 00000000B），执行时产生的读周期如图1.11所示。

T_1：CPU 通过地址总线发出地址信号 00000000B，控制线 M/$\overline{\text{IO}}$ 输出高电平，译码后选中 00000000B 存储器单元。

T_2：CPU 通过控制总线发出读信号，选通 00000000B 存储器单元与数据总线之间的输出缓冲器。

T_3：00000000B 存储器单元中的数据经过数据总线稳定传送到 CPU 中寄存器 A。数据总线出现有效数据的时间较写周期延迟，是因为存储器输出数据速度较 CPU 输出数据慢。

T_4：CPU 撤出所有信号。

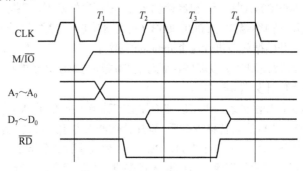

图 1.11 总线时序（读周期）

1.3.11 I/O 接口的数据传送方式

I/O 接口负责总线和输入/输出设备之间的数据交换。CPU 与 I/O 接口通过总线传送的速度比 I/O 接口与输入/输出设备传送的速度快很多，为了数据传送的可靠，往往要确认 I/O 接口与输入/输出设备之间的状态。例如，从输入设备输入的数据，必须确认已经传送到相应 I/O 接口，CPU 才可以通过总线从相应 I/O 接口读取；CPU 输出的数据，必须确认相应 I/O 接口先前的数据已经被输出设备接收，才能通过总线写到相应 I/O 接口。因此，CPU 与 I/O 接口之间的数据传送一般有三种主要的方式。

1. 查询（Query）

查询方式是指 CPU 在需要输入/输出数据时，先查询相应 I/O 接口，以获知输入/输出设备是否就绪，如果就绪，就可以与相应 I/O 接口进行数据传送，否则继续查询直到满足条件。这种方式下，CPU 通过查询来匹配慢速的输入/输出设备，使 CPU 的运行效率下降，只适用于 CPU 不太忙的情况。查询的优点是无须增加额外的硬件。

2. 中断（Interrupt）

中断方式是指 CPU 无须查询 I/O 接口，当相应 I/O 接口满足数据传送条件时主动向 CPU 发出申请，由 CPU 中断当前执行的程序，调用一个相应的子程序完成数据传送，子程序返回后，继续执行被中断的程序。这种方式下，CPU 运行效率高，数据传送及时，适合输入/输出设备较慢，但要求实时响应的情况；缺点是 I/O 接口向 CPU 申请的信号需要占用 CPU 引脚，响应这个过程也需要一定的 CPU 开销，还有可能增加硬件（中断控制器）以专门管理 I/O 接口的中断申请。

3. DMA（Direct Memory Access）

当输入/输出设备到 I/O 接口的速度很快且数据量较多时，采用以上两种方式，都需要 CPU 管理并且中转才能与存储器交换数据，CPU 开销大，数据传送速度也不快。DMA 方式是通过增加一个硬件（DMA 控制器）来专门完成 I/O 接口与存储器的直接数据交换。由 DMA 控制器实现总线上的数据传送，必然由 DMA 控制器发出地址信号、控制信号，所以采用 DMA 方式时，CPU 要出让总线控制权，虽然这时 CPU 可以继续执行当前程序，但不能访问总线，还可能影响到对中断的响应。

1.4 微机系统

1.4.1 微机系统的三个层次

在以上对计算机运行原理的概述和对微机结构的分析基础上，我们大体了解了微机的工作原理和方式。一台微机，如果没有预存程序，开机后就没有任何操作；要正常工作，必须配以相应的软件，这样就构成了完整的微机系统。对微机系统一般通过如下三个层次理解。

1. 微处理器

严格地讲，微处理器不等于 CPU。CPU 由算术逻辑单元和控制单元组成；微处理器除了算术逻辑单元和控制单元外，还包含暂存数据和指令的寄存器组（Register Set）及高速缓冲存储器（Cache）等特殊存储器，这些部件集成在一片大规模或超大规模集成电路芯片上，这样的器件才被称为微处理器。称呼上，"CPU"源于功能实现的理解，而"微处理器"来自于实际电路组成的角度，虽然严格意义上不等同，但在不产生歧义的基础上，可以认为是同义词。

通常，微处理器不包含程序存储单元，不能构成完整的微机系统，也不能独立运行。

2. 微机

以微处理器为核心，配以大规模集成电路的只读存储器（ROM）、读写存储器（RAM）、输入/输出接口及总线，才构成完整的微机。微机已具有独立运行的能力。如果微机的这些组成部分在一块印制电路板上实现，则这样的微机称为单板微机，简称单板机。如果微机的这些组成部分全部集成在一片超大规模集成电路芯片上，则这样的微机称为单片微机，简称单片机。

3. 微机系统

简单地说，微机系统，就是硬件（Hardware）和软件（Software）的集合。

硬件是指构成计算机的所有物理零件，即上一层次的微机，是可触摸得到的实体，未配有软件的微机一般称为"裸机"。

软件是指能使微机工作的程序和程序运行时所需要的数据，以及与这些程序和数据有关的文档，即软件 = 程序 + 数据 + 文档。软件分为系统软件和应用软件两大类。

系统软件（System Software）为计算机使用提供最基本的功能，但并不针对某一特定应用，系统软件是负责管理和协调各种硬件工作的程序，它使得计算机用户和应用软件将计算机当做一个整体而无须顾及底层每个硬件是如何工作的。前述的载入程序就属于系统软件。系统软件一般划分为面向计算机本身的软件（操作系统）、面向计算机维护人员的软件（调试、纠错、测试程序等）和面向用户的软件（编程语言、数据库管理系统等）。

这里重点讨论一下编程语言。编程语言（Programming Language）是一组用来定义计算机操作步骤的特殊语言，它主要定义一组语法规则，一种计算机语言让程序员能够准确地定义数据和不同情况下所应当采取的操作。前述模型机我们就使用了汇编语言来编程，由于汇编指令与机器码指令一一对应，直接操作计算机硬件，因此汇编语言也称为低级编程语言（Low-level Programming Language）。相对地也出现了高级编程语言（High-level Programming Language），高级编程语言是高度封装了的编程语言，以人类的日常语言为基础，不再与某种计算机硬件有直接的联系，能够比低级编程语言更准确地表达程序员所想表达的东西，更易于编程和阅读，高级语言程序通过编译程序（Compiler）或解释程序（Interpreter）翻译成特定处理器的机器码目标程序。

应用软件（Application Software）是为了某种特定应用而被开发的程序，较常见的有文字处理软件、信息管理软件、辅助设计软件、图形图像软件、网页浏览软件、影音播放软件、邮件管理软件、信息安全软件、虚拟平台软件等。

1.4.2　PC 系统

20 世纪 80 年代，IBM 公司推出以 Intel 公司 x86 硬件架构及 Microsoft 公司 MS-DOS 为操作系统的个人计算机（PC，Personal Computer），形成了以 PC/AT 为基础的事实上的 PC 标准。PC 发展至今，已成为最普及的微机系统。

图 1.12 所示为一个实际的 PC 系统，这个微机系统以 8086 微处理器为核心，包括存储器、中断控制器 8259、计数器/定时器 8253、DMA 控制器 8237、并行接口 8255、串行接口 8251 和 ISA 总线。本课程后续章节将以这个 PC 系统为例，具体介绍微机的工作原理及其编程方法。

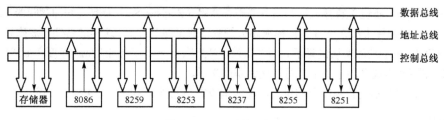

图 1.12　8086 微机系统

本 章 小 结

计算机的发展经历了机械式、机电式、电子管式、晶体管式、超大规模集成电路式等时代，现代广泛使用的计算机是指电子数字式计算机，它基于微电子技术，以数字量表达和存储信息。

计算机中表达信息采用若干位二进制数字的组合，称为编码。表达数值、文字、符号、图形、图像、声音等不同信息，分别采用不同的编码形式；存在于计算机中的编码称为数据，特定信息的数据处理针对相应的编码形式，而从数据本身无法判断编码形式，因此必须保证信息和编码的对应关系。

计算机是通过程序控制，自动处理数据的机器；现代计算机的设计普遍采用冯·诺依曼"程序存储"结构。指令是指挥计算机执行各种基本操作的命令，指令集是一个计算机所有指令的集合，代表计算机可以完成的所有操作，指令也以二进制编码形式表达，称为机器码；为便于理解和记忆，常用文本表示指令，称为汇编指令；程序是实现特定应用的数据定义和指令序列，程序设计时，常用汇编语言编写源程序，再转换为机器码目标程序，这个过程称为汇编。程序存储在存储器中，为定位每个存储器单元而分配唯一的二进制形式编号，称为地址；程序计数器通过地址从存储器逐字节取得指令，通过改变程序计数器的内容就可以控制程序的执行顺序。计算机以一个基本时钟脉冲作为定时标准和操作节拍，计算机的任何操作都是在时钟脉冲触发下有序进行的，这个过程称为时序。

微机是最近 30 多年来基于 LSI、VLSI 技术发展起来的通用计算机，是计算机发展的一个重要分支；微机的显著特点是采用微处理器和总线结构。总线是连接微机各组成部件的一组公共信号线，通过数据总线、地址总线和控制总线协调完成微机各组成部件之间的数据传送。I/O 接口是总线与输入/输出设备之间的数据缓冲和转换部件，通过 I/O 接口进行的数据传送一般采用查询方式、中断方式和存储器直接访问（DMA）等工作方式。

微机系统包括硬件和软件，硬件由微处理器、存储器、输入/输出接口及总线等组件组成，软件包含系统软件和应用软件两大类别。

 习 题

1. 模拟计算机和数字计算机的区别是什么？
2. 计算机中存在的一个编码是 00001001B，它代表什么？为什么？
3. 程序和指令有什么联系和区别？
4. 简述现代计算机的组成结构。
5. 论述对计算机定义的理解。
6. 什么是图灵机和通用计算机？
7. 通用计算机与专用计算机的重要区别是什么？
8. 计算机如何实现指令读取和流程控制？
9. 微机的结构特点是什么？微机与通用计算机在工作原理上有什么联系和区别？
10. 简述总线数据传送过程。
11. 什么是时钟周期？它的作用是什么？总线周期的含义是什么？它与时钟周期之间是什么关系？如果一个 CPU 的时钟频率为 24 MHz，它的一个时钟周期为多少？
12. 什么是 I/O 接口？为什么需要 I/O 接口？
13. I/O 接口的数据传送方式有哪些？各有什么特点？
14. 微处理器、微机和微机系统三者之间有什么联系和区别？

第2章　8086微处理器

8086是Intel公司生产的字长16位的定点微处理器，内部寄存器、算术逻辑单元和外部数据引脚均为16位，支持8位/16位的符号数/无符号数的算术运算和数据传送，8086提供20位地址引脚（存储器周期20位地址有效；I/O周期16位地址有效），可寻址1MB存储器空间和64KB I/O地址空间。8086可以以字节方式操作，因而可兼容8位微处理器8085及其外围电路。

　　本章主要介绍8086的内部结构、外部引脚、存储器组织形式和总线时序。建议本章学时为6学时。

2.1　内　部　结　构

　　8086的内部结构如图2.1所示，在内部功能逻辑上分为两个处理单元：总线接口单元和执行单元。

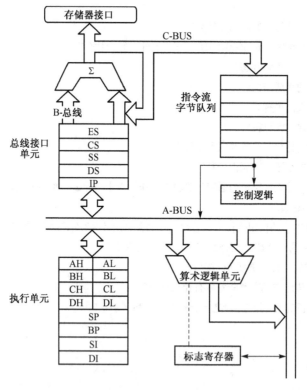

图2.1　8086的内部结构

　　这两个单元虽然能直接相互作用，但绝大部分功能还是作为两个异步操作的独立单元完成的。总线接口单元完成物理地址形成、指令获取和排队、操作数存取及基本总线控制功能。执行单元从总线接口单元的指令队列接收指令，向总线接口单元提供定位操作数的偏移。存储器操作数通过总线接口单元传送到执行单元处理，执行单元的处理结果再通过总线接口单元传送到存储器存储。

　　8086基于总线接口单元和执行单元异步独立工作的形式，设计有三条内总线：A-BUS用于执行单元内部的数据传送；B-BUS 用于向地址加法器传送段地址；C-BUS 用于总线接口单元内部的数据传送。C-BUS 与 A-BUS 通过通信寄存器（图中未画出）连接在一起，通信寄存器是总线接口单元与执行单元之间的数据缓冲。

下面首先介绍 8086 微处理器结构上的几个特点，再描述总线接口单元和执行单元的具体组成。

2.1.1　结构特点

1. 流水线（Pipeline）

根据第 1 章所述，指令的执行时间称为指令周期，指令周期包括取指周期和执行周期两个阶段。取指周期需要通过总线从存储器取指令；执行周期中，如果需要存取操作数，就需要访问总线；如果执行周期中不存取操作数，总线处于空闲，这段空闲时间称为死时（Dead Time）。

传统计算机的指令执行是取一条指令执行一条指令，不断重复这个过程，取指和执行是串行的，如图 2.2 所示。

总线	忙		忙		忙			忙		忙		忙	
传统 CPU	I1 取指	I1 译码	I1 取数	I1 处理	I2 取指	I2 译码	I2 处理	I3 取指	I3 译码	I3 取数	I3 处理	I3 存数	…

图 2.2　传统计算机串行工作

8086 总线接口单元可以在执行周期不存取操作数的时间预取后续指令，即总线接口单元的指令预取与执行单元的指令执行交迭并行进行，这种机制称为流水线（Pipeline）。流水线机制减少了死时的出现，通过改善总线利用率来提高微处理器的效率，已经成为现代微处理器广泛采用的一种技术。

8086 分为总线接口单元和执行单元两个异步工作的部分，指令的执行形成两级流水线，如图 2.3 所示。

总线	忙	忙	忙	忙	忙	忙	忙	忙	忙	忙
总线接口单元	I1 取指	I2 取指	I1 取数	I3 取指	I4 取指	I3 取数	I5 取指	I3 存数	I9 取指	I10 取指
执行单元		I1 译码		I1 处理 / I2 译码	I2 处理 / I3 译码		I3 处理	I4 译码 / 修改 PC	I9 译码	…

图 2.3　8086 两级流水线

大多数情况下（程序计数器未因转移指令而内容改变时），预取指令和当前指令的执行可能同时进行，取指周期隐含在之前的执行周期中，指令周期接近于执行周期的时间长度。当程序计数器因转移指令而内容改变时（如指令 I4 为转移指令，执行后程序计数器指向指令 I9），预取指令将被清除，流水线作业被破坏（这也是两个异步操作的独立单元不可避免的），虽然重建流水线作业需要一定时间（总线接口单元需要按改变后的程序计数器重新取指），但只要出现的概率不太高，对 8086 整体效率的影响并不大。更为先进的微处理器一般都分为多个异步工作的部分，形成多级流水线。

2. 存储器的分段寻址（Segmented Addressing）

8086 作为一个字长 16 位的微处理器，一次处理的数据位数最长为 16 位，相应地，输入/输出数据的数据总线和片内暂存数据的寄存器都设计为 16 位。而为了支持更大的存储器空间，8086 地址总线设计为 20 位，依靠单一的 16 位寄存器显然无法提供 20 位地址，因此 8086 在设计上采用了分段寻址（Segmented Addressing）的机制。

　　所谓分段寻址，就是把整个存储器地址空间划分为若干段（Segment），每个段由一个 20 位的段地址来定位，这个段内的存储器单元由这个单元在段内的偏移（Offset）来定位。分段寻址的过程如图 2.4 所示。相对于物理地址（Physical Address），8086 的这种分段地址也称为逻辑地址（Logic Address），记为 segment:offset。物理地址是 8086 寻址实际存在的物理存储器而从 20 位地址引脚发出的地址。segment 为 16 位，由段寄存器（CS、DS、SS 和 ES）之一提供。offset 也为 16 位，如果是取指操作，由指令指针寄存器（IP）提供；如果是指令执行中访问存储器操作数，则在指令中给出。

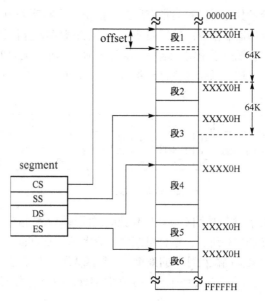

图 2.4　分段寻址

　　要访问物理存储器，逻辑地址必须转换为物理地址，如图2.5所示。首先 16 位 segment 左移 4 位形成 20 位段地址，然后加上 16 位 offset，形成 20 位物理地址。这样，8086 通过两个 16 位的分段地址即可定位任意的存储器单元。

图 2.5　物理地址的形成

　　由于采用分段寻址，因此 8086 的程序以段为单位构成，如图 2.4 所示，存储器里的程序就包含 6 个段。8086 设计有 4 个段寄存器，同一时刻最多只能指向 4 个段（当然根据需要，多个段寄存器也经常指向同一个段），如段 1、段 3、段 4 和段 6；若要访问段 2，必须要先改变段寄存器，以指向段 2。

　　由于段寄存器提供 16 位的 segment，因此最多可指向 2^{16} = 64 K 个段。segment 左移 4 位后形成 20 位段地址，因此段地址最后 4 位总是 0（十六进制形式为 XXXX0H），段之间有可能出现空闲空间，如段 3、段 4、段 5 和段 6 之间的部分。

　　由于 offset 为 16 位，因此每个段最大可包含 2^{16} = 64 K 个连续的存储器单元。一组大于 64 KB 的数据或指令必须分成多个段，如段 1 和段 2，大于 64 K 的部分在段 2 内访问。在一个小于 64 KB 的段中，虽然偏移最大可覆盖 64 K 范围，但并不意味可以访问到段外的空间，如段 2，因为段内存储器单元形成的偏移不可能超出段 2，也就不可能访问到空闲空间和段 3 的一部分。分段地址 segment:offset 是指向一个段的 segment 和这个段内的 offset，应当避免、更没有必要故意以一个段的段地址和另一个段内的偏移进行错误访问。

另外，虽然最多可指向 64 K 个段，一个段最大可包含 64 K 个存储器单元，但一个程序不可能有 64 K × 64 K = 2^{32} 个存储器单元（超过 20 位地址可寻址空间 2^{20}），段的数量和段的大小这两个因素必须结合起来考虑。

3．I/O 地址空间

8086 采用独立寻址的方式解决 I/O 端口寻址，即通过一个引脚（pin28）提供一个专门的状态信号 M/$\overline{\text{IO}}$ 来区分存储器地址空间和 I/O 地址空间。不同于寻址存储器，8086 只使用 20 位地址的低 16 位寻址 I/O 端口，地址空间为 0000H～FFFFH，可寻址 2^{16} = 64 K 个 I/O 端口，因此 I/O 地址可以方便地由 16 位寄存器给出。

2.1.2　总线接口单元 BIU

总线接口单元（Bus Interface Unit）的主要组成部件如下。

1．段寄存器（Segment Register）

段寄存器为分段寻址定位段的位置。虽然一个段寄存器就可指向所有的段，但 8086 设计了 4 个段寄存器，分别用于指向 4 种不同类别的段，这样，在程序设计时，可以将指令、数据和堆栈等不同类别的数据分别组织在不同类别的段中，使得程序结构更合理，数据访问更快捷。4 个段寄存器定义为：

CS（Code Segment），指向代码段，代码段用于存储程序的指令。

DS（Data Segment），指向数据段，数据段用于暂存原始数据和处理后的中间结果及最终结果。

SS（Stack Segment），指向堆栈段，堆栈段用于形成堆栈区。

ES（Extra Segment），指向扩展段，扩展段与数据段类似，一般情况下，数据段用于存储局部变量，扩展段用于存储全局变量。

2．地址加法器（Address Adder）

地址加法器的功能是将分段地址转换为物理地址（转换过程如图 2.5 所示），用于存储器接口访问实际的物理存储器。

3．指令指针寄存器（Instruction Pointer Register）

IP（Instruction Pointer）存储代码段内的偏移，与 CS 一起构成取指所需的程序计数器。程序计数器由总线接口单元自动改变，始终指向顺序存储的下一字节指令。除控制程序流指令（如转移、调用、返回、循环和中断）可以改变程序计数器外，其他指令都不能直接修改程序计数器。

8086 复位后，CS 全部置位而 IP 全部复位，所以程序计数器的值为 FFFFH:0000H，对应的物理地址为 FFFF0H，这就是 8086 取指执行的第一字节指令。

4．存储器接口（Memory Interface）

8086 内总线与实际物理存储器的接口，包含 16 位数据传送通道，根据地址加法器提供 20 位物理地址信号，以及由控制器产生的总线控制信号。8086 通过存储器接口进行取指和存取操作数。

5．指令流字节队列（Instruction Stream Byte Queue）

6 字节的先入先出（FIFO，First-In-First-Out）缓冲器，由存储器接口根据程序计数器预取指令进行填充，由执行单元依次读取。当队列中出现至少两个空字节时，总线接口单元将在总线空闲时以字（2字节）为单位取指，直至填满队列。当执行控制程序流指令（如转移、调用、返回、循环和中断）时，将清空指令流字节队列。

2.1.3　执行单元 EU

执行单元（Execution Unit）的主要组成部件如下。

1．控制器（Controller）

从指令流字节队列顺序读取指令，根据指令译码控制 8086 中其他部分进行相应操作，以实现指令要求的功能。如果在指令执行中需要存取操作数，则向总线接口单元发送指令中指出的 16 位地址：如果是存储器操作数，则为偏移；如果是 I/O 操作数，则为 I/O 地址。

控制器根据要求修改程序计数器的内容，之后必须等待总线接口单元清空指令流字节队列，并按修改后的程序计数器内容重新取指填充指令流字节队列后，控制器才能继续从指令流字节队列取指令。

2．算术逻辑单元（Arithmetic/Logic Unit）

这个 16 位算术逻辑单元，根据控制器的控制，可完成 8 位或 16 位的二进制算术运算和逻辑运算，实现对数据的处理。

3．标志寄存器（Flag Register）

标志寄存器如表 2.1 所示。标志寄存器设计为 16 位，实际使用 9 位，其中 6 位用以存放算术逻辑单元运算后的结果特征，称为状态标志；另外 3 位通过人为设置，用以控制 8086 的三种特定操作，称为控制标志。

表 2.1　标志寄存器

D_{15}	D_{14}	D_{13}	D_{12}	D_{11}	D_{10}	D_9	D_8	D_7	D_6	D_5	D_4	D_3	D_2	D_1	D_0
				OF	DF	IF	TF	SF	ZF		AF		PF		CF

6 个状态标志位定义如下。

D_0 位，CF（Carry Flag），进位/借位标志。如果运算结果最高位产生了进位或借位，标志置位（CF = 1，表示为 CY，即 Carry）；如果运算结果最高位未产生进位或借位，标志复位（CF = 0，表示为 NC，即 No Carry）；另外算术逻辑单元的移位操作也影响 CF。

D_2 位，PF（Parity Flag），奇偶标志。如果运算结果的低字节包含偶数个置位位（包括 0 个），标志置位（PF = 1，表示为 PE，即 Parity Even）；如果运算结果的低字节包含奇数个置位位，标志复位（PF = 0，表示为 PO，即 Parity Odd）。

D_4 位，AF（Auxiliary Carry Flag），辅助进位/借位标志，用于 BCD 加法的调整（具体参见后续指令系统相关章节）。如果运算结果的低 4 位产生了进位或借位，标志置位（AF = 1，表示为 AC，即 Auxiliary Carry）；如果运算结果的低 4 位未产生进位或借位，标志复位（AF = 0，表示为 NA，即 No Auxiliary Carry）。

D_6 位，ZF（Zero Flag），零标志。如果运算结果为 0，标志置位（ZF = 1，表示为 ZR，即 Zero）；如果运算结果不为 0，标志复位（ZF = 0，表示为 NZ，即 No Zero）。

D_7 位，SF（Sign Flag），符号标志，用于标志符号数的正、负。如果运算结果的最高位为 1，标志置位（SF = 1，表示为 NG，即 Negative）；如果运算结果的最高位为 0，标志复位（SF = 0，表示为 PL，即 Positive）。

D_{11}位,OF(Overflow Flag),溢出标志,用于标志符号数的运算结果是否超出表达范围(无符号数的溢出以 CF 标志)。如果运算结果的最高位和次高位的进位/借位状态不同,标志置位(OF = 1,表示为 OV,即 Overflow);如果运算结果的最高位和次高位的进位/借位状态相同,标志复位(OF = 0,表示为 NV,即 No Overflow);这种判别方式称为双高异或判别。

三个控制标志位定义如下。

D_8位,TF(Trap Flag),陷阱标志,也称为单步标志,用于程序的单步执行调试。如果标志置位,则在当前指令执行后产生 INT 1 的中断,在中断服务程序中可了解当前指令执行后的各种状态(具体参见后续中断相关章节)。

D_9位,IF(Interrupt Flag),中断标志。如果标志置位(IF = 1,表示为 EI,即 Enable Interrupt),允许 8086 响应可屏蔽中断请求;如果标志复位(IF = 0,表示为 DI,即 Disable Interrupt),禁止 8086 响应可屏蔽中断请求(具体参见后续中断相关章节)。

D_{10}位,DF(Direction Flag),方向标志。如果置位(DF = 1,表示为 DN,即 Down),执行串操作指令后地址指针自动减量;如果复位(DF = 0,表示为 UP,即 Up),执行串操作指令后地址指针自动增量(具体参见后续指令系统相关章节)。

4. 通用寄存器组(General Purpose Register Set)

通用寄存器组是 8086 中暂存数据、指针的寄存器阵列,相比使用存储器,可以减少 8086 访问总线的次数,有利于提高数据处理速度。8086 通用寄存器组包含 8 个 16 位寄存器,使用上一般没有限制,但有些特定操作要求必须使用指定的寄存器(具体参见后续指令系统相关章节)。这些寄存器定义如下。

AX(Accumulator),累加寄存器。主要用于乘除运算和输入/输出操作时存储操作数、优化移动操作。

BX(Base),基寄存器。主要用于存储器间接寻址时存储数据段的基地址。

CX(Counter),计数寄存器。主要用于循环、重复、移位操作时存储计数值。

DX(Data),数据寄存器。主要用于乘除运算时存储操作数、输入/输出间接寻址时存储 I/O 地址。

以上 4 个 16 位寄存器的高、低字节也可单独作为两个独立的 8 位寄存器,分别定义为 AH、AL、BH、BL、CH、CL、DH 和 DL。

SP(Stack Pointer),堆栈指针寄存器。用于存储栈顶的偏移。

BP(Base Pointer),基指针寄存器。主要用于存储器间接寻址时存储堆栈段的基地址。

SI(Source Index),源索引寄存器。主要用于存储器间接寻址时存储索引地址、串操作时存储源串的偏移。

DI(Destination Index),目的索引寄存器。主要用于存储器间接寻址时存储索引地址、串操作时存储目的串的偏移。

2.1.4 8086 工作过程

总线接口单元根据程序计数器,通过存储器接口从存储器预取指令,经 C-BUS 填充到指令流字节队列。执行单元的控制器从指令流字节队列获得指令,译码后产生控制信息,由控制信息完成对应指令功能的操作。操作中如果需要存取操作数,可通过几种方式完成:若操作数在指令流字节队列中,通过 A-BUS 获得;若操作数在寄存器中,通过 A-BUS 存取;若操作数在存储器单元或 I/O 端口中,则需要地址加法器提供物理地址,通过存储器接口在总线上寻址存取。

8086 如此循环往复,完成取指、译码、执行的过程,执行过程可能存在数据处理(由算术逻辑单元完成)和数据传送(由存储器接口访问总线完成),也可能出现流程转移(由改变程序计数器完成)。

2.2　引　　脚

图2.6所示为8086外部引脚的定义。

8086 设计为提供 16 位数据线、20 位地址线和若干控制线，信号总数超过 40 个，因此 40 脚封装的 8086 将地址信号与数据、状态等信号定义在同一个引脚上，但控制这些信号不同时出现在引脚，这种称为分时复用的技术提供了 8086 对引脚最有效的利用，并在现代微处理器设计中广泛采用。

另外，8086 设计为可以工作在两种工作模式：最小模式和最大模式。由于最小模式和最大模式对 8086 的要求差异很大，若每个引脚只唯一定义，则无法有效支持两种工作模式，因此 8086 定义一个引脚 pin33 为模式检测输入信号 $MN/\overline{MX}$，当输入为高电平时，设置 8086 为最小模式，当输入为低电平时，设置 8086 为最大模式，而引脚 pin24～pin31 对应最小模式和最大模式分别有两种不同的定义。

下面先介绍 8086 两种工作模式的特点，再描述 8086 不受工作模式影响的引脚定义，最后描述引脚 pin24～pin31 对应最小模式、最大模式时的两种不同定义。

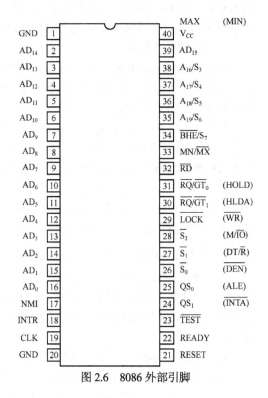

图 2.6　8086 外部引脚

2.2.1　最小模式和最大模式

微机系统面向总线构成，一般将连接微处理器、存储器、I/O 接口的分离总线（Demultiplexed Bus）称为系统总线（System Bus）。由于速度、时序的差异，微处理器与系统总线之间往往要通过缓冲连接。相对缓冲连接的系统总线，将不经过缓冲而直接与微处理器连接的复用总线（Multiplexed Bus）称为局部总线（Local Bus）。

1. 最小模式

最小模式设计为不需要任何总线控制逻辑电路和总线驱动电路，或减至最少，由 8086 自身产生时序不严格的总线控制信号，构成一个最简微机系统。

最小模式典型配置如图2.7所示。与8086引脚 A_{19}～A_{16} 和 AD_{15}～AD_0 直接连接的一组复用总线经过锁存器芯片 8282 的分离与系统地址总线连接；AD_{15}～AD_0 可直接连接系统数据总线，如果需要，也可通过收发器芯片 8286 缓冲连接；控制总线全部由 8086 直接提供；控制锁存器的 ALE 信号、控制收发器的 $\overline{DEN}$ 和 DT/$\overline{R}$ 信号也由 8086 提供。另外，8086 的工作时钟由时钟发生器 8284 提供，8284 同时还完成复位信号 RESET 和准备信号 READY 与时钟脉冲 CLK 的同步。

2. 最大模式

最大模式设计为支持多总线（Multibus）和协处理器（Coprocessor），由 Intel 公司专用的总线控制器芯片 8288 产生兼容多总线的总线控制信号。多总线是 Intel 公司制定的一种总线标准（IEEE796），允许多个处理器分时复用总线。由于同一时刻只能有一个总线主控器控制总线操作，所以需要总线仲裁器 8289 参与仲裁总线控制权。协处理器用于扩展主处理器的处理性能,如算术协处理器 8087 为 8086 提供浮点运算功能,I/O 协处理器 8089 为 8086 提供专门的数据输入/输出功能,它们与 8086 并行运行,大大提高了 8086 的处理速度。

最大模式典型配置如图 2.8 所示。所有控制总线信号由 8288 译码 $\overline{S}_2$、$\overline{S}_1$ 和 $\overline{S}_0$ 状态信号,并在时钟脉冲 CLK 信号作用下产生;控制锁存器的 ALE 信号、控制收发器的 $\overline{DEN}$ 和 DT/$\overline{R}$ 信号也由 8288 提供;8086 通过锁存器 8282 连接系统地址总线;通过收发器 8286 缓冲到系统数据总线。

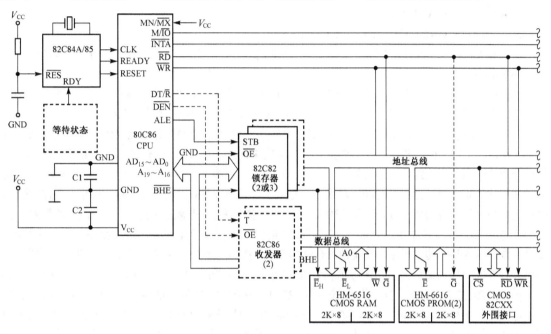

图 2.7　最小模式典型配置

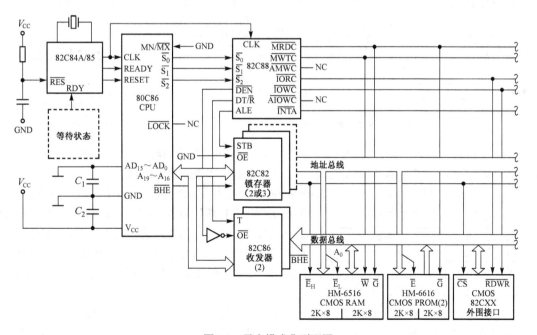

图 2.8　最大模式典型配置

总线控制转移到 8288 后，不仅为控制线提供了更好的正反向电流负载能力，并且解放出 8086 的一些引脚，这些引脚用于提供对协处理器及总线仲裁的支持（详细内容参见后续对最大模式引脚定义的介绍）。

2.2.2 引脚定义

1. 不受模式影响的引脚定义

pin40：V_{CC}，+5 V 电源正极。

pin1，pin20：GND（Ground），电源负极。

pin19，CLK（Clock）：时钟脉冲（输入），8086 以时钟周期作为内部电路最基本的定时单位，最大频率 8 MHz。

pin22，READY（Ready）：准备信号（输入）。READY 用于被寻址的存储器单元或 I/O 端口向 8086 显示已经准备好被读/写，高电平有效。这个信号需要在外部完成与时钟周期的同步。

8086 的总线周期是 8086 进行一次总线操作的时间，8086 的总线操作包括取指、读/写存储器、读/写 I/O 端口、中断响应、暂停等（具体参见后续总线周期有关章节）。如图 2.9 所示，最常见的读/写周期由至少 4 个时钟周期组成，分别称为 T_1、T_2、T_3 和 T_4。T_1 发出地址，T_2 主要用于读操作期间为输出驱动器变化为输入缓冲器提供时间，总线上数据的实际传送发生在 T_3 和 T_4 期间。如果在 T_4 的前一个时钟周期检测到 READY 无效，则自动插入一个时钟周期（称为等待状态 T_{WAIT}），直至检测到 READY 有效才进入 T_4，T_4 后才结束这个总线周期；因此 8086 总线周期包含的时钟周期数不固定，这种半同步总线周期既保证了传送效率，又兼顾了存储器和 I/O 接口与 8086 之间的速度差异。两个总线周期之间可能存在的时钟周期称为空闲状态 T_{IDLE}，在空闲状态，8086 只进行内部管理和处理，不操作总线。

pin21，RESET（Reset）：复位信号（输入）。RESET 在内部与时钟周期同步。如图 2.10 所示，RESET 在上电后必须维持有效不少于 50μs（或 4 个时钟周期，取决于哪个更大）；8086 在 RESET 上升沿终止当前操作，在 RESET 高电平时保持休眠，在 RESET 下降沿触发一个约 7 个时钟周期的内部复位序列：置位段寄存器 CS 全部位，清零其他所有寄存器，清空指令流字节队列；然后重新开始取指。

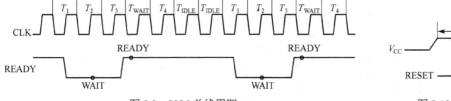

图 2.9　8086 总线周期

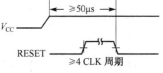

图 2.10　8086 复位时序

pin39，pin2～pin16，AD_{15}～AD_0（Address Data Bus）：分时复用的地址总线（输出）/数据总线（输入或输出）。T_1 期间为存储器/IO 地址总线。T_2、T_3、T_{WAIT}、T_4 期间为数据总线。

pin35～pin38，A_{19}～A_{16}/S_6～S_3（Address/Status）：分时复用的地址总线（输出）/状态信号（输出）。

存储器周期时 T_1 期间为 A_{19}～A_{16}，I/O 周期时 T_1 期间为低电平。T_2、T_3、T_{WAIT}、T_4 期间为状态：S_6 总是为低电平（不用）；S_5 显示中断允许标志位的状态，更新于每个时钟周期开始；S_4 和 S_3 编码显示当前段寄存器的访问状态，如表 2.2 所示。

表 2.2　段寄存器访问状态

S_4	S_3	状态
0	0	可修改数据（对应 ES）
0	1	堆栈（对应 SS）
1	0	代码或不用（对应 CS）
1	1	数据（对应 DS）

pin34，$\overline{BHE}/S_7$（Bus High Enable/Status）：分时复用的总线高字节允许信号（输出）/状态信号（输出）。T_1 期间为 $\overline{BHE}$，低电平有效，允许数据总线高半部

分（$D_{15} \sim D_8$）传送数据，通过数据总线高半部分传送的 8 位器件应该以 $\overline{\text{BHE}}$ 作为片选。在 T_2、T_3、T_{WAIT}、T_4 期间为状态 S_7，但 Intel 未公布其具体意义。

pin32，$\overline{\text{RD}}$（Read）：读选通信号（输出）。8086 在读周期 T_2、T_3 和 T_{WAIT} 期间发出的读选通信号，低电平有效。

pin18，INTR（Interrupt Request）：中断请求信号（输入）。INTR 在内部与时钟周期同步，在指令的最后一个时钟周期进行检测，高电平有效。这个信号可以通过软件屏蔽。

pin17，NMI（Non-Maskable Interrupt）：非屏蔽中断请求信号（输入）。NMI 在内部与时钟周期同步，在指令的最后一个时钟周期进行检测，上升沿有效。与 INTR 不同，这个信号不能被软件屏蔽，且优先级高于 INTR。

pin23，$\overline{\text{TEST}}$（Test）：测试信号（输入）。$\overline{\text{TEST}}$ 在内部与时钟周期同步，在 WAIT 指令执行期间检测，低电平有效，有效时结束 WAIT 指令，继续执行下一条指令，无效则重复执行 WAIT 指令。这个信号主要用于同步协处理器 8087。

pin33，MN/$\overline{\text{MX}}$（Minimum/Maximum）：最小/最大模式检测信号（输入）。输入高电平设置 8086 为最小模式，输入低电平设置 8086 为最大模式。

2．最小模式引脚定义

pin29，$\overline{\text{WR}}$（Write）：写选通信号（输出）。8086 在写周期 T_2、T_3 和 T_{WAIT} 期间发出的写选通信号，低电平有效。

pin28，M/$\overline{\text{IO}}$（Memory/Input&Output）：存储器/IO 操作状态信号（输出）。M/$\overline{\text{IO}}$ 用于区分存储器操作和 I/O 操作，8086 执行存储器访问时输出高电平，执行 I/O 访问时输出低电平，从前一个总线周期 T_4 后沿有效直到当前总线周期结束。

pin25，ALE（Address Latch Enable）：地址锁存允许信号（输出）。用于地址总线锁存器 8282/8283 的锁存控制。ALE 在总线周期 T_1 期间出现，正脉冲有效，后边沿锁存地址。

pin26，$\overline{\text{DEN}}$（Data Enable）：数据允许信号（输出）。$\overline{\text{DEN}}$ 用于数据总线收发器 8286/8287 的输出允许，低电平有效，读周期或中断响应周期从 T_2 后沿到 T_4 前沿有效，写周期从 T_1 后沿到 T_4 后沿有效。

pin27，DT/$\overline{\text{R}}$（Data Transmit/Receive）：数据传送/接收信号（输出）。DT/$\overline{\text{R}}$ 用于数据总线收发器 8286/8287 的方向控制。时序与 M/$\overline{\text{IO}}$ 相同。

pin24，$\overline{\text{INTA}}$（Interrupt Acknowledge）：中断响应信号（输出）。$\overline{\text{INTA}}$ 用于中断响应周期的读选通，在中断响应周期 T_2、T_3 和 T_{WAIT} 期间出现，低电平有效。

pin31，HOLD（Hold）：保持请求信号（输入）。HOLD 需要在外部完成与时钟周期同步，高电平有效，显示另一个总线主控器请求局部总线保持。

pin30，HLDA（Hold Acknowledge）：保持响应信号（输出）。作为对有效 HOLD 的回应，8086 在 T_4 或 T_{IDLE} 中部发出 HLDA，高电平有效，同时浮空局部总线和控制线（8086 交出局部总线控制权）。检测到 HOLD 无效后，8086 拉低 HLDA，如果需要，可以重新驱动局部总线和控制线。

3．最大模式引脚定义

pin28～pin26，$\overline{S_2} \sim \overline{S_0}$（Status）：状态线（输出）。用于总线控制器 8288 译码生成所有存储器和 I/O 端口访问的控制信号。总线状态情况如表2.3所示，T_4 期间的任何状态变化表示一个总线周期的开始，状态在 T_4、T_1 和 T_2 期间有效，表示某种总线周期正在进行；在 T_3 和 T_{WAIT} 期间且当 READY 为高电平时出现被动状态（$\overline{S_2}\,\overline{S_1}\,\overline{S_0}$=111，浮空状态，电平为高），表示一个总线周期的结束。

表 2.3　总线状态

$\overline{S}_2$	$\overline{S}_1$	$\overline{S}_0$	状态	8288 生成控制信号
0	0	0	中断响应	$\overline{\text{INTA}}$
0	0	1	读端口	$\overline{\text{IORC}}$
0	1	0	写端口	$\overline{\text{IOWC}}$ 、 $\overline{\text{AIOWC}}$
0	1	1	暂停	
1	0	0	取指	$\overline{\text{MRDC}}$
1	0	1	读存储器	$\overline{\text{MRDC}}$
1	1	0	写存储器	$\overline{\text{MWTC}}$ 、 $\overline{\text{AMWC}}$
1	1	1	被动	

　　pin24～pin25，QS_1～QS_0（Queue Status）：队列状态信号（输出）。在执行队列操作后的一个时钟周期内输出有效，用于协处理器 8087 跟踪 8086 内部指令流字节队列，如表 2.4 所示。程序可包含 8086 指令和 8087 指令（为区别 8086 指令，8087 指令的第一字节高 5 位设计为 11011），8086 和 8087 内部设计有相同的指令流字节队列，8086 取指时同时填充两个指令流字节队列，8087 根据 QS_1 和 QS_0 与 8086 保持相同的队列操作。当指令的第一字节出队时，8086 和 8087 通过高 5 位各自判断是否执行这条指令，显然只有一个处理器实际地执行。

表 2.4　队列操作

QS_1	QS_0	状态
0	0	无操作
0	1	指令的第一字节出队
1	0	清空队列
1	1	指令的后续字节出队

　　pin30～pin31，$\overline{\text{RQ}}/\overline{\text{GT}}_1$，$\overline{\text{RQ}}/\overline{\text{GT}}_0$（Request/Grant）：请求/同意信号（输入/输出）。用于局部总线上的协处理器 8087 需要访问存储器时向 8086 要求局部总线控制权，8086 也通过这个引脚回应请求。$\overline{\text{RQ}}/\overline{\text{GT}}_0$ 优先级高于 $\overline{\text{RQ}}/\overline{\text{GT}}_1$。

　　pin29，$\overline{\text{LOCK}}$（Lock）：锁定信号（输出）。当执行指令前缀 LOCK 时输出有效，并维持到下一条指令完成，用于封锁总线仲裁器，不使其他总线主控器获得系统总线控制权。中断响应时，在第一个中断响应周期 T_2 输出有效，在第 2 个中断响应周期 T_2 撤出。

2.3　存储器组织

　　8086 提供 20 位地址寻址存储器单元，存储器地址空间为 00000H～FFFFFH，可寻址 $2^{20}=1\,M$ 个存储器单元。8086 采用小端（Little Endian）格式存储数据，即数据的有效低字节存储在较低地址单元，有效高字节存储在较高地址单元；并且 8086 支持数据定位在偶地址或奇地址边界。如一个两字节数据 1234H 从 10000H 单元开始存储，则低字节 34H 存储在 10000H 单元，高字节 12H 存储在 10001H 单元。如另一个两字节数据 5678H 从 10011H 单元开始存储，则低字节 78H 存储在 10011H 单元，高字节 56H 存储在 10012H 单元。

　　8086 提供 16 位数据总线，可以一次传送 16 位数据。由于存储器以字节（8 位）为单位分配地址，8086 将物理存储器组织为两个 512 KB 的部分，如图 2.11 所示。这两部分分别连接数据总线的高 8 位（D_{15}～D_8）和低 8 位（D_7～D_0），通过地址线 A_{19}～A_1 并行寻址。连接 D_7～D_0 的部分以 A_0 为允许信号，因此地址都为偶数，称为偶地址存储体；连接 D_{15}～D_8 的部分以 8086 专门提供的 $\overline{\text{BHE}}$ 为允许信号，地址都为奇数，称为奇地址存储体。

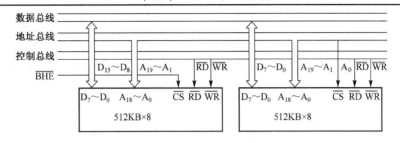

图 2.11　8086 存储器组织

8086 的存储器访问情况如表 2.5 所示。当只访问一字节数据时，根据地址的奇偶性，$\overline{\text{BHE}}$ 和 A_0 中一个有效，通过数据总线高 8 位或低 8 位传送。当需要访问一个两字节的字数据时，如果定位在偶地址边界，这个字数据高、低字节的地址 $A_{19} \sim A_1$ 相同，$\overline{\text{BHE}}$ 和 A_0 同时有效，通过数据总线 16 位传送；当访问的字数据定位在奇地址边界时，由于高、低字节的地址 A_1 不同，这个字数据的 16 位无法通过数据总线一次传送，需要分奇地址字节和偶地址字节两次完成传送，花费两个存储器周期。因此，字数据可以通过定位在偶地址边界来优化，对于堆栈，这是一个尤其有用的技术，通过后续章节我们会知道，8086 堆栈操作是以字为单位进行的。

表 2.5　8086 存储器访问

BHE	A_0	访问字节
0	0	奇地址字节和偶地址字节
0	1	奇地址字节
1	0	偶地址字节
1	1	无

I/O 端口的访问和存储器类似，除了 M/$\overline{\text{IO}}$ 信号，地址只使用低 16 位外，其他情况基本相同：偶地址字节的传送通过数据总线低 8 位，而奇地址字节的传送通过数据总线高 8 位，如果 I/O 端口中是字数据，最好分配偶地址存储。

2.4　总　线　时　序

2.4.1　8086 总线周期

微机构成面向总线，作为 CPU，8086 是总线上的主控器，当填充指令流字节队列或访问存储器或 I/O 端口时，总线接口单元控制总线上指令和数据的传送。

8086 的总线操作包括取指、存储器访问、I/O 端口访问、中断响应和暂停（最大模式时可通过 $\overline{S}_2$、$\overline{S}_1$ 和 $\overline{S}_0$ 信号显示总线操作类型，具体参见表 2.3），因此 8086 总线周期有以下几种。

（1）取指周期：总线接口单元从存储器读取指令的过程，这个操作不是执行指令的结果，而是当指令流字节队列出现至少两个空字节时，根据程序计数器指向完成的。

（2）存储器读周期、存储器写周期：指令执行过程中要求访问存储器操作数时发生，通过指令给定存储器的分段地址。

（3）I/O 端口读周期、I/O 端口写周期：指令执行过程中要求访问 I/O 端口操作数时发生，通过指令给定 I/O 地址，并控制读取或写入数据的过程。

（4）中断响应周期：8086 响应 INTR 引脚的中断请求时发生，通过 $\overline{\text{INTA}}$ 引脚发出两个负脉冲作为读选通信号，从总线上得到中断类型码（Interrupt Type Code）的过程（参见后续中断相关章节）。

（5）暂停：8086 执行 HLT 指令后，8086（最小模式）或 8288（最大模式）发出一个 ALE 信号（不附带总线控制信号）表示进入暂停状态。有效的 NMI、INTR 或 RESET 将迫使 8086 退出暂停状态。

另外，当总线上除 8086 外，还允许存在其他总线主控器时，如协处理器、DMA 控制器等，这些主控器可能从 8086 那里获得总线控制权，进行总线操作，发生各自的总线周期。如 DMA 控制器操作总线上 I/O 端口与存储器之间直接数据传送的过程称为 DMA 周期（参见后续 DMA 相关章节）。

2.4.2　8086 信号的时序要求

信号的时序就是信号的定时关系，8086 对时钟脉冲、输入信号和输出信号都有一定的定时要求。

8086 的时钟脉冲由 CLK 输入引脚提供，一个时钟周期从时钟脉冲下降沿开始，要求占空比为 1/3，以提供最优化的内部定时。由于 8086 以时钟脉冲边沿触发作为最基本的定时信号，要求边沿上升时间、下降时间在一定范围内。

8086 输入信号主要考虑识别时序，由于输入信号在时钟脉冲边沿检测，输入信号首先要求同步到时钟脉冲边沿，然后要求同步后的输入信号在边沿前有一定的建立时间、边沿后有一定的维持时间。

对于 NMI、INTR 和 $\overline{\text{TEST}}$ 信号，8086 内部具有异步信号识别电路（Asynchronous Signal Recognition Circuitry），如图 2.12 所示，这些信号若满足时钟脉冲上升沿前的建立时间要求，则保证在下个时钟周期予以识别。

复位输入信号 RESET 在内部同步到时钟脉冲，也要满足时钟脉冲上升沿前的建立时间和维持时间要求，如图 2.13 所示。

图 2.12　异步信号识别　　　　　　　　图 2.13　复位信号识别

其他输入信号需要在 8086 外部实现与时钟周期同步，如图 2.7 和图 2.8 所示，READY 信号就是 RDY 信号在 8284 中与时钟脉冲同步后形成的，这里的 RESET 同样也是在 8284 中与时钟脉冲同步后形成的。

8086 输出信号主要考虑响应时序，输出信号从发出到稳定，从撤出到完全无效，时间延迟要求在一定范围内。

2.4.3　最小模式总线时序

总线时序完整体现了总线周期中三类总线信号的定时关系，下面具体讨论在 8086 最小模式配置（如图 2.7 所示）时不同总线操作的时序，如图 2.14 所示。

1．读周期

T_1 下降沿到 T_2 下降沿，地址信息和 $\overline{\text{BHE}}$ 在各自的复用引脚 $AD_0 \sim AD_{15}$、$A_{19} \sim A16/S_6 \sim S_3$ 和 $\overline{\text{BHE}}/S_7$ 上出现；地址信息用于寻址存储器单元或 I/O 端口，$\overline{\text{BHE}}$ 和 A_0 用于选择 $AD_0 \sim AD_{15}$ 的高 8 位、低 8 位或全部 16 位。

T_1 下降沿到 T_1 上升沿，ALE 形成一个正脉冲，ALE 下降沿用于锁存地址信息和 $\overline{\text{BHE}}$ 进入锁存器 8282，在下一个 ALE 下降沿之前，这些信息在 8282 输出端连接的地址总线上保持不变。

T_2 下降沿后，地址信息和 $\overline{\text{BHE}}$ 在各自的复用引脚撤出，$A_{19} \sim A_{16}/S_6 \sim S_3$ 和 $\overline{\text{BHE}}/S_7$ 输出状态信息并维持到总线周期结束，$AD_{15} \sim AD_0$ 浮空以等待输入数据。

为了等待 $AD_{15} \sim AD_0$ 的输出驱动器关闭和输入缓冲器工作，$\overline{\text{RD}}$ 在进入 T_2 后稍微延迟才开始有效，选通被寻址单元的输出缓冲器。

被寻址单元输出数据后拉高 RDY，RDY 经 8284 同步为 READY 后再输入到 8086。在 T_3 或 T_{WAIT} 上升沿检测 READY 信号，无效需插入 T_{WAIT} 进行等待，有效则进入 T_4。

T_4 下降沿 $\overline{RD}$ 撤出，$\overline{RD}$ 上升沿触发 8086 读取 $AD_{15} \sim AD_0$ 上的数据。

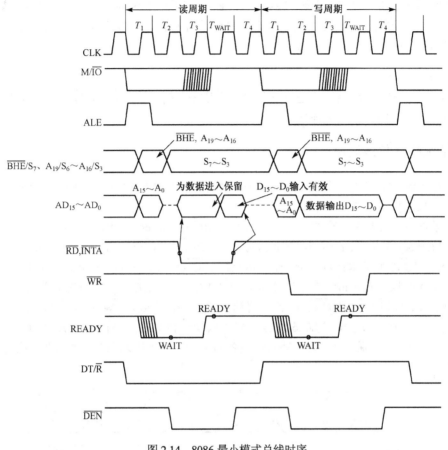

图 2.14　8086 最小模式总线时序

DT/$\overline{R}$ 和 $\overline{DEN}$ 信号用于控制收发器 8286（如果需要）。DT/$\overline{R}$ 默认输出为高电平（8286 输出驱动器工作），由于读周期需要改变数据总线传送方向，因此 DT/$\overline{R}$ 将在 T_1 前一个时钟周期上升沿到 T_4 上升沿期间输出低电平。同理，读周期的 $\overline{DEN}$ 也比写周期滞后一个时钟周期开始有效，有效期从 T_2 上升沿到 T_4 下降沿；DT/$\overline{R}$ 和 $\overline{DEN}$ 共同作用，8286 输入缓冲器工作。

2. 写周期

写周期中形成地址总线、输出状态的过程与读周期相同。与读周期不同的是：

（1）T_2 下降沿后，$AD_{15} \sim AD_0$ 上紧随地址，8086 输出数据并维持有效直到至少 T_4 中间。

（2）T_2 下降沿 $\overline{WR}$ 有效，选通被寻址单元的输入缓冲器。

（3）被寻址单元接收数据后拉高 RDY，与读周期相同。RDY 经 8284 同步为 READY 后再输入到 8086，在 T_3 或 T_{WAIT} 上升沿检测 READY 是否有效，无效需插入 T_{WAIT} 等待，有效则进入 T_4。

（4）T_4 下降沿，$\overline{WR}$ 撤出。

（5）DT/$\overline{R}$ 默认输出为高电平，在整个写周期不发生变化。T_1 上升沿到 T_4 上升沿，$\overline{DEN}$ 有效，共同保证 8286（如果需要）输出驱动器工作。

3．中断响应周期

中断响应周期和读周期的过程类似，只是以 $\overline{\text{INTA}}$ 代替 $\overline{\text{RD}}$ 作为读选通信号；由于不需要寻找，故不发出地址信息，$\overline{\text{BHE}}$ 保持无效。

中断响应周期总是两个连续出现，在第二个中断响应周期，8086 从 $AD_7 \sim AD_0$ 读入中断系统逻辑（即 8259 优先级中断控制器）提供的一字节信息，该字节用于标志中断源，称为中断类型码（Interrupt Type Code）。详细过程参见后续中断相关章节。

4．暂停

执行 HLT 指令进入暂停后，输出无效地址，不发出读写信号（$\overline{\text{WR}}$、$\overline{\text{RD}}$、$\overline{\text{INTA}}$ 无效），关闭总线收发器（$\overline{\text{DEN}}$ 无效，$DT/\overline{R}$ 不定）。

2.4.4　最大模式总线时序

8086 处于最大模式配置（如图 2.8 所示）时，由总线控制器 8288 代替 8086 产生所有控制信号，总线读/写周期的时序如图 2.15 所示。

8288 译码 $\overline{S}_2$、$\overline{S}_1$ 和 $\overline{S}_0$，产生的读写信号有：$\overline{\text{MRDC}}$（Memory Read Command，存储器读）、$\overline{\text{MWTC}}$（Memory Write Command，存储器写）、$\overline{\text{AMWC}}$（Advanced Memory Write Command，超前存储器写）、$\overline{\text{IORC}}$（I/O Read Command，I/O 读）、$\overline{\text{IOWC}}$（I/O Write Command，I/O 写）、$\overline{\text{AIOWC}}$（Advanced I/O Write Command，超前 I/O 写）和 $\overline{\text{INTA}}$。其中 $\overline{\text{INTA}}$ 时序与最小模式时相同；兼容多总线的读/写信号 $\overline{\text{MRDC}}$ 和 $\overline{\text{IORC}}$ 在 T_2 下降沿到 T_4 下降沿有效，$\overline{\text{MWTC}}$ 和 $\overline{\text{IOWC}}$ 在 T_3 下降沿到 T_4 下降沿有效，取代了最小模式 8086 发出的 $M/\overline{\text{IO}}$、$\overline{\text{RD}}$ 和 $\overline{\text{WR}}$；$\overline{\text{AMWC}}$ 和 $\overline{\text{AIOWC}}$ 比 $\overline{\text{MWTC}}$ 和 $\overline{\text{IOWC}}$ 超前一个时钟周期，用于为一些较慢设备增加一个时钟周期准备接收数据，这两个信号不能用于多总线。

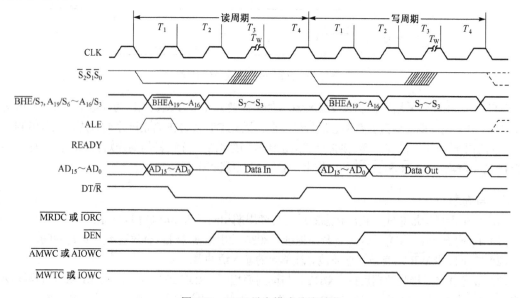

图 2.15　8086 最大模式总线时序

8288 产生的总线逻辑控制信号 ALE、$DT/\overline{R}$ 和 DEN（与最小模式 8086 发出的 $\overline{\text{DEN}}$ 有效极性相反），时序与最小模式时基本相同，配合多总线读/写信号，写周期 DEN 从 T_2 下降沿开始有效，$DT/\overline{R}$ 从 T_1 上升沿开始有效。

2.5　PC/XT 微机总线

PC/XT 微机的 CPU 采用 8088，其总线形成如图 2.16 所示。

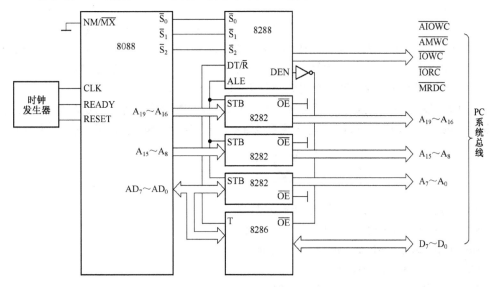

图 2.16　PC/XT 微机总线形成

8088 是为了硬件兼容 8 位外设接口而推出的 8086 修改版本。它们最主要的区别是 8088 外部数据总线只有 8 位（$AD_7 \sim AD_0$），访问存储器只能以字节为单位，存储器组织也不需要像 8086 那样分偶地址和奇地址两个组，故没有 $\overline{BHE}$ 引脚。

另外，外部引脚 pin34，8086 定义为 $M/\overline{IO}$，而 8088 定义为 $\overline{M}/IO$，逻辑相反。在内部结构上，8086 的指令流字节队列长度是 6 字节，队列中出现至少两个空字节时，总线接口单元试图以字为单位取指；而 8088 只有 4 字节，当队列中出现一个空字节时，就试图以字节为单位进行取指操作。在时序上，8088 的 ALE 信号在最小模式下进入 HLT 状态时被推迟了一个时钟周期。

📖 本 章 小 结

8086 内部分为总线接口单元和执行单元两个异步工作的部分，总线接口单元的指令预取与执行单元的指令执行交迭并行进行，这种机制称为流水线，是现代微处理器广泛采用的一种技术。

8086 作为一个字长 16 位的微处理器，为了访问 20 位存储器地址空间，将整个存储器地址空间划分为若干段，存储器单元的定位被分解为段和段内偏移量，这种机制称为分段寻址。

8086 对 I/O 端口的访问采用与存储器地址空间相独立的一个 16 位地址空间，硬件上通过一个专门引脚 $M/\overline{IO}$ 输出状态信号加以区分，I/O 端口地址由 16 位寄存器提供。

8086 总线接口单元完成物理地址形成、指令获取和排队、操作数存取及基本总线控制功能。执行单元提供指令执行功能，从总线接口单元的指令队列接收指令和操作数，向总线接口单元提供定位操作数的偏移和要存储到存储器的操作数。

8086 有两种工作模式，最小模式设计为构成一个最简微机系统，而不需要任何总线控制逻辑电路和总线驱动电路；最大模式设计为支持多总线和协处理器的微机系统，需要由总线控制器 8288 或类似的芯片代为产生兼容多总线的总线控制信号。

8086 将 20 位地址信号与数据、状态等信号定义在同一组引脚上，采用分时复用的技术实现对引脚的最有效利用，这种技术也在现代微处理器设计上广泛采用；8086 的部分引脚针对最小模式和最大模式有不同的定义。

8086 采用小端格式存储数据，数据的有效低字节存储在较低地址位置，有效高字节存储在较高地址位置，并支持数据定位在偶地址或奇地址边界。8086 系统中的 16 位数据总线上的存储器组织为连接高 8 位的奇地址体和连接低 8 位的偶地址体，一次总线传送可以是一个奇地址字节或一个偶地址字节，也可以是对应的奇地址字节和一个偶地址字节，即一个字数据。

8086 的总线操作包括取指、存储器访问、I/O 端口访问、中断响应和暂停，8086 进行一次总线操作的时间称为相应的总线周期；总线周期中三类总线信号之间的定时工作过程，称为相应的总线时序。

习 题

1. 8086 在内部结构上由哪几部分组成？有什么功能？

2. 8086 的总线接口单元由哪几部分组成？有什么功能？

3. 8086 的执行单元由哪几部分组成？有什么功能？

4. 8086 内部有哪些通用寄存器？

5. 8086 内部有几个段寄存器？各有什么用途？

6. 8086 的状态标志和控制标志有何不同？程序中是怎样利用这两类标志的？8086 的状态标志和控制标志分别有哪些？

7. 8086 和传统的计算机相比，在指令执行方面有什么不同？这样的设计思想有什么优点？8086 执行转移指令时，指令指针寄存器内容如何变化？

8. 8086 形成三总线时，为什么要对部分地址线进行锁存？用什么信号控制锁存？

9. 两数相加 01001100B + 01100101B，OF、SF、ZF、AF、PF、CF 各为何值？

10. 存储器的逻辑地址由哪几部分组成？存储器的物理地址是怎样形成的？一个具有 32 位地址线的 CPU，其最大物理地址为多少？

11. 存储器 400A5H～400AAH 单元存储有 6 字节：11H，22H，33H，44H，55H，66H。若当前(DS) = 4002H，它们的偏移各是多少？如果要从存储器中读出这些数据，需要访问几次存储器？各读出哪些数据？

12. 在 8086 中，逻辑地址 FFFFH:0001H、00A2H:37F0H 和 B800H:173FH 的物理地址分别是多少？

13. 8086 有 40 条引脚，请按功能对它们进行分类。8086 的地址总线有多少位？其寻址范围是多少？

14. 8086 有两种工作模式，它们是通过什么方法来设置的？在最大模式下，其控制信号怎样产生？

15. 8086 工作在最小模式和最大模式的主要特点是什么？有何区别？

16. 8086 的 I/O 读/写周期与存储器读/写周期的主要差异是什么？

17. 8086 启动时有哪些特征？如何寻找 8086 系统的启动程序？

18. 8086 怎样解决地址线和数据线的复用问题？ALE 信号何时处于有效电平？

19. 8086 系统在最小模式时应该怎样配置？请画出这种配置并标出主要信号的连接关系。

20. 8086 存储器组织分为哪两个存储体？它们如何与总线连接？

21. $\overline{BHE}$ 信号和 A_0 信号怎样组合解决存储器的读/写操作？

22. 8086 读/写总线周期各包含多少个时钟周期？什么情况下需要插入 T_{WAIT} 等待周期？插入多少个 T_{WAIT} 取决于什么因素？什么情况下会出现空闲状态 T_i？

第 3 章　8086 指令系统

指令系统是指计算机能够执行的全部指令的集合。在计算机中，对于一条汇编语言指令，要具备的作用：一是要指出进行什么操作，这由指令操作符来表明；二是要指出指令涉及的操作数和操作结果放在何处，就是操作数的寻址方式。本章以 IBM PC 中 8086/8088 CPU 的指令系统为样本，介绍 Intel 80x86 系列微处理器的 16 位指令系统与寻址方式。

本章首先介绍指令、指令的格式与指令系统等基本概念，然后重点介绍 8086 CPU 指令的寻址方式与各类指令功能和用法等基本知识。建议本章学时为 8～10 学时。

3.1　概　　述

计算机是通过执行指令序列来解决问题的。指令是指示计算机进行某种操作的命令，指令的集合称为指令系统。指令由 CPU 硬件决定，不同系列的微处理器有不同的指令系统。指令的符号用规定的英文字母组成，称为助记符，用助记符表示的指令称为汇编语言指令或符号指令。8086 指令系统是 16 位指令系统，是 x86 系列 CPU 的指令系统的基础。80386 乃至 Pentium 等 32 位微处理器的指令系统也是 8086 微处理器 16 位指令系统的扩展集，因此用 8086 指令系统编写的程序同样可以在 80286、80386、80486、Pentium 等 CPU 上执行。8086 指令系统提供了上百条指令，它们以指令助记符的形式出现。要了解并掌握指令系统的含义，调试工具是必不可少的。DEBUG 调试程序是 DOS 系统下常用的汇编语言级调试工具，是为汇编语言程序员提供分析指令、跟踪程序的有效手段。即使是 Windows7、Windows8，操作系统也会自带 DEBUG，可用于调试代码。

3.1.1　指令的构成

计算机中的指令由操作码和操作数两部分构成。操作码也称指令码，操作码说明计算机要执行哪种操作，如传送、运算、移位、跳转等操作，它是指令中不可缺少的组成部分。而操作数是参加本指令运算的数据，也就是各种操作的对象。操作数的表现形式比较复杂，可以是参与操作的数据，也可以是参与操作的数据的"地址"。这里的"地址"是广义的，它既包括平常所理解的内存储单元的地址，也包括微处理器内部的寄存器。微型计算机的指令通用格式为

操作码	操作数或操作数地址

1. 操作码域

操作码域存放指令的操作码，即指明计算机所要执行的操作类型。由一组二进制代码表示，在汇编语言中又用指令助记符（Memoric）代表，一般是英文单词的缩写。

2. 操作数或操作数地址域

该域指出在指令执行过程中所需要的操作数或操作数所在的地址。在操作数字段域中，可以是操作数本身，也可以是地址或是操作数的地址计算方法。

3.1.2　8086 指令的基本格式

一条 8086 指令的长度在 1～6 字节之间，格式如表 3.1 所示。

表3.1　8086指令格式

opcode	mod 2位	reg 3位	r/m 3位	低字节	高字节	低字节	高字节
操作码	方式	寄存器	寄存器/存储器	位移量		立即数	
1字节	1字节（寻址方式）			1~2字节		1~2字节	

　　第1字节通常为指令的操作码，它表示这条指令所要进行的是什么样的操作。第2字节给出指令的寻址方式。后面4字节一般给出存储器操作数地址的位移量和/或立即操作数。位移量可以是8位，也可以为16位。一条指令的长度除与操作码有关外，还和指令中操作数的多少及操作数的类型有关。操作数越多，其指令的编码就越长。为限制指令的长度，8086指令系统规定，一条指令的操作数最多只能有两个，且它们不能同时位于存储器中。

　　根据指令的不同，操作数可以是一个，即单操作数，也可以是两个，即双操作数（源操作数和目的操作数）。有的指令还可以没有操作数或隐含操作数，如指令MOV AX, DX中的MOV是助记符，AX, DX为操作数（双操作数），这条指令的功能是将DX中的内容送到AX中。

3.2　8086的数据类型

3.2.1　基本数据类型

　　8086的基本数据类型为字节、字、双字，如图3.1所示。

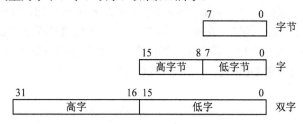

图3.1　8086基本数据类型

　　在Intel 80486中引入了四字（8字节，64位），而在Pentium III处理器中引入了双四字（16字节，128位）。

　　基本数据在内存中作为操作数引用的顺序，对于字而言，低字节存放在低地址单元，高字节存放在高地址单元，低地址即为该数据的地址。例如，1B23H存放在2000H与2001H地址单元中，2000H即为该操作数的地址；又如，5678AA99H存放在2004H~2007H开始的连续4个地址单元，2004H即为该操作数的地址。操作数在内存中的存放顺序如图3.2所示。

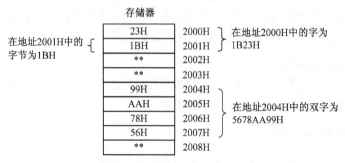

图3.2　操作数在内存中的存放顺序

3.2.2　数据与编码

在计算机中，操作数均是二进制数，但在指令中，操作数类型根据编程者的定义或约定，可以分别如下。

1．无符号数

对于 8 位无符号数，其值范围为 0～255（00H～FFH）；对于 16 位无符号数，其值域范围为 0～65535（0000H～FFFFH）。

2．带符号数

带符号数用补码表示。对于 8 位带符号数，其值范围为 –128～+127（补码：80H～7FH）；对于 16 位带符号数，其值范围为 –32768～+32767（补码：8000H～7FFFH）。

3．符号的编码

一般英文字母的字符与常用符号采用 ASCII 编码。在写程序源代码时，如果指令中的立即数是字符，可以用单引号括起来。例如，指令 MOV AL, 'B'，字符 B 的 ASCII 码，用'B'表示，当我们将程序源代码转换成目标码时，'B'将自动转换为对应的 ASCII 码 42H。

4．BCD 码

BCD 码是十进制数的二进制编码，可用 4 位二进制数进行编码。对于压缩 BCD 码，一字节表示两个十进制数，如十进制数 23，压缩 BCD 码为 23H（00100011B）；而用非压缩 BCD 码表示，需要两字节：02H（00000010B）与 03H（00000011B）。但在 CPU 中处理 BCD 码时，按照二进制数算数运算规律进行处理，因此使用时要仔细小心，8086 指令系统中有对应的调整指令予以处理。

3.3　8086 CPU 的寻址方式

在计算机中操作数地址的形成就是寻址方式。8086 系统中的操作数可能在哪里呢？一般就三种可能。

（1）操作数包含在指令中，称为**立即操作数**。这里，操作数可以是字节或字（8 位或 16 位）。存放时，该操作数跟随指令操作码一起存放在指令区，故又称为指令区操作数。

（2）操作数包含在 CPU 的某个内部寄存器中，称为**寄存器操作数**。这时指令中的操作数字段是 CPU 内部寄存器的编码，只要知道寄存器的名称（或编码）就可以寻找到操作数。寄存器操作数既可作为源操作数，又可作为目的操作数。

（3）约定操作数事先存放在存储器中存放数据的某个单元，称为**存储器操作数**。只要知道存储器的地址，就可寻找到操作数。当然，操作数也可以存放在堆栈中（堆栈是存储器的一个特殊区域），只要知道堆栈指针，就可以用堆栈操作指令寻找操作数。存储器操作数可以是字节、字或双字，分别存放在 1 个、2 个或 4 个存储单元中。

在 8086 中，CS、DS、ES 和 SS 段寄存器在程序运行过程中分别指向当前的代码段、数据段、附加段和堆栈段。而操作数可能存放在代码段中，也可能存放在数据段、附加段、堆栈段中，还可能存放在 8086 CPU 内部的寄存器中。

指令中含有立即操作数时，立即数作为指令的一部分直接由指令队列向 CPU 提供，它不占用额外的总线周期。立即数可以是 8 位，也可以是 16 位，它只能用做源操作数，不存在寻址问题。对于操作数在寄存器中的指令，由于寄存器的"地址"在指令编码中已有，该操作完全在 CPU 内部进行，不执行总线周期。存储器操作数和 I/O 操作数必须通过总线才能进行存取。

存放操作数的内存单元相对于其所在段的段起始地址的偏移量，称为偏移地址或有效地址（EA，Effective Address）。在 8086 系统中，一般将寻址方式分为两类：一类是寻找操作数的地址；另一类是寻找要执行的下一条指令的地址，即程序寻址，这将在程序转移指令（JMP）和调用指令（CALL）中介绍。本节主要讨论针对操作数地址的寻址方式。

3.3.1 立即数寻址

立即数寻址（Immediate Addressing）中，操作数直接存在指令中，紧跟在指令的操作码之后。指令汇编成机器代码后，操作数作为指令的一部分存放在操作码之后的内存单元中。当取指令时一起取到指令队列，执行时直接从指令队列中取操作数，不必执行总线周期。在 CPU 取指令时随指令码一起取出并直接参加运算。若立即数为 16 位，则存放时低 8 位在低地址单元存放，高 8 位在高地址单元存放。

采用立即数寻址方式的指令主要用来对寄存器赋值，**只能用于源操作数字段**。因为操作数可以从指令中直接取得，无须使用总线周期，所以，立即数寻址方式的显著特点就是速度快。

【例 3.1】 MOV   BX, 1234H   ;指令执行后，(BX)=1234H

注意，立即数只能是整数，不能是小数、变量或其他类型的数据。另外，立即数只能作为源操作数，而不能作为目的操作数。

下面我们用 DEBUG 调试指令，看一看它在主存中的存储及执行结果。首先在 Windows 开始菜单中，输入命令：cmd debug.exe，启动调试程序。屏幕上显示 DEBUG 的提示符"–"。然后在提示符下输入汇编命令，即：

–A 100 ↵

这里"↵"表示回车确认。接着输入"MOV   AX,1234"，注意 DEBUG 调试默认十六进制数。为了观察该指令的执行情况，先用寄存器命令 R 显示 AX 的内容：

–R AX↵

然后，利用单步命令 T 执行这条指令：

–T ↵

该指令被单步执行，并在屏幕上显示执行结果：AX:1234，即(AX)=1234H。

3.3.2 寄存器寻址

寄存器寻址（Register Addressing）方式是指操作数就在 CPU 的内部寄存器中，那么寄存器名可在指令中指出。对于 16 位的操作数来说，寄存器可以是 AX、BX、CX、DX、SI、DI、SP 和 BP 等；对于 8 位的操作数来说，寄存器可以是 AL、AH、BL、BH、CL、CH、DL 和 DH 等。

【例 3.2】 INC   CX   ;将 CX 内容加 1

          MOV   DX, AX   ;AX 的内容送 DX

在一条指令中，源操作数与目的操作数都可采用寄存器寻址。采用寄存器寻址方式的指令在执行时，操作就在 CPU 内部进行，无须访问存储器，因而执行速度快。

3.3.3 直接寻址

使用直接寻址（Direct Addressing）方式时，操作数在存储器中，存储单元的有效地址由指令直接指出。直接寻址中，在指令的操作码后面直接给出操作数的 16 位偏移地址，所以直接寻址是对存储器进行访问时可采用的最简单的方式。

直接寻址的操作数本身若无特殊声明使用段超越，则默认存放在内存的数据段（DS 段）中。

【例 3.3】　MOV AX, [1070H]

若(DS) = 2000H，该指令的操作数的物理地址为 PA = 20000H + 1070H = 21070H，则执行过程是将物理地址为 21070H 和 21071H 两个单元的内容取出送 AX。直接寻址示意图如图 3.3 所示。

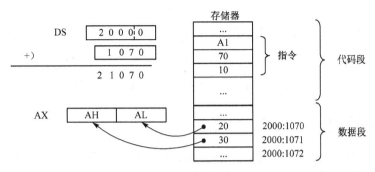

图 3.3　直接寻址示意图

8086 执行某种操作时，预先规定了采用的段和段寄存器，即有基本的段约定。如果要改变默认的段约定（段超越），则需要在指令中明确指出来。例如，MOV BX, ES:[3400H]；将附加段 ES 段中偏移地址为 3400H 和 3401H 两个单元的内容送 BX 中。

注意，不要将直接寻址与前面介绍的立即寻址混淆，直接寻址指令中的数值不是操作数本身，而是操作数的 16 位偏移地址。为了区分二者，指令系统规定偏移地址必须用一对方括号[ ]括起来。

在汇编语言中，有时也用一个符号来代替数值以表示操作数的偏移地址，一般将这个符号称为符号地址，上述若用 DATA 代替偏移地址 3400H，则该指令可写成

```
MOV    BX, ES:DATA
```

其中，DATA 必须在程序的开始处用伪指令予以定义，有关内容将在第 4 章介绍。

3.3.4　寄存器间接寻址

采用寄存器间接寻址（Register Index Addressing）方式时，操作数在存储器中，操作数的有效地址一般在基址寄存器 BX、BP 或变址寄存器 SI、DI 中，即有效地址 EA 等于其中某一个寄存器的内容。

如果指令前面没有用段超越前缀指明具体的段寄存器，其操作数的段基址有以下两种情况。

（1）在默认情况下，当使用 BX、SI、DI 寄存器时，表示操作数在当前数据段（DS 给出段基址），

操作数物理地址为：$PA = 16 \times (DS) + EA = 16 \times (DS) + \begin{cases} (BX) \\ (SI) \\ (DI) \end{cases}$

（2）当使用 BP 时，表示操作数在当前堆栈段（SS 给出段基址）。操作数物理地址为

$$PA = 16 \times (SS) + EA = 16 \times (SS) + (BP)$$

【例 3.4】　MOV AX, [BX]，若(DS) = 2000H，(BX) = 1000H。

源操作数有效地址 EA = 1000H。

物理地址 PA = 2000H × 16 + 1000H = 21000H。

若存储器 21000H 与 21001H 字节单元的内容分别为 40H 与 5BH，则执行结果为(AX) = 5B40H。以 BX 为基址的寄存器间接寻址示意图如图 3.4 所示。

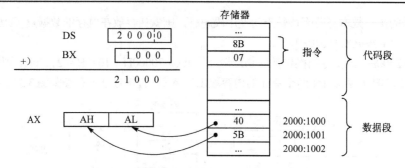

图 3.4　以 BX 为基址的寄存器间接寻址示意图

3.3.5　寄存器相对寻址

在寄存器相对寻址（Register Relative Addressing）中，操作数在存储器中，并且一般指定 BX、BP、SI 或 DI 的内容进行间接寻址，但是操作数的有效地址 EA（即偏移量）还要加上指令中指定的 8 位或 16 位位移量（Displacement）。

$$EA = \begin{Bmatrix} (BX) \\ (BP) \\ (SI) \\ (DI) \end{Bmatrix} + \{8\,位或\,16\,位位移量\}$$

使用 BX、SI、DI 等（不含 BP）寄存器时，默认的段寄存器为 DS；使用 BP 时，默认的段寄存器为 SS。当然也允许使用段超越前缀的方式寻址。

【例 3.5】　MOV　AL, COUNT [SI]或 MOV　AX, [COUNT +SI]。设(DS) = 6000H，(SI) = 1000H，COUNT = 05H（表示位移量的常量符号）。

有效地址 EA = 1000H + 05H = 1005H。

物理地址 PA = 6000H × 16 + 1000H + 05H = 61005H。

若 61005H 字节单元内容为 9AH，则执行上述指令后(AL) = 9AH。寄存器相对寻址如图 3.5 所示。

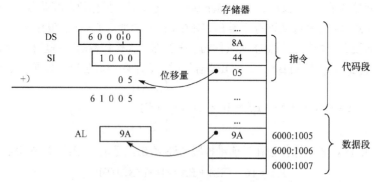

图 3.5　寄存器相对寻址示意图

3.3.6　基址变址寻址

8086 指令系统允许把基址寄存器和变址寄存器组合起来构成一种新的寻址方式，叫基址加变址的寻址。基址变址寻址（Based Index Addressing）中，操作数一定在存储器中，操作数的有效地址 EA 是由指令指定的一个基址寄存器（如 BX、BP）内容加上一个变址寄存器（如 SI、DI）的内容，即

$$EA = \left\{ \begin{array}{c} (BX) \\ (BP) \end{array} \right\} + \left\{ \begin{array}{c} (SI) \\ (DI) \end{array} \right\}$$

操作数的段地址分配和前面所述相同，在基址加变址的寻址方式中，只要用上 BP 寄存器，那么默认段寄存器就是堆栈段寄存器 SS；在其他情况，默认段寄存器为数据段寄存器 DS。也可以使用段超越前缀来指定段寄存器。

【例 3.6】 MOV　AX, [BP][SI]，设(SS) = 2000H，(SI) = 1000H，(BP) = 5000H。

　　　　EA = 1000H + 5000H = 6000H

　　　　PA = 20000H + 5000H + 1000H = 26000H

若存储器的 26000H 与 26001H 两个字节单元内容为 82H 与 C3H，则执行上述指令后(AX)= C382H。

3.3.7　相对基址变址寻址

相对基址变址寻址（Relative Based Indexed Addressing）中，操作数的有效地址是一个基址寄存器内容、一个变址寄存器内容和 8 位或 16 位位移量这三者之和。同样，使用基址寄存器 BP 时，默认的段寄存器是 SS，其他情况默认的段寄存器是 DS。有效地址为：

$$EA = \left\{ \begin{array}{c} (BX) \\ (BP) \end{array} \right\} + \left\{ \begin{array}{c} (SI) \\ (DI) \end{array} \right\} + 8\ \text{位或}\ 16\ \text{位位移量}$$

【例 3.7】 设(BX) = 1000H，(DI) = 2000H，(DS) = 3000H，位移量为 0020H。试指出下列指令的源操作数寻址方式，并写出其操作数的有效地址和物理地址。

（1）MOV　AX, [2100H]

（2）MOV　AX, [BX]

（3）MOV　AX, [BX+0020H]

（4）MOV　AX, [BX + DI+1020 H]

【解】

（1）直接寻址：MOV　AX, [2100H]

　　　　有效地址 EA = 2100 H；物理地址 PA=30000 H+2100H=32100H。

（2）寄存器间接寻址：MOV　AX, [BX]

　　　　有效地址 EA = 1000H；物理地址 PA=30000H+1000H=31000H。

（3）BX 寄存器相对间接寻址：MOV　AX, [BX+0020H]

　　　　有效地址 EA =1000H+0020H = 1020H；物理地址 PA=30000H+1020H=31020H。

（4）基址变址相对寻址：MOV　AX, [BX+DI+1020H]

　　　　有效地址 EA = 1000H+2000H+1020H=4020H；物理地址 PA =30000H+4020H=34020H。

3.3.8　I/O 端口寻址

8086 采用独立编址的 I/O 端口（即输入/输出接口中的寄存器或缓冲器），用专门的输入/输出指令（IN 和 OUT，又称 I/O 指令）对 I/O 端口进行操作。当端口编号（地址）小于等于 255（FFH）时，可以直接寻址。当端口编号（地址）大于 255（FFH）时，只能用 DX 作为间接寻址，因此可以寻址的端口可达 65536（2^{16}）个。

1. 直接端口寻址

直接端口寻址的 IN 与 OUT 指令为二字节指令，指令代码的第二字节为端口的直接地址，直接端

口寻址个数为0～255个。例如

```
IN  AL, 60H      ;将60H端口中的数据输入到AL中
IN  AX, 80H      ;将80H与81H相邻两个端口的16位数据输入到AX中
```

注意，IN和OUT指令不支持立即数寻址，所以指令中出现的数据是直接寻址的端口地址，不要理解为立即数。

2. 寄存器的间接端口寻址

当端口地址大于255时，必须先把端口地址送到DX寄存器中。例如

```
MOV DX, 333H     ;将端口地址送入DX
OUT DX, AL       ;将AL中的数据输出到DX所指的端口中
MOV DX, 330H     ;将端口地址送入DX
IN  AL, DX       ;将DX所指的端口中的数据输入到AL中
```

注意，这里只能用DX作为I/O指令的间接寻址寄存器，不能用其他寄存器作为I/O指令的间接寻址。

3.4　8086 CPU 指令系统

8086/8088的指令按功能可分为6类：数据传送、算术运算、逻辑运算与移位、串操作、控制转移和处理器控制指令。

指令可以用大写、小写或大小写字母混合的方式书写。在介绍指令之前，先介绍一下本节中要用到的一些符号所表示的含义，如下所示：

```
data         立即数
src          源操作数
dst          目的操作数
port         输入/输出端口地址
reg8/16      8位或16位通用寄存器
segreg       段寄存器
(mem)        存储单元的内容
(port)       端口的内容
(reg)        寄存器的内容
((reg))      寄存器间接寻址的存储单元的内容
((mem))      存储单元间接寻址的存储单元的内容
```

3.4.1　数据传送类指令

数据传送（Data Transfer）类指令是指令系统中用得最多的一类指令，也是条数最多的一类指令，常用于将原始数据、中间运算结果、最终结果及其他信息在CPU的寄存器和存储器之间进行传送。8086数据传送类指令如表3.2所示。

表3.2　数据传送类指令

指令类型	助 记 符
通用数据传送	MOV
交换指令	XCHG
堆栈操作指令	PUSH, POP
累加器专用传送指令	IN, OUT, XLAT
地址传送指令	LEA, LDS, LES
标志寄存器传送指令	LAHF, SAHF, PUSHF, POPF

1. 通用数据传送指令 MOV

通用数据传送指令（General Purpose Transfer）是所有指令中最基本、最重要的一类，在实际应用程序中，它的使用率也最高。

指令格式：MOV　dst, src

执行操作：(dst) ← (src)

标志位：不影响

该指令把源操作数 src 传送给目的操作数 dst，指令执行后源操作数不变，目的操作数被源操作数所替换。传送指令每次可以传送一字节或一个字，它可以实现 CPU 的内部寄存器之间的数据传送、寄存器和内存之间的数据传送，还可以将立即数送给内存单元或 CPU 内部的寄存器。MOV 指令的操作数搭配共有 7 种方式：

```
MOV  reg, data/reg/segreg/mem          MOV  segreg, reg
MOV  mem, reg/data
```

【例 3.8】若(DS)=1000H，(BX)=2000H，(12000H)=88H，指出执行下列指令后的结果。

```
MOV  AX, 1234H        ;(AX)=1234H
MOV  AX, BX           ;(AX)=2000H
MOV  DS, AX           ;(DS)=2000H
MOV  CH, [BX]         ;(CH)=88H
MOV  [BX], AH         ;(12000H)=34H
MOV  ES, BX           ;(ES)=2000H
```

注意：

① 立即数只能作为源操作数，不能作为目的操作数。

② 立即数不能直接传送到段寄存器，但可通过通用寄存器传送。

③ MOV 指令的两个操作数类型必须相同，即两个操作数的位数相同。

④ CPU 中的寄存器除 IP 外，都可通过 MOV 指令访问。

⑤ CS 只能作为源操作数，不能作为目的操作数。

⑥ 段寄存器之间不能直接传送数据，两个内存单元之间不能直接传送。

2. 交换指令 XCHG

指令格式：XCHG　dst, src

执行操作：(dst)↔(src)

标志位：不影响

该指令把源操作数与目的操作数进行交换。该指令可以实现字节交换，也可以实现字交换，可以实现数据在 CPU 的内部寄存器之间进行交换，也可以实现数据在 CPU 内部寄存器和存储单元之间进行交换。XCHG 指令的操作数寻址搭配如下：

```
XCHG reg, reg/mem
XCHG mem, reg
```

例如，

```
XCHG AL, BL          ;AL 和 BL 的内容进行交换，即(AL)↔(BL)
XCHG AX, [DX]        ;(AX)↔((DX))
XCHG [SI+BP],BH      ;(BH)↔((SI)+(BP))(堆栈段)
```

注意：

① 源操作数与目的操作数不能同时为内存单元。

② 不能使用 CS、IP 作为操作数。

③ XCHG 指令不影响标志位。

3. 堆栈操作指令 PUSH 与 POP

在调用子程序时要保存返回地址；在中断处理过程中要保存断点地址；进入子程序和中断处理后

还要保留通用寄存器的值；子程序执行完毕和中断处理完毕返回时，又要恢复通用寄存器的值，并分别将返回地址或断点地址恢复到指令指针寄存器中。这些功能都要通过堆栈来实现。堆栈是当前可用堆栈操作指令进行数据交换的存储单元，是一个"先进后出"的主存区域，位于堆栈段中，段寄存器 SS 记录其段地址；堆栈只有一个出口，即当前栈顶，用堆栈指针寄存器 SP 指定。堆栈只有两种基本操作：入栈和出栈。

（1）入栈指令 PUSH

指令格式：PUSH　src

执行操作：$(SP)\leftarrow(SP)-2$；$((SP))\leftarrow(src)_L$，$((SP)+1))\leftarrow(src)_H$

标志位：不影响

该指令首先使 SP 的内容减 2，再将 src 推入堆栈。src 可以为 16 位寄存器数或 16 位存储器数。入栈指令操作数有三种格式：

```
PUSH  mem16/reg16/segreg
```

（2）出栈指令 POP

指令格式：POP　dst

执行操作：$(dst)_L\leftarrow((SP))$；$(dst)_H\leftarrow((SP)+1))$，$(SP)\leftarrow(SP)+2$

标志位：不影响

该指令首先使栈顶内容弹出到目的操作数 dst，再使 SP 的内容加 2。dst 可以为 16 位寄存器数或 16 位存储器数。出栈指令操作数有三种格式：

```
POP  mem16/reg16/segreg
```

【例 3.9】 PUSH　AX

指令执行前，若(SS)=2000H，栈顶指针(SP)=0008H，(AX)=12C3H。

指令执行后，栈顶指针(SP)=(SP)−2=0008H−2=0006H，AX 内容入栈，栈顶内容为 12C3H，即(20006H)=C3H，(20007H)=12H，SS 与 AX 单元中的值保持不变。执行 PUSH　AX 的入栈操作过程示意图如图3.6所示。

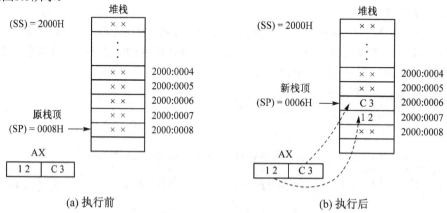

图 3.6　PUSH　AX 入栈操作过程示意图

【例 3.10】 POP　BX

指令执行前，若(SS)=2000H，(SP)=0006H，假设栈顶内容为 1278H，即(20006H)=78H，(20007H)=12H。

指令执行后，将栈顶 20006H 与 20007H 单元两字节 78H、12H 弹出到 BX 中，因此(BX)=1278H，然后修改栈顶指针(SP)=(SP)+2=0008H。

出栈操作过程示意图如图3.7所示。

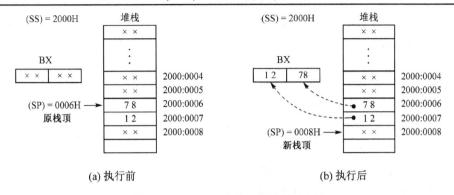

图 3.7　POP　BX 出栈操作过程示意图

堆栈操作遵循"先进后出"的原则。保存内容和恢复内容时，要按照相逆的次序执行一系列入栈和出栈操作。例如，在某段子程序中需要顺序保存 BX、CX、DI 的内容，则在子程序结束时，要按逆序恢复 DI、CX、BX 的内容，堆栈操作如下：

```
PUSH    AX
PUSH    BX
PUSH    DI
...
POP         DI
POP         BX
POP         AX
```

注意：

① 8086 的堆栈操作都是字（16 位）操作，不允许字节的堆栈操作，因此 PUSH AH 是错误的。

② 堆栈指令中的操作数只能是存储器或寄存器操作数，而不能是立即数。

③ 堆栈操作指令中，有一个操作数是隐含的，这就是堆栈指针 SP 指示的栈顶存储单元。

④ 入栈时"先减后压"（SP 先减 2，再压入操作数），出栈时"先弹后加"（弹出操作数后，SP 加 2）。

⑤ CS 寄存器可以入栈，而出栈操作 POP CS 却是非法的，因为执行 POP CS 将改变代码段寄存器 CS 的内容，会导致 CPU 从一个与程序无关的新段中去取下一条指令，从而使程序错误地运行。

【例 3.11】 判断下列指令是否正确。

（1）MOV　AX, BL　　　　　（错）

（2）MOV　100H, DX　　　　（错）

（3）XCHG　AX, DX　　　　 （对）

（4）PUSH　AH　　　　　　 （错）

（5）POP　DX　　　　　　　（对）

4．累加器专用传送指令 XLAT、IN、OUT

累加器专用传送指令共有三条，包括换码指令 XLAT 和输入/输出指令。

（1）换码指令 XLAT（Transfer—Table）

指令格式：XLAT

执行操作：$(AL) \leftarrow ((BX) + (AL))$

标志位：不影响

该指令通过 AL 和 BX 寄存器进行表格查找，即将累加器 AL 中的一字节转换为内存表格中的数据，表格的偏移地址由 BX 与 AL 内容之和确定。

XLAT 指令在使用前，必须首先定义一个字节表，表的长度不能超过 256 字节，将 BX 寄存器作为表格的起始地址，而 AL 中的值则作为查表的索引值，执行 XLAT 后，查出表格中的内容送入 AL 中，因此又称查表指令。

换码指令常用于一些代码转换，如 BCD 码与 ASCII 码的转换、LED 显示器十进制数与七段码的转换、十进制数与格雷码的转换等。

【例 3.12】 数字 0～9 的 ASCII 码为 30H～39H，依次存在内存以 TABLE 开始的数据段区域。若要查 5 的 ASCII 码，主要程序片段为

```
MOV BX, TABLE        ;表首址送 BX
MOV AL, 5            ;将 5 送 AL
XLAT                 ;查表结果送 AL
```

用 XLAT 指令查表示意图如图3.8 所示。

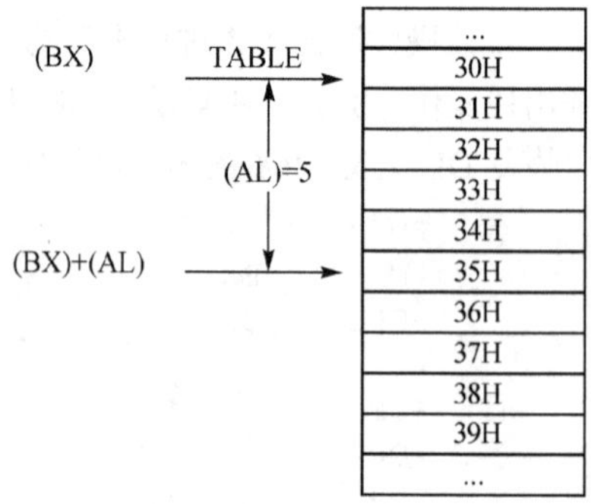

（2）输入指令 IN

指令格式：IN　AL/AX, port

执行操作：(AL)/(AX)←(port)

标志位：不影响

该指令实现累加器（AX/AL）与 I/O 端口 port 之间的数据传送，执行输入指令时，CPU 可以从一个端口（8 位）读入一字节到 AL 中，也可以从两个连续的 8 位端口读一个字到 AX 中。

（3）输出指令 OUT

指令格式：OUT　port, AL/AX

执行操作：(port)←(AL)/(AX)

标志位：不影响

图 3.8　用 XLAT 指令查表示意图

该指令将 AL 中的一字节写到一个 8 位端口 port 中，或将 AX 中的一个字写到两个连续的 8 位端口中。

注意：

① 8086 系统的 I/O 指令中有以下两种寻址方式：（a）直接寻址方式，指令中直接指出一个 8 位的 I/O 端口地址（端口地址：00H～FFH）；（b）寄存器间接寻址方式：当端口地址大于 FFH（即 100H～FFFFH）时，端口地址由 DX 寄存器指定。

② 只能用累加器 AL/AX 与 I/O 端口进行数据传送。

【例 3.13】 直接寻址方式。

```
IN      AL, 38H      ;将 38H 端口的字节读入 AL
OUT     43H, AL      ;将 AL 中的一字节输出到 43H 端口
IN      AX, 60H      ;将 60H、61H 两端口的一个字读入 AX
```

【例 3.14】 间接寻址方式。

```
MOV     DX, 310H     ;将端口地址 310H 送 DX
IN      AL, DX       ;从 DX 所指 310H 端口中读取一字节到 AL
MOV     DX, 320H     ;将端口地址 320H 送 DX
OUT     DX, AX       ;AL 与 AH 内容分别输出到 320H、321H 端口
```

5．地址传送指令 LEA、LDS、LES

（1）取有效地址指令 LEA（Load Effective Address）

指令格式：LEA　reg16, mem

执行操作：(reg16)←offset mem

标志位：不影响

该指令将一个任意寻址的存储器操作数的有效地址送给一个 16 位目标寄存器中，指令的源操作数必须是存储器操作数的地址，目的操作数必须是 16 位寄存器操作数。该指令常用来设置一个 16 位寄存器作为地址指针。

【例 3.15】　设(BX)=1000H，(BP)=6000H，(SI)=3500H，存储器单元 DAT 的偏移地址为 20H，指出分别执行下列指令后的结果。

```
LEA    BX, [BX+50H]        ;执行指令后，(BX)=1050H
LEA    DI, DAT[BP][SI]     ;执行指令后，(DI)= 6000H+3500H+20H=9520H
LEA    BP, DAT             ;执行指令后，(BP)=0020H
LEA    SI, DAT+2           ;执行指令后，(SI)=0022H
```

注意 LEA 指令与 MOV 指令的区别，从功能上看，LEA reg16, mem 指令等效于 MOV reg16, offset mem，但是这两条指令的源操作数的寻址方式是不同的。在 LEA 指令中，源操作数的寻址方式可以是任意寻址方式的存储器操作数地址，而在 MOV 指令中，在运算符 offset（伪指令，作用是取得偏移地址）作用下，得到的是一个确定值。

（2）全地址指针传送指令 LDS（Load pointer with DS）

指令格式：LDS　reg16, mem32

执行操作：(reg16)←(mem32)，(DS)←(mem32+2)

标志位：不影响

LDS 指令的功能是传送一个 32 位全地址指针到两个 16 位目标寄存器，地址指针包括一个段地址和一个偏移地址。首先从 32 位的双字存储单元取得低位字，作为全地址指针的偏移地址复制到一个指定的寄存器中（目的操作数中），再将高位字作为全地址指针的段地址复制到 DS 中。

（3）全地址指针传送指令 LES（Load pointer with ES）

指令格式：LES　reg16, mem32

执行操作：reg16←(mem32)，ES←(mem32+2)

标志位：不影响

LES 指令与 LDS 指令功能类似，只是把 DS 换成 ES。操作时，首先从 32 位的双字存储单元取低位字，作为全地址指针的偏移地址复制到一个指定的寄存器中（目的操作数中），再将高位字作为全地址指针的段地址复制到 ES 段寄存器。

【例 3.16】　LDS　DI, [2000H]

指令执行前，若(DS)=1000H，某地址指针的偏移地址 345AH 与段地址 3000H 存放在当前数据段的 2000H～2003H 单元，即(12000H) = 5AH，(12001H) = 34H，(12002H) = 00H，(12003H) = 30H。

指令执行后，(DI)=345AH，(DS)=3000H。其操作过程如图 3.9 所示。

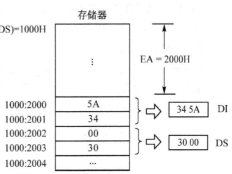

图 3.9　LDS　DI, [2000H]操作过程示意图

注意：

① LDS、LES 两条指令都是传送一个 32 位地址指针到两个目的寄存器，包括一个偏移地址和一个段地址。

② 源操作数必须是 32 位存储器操作数。

6. 标志寄存器传送指令 LAHF、SAHF、PUSHF、POPF

标志寄存器传送指令共有 4 条。

（1）读取标志指令 LAHF（Load AH from Flags）

指令格式：LAHF

执行操作：将标志寄存器中的低 8 位传送到 AH 中，包括 5 个状态标志 SF、ZF、AF、PF、CF，其对应的位是第 7、6、4、2 和 0，而第 5、3、1 位没有定义。

标志位：不影响

LAHF 指令的操作过程如图 3.10 所示。

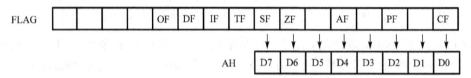

图 3.10　LAHF 指令的操作过程

（2）设置标志指令 SAHF（Store AH into Flags）

指令格式：SAHF

执行操作：将 AH 寄存器的相应位送到标志寄存器的低 8 位，完成对 5 个状态标志位 SF、ZF、AF、PF 和 CF 的设置。

标志位：执行该指令，标志位被新的值所替代。

该指令经常用于修改状态标志。由于 LAHF 和 SAHF 两条指令只对低 8 位的标志寄存器操作，这样就保持了 8086 与 8088 指令系统的兼容性。例如，

```
MOV AH, 10000000B
SAHF                        ;置 SF, 清 ZF、AF、PF、CF
```

（3）标志入栈指令 PUSHF（PUSH Flags）

指令格式：PUSHF

执行操作：$(SP) \leftarrow (SP)-2$；$((SP))=(Flag)_L$，$((SP)+1)=(Flag)_H$

标志位：这条指令在执行后，标志寄存器的本身内容并没有变。

（4）标志出栈指令 POPF（POP Flags）

指令格式：POPF

执行操作：$(Flag)_L=((SP))$，$(Flag)_H=((SP)+1))$，$(SP) \leftarrow (SP)+2$

标志位：执行该指令，标志位被新的值所替代。

PUSHF 指令和 POPF 指令分别起保护标志和恢复标志的作用。

3.4.2　算术运算类指令

8086 CPU 指令系统中，具有完备的加、减、乘、除等算术运算指令，有很强的运算能力。8086 算术运算类指令如表 3.3 所示。

表 3.3　算术运算类指令

指 令 类 型	助 记 符
加法指令	ADD，ADC，INC
减法指令	SUB，SBB，DEC，NEG，CMP
乘法指令	MUL，IMUL
除法指令	DIV，IDIV，CBW，CWD
十进制调整指令	DAA，AAA，DAS，AAS，AAM，AAD

　　算术运算（Arithmetic）类指令涉及的操作数的数据长度有 8 位数与 16 位数。这些操作数分为两种类型的数据，即无符号数和有符号数。无符号数将所有的数位都视为有效数据位，所以 8 位无符号数值的范围为 0～255，16 位无符号数值的范围为 0～65535。有符号数将最高位作为符号，数据本身用补码表示。因此，有符号数既可以表示正数，也可以表示负数。8 位有符号数的表示范围为–128～+127，16 位有符号数的表示范围则为–32768～+32767。

　　那么，能否用一套加、减、乘、除指令，既实现对无符号数的运算，又实现对有符号数的运算呢？**对加减法来说，可以采用同一套指令，而对乘除法来说，则不能采用同一套指令。**

　　无符号数和有符号数采用同一套加法指令及减法指令有两个条件。首先就是要求参与加法或减法运算的两个操作数必须同为无符号数或有符号数；此外，要用不同的状态标志位检测无符号数或有符号数的运算结果是否溢出。对于无符号数，两数做加减时，最高位产生进位或借位表示溢出，用 CF=1 表示；当 CF=0 时，无溢出。对有符号数进行加减运算时，用溢出标志 OF=1 表示溢出；当 OF=0 时，无溢出。

　　我们简单分析两个例子，看看二进制数的加法采用 CF 与 OF 两个标志判断溢出的情况。

　　（1）两个二进制数加法 00000110+11111100，无符号数溢出，有符号数无溢出。

二进制加法	视为无符号数	视为有符号数
0000 0110	6	+6
＋　1111 1100	＋ 252	+(–4)
1 ← 0000 0010	258>255	+2 <+127
	CF=1，溢出	OF=0，无溢出

　　（2）两个二进制数加法 00001000+01111011，无符号数无溢出，有符号数溢出。

二进制加法	视为无符号数	视为有符号数
0000 1000	8	+8
＋　0111 1011	＋ 123	+(+123)
1000 0011	131 <255	+131 >+127
	CF = 0，无溢出	OF = 1，溢出

　　注意，除了 INC/DEC 指令不影响进位标志 CF 外，其他算术运算指令对 OF、SF、ZF、AF、PF 和 CF 均会产生影响。这 6 位标志反映的操作结果性质如下。

　　① 当无符号数运算产生溢出时，CF 为 1。

　　② 当有符号数运算产生溢出时，OF 为 1。这里，OF 由运算结果最高两位产生的进位（或借位）按异或运算确定，称为双高位判断。

　　③ 如果运算结果为 0，则 ZF=1。

　　④ 如果运算结果最高位为 1，则 SF=1。

⑤ 如果运算结果中有偶数个 1，则 PF=1。

1. 加法指令 ADD、ADC、INC

加法指令（Addition）共有三条，其一般形式如下所述。

（1）不带进位加法指令 ADD

指令格式：ADD　dst, src

执行操作：dst←dst+src

标志位：根据相加结果，自动置位/复位 OF、SF、ZF、AF、PF、CF。

指令 ADD 的功能是将目的操作数 dst 与源操作数 src 相加，结果送回目的操作数。注意 dst 不能是立即数；dst 与 src 不能同时为存储器操作数。ADD 指令的操作数搭配共有 6 种方式：

```
ADD reg, mem /reg/segreg/data
ADD mem, reg/data
```

例如，

```
ADD AX, BX            ; (AX)←(AX)+(BX)
ADD SI, 1234H         ; (SI)←(SI)+1234H
ADD AL, [SI+BX]       ; (AL)←(AL)+((SI)+(BX))
ADD BUF[DI], DX       ; (BUF+(DI))←(BUF+(DI))+(DX)，BUF 是已定义存储单元
ADD BUF, 56H          ; (BUF)←(BUF)+56H
```

【例 3.17】　MOV　　AL, 89H

　　　　　　　ADD　　AL, 75H

$$
\begin{array}{r}
1000\ 1001(89H) \\
+)\ \ 0111\ 0101(75H) \\
\hline
1111\ 1110(FEH)
\end{array}
$$

执行指令后，(AL) = 0FEH，OF = 0，SF = 1，ZF = 0，AF = 0，PF = 0。

（2）带进位加法指令 ADC（Add with Carry）

指令格式：ADC　dst, src

执行操作：dst←dst + src + CF

标志位：根据相加结果，自动置位/复位 OF、SF、ZF、AF、PF、CF。

ADC 指令与 ADD 指令基本相同，只是在两个操作数相加时，要将 CF 的当前值加上去。ADC 指令的操作数搭配共有 6 种格式，与 ADD 指令相同。

例如，

```
ADC AL, 12H           ; (AL)←(AL)+12H+CF
ADC DX, [SI+20H]      ;两数相加，再加进位 CF，结果送 DX
```

ADC 指令主要用于多字节运算。在 8086 中，可以进行 8 位数或 16 位数的运算，但 16 位二进制数的表达范围有限，为扩大数据范围，仍需要多字节运算。

【例 3.18】两个 32 位操作数 1234A9A9H 与 5678C8C8H 依次存在 1000H 开始的单元，低位在前，高位在后，要求编程求和，结果依然存在 1000H 开始的连续单元。

由于加法指令只能处理 16 位数，因此可以把每个加数分为两个 16 位数，用 ADD 指令先对低位数据相加，再用 ADC 指令对高位数据相加，并且加上低位相加产生的进位。主要程序段如下：

```
MOV SI, 1000H         ;SI 指向第一个加数
MOV DI, 1004H         ;DI 指向第二个加数
MOV AX, [SI]          ;取第一个加数的低 16 位到 AX 中
ADD AX, [DI]          ;AX 中的内容与第二个加数的低 16 位做加法，结果送 AX
MOV [SI], AX          ;存两数和的低 16 位
MOV AX, [SI+2]        ;取第一个加数的高 16 位到 AX 中
```

```
ADC AX, [DI+2]              ;AX 中的内容与第二个加数的高 16 位做加法, 结果送 AX
MOV [SI+2], AX             ;存两数和的高 16 位
MOV WORD PTR [SI+4], 0
ADC WORD PTR [SI+4], 0     ;考虑高 16 位相加后的进位
```

（3）增量指令 INC（Increment）

指令格式：INC　dst

执行操作：dst←dst+1

标志位：只影响状态标志 OF、SF、ZF、AF、PF，不影响 CF 标志。

INC 指令的功能将指定的操作内容加 1，再送回操作数。其中 dst 可以是通用寄存器数或存储器数。例如，

```
INC  CX                    ;CX 中的内容加 1
INC  BYTE PTR [BX]         ;BX 指定的存储单元字节中的内容加 1
```

注意，ADD、ADC 指令的操作对标志位 ZF、CF、OF、PF、SF 等会产生影响；INC 指令对 CF 没有影响，而对 ZF、OF、SF、PF、AF 等会产生影响。

2. 减法指令 SUB、SBB、DEC、NEG、CMP

（1）不带借位的减法指令 SUB（Subtraction）

指令格式：SUB　dst, src

执行操作：dst←dst-src

标志位：根据结果自动置位/复位 OF、SF、ZF、AF、PF、CF。

该指令的功能是将目的操作数与源操作相减，结果送回目的操作数。

注意 dst 不能是立即数；dst 与 src 不能同时为存储器操作数。SUB 指令的操作数搭配与 ADD 指令相同。

```
SUB reg, mem / reg/segreg/data
SUB mem, reg / data
```

例如，

```
SUB  BX, CX                ;(BX) ← (BX)-(CX)
SUB  SI, 1234H            ;(SI) ← (SI)-1234H
SUB  BUF, 56H             ;(BUF) ← (BUF)-56H, BUF 是已定义字节存储单元
```

（2）带借位减法指令 SBB（Subtract with Borrow）

指令格式：SBB　dst, src

执行操作：dst←dst-src-CF

标志位：该指令影响标志 OF、SF、ZF、AF、PF、CF。

指令功能：SBB 指令的格式与 SUB 指令一样，只是在两个操作数相减时，还要减去借位标志 CF 的现行值，结果仍送目的操作数。

注意 dst 不能是立即数；dst 与 src 不能同时为存储器操作数。SBB 指令格式的操作数寻址方式与 SUB 指令相同。

【例 3.19】　编程计算 123456H-9800AH。

```
MOV AX,3456H              ;(AX) ←3456H
SUB AX,800AH             ;(AX) ←B44CH,CF=1
MOV DX,0012H             ;(DX) ←0012H
SBB DX,0009H             ;(DX) ←0008,CF=0
```

（3）减量指令 DEC（Decrement）

指令格式：DEC　dst

执行操作：dst←dst−1

标志位：DEC 指令操作对 CF 没有影响，而对 ZF、OF、SF、PF、AF 等会产生影响。

指令功能：将指定寄存器或存储单元的内容减1，可见其功能与 INC 指令刚好相反，注意段寄存器不能用此指令减1。其中 dst 可以是 8/16 位通用寄存器数或存储器数。

例如，

```
DEC  CX                    ;(CX) ← (CX)−1
DEC  WORD PTR [BX]         ;BX 指定的存储单元中的字减 1
```

（4）取补指令 NEG（Negate）

指令格式：NEG　dst

执行操作：dst←0−dst

标志位：该指令影响标志 OF、SF、ZF、AF、PF、CF。

此指令执行的结果总是使 CF = 1；除非在操作数为 0 时，才使 CF = 0。

该指令对指定操作数取补，再将结果送回。由于对一操作数取补，相当于用 0 减去该操作数，故 NEG 指令也属于减法指令。目的操作数可以是 8/16 位通用寄存器或存储器操作数。

例如，

```
NEG  BX          ;(BX) ← 0−(BX)
NEG  BUF         ;(BUF) ← 0−(BUF)，BUF 是已定义符号单元
```

注意，当操作数 dst 为 0 时，结果不变；当操作数为 −128（补码为 80H）或 −32768（补码为 8000H）时，结果数值不变，但置 OF = 1。

【例3.20】 ① 若(AL) = 1，执行 NEG　AL 后，(AL) = 11111111B（−1 补码），CF = 1。

② 若(AL) = −4（补码为 11111100），执行 NEG　AL 后，(AL) = 00000100B（+4 补码），CF = 1。

（5）比较指令 CMP（Compare）

指令格式：CMP　dst，src

执行操作：dst − src

标志位：根据结果影响标志位 OF、SF、ZF、AF、PF、CF。

该指令将两个操作数相减，但结果不会送回到目的操作数。CMP 指令的操作数搭配方式与 SUB 指令相同。

例如，

```
CMP  AX, BX            ;(AX) − (BX)，结果仅影响标志位
CMP  BX, 3000H         ;(BX) −3000H，结果仅影响标志位
CMP  BUF[SI], AX       ;BUF 是已定义符号单元
```

根据 CMP 指令的特点，可根据 A−B 的标志位，判断 A 与 B 的大小。

① 对于无符号数，若 CF = 1，则 A<B，即被减数小于减数；否则若 CF = 0，A≥B，被减数大于等于减数。

② 对于有符号数，若 OF ≠ SF，则 A<B，即被减数小于减数；否则若 OF = SF，则 A≥B，被减数大于等于减数。

【例3.21】 CMP　AL，9AH

指令执行前，若(AL)=88H，则指令执行后，CF = 1，OF = 0，SF = 1，ZF = 0，PF = 1，AF = 1。

将 88H、9AH 视为无符号数，CF = 1（有借位），显然，88H<9AH（136<153）。将 88H、9AH 视为有符号数，两数都是负数补码，OF = 0，SF = 1，有 88H<9AH（−120<−102）。

3. 乘法指令 MUL、IMUL

8086 乘法（Multiplication）指令的特点是，在指令中总有一个操作数隐含在 AL 或 AX 中，若指令中的操作数为字节，则另一个操作数隐含在 AL 中，乘积在 AX 中；若指令中的操作数为字，则另一个操作数隐含在 AX 中，乘积在 DX、AX 中，其中 DX 作为存放乘积的高位扩展。

（1）无符号乘法指令 MUL（Multiplication）

指令格式：MUL　src

执行操作：字节操作——src 为字节，(AX)←(AL)×src

　　　　　字操作——src 为一个字，(DX，AX)←(AX)×src

标志位：乘法指令对 CF 和 OF 有定义，对其他标志位的状态不定。该指令对标志的影响为，若乘积的高半部分（字节相乘时结果在 AH，字相乘时结果在 DX）不为零，则 CF = OF = 1；否则 CF = OF = 0。CF = OF = 1 表示结果的高半部分包含乘积的有效位，代表乘积的长度扩展；CF = OF = 0 代表乘积的长度没有扩展。

该指令将源操作数 src（字节）乘以 AL 内容，运算的结果（16 位）送 AX；若 src 为一个字，另一个乘数应为 AX 的内容，运算结果（32 位）的低位字（16 位）放 AX 中，高位字（16 位）放 DX 中。源操作数 src 可以为寄存器数或存储器数，但不能为立即数，MUL 指令的操作数搭配有 4 种：MUL reg8/reg16/ mem8/ mem16。MUL 指令说明如表 3.4 所示。

表 3.4　MUL 指令说明

指 令 格 式	操 作 数	举 例	操 作 说 明
MUL　reg16	16 位寄存器	MUL　BX	(DX，AX)←(AX)×(BX)
MUL　mem16	16 位存储器	MUL　WORD PTR [SI]	(DX，AX)←(AX)×((SI))
MUL　reg8	8 位寄存器	MUL　BL	(AH，AL)←(AL)×(BL)
MUL　mem8	8 位存储器	MUL　BYTE PTR [DI]	(AH，AL)←(AL)×((DI))

【例 3.22】 计算 0902H×403AH，结果送 0510H～0513H 单元，用乘法指令实现的代码片段：

```
MOV AX, 0902H
MOV BX, 403AH
MUL BX
MOV [0510H], AX    ;乘积低位在 AX 中，送 0510H 和 0511H 单元
MOV [0512H], DX    ;乘积高位在 DX 中，送 0512H 和 0513H 单元
```

（2）有符号数的乘法指令 IMUL（Integer Multiplication）

指令格式：IMUL　src

执行操作：字节操作——src 为字节，AX←(AL)×src

　　　　　字操作——src 为一个字，(DX，AX)←(AX)×src

标志位：乘法指令对 CF 和 OF 有定义，对其他标志位的状态不定。

IMUL 指令在格式上和功能上与 MUL 指令类似，不同的是，IMUL 指令要求两个乘数都为有符号数（补码），且乘积也是补码表示的数。若乘积的高半部分是低半部分的符号位的扩展（所谓符号位扩展，是指结果为正时高半部分全部扩展为 0，或结果为负时高半部分全部扩展为 1），则 OF = CF = 0；否则 OF = CF = 1，表示结果的高半部分包含乘积的有效位。源操作数 src 可以为寄存器数或存储器数。

例如，

```
IMUL   BX                    ;(DX、AX)←(AX)×(BX)
IMUL   BYTE PTR [SI]         ;(AX)←(AL)×((SI))
IMUL   CH                    ;(AX)←(AL)×(CH)
```

【例 3.23】 编程计算–4×3，实现代码：

```
MOV    AL,-4                 ;(AL)←FCH（-4 补码）
MOV    BL,3                  ;(BL)←03H
IMUL   BL                    ;乘积(AX)=FFF4H(-12 补码)，标志位 CF = OF = 1
```

4．除法指令 DIV、IDIV、CBW、CWD

与乘法指令类似，除法指令（Division）也分无符号数的除法 DIV 和有符号数的除法 IDIV 指令，被除数隐含在累加器 AX（字节除）或 DX 和 AX（字除）中。在除法运算中，如果除数是 8 位的，则要求被除数是 16 位；如果除数是 16 位的，则要求被除数是 32 位。

（1）无符号数的除法指令 DIV（Division）

指令格式：DIV   src

执行操作：字节操作—若 src 为字节，则(AX)÷src，(AL)←商，(AH)←余数

　　　　　字操作—若 src 为一个字，则(DX，AX)÷src，(AX)←商，(DX)←余数

标志位：除法指令对所有状态标志位均无定义。

该指令将 AX（16 位）中或 DX 和 AX（32 位）中的内容，除以指定的寄存器或存储单元中的内容 src。对于字节除法，所得的商存于 AL，余数存于 AH；对于字除法，所得的商存于 AX，余数存于 DX。

若除数为 0，则在内部产生一个类型 0 的中断。

DIV 指令的操作数搭配有 4 种，即 DIV reg8/reg16/ mem8/mem16，与 MUL 相似。DIV 指令说明如表 3.5 所示。

表 3.5　DIV 指令说明

指 令 格 式	操 作 数	举　　例	操 作 结 果
DIV reg16	16 位寄存器	DIV BX	(AX)←商，(DX)←余数
DIV mem16	16 存储器	DIV WORD PTR [SI]	(AX)←商，(DX)←余数
DIV reg8	8 位寄存器	DIV BL	(AL)←商，(AH)←余数
DIV mem8	8 存储器	DIV BYTE PTR [DI]	(AL)←商，(AH)←余数

【例 3.24】 编程计算 100÷3，实现代码：

```
MOV    AX,100                ;(AX)←0064H（十进制数 100）
MOV    BL,3                  ;(BL)←03H
DIV    BL                    ;商(AL)=21H(十进制数 33)，余数(AH)=1
```

（2）有符号数的除法指令 IDIV（Integer division）

指令格式：IDIV   src

执行操作：若 src 为字节，则(AX)÷src，(AL)←商，(AH)←余数

　　　　　若 src 为一个字，则(DX，AX)÷src，(AX)←商，(DX)←余数

标志位：无定义

IDIV 指令的格式和功能与 DIV 指令相同，只不过在 IDIV 指令中，操作数是有符号数补码，商和余数也是补码。其中商可能为正数或负数，余数总是与被除数的符号相同，为正数或负数。除法指令的寻址方式与乘法指令相同，其目的操作数必须存放在 AX 中，或 DX 与 AX 中。注意，源操作数不能为立即数。

【**例 3.25**】　试计算(X×Y+Z)/X，X、Y、Z、S 代表存储器字单元，内容都是 16 位无符号数，商和余数存在 S 开始的单元。

```
MOV    AX, X       ;取乘数 X 到累加器 AX
MUL    Y           ;X*Y，乘积在 (DX、AX) 中
ADD    AX, Z       ;X*Y 的乘积低位与 Z 相加，结果在 AX 中
ADC    DX, 0       ;X*Y 的乘积高位加上低位相加时产生的进位，结果送 DX
DIV    X           ;除以 X，商在 AX 中，余数在 DX 中
MOV    S, AX
MOV    S+2, DX
```

由于除法指令的字节操作要求被除数必须是 16 位数，字操作要求被除数必须是 32 位数，因此当被除数的位数不够时，应在进行除法之前，对被除数进行扩展以达到所需的位数。对于有符号数，扩展后不应使该数的值和符号位发生变化，因此应该是有符号位的扩展。CBW 指令和 CWD 指令就是用于符号扩展的指令。

（3）字节扩展为字指令 CBW（Convert Byte to Word）

指令格式：CBW

执行操作：若(AL)<80H，(AH)←0；若(AL)≥80H，(AH)←0FFH

标志位：无影响

指令的功能是把 AL 中的符号扩展到 AH 中。若(AL)<80H，则扩展后(AH)= 00H；若(AL)≥80H，则扩展后(AH)=0FFH。

例如，

(AL)=01010110B，执行 CBW 后，扩展成(AX)= 0000000001010110B。

(AL)=11001001B，执行 CBW 后，扩展成(AX)=1111111111001001B。

（4）字扩展为双字指令 CWD（Convert Word to Double word）

指令格式：CWD

执行操作：若(AX)<8000H，(DX)←0；若(AX)≥8000H，(DX)←0FFFFH

标志位：无影响

指令功能是将 AX 中的符号扩展到 DX 中，即若(AX)<8000H，则扩展后(DX)= 0000H，若 AX≥8000H，则扩展后(DX)= FFFFH。

CBW 与 CWD 指令常用于在两数相除之前，使被除数进行扩展。

5．BCD 码调整指令 AAA、DAA、AAS、DAS、AAM、AAD

除上述加、减、乘、除基本算术运算指令外，8086 还提供了 6 条用于 BCD 码运算的调整指令，包括压缩 BCD 码调整指令和非压缩 BCD 码调整指令。这些调整指令都采用隐含寻址方式——将 AL（或 AX）累加器作为隐含的操作数。它们常与加、减、乘、除指令配合使用，实现 BCD 码的算术运算。

压缩 BCD 码（也称组合型 BCD 码）就是通常的 8421 码，它用 4 个二进制位表示一个十进制位，一字节可以表示两个十进制位，其值范围为 00～99。如 10010110 表示两位 BCD 码 9 和 6。

非压缩型 BCD 码（也称非组合型 BCD 码），用一字节表示一位 BCD 码，实际上只是用低 4 个二进制位表示一个十进制位 0～9，高 4 位为零。如 00001001 表示一位 BCD 码 9，00000110 表示一位 BCD 码 6。

要实现十进制 BCD 码运算，还需要对二进制运算结果进行调整。这是因为 4 位二进制码有 16 种编码，用 0000～1001 表示 0～9，用 1010～1111 表示 A～F（10～15）。而 BCD 码只使用其中 10 种编码，即用 0000～1001 代表 0～9。当 BCD 码按二进制运算后，不可避免会出现 6 种不用的编码。十进制调整指令就是在需要时让二进制结果跳过这 6 种不用的编码，而仍以 BCD 码反映出正确的 BCD 码运算结果。

（1）加法的非压缩 BCD 码调整指令 AAA

指令格式：AAA

执行操作：若 AL 低 4 位大于 9（即十六进制的 A～F），或者 AF = 1，则(AL)←((AL) + 06H)&0FH，且(AH)←(AH) +1，并使 CF = AF = 1；否则 AL、AH 的值不变，且 CF = AF = 0。

标志位：影响 CF 和 AF，但对 OF、PF、ZF、SF 未定义。

非压缩 BCD 码加法调整指令 AAA 跟在以 AL 为目的操作数的 ADD 或 ADC 指令之后，对 AL 进行非压缩 BCD 码调整。

（2）减法的非压缩 BCD 码调整指令 AAS

指令格式：AAS

执行操作：若 AL 中的低 4 位是十六进制的 A～F，或者 AF = 1，则(AL)←((AL)–6)&0FH，(AH)←(AH)–1，并使 CF = AF = 1；否则 AL、AH 的值不变，且 CF = AF = 0。

标志位：影响 CF 和 AF，对其他标志 PF、ZF、SF、OF 无定义。

非压缩 BCD 码减法调整指令 AAS 跟在以 AL 为目的操作数的 SUB 或 SBB 指令之后，对 AL 进行非压缩 BCD 码调整。

【例 3.26】 非压缩 BCD 码的加法和减法运算。

```
MOV AL, 09H          ;非压缩 BCD 码 09H 表示十进制数 9
ADD AL, 08H          ;非压缩 BCD 码 08H 表示十进制数 8, (AL)=11H, AF=1
AAA                  ;加法 BCD 码调整, (AX)=0107H, CF=1, AF=1
MOV AH, 0
SUB AL, 08H          ;(AX)=00FFH, AF=1, CF=1
AAS                  ;减法 BCD 码调整, (AX)=FF09H, AF=1, CF=1
```

（3）加法的压缩 BCD 码调整指令 DAA

指令格式：DAA

执行操作：若 AL 中的低 4 位是十六进制的 A～F，或者 AF = 1，则(AL)←(AL)+6，并使 AF 置 1；若 AL 中的高 4 位是十六进制的 A～F，或者 CF = 1，则(AL)←(AL)+60H，并使 CF 置 1。

标志位：影响 CF、AF、PF、ZF 和 SF，但对 OF 未定义。

DAA 指令跟在以 AL 为目的操作数的 ADD 或 ADC 指令之后，对 AL 的二进制结果进行压缩 BCD 码调整，并在 AL 得到正确的压缩 BCD 码结果。

（4）减法的压缩 BCD 码调整指令 DAS

指令格式：DAS

执行操作：①若 AL 中的低 4 位是十六进制的 A～F，或者 AF = 1，则(AL)←(AL)–06H，并使 AF 置 1；否则 AL 的值不变，且 AF = 0。②若 AL 中的高 4 位是十六进制的 A～F，或者 CF = 1，则(AL)←(AL)–60H，并使 CF 置 1；否则 AL 的值不变，且 CF = 0。

标志位：影响 CF、AF、PF、ZF 和 SF，但对 OF 未定义。

DAS 指令跟在以 AL 为目的操作数的 SUB 或 SBB 指令之后，对 AL 的二进制结果进行压缩 BCD 码调整，并在 AL 得到正确的压缩 BCD 码结果。

（5）乘法的非压缩 BCD 码调整指令 AAM

指令格式：AAM

执行操作：(AX)÷0AH，(AH)←商，(AL)←余数

标志位：影响 PF、SF、ZF，但对 OF、CF 和 AF 无定义。

非压缩 BCD 码乘法调整指令 AAM 跟在以 AX 为目的操作数的 MUL 指令之后，对 AX 进行非压

缩 BCD 码调整，调整后的结果低位非压缩 BCD 码在 AL 中，高位非压缩 BCD 码在 AH 中。AAM 也须紧跟在乘法指令 MUL 之后。

AAM 的操作实质是将 AL 中不大于 99 的二进制数转换成正确的非压缩 BCD 码乘积（高位在 AH 中，低位在 AL 中）。

注意，BCD 码数总是作为无符号数看待，所以相乘时不能用 IMUL 指令。

（6）除法的非压缩 BCD 码调整指令 AAD

指令格式：AAD

执行操作：(AL)←(AH)×10+(AL)，(AH)←0

标志位：影响 PF、SF、ZF，但对 OF、CF 和 AF 无定义。

用在非压缩 BCD 码除法指令 DIV 前，将 AX 中的非压缩 BCD 码调整成二进制数。

调整原则：将 AH 中的内容乘以 10，加上 AL 中的内容后送 AL，令(AH)=0。

显然 AAD 的操作实质是将 AX 中的两位十进制数（非压缩 BCD 码）转换为二进制数。与上述其他调整指令不同，AAD 指令须放在相应的除法指令之前。

【例 3.27】 用非压缩 BCD 码运算指令编写程序计算：7×9÷8=?

```
MOV     AL, 07H      ;非压缩 BCD 码 07H 表示十进制数 7
MOV     BL, 09H      ;非压缩 BCD 码 09H 表示十进制数 9
MUL     BL           ;(AX)=003FH
AAM                  ;(AX)=0603H
AAD                  ;(AX)=06H×0AH+03H=003FH
MOV     BL, 08H
DIV     BL           ;(AH)=07H，(AL)=07H，结果为商 7 余 7
```

3.4.3　逻辑运算与移位指令

当需要对字节或字数据中的各个二进制位进行操作时，可以考虑采用二进制位操作类指令。8086 CPU 具有对 8 位或 16 位操作数进行逻辑和移位（Logic & Shift）操作的指令，完成这些操作的指令可分成两类：逻辑运算类指令和移位类指令，如表 3.6 所示。

表 3.6　逻辑运算与移位类指令

指 令 类 型	助 记 符
逻辑运算类指令	AND、OR、NOT、XOR、TEST
非循环移位指令	SHL、SHR、SAL、SAR
循环移位指令	ROL、ROR、RCL、RCR

1．逻辑运算类指令 AND、OR、NOT、XOR、TEST

（1）逻辑与指令 AND

指令格式：AND　dst，src

执行操作：dst←dst ∧ src；∧为按位做逻辑"与"

标志位：CF、OF 复位，而 SF、PF、ZF 由操作结果确定。

指令功能：将指令中两操作数的内容按位做逻辑"与"运算，即两个操作数的对应位为"1"时，结果为"1"，否则为 0。"与"运算结果送回到目的操作数。注意目的操作数不能为立即数，两个操作数不能同时为存储器数。AND 指令的操作数搭配共有 6 种方式：

```
AND   reg, mem/reg/segreg/data
AND   mem, reg/data
```

AND 指令常用于对指定位进行清 0 操作，例如，

```
MOV  AL, 10111010B    ;执行该指令后，(AL)=10111010B
AND  AL, 0FH          ;执行该指令后，(AL)=00001010B,低 4 位不变, 高 4 位清 0
```

（2）逻辑或指令 OR

指令格式：OR dst, src

执行操作：dst←dst ∨ src，∨为按位做逻辑"或"

标志位：CF、OF 复位，而 SF、PF、ZF 由操作结果确定。

指令功能：将指令中两操作数的内容按位做逻辑"或"运算，结果送回目的操作数。注意目的操作数不能为立即数，两个操作数不能同时为存储器数。OR 指令的操作数搭配共有 6 种方式，与 AND 指令相同。OR 指令常用于对指定位进行置 1 操作，例如，

```
MOV AL, 10110000B    ;执行该指令后，(AL)=10110000B
OR  AL, 0FH          ;执行该指令后，(AL)=10111111B,低 4 位置 1, 高 4 位不变
```

（3）逻辑非指令 NOT

指令格式：NOT   dst

执行操作：dst← $\overline{\text{dst}}$

标志位：不影响

指令功能：将指定的寄存器或存储单元的内容按位取反。该指令常用来对某个数做求反运算。NOT 指令的操作数不能为立即数，可以为存储器数或寄存器数。NOT 指令的操作数搭配有两种方式：NOT reg/ mem。例如，

```
MOV  AL, 10001111B     ;(AL)=10001111B,
NOT  AL                ;(AL)=01110000B，按位求反
```

（4）逻辑异或指令 XOR

指令格式：XOR dst, src

执行操作：dst←src ⊕ dst

标志位：CF、OF 复位，而 SF、PF、ZF 由操作结果确定。

指令功能：将指令指定的两操作数的内容按位做逻辑"异或"运算，结果送回目的操作数中。注意，目的操作数 dst 不能为立即数，两个操作数不能同时为存储器数。XOR 指令的操作数搭配共有 6 种方式，与 AND 指令相同。XOR 指令常用于对指定位进行取反操作，例如，

```
XOR  AL, 00000011B   ;使 AL 中的数, 第 0、1 位取反
XOR  AX, AX          ;AX 的内容本身进行异或，结果是将 AX 清零
```

（5）测试指令 TEST

指令格式：TEST dst, src

执行操作：dst ∧ src

标志位：CF、OF 复位，而 SF、PF、ZF 由操作结果确定。

指令功能：将 dst 指定的内容与 src 指定的内容按位做逻辑"与"运算，但不送回操作结果，只根据结果影响标志位。TEST 指令的操作数寻址与 AND 指令相同。TEST 指令常用来检测操作数的某些位是 1 还是 0。

【例 3.28】 测试 AL 中的第 0、1、2 位是否都为零。

```
MOV      AL, 01001000B
```

```
TEST     AL, 00000111B          ;执行指令后，(AL)=01001000B, ZF=1
```

在上述 5 条逻辑运算指令中，其操作数可以是 8 位或 16 位，NOT 指令对标志无影响，其他 4 条指令执行后，标志位 CF=0，OF=0，而 SF、ZF、PF 根据逻辑运算的结果设置，AF 未定义。

【例 3.29】 用逻辑指令完成下列操作。

① 将 AX 最高位置 1，其余位不变：　　　　OR　　AX，8000H

② 将 BH 的第 1、3 位清零，其余位不变：　AND　BH，11110101B

③ 将 DX 的低 8 位求反，其余位不变：　　XOR　DX，00FFH

2．非循环移位指令 SHL、SHR、SAL、SAR

移位指令可分为非循环移位和循环移位两大类。其中，循环移位又可分为带进位位的循环移位和不带进位位的循环移位两大类。根据移位方向，移位指令可分为左移操作和右移操作两种。

移位指令可以对指定的寄存器或存储器单元中的内容进行移位，可以进行 8 位或 16 位操作。移位的位数可以是一位或若干位。若移位位数为一位，则在指令中直接给出移位位数 1；当移位位数大于 1 时，在移位指令中用 CL 指定移位位数。

非循环移位指令又可分为逻辑移位和算术移位，有左移和右移操作。

（1）逻辑左移指令 SHL（Shift logical Left）

指令格式：SHL　　dst，CL；CL 内容是移位的位数

　　　　　　SHL　　dst，1

标志位：SF、ZF、PF 根据移位结果置位。

指令功能：将操作数左移，由 CL 指定移位位数，最高位移入进位标志位 CF，移动后空出的最低位补 0，SHL 指令的操作如图 3.11(a)所示。注意，操作数 dst 可以为寄存器数或存储器数，即有两种格式：SHL reg/ mem，CL。

当只移一位时，若符号位 SF 发生变化，则 OF = 1；否则，OF = 0。

例如，

```
SHL AL, 1
SHL BX, CL
SHL WORD PTR [DI], CL
```

（2）逻辑右移指令 SHR（Shift logical Right）

指令格式：SHR　　dst，CL；CL 内容是移位的位数

　　　　　　SHR　　dst，1

标志位：标志位 SF、ZF、PF 根据移位结果置位。

指令功能：将操作数右移，由 CL 指定移位位数，最高位补 0，最低位移入 CF。SHR 指令的操作如图 3.11(b)所示。SHR 指令的操作数寻址有两种方式，与 SHL 相同。

当只移一位时，若移位后符号位发生变化，则 OF=1；否则 OF=0。

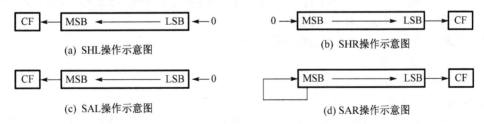

图 3.11　逻辑移位与算术移位操作示意图

【例 3.30】 写出执行下列指令序列的结果。

```
        MOV BL, 01110101B
        MOV CL, 4
        SHL BL, CL      ;(BL)=01010000B,CF=1,SF=0
        SHR BL,1        ;(BL)=00101000B,CF=0,SF=0
```

（3）算术左移指令 SAL（Shift Arithmetic Left）

指令格式：SAL　dst，CL; CL 内容是移位的位数

　　　　　　SAL　dst，1

标志位：标志位 SF、ZF、PF 根据移位结果置位。

指令功能：将操作数左移，最高位移到进位标志位 CF，移动后空出的最低位补 0。该指令与逻辑左移指令 SHL 相同，不同之处是逻辑左移 SHL 将操作数视为无符号数，而算术左移指令 SAL 将操作数视为有符号数。SAL 指令的操作如图 3.11(c)所示。SAL 指令的操作数寻址有两种方式，与 SHL 相同。

当只移一位时影响 OF，与 SHL 相同。可以由此判断有符号数在移位前后的符号位的改变。

【例 3.31】 写出执行下列指令序列的结果。

```
        MOV DH, 10110101B
        MOV CL, 2
        SAL DH, CL      ;(DH) = 11010100B, SF = 1, CF = 0
```

SHL 指令功能与 SAL 指令功能完全相同，因为对一个无符号数乘以 2 与有符号数乘以 2，进行的移位操作是一样的，每移位一次，最低位补 0，最高位移入 CF。

（4）算术右移指令 SAR（Shift Arithmetic Right）

指令格式：SAR　dst，CL; CL 内容是移位的位数

　　　　　　SAR　dst，1

标志位：标志位 SF、ZF、PF 根据移位结果置位。当只移一位时影响 OF，与 SHR 相同。

SAR 指令是将目的操作数向右移一位或由 CL 指定的位数，操作数的最低位移入标志位 CF，但符号位保持不变。SAR 与 SHR 的区别是，算术右移时最高位不是补零，而是保持不变，SAR 指令操作如图 3.11(d)所示。SAR 指令的操作数寻址有两种方式，与 SHL 相同。

【例 3.32】 SAR　　AL，1

执行指令前，(AL) = 1110 0110B。

执行指令后，(AL) = 1111 0011B，CF = 0，SF = 1，OF = 0。

3．循环移位指令 ROL、ROR、RCL、RCR

循环移位指令也是将指定的存储单元或寄存器的内容左移或右移。它与非循环移位指令的区别是，循环移位指令的移位将按一个闭环回路进行。目的操作数可以为寄存器数或存储器数。

（1）循环左移指令 ROL（ROtate Left）

指令格式：ROL　dst，　CL; CL 内容是移位的位数

　　　　　　ROL　dst，1

标志位：该指令只影响 CF、OF 标志。

指令功能：将操作数左移，由 CL 指定移位位数，最高位一方面进入进位标志位 CF，另一方面移入最低位，形成环路。ROL 指令的操作如图3.12(a)所示。目的操作数可以为寄存器数或存储器数。

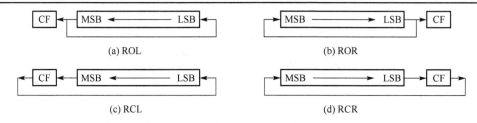

图 3.12　循环移位操作示意图

当循环移位为一位时，若移位后的操作数的最高位不等于标志位 CF，则溢出标志 OF=1；否则 OF=0。这可以用来表示移位前后操作数的符号位是否发生改变（OF=0 表示符号位未变）。

（2）循环右移指令 ROR（ROtate Right）

指令格式：ROR　dst，CL；CL 内容是移位的位数

　　　　　　ROR　dst，1

标志位：该指令只影响 CF、OF 标志。

指令功能：将操作数右移，由 CL 指定移位位数，最低位一方面移入进位标志位 CF，另一方面移入最高位形成环路，ROR 指令的操作如图 3.12(b)所示。

当只移一位时，移位后的操作数的最高位与次高位不相等，则溢出标志 OF=1；否则 OF=0。可以由此判断移位前后操作数的符号位是否发生改变。

【例 3.33】　分析执行下列指令后的结果，假设 CF=1。

```
MOV    BL, 01011111B        ; (BL)=01011111B
MOV    CL, 2                ; (CL)=2
ROL    BL, CL               ; (BL)=01111101B, CF=1
ROR    BL, 1                ; (BL)=10111110B, CF=1
```

（3）带进位循环左移指令 RCL（Rotate Left through Carry）

指令格式：RCL　dst，CL；CL 内容是移位的位数

　　　　　　RCL　dst，1

标志位：该指令只影响 CF、OF 标志。

指令功能：将操作数左移，由 CL 指定移位位数，最高位进入标志位 CF，CF 移入最低位。RCL 指令的操作如图 3.12(c)所示。

当循环移位为一位时，若移位后的操作数的最高位与标志位 CF 不相等，则溢出标志 OF=1；否则 OF=0。这可以用来表示移位前后操作数的符号位是否发生改变。

（4）带进位循环右移指令 RCR（Rotate Right through Carry）

指令格式：RCR　dst，CL；CL 内容是移位的位数

　　　　　　RCR　dst，1

标志位：该指令只影响 CF、OF 标志。

指令功能：将操作数右移，由 CL 指定移位位数，最低位移入 CF，CF 移入最高位形成环路。RCR 指令的操作如图 3.12(d)所示。

当只移一位时，若移位后的操作数的最高位与次高位不相等，则溢出标志 OF=1；否则 OF=0。可以由此判断移位前后操作数的符号位是否发生改变。

【例 3.34】　分析执行下列指令后的结果，假设 CF=1。

```
MOV    BL, 01011111B        ; (BL)=01011111B
```

```
MOV      CL, 2              ;(CL)=2
ROL      BL, CL             ;(BL)=01111101B, CF=1
ROR      BL,1               ;(BL)=10111110B, CF=1
RCL      BL,1               ;(BL)=01111101B, CF=1
```

3.4.4 串操作类指令

串操作（String Manipulation）指令是用一条指令实现对一串字符或数据的操作。串是存储器中一系列连续的字或字节。串操作就是针对这些字或字节进行的某种相同的操作，串操作指令就是为此而设置的。8086中5条基本串操作指令可以完成串的多种操作，任何这样的一条指令，允许在指令前用一个重复前缀使其可以重复操作，如表3.7所示。

表3.7 串操作类指令

指 令 类 型	助 记 符
串操作指令	MOVS、CMPS、SCAS、LODS、STOS
重复前缀	REP、REPZ/REPE、REPNZ/REPNE

8086串操作指令有以下特点。

（1）所有串操作指令都用SI对DS段中的源操作数进行间接寻址，用DI对ES段中的目的操作数进行间接寻址，即目的串地址和源串地址分别由ES:DI和DS:SI提供。在使用串操作指令之前，应先设置好SI和DI的初值。

（2）串操作指令执行时自动修改地址指针，地址的修改与方向标志DF有关。DF=0时，SI、DI做自动增量修改（字节操作加1，字操作加2）；DF=1时，SI和DI做自动减量修改（字节操作减1，字操作减2）。因此，在执行串操作之前，要先设置DF的值，可以利用指令STD将DF置1，CLD将DF清0。

（3）若源串和目的串在同一段中，则把数据段基址DS和附加段基址ES设成相同数字，即DS=ES，此时，仍由SI和DI分别指出源串和目的串的有效地址。

（4）任何一条串操作指令，可在前面加一个"重复前缀"，通过它们来控制串操作指令的重复执行。重复操作是否完成的检测，是在串操作之前进行的。因此，若在初始化时使操作次数为0，它不会引起任何重复操作。

（5）串操作指令是唯一的源操作数和目的操作数都在存储单元的指令。

1．重复前缀

重复前缀的功能是重复执行紧跟其后的串操作指令。重复前缀共有5种，它们不能单独使用，只能加在串操作指令前用来控制串操作的重复执行。重复前缀不影响各标志位。

（1）重复前缀REP

若执行操作时(CX)≠0，重复串操作；否则，退出重复串操作，即

① 若(CX)=0，退出重复操作REP，否则往下执行；

② 修改CX，即(CX)←(CX)−1；

③ 执行串操作一次，并修改SI、DI，转①。

其中，SI和DI修改与DF有关。若DF=0，则SI、DI内容自动加1（字节操作）或加2（字操作）；若DF=1，SI、DI自动减1（字节操作）或减2（字操作）。

用途：REP用于字串传送MOVS或保存字串STOS指令的前缀。

（2）相等重复前缀REPZ（REPE）

若执行的操作为(CX)≠0且ZF=1，重复串操作；否则，退出重复操作。即

① 若(CX)= 0，或 ZF = 0，退出重复操作 REPZ；否则，往下执行；

② (CX)←(CX)−1；

③ 执行串操作一次，并修改 SI、DI，转①。

用途：用于比较两个字串，找出不同的字。本前缀与串操作指令 CMPS 与 SCAS 配合，表示只有当两数相等时才继续比较；若遇到两数不相等，则可提前结束串操作。

（3）不相等重复前缀 REPNZ（REPNE）

若执行的操作为(CX)≠ 0 且 ZF=0，重复串操作；否则不重复。即

① 若(CX)=0，或 ZF=1，退出重复操作 REPNZ；否则，往下执行；

② (CX)←(CX)−1；

③ 执行串操作一次，并修改 SI、DI，转①。

用途：在一个字串中，找到需要的字。也可用于比较两个字串，找出相同的字。本前缀和串操作指令 CMPS 与 SCAS 配合。表示只有当两数不相等时才继续比较；若遇到两数相等，则可提前结束串操作。

2. 串传送指令 MOVSB/MOVSW（Move String）

指令格式：MOVSB/ MOVSW　　　　　；用于字节串传送/字串传送

执行操作：① ((ES:DI))←((DS:SI))；

② 字节操作：(DI)←((DI)± 1)，(SI)←(SI)± 1；

　　字操作：(DI)←((DI)± 2)，(SI)←(SI)± 2。

标志位：不影响

该指令把数据段以 SI 为有效地址的源串中的字节或字传送到附加段以 DI 为有效地址的目的串中，同时自动修改 SI 和 DI 中的有效地址，使之指向串中的下一个元素。

【例 3.35】 将 100 字节从数据段地址为 AR1 开始的单元区传送到地址为 AR2 的单元区，假设两个区无重叠，设(DS)=2000H。

```
MOV AX, DS
MOV ES, AX
LEA SI, AR1        ;SI 指向源串地址
LEA DI, AR2        ;DI 指向目的串地址
MOV CX, 100        ;字串长度
CLD               ;清方向标志
REP MOVSB          ;字串传送
```

若 AR1 与 AR2 的地址分别为 1000H、1020H，此时源字串与目的字串在存储区产生重叠，可以采用以下的方式处理，即将字串自尾至首传送：

```
MOV    SI, OFFSET AR1      ;SI 指向源串首址
MOV    DI, OFFSET AR2      ;DI 指向目的串首址
MOV    CX, 100             ;字串长度
ADD    SI, 100-1           ;SI 指向源串尾部
ADD    DI, 100-1           ;DI 指向目的串尾部
STD                       ;置方向标志
REP    MOVSB               ;字串传送
```

3. 串比较指令 CMPS（Compare String）

指令格式：CMPSB/CMPSW　　　　；字节串比较或字串比较

执行操作：① ((DS:SI)) − ((ES:DI))；

② 字节操作：(DI)←((DI)±1)，(SI)←(SI)±1；

字操作：(DI)←((DI)±2)，(SI)←(SI)±2。

标志位：ZF、SF、OF、AF、CF、OF 反映了目的串与源串的关系。

CMPS 指令把由 SI 指定的数据段中源串的一字节（或字）与 DI 指定的附加段目的串中的一字节（或字）相减，但不回送结果，只影响标志位 OF、SF、ZF、AF、PF 和 CF。在比较后按照 DF 的值修改地址指针 SI 和 DI。

【例 3.36】检验一段被送过的数据是否与原串完全相同，若相同，将 RESULT 置 0；否则置 0FFH。假设源字串存在 STR1 开始单元，目的字串存在 STR2 开始单元，并且均在数据段。

```
STR1    DB  1, 2, 3, 4, 5, 6, 7, 7, 8, 0
STR2    DB  1, 2, 3, 4, 5, 6, 7, 8, 9, 0
RESULT  DB  ?
```

主要程序片段：

```
        MOV     AX, DS
        MOV     ES, AX
        MOV     SI, OFFSET  STR1
        MOV     DI, OFFSET  STR2
        MOV     CX, 10
        CLD
        REPZ    CMPSB
        JNZ     NOEQU           ;串不相等，则转至 NOEQU
        MOV     AL, 0           ;被比较串完全相等，置 AL 为 0
        JMP     OUTPUT
NOEQU:  MOV     AL, 0FFH        ;找到，置 AL 为 0FFH
OUTPT:  MOV     RESULT, AL      ;送结果
        HLT                     ;暂停
```

CMPS 指令与重复前缀配合，可以完成串的比较。例如

① REPE CMPS 的操作为：当两个串的对应字符相等且串没有结束（CX≠0）时，继续比较；否则退出比较操作。

② REPNE CMPS 的操作为：当两个串的对应字符不相等且串没有结束（CX≠0）时，继续比较；否则退出比较操作。

4. 串扫描指令 SCAS（Scan String）

指令格式：SCASB/SCASW   ;字节串或字串扫描

执行操作：① (AL 或 AX)–(ES：DI)；

② 字节操作：(DI)←((DI)±1)；

字操作：(DI)←((DI)±2)。

标志位：操作结果影响标志 ZF、SF、OF、AF、CF、PF。

该指令把 AL 的内容去减 DI 指定的目的串中的一字节数据，或将 AX 中的内容去减 DI 指定的目的串中的一个字数据。不送运算结果，只根据结果影响标志位，并按照 DF 的值修改 DI。用于从一个字串中查找一个与 AL 或 AX 中不同的字符，或查找一个相同的字符。

【例 3.37】 在地址为 BLOCK 的开始单元，存放 100 字节的字符串，找出第一个字符$（ASCII 码 24H），将第一个$的地址存入 BX 中；否则将 BX 清零。

① 分析：要求查找指定字符$，可以用指令 SCASB，重复前缀用 REPNZ。$的地址应为多少呢？

由于执行串操作时同时修改 DI，当找到$后，地址指针并不指向$，已经指向下个字符，因此应将地址退回到原来$所在的位置。

② 主要程序片段如下：

```
                MOV     DI, 1000H        ;送目标串首地址
                MOV     CX, 100          ;字串长度送 CX
                CLD                      ;清方向标志
                MOV     AL, '$'          ;要查找的字符送 AL
                REPNZ   SCASB            ;AL-[DI]
                JZ      FOUND            ;找到$, 转 FOUND
                MOV     BX, 0            ;没找到, 置 BX 内容为 0
                JMP     STOP             ;退出
        FOUND:  DEC     DI               ;退回到$所在地址
                MOV     BX, DI           ;$所在地址送 BX
        STOP:   HLT
```

SCAS 指令与重复前缀配合，可以完成串的检索。例如，

① REPE　SCAS，可解释为当目的串与要检索的字符（在 AL 或 AX 中）相等且串没有结束（CX ≠ 0）时，继续扫描比较；否则退出扫描比较操作。

② REPNE　SCAS，可解释为当目的串与要检索的字符（在 AL 或 AX 中）不相等且串没有结束（CX ≠ 0）时，继续扫描；否则退出扫描操作。

5. 读取串指令 LODS（Load from String）

指令格式：LODSB/LODSW

执行操作：① (AL 或 AX)←(DS:SI)；

　　　　　② 字节操作：(SI)←(SI) ± 1；

　　　　　　字操作：(SI)←(SI) ± 2。

标志位：不影响

LODS 指令的功能是把源串中的一字节或字的数据送入 AL 或 AX 中，同时按照 DF 标志修改 SI。这条指令正常情况是不执行重复操作的，因为每重复操作一次，累加器的内容就会改写，但是在软件设计中，LODS 指令十分有用。

6. 存串指令 STOS（Store into String）

指令格式：STOSB/STOSW；存字节串或存字串

执行操作：① (ES:DI)←(AL 或 AX)；

　　　　　② 字节操作：(DI)←(DI) ± 1；

　　　　　　字操作：(DI)←(DI) ± 2。

标志位：不影响

该指令功能是把 AL 或 AX 中一字节或字的内容送入目的串所在存储单元中，并按照 DF 的值修改 DI。

STOS 指令常用于初始化某一缓冲区为同一数据。

【例 3.38】　初始化某一缓冲区。

```
    MOV CX, 000AH
    CLD
    MOV AX, 6000H
    MOV ES, AX
    MOV DI, 1000H
```

```
        MOV  AL, 00H
        REP  STOSB
```

上面的程序片段将存储器中从 61000H 到 61009H 的单元全部置为 00H。

【例 3.39】 统计数据块中正数与负数的个数，并将正数与负数分别送到两个缓冲区。

分析：可以设 SI 为源数据块指针，分别设 DI、BX 为存放正、负数的目的区指针。用 LODSB 将源数据取到 AL 中，检查其符号位，若为正数，则用 STOSB 指令送到正数缓冲区，并统计正数个数；若为负数，先将 BX、DI 交换，再用 STOSB 指令送到负数缓冲区，并统计负数个数，用 CX 来控制循环次数。主要程序段为

```
BLOCK      DB    -1, -3, 5, 6, -2, 0, 20, 10
PLUS_D     DB    8  DUP(?)              ;正数缓冲区
MINUS_D    DB    8  DUP(?)              ;负数缓冲区
PLUS       DB    0
MINUS      DB    0
           CLD
           MOV  SI, OFFSET BLOCK
           MOV  DI, OFFSET PLUS_D
           MOV  BX, OFFSET MINUS_D
           MOV  CX, 8                   ;数据个数送 CX
GONE:      LODSB                        ;取数据,(AL)←((SI)), (SI)←(SI)+1
           TEST AL, 80H
           JNZ  JMIUS
           INC  PLUS                    ;正数个数加 1
           STOSB                        ;送正数, ((DI))←(AL),(DI)←(DI)+1
           JMP  AGAIN
JMIUS:     INC  MINUS                   ;负数个数加 1
           XCHG BX, DI
           STOSB                        ;送负数,((DI))←(AL),(DI)←(DI)+1
           XCHG BX, DI
AGAIN:     DEC  CX
           JNZ  GONE
```

3.4.5 控制转移类指令

控制转移（Control Jump）类指令用于改变程序的执行顺序。因为在程序运行过程中，往往需要根据不同的条件执行不同的代码片段，因此程序的执行要产生分支或转移。8086 提供了丰富的、功能强大的转移类指令。

8086 程序的寻址是由 CS 和 IP 两部分组成的（即程序的入口地址是由 CS 和 IP 决定的），而转移指令的根本作用是要改变程序的执行顺序，转移到指定程序段的入口地址，即要改变 CS 和 IP 的值（或仅改变 IP 的值）。同时改变 CS 和 IP 的转移称为段间转移，其目标属性用 FAR 表示，称为远转移；仅改变 IP 的转移称为段内转移（−32768～+32767），其目标属性用 NEAR 表示，称为近转移；对于很短距离的段内转移（−128～+127），可称为短转移，用 SHORT 表示其目标属性。

无论是段内转移还是跨段转移，都有直接转移和间接转移之分。在转移指令中直接指明目标地址的转移，称为直接转移。如果转移地址存放在某一寄存器或内存单元中，则称为间接转移。

若转移地址存放在寄存器中，则只能实现段内间接转移（因为寄存器间接寻址的最大范围为 64K）；若转移地址存放在内存单元中，则既可实现段内间接转移，也可实现段间间接转移。

段内转移又有相对转移和绝对转移之分。相对转移指目标地址是 IP 值加上一个偏移量的转移。绝对转移指以一个新的值完全代替当前的 IP 值（CS 值可能也发生改变）的转移。

8086 提供了 4 种控制转移指令：无条件转移指令、条件转移指令、循环控制指令和中断指令。除中断指令外，其他控制转移类指令都不影响状态标志。表 3.8 所示为控制转移指令。

表 3.8　控制转移指令

指 令 类 型	助 记 符
无条件转移指令、调用与返回指令	JMP、CALL、RET
条件转移指令	见表 3.9
循环控制指令	LOOP，LOOPE，LOOPNE
中断指令	INT，INTO，IRET

1. 无条件转移指令 JMP

JMP（Jump）指令可以实现短、近、远转移，使用方便，包括段内直接转移、段内间接转移、段间直接转移和段间间接转移 4 种。

（1）段内直接转移

指令格式：

```
JMP  label        ;label 为转移目标
```

执行的操作：短转移，(IP)←(IP)+8 位相对位移量

近程转移，(IP)←(IP)+16 位相对位移量

若转移目标 label 是在 JMP 指令的–128～+127 字节之内，则会自动产生一个短转移（SHORT）的 JMP 的两字节指令；否则便会产生一个在–32768～+32767 范围内寻址的近程转移（NEAR）。在转移指令中直接给出一个相对位移量，有效转移地址 EA 即为指令指针寄存器 IP 的当前内容加上一个 8 位或 16 位的位移量，因为位移量是相对于 IP 来计算的，因此段内直接寻址又称相对寻址。

例如，

```
JMP  SHORT  LP1      ;若 LP1 确定的 16 位目标地址与当前 IP 之间的 8 位相对位移量为 1BH，
                       则(IP)←001BH+(IP)。
JMP  NEAR PTR  LP2    ;若 LP2 确定的 16 位目标地址为 22C6H，则(IP)←22C6H。
```

（2）段内间接转移

指令格式：JMP　reg16

JMP　mem 16

执行的操作：(IP)←(reg16)或(mem 16)

可以使用寄存器或存储器寻址方式。给出的 16 位操作数直接取代指令指针寄存器 IP 的内容，而保持 CS 不变。因此目标地址由段内间接给出的 JMP 指令实现的是近程转移。

例如，

```
JMP  WORD PTR[SI]    ;若由 SI 所确定的存储器数为 1A22H，则(IP)=1A22H
JMP  BX              ;若(BX)=3344H，则(IP)=3344H
```

（3）段间直接转移

指令格式：JMP　FAR　PTR　label

执行的操作：(IP)←label 的偏移地址，(CS)←label 的段基址

在这种寻址方式中，指令中由 label 直接给出转移地址的段地址与偏移地址，即用它取代当前的段寄存器 CS 内容与指令指针寄存器 IP 的内容。

（4）段间间接转移

指令格式：JMP　　mem 32

执行的操作：(IP)←(mem 32)，(CS)←(mem 32+2)

在这种寻址方式中，指令中给出的操作数是存储器地址，用该存储器所指的 32 位数来取代当前的 IP 与 CS，其中低 16 位数送 IP，高 16 位数送 CS。

JMP 的段间转移，使用要谨慎。

2. 调用与返回指令 CALL、RET

调用指令和返回指令是为程序的模块化而准备的。在程序设计时，将一些功能独立的程序段分离出来成为子程序（Subroutine），即过程（Procedure）模块。在主程序中，可以用调用指令运行子程序。CALL 指令就是为调用而设立的。子程序完成功能之后，最后执行的一条指令必须是返回指令 RET。

（1）段内调用

CALL 指令的段内调用方式包括直接调用与间接调用，目标地址寻址与 JMP 指令相似，指令格式寻址有三种：

```
CALL  label     ;由过程名 label 直接给出段内目标地址
CALL  reg16     ;由寄存器间接给出目标地址
CALL  mem 16    ;由存储器给出目标地址
```

段内调用执行的操作：① (SP)←(SP)−2，当前 IP 内容压栈；② 将调用程序的目标地址的偏移地址送 IP，程序无条件转移到目标地址去执行。段内调用时，CS 的值不变。

例如，

```
CALL  NEAR PTR in_D   ;段内直接调用，SP 自动减 2，(IP)←in_D 的偏移地址
CALL  DI              ;段内间接调用，SP 自动减 2，(IP)←(DI)
```

（2）段间调用

CALL 的段间调用包括直接调用与间接调用，CALL 指令的目标地址寻址格式有

```
CALL  label     ;由 label 直接给出 32 位目标地址(CS 与 IP)
CALL  mem 32    ;由 men 32 给出 32 位存储器目标地址
```

段间调用执行的操作：① (SP)←(SP)−2，先把当前 CS 内容压栈；② (SP)←(SP)−2，再把当前 IP 内容压栈；③ 将目标地址的偏移地址送 IP，段基地址送 CS，程序无条件转移到过程名所在的目标地址去执行。

例如，

```
CALL  2500:1300H     ;段间直接调用，SP 自动减 4，(CS)←2500H，(IP)←1300H
CALL  FAR PTR out_D  ;段间直接调用，SP 自动减 4，(CS)←out_D 的段地址，
                      (IP)←out_D 偏移地址。
CALL  DWORD PTR[DI]  ;段间间接调用，SP 自动减 4，(IP)←((DI))，(CS)←((DI)+2))
```

【例 3.40】 CALL FAR PTR SUBP

指令执行前，设(SS)=3000H，(SP)=5000H，(CS)=1200H，(IP)=2A10H，过程名 SUBP 代表的子程序入口地址为 3000H:1000H。

指令执行后，首先，(SP)=(SP)−4=4FFCH，双字断点压入栈顶，即 CALL 指令的下条指令地址 1200H:2A15H，注意这里 CALL 为 5 字节指令。然后用过程名 SUBP 的入口地址取代 CS 与 IP 的内容，程序将无条件转移到 3000H:1000H 处去执行。

（3）RET 指令

RET 指令常放在子程序的最后。当子程序功能实现后，由 RET 实现返回。返回地址由执行 CALL 调用指令时入栈保存的断点值提供。

指令格式：RET

RET 具体操作如下：

段内返回：(IP)←栈顶字，(SP)←(SP)+2。

段间返回：① (IP)←栈顶字，(SP)←(SP)+2；② CS←栈顶字，(SP)←(SP)+2。

段内返回与段间返回都用 RET 指令，操作的区别由 CALL 指令调用性质决定。

RET 还可以后跟立即数 n。例如，RET 4，该指令在返回地址出栈后，继续修改栈顶指针，将立即数 4 加到 SP 中，即(SP)←(SP)+4。这一特性可以用来释放执行 CALL 指令之前推入堆栈的一些数据所占的空间。这些数据在子程序调用时需要用到，但子程序返回后这些数据已经没有保留的价值。注意，n 一定要为偶数。

3. 条件转移指令

条件转移指令根据执行该指令时 CPU 标志的状态来决定是否发生控制转移。如果满足条件，则程序转移到指定的目标地址；如不满足转移条件，则继续执行该条件转移指令的下一条指令。条件转移指令分为单个状态条件转移、无符号数条件转移、有符号数条件转移三种，具体如表 3.9 所示。

表 3.9　条件转移指令

指 令 格 式		指 令 功 能	条　　件	说　　明
JZ/JE	目标标号	结果为 0/相等转移	ZF=1	
JNZ/JNE	目标标号	不为 0/不相等转移	ZF=0	
JP/JPE	目标标号	结果为偶性转移	PF=1	有偶数个 1
JNP/JPO	目标标号	结果为奇性转移	PF=0	有奇数个 1
JO	目标标号	溢出转移	OF=1	
JNO	目标标号	无溢出转移	OF=0	
JC	目标标号	有进（借）位转移	CF=1	
JNC	目标标号	无进（借）位转移	CF=0	
JS	目标标号	符号位为 1 转	SF=1	为负数转
JNS	目标标号	符号位为 0 转	SF=0	为正数转
JB/JNAE	目标标号	低于/不高于等于转	CF=1	无符号数
JNB/JAE	目标标号	不低于/高于等于转	CF=0 或 ZF=1	无符号数
JA/JNBE	目标标号	高于/不低于等于转	CF=0 且 ZF=0	无符号数
JNA/JBE	目标标号	不高于/低于等于转	CF=1 或 ZF=1	无符号数
JL/JNGE	目标标号	小于/不大于等于转	$(SF \oplus OF)=1$	有符号数
JNL/JGE	目标标号	不小于/大于等于转	$(SF \oplus OF)=0$ 或 ZF=1	有符号数
JG/JNLE	目标标号	大于/不小于等于转	$(SF \oplus OF)=0$ 且 ZF=0	有符号数
JNG/JLE	目标标号	不大于/小于等于转	$(SF \oplus OF)=1$ 或 ZF=1	有符号数

指令格式：JX　Target

X 由 1～3 个英文字母组成，X 代表转移条件，若条件成立，转到标号 Target 处执行，若条件不成立，则顺序执行。其中 Target 是短目标地址。

条件转移指令均为双字节指令，第一字节为操作码，第二字节为相对目标地址，即转移指令本身的偏移值与目标地址的偏移地址之差，范围为–128～+127，属于短转移。如果转移范围较大，超出了该范围，则可先将程序转移到附近某处，再在该处放置一条无条件转移指令，以转到所需的目标。

（1）根据单个标志为条件进行测试，CF、SF、ZF、PF、OF 为可测标志。例如，

① 测试 ZF 标志：JE/JZ　　　；当 ZF=1 转移

　　　　　　　　JNE/JNZ　　；当 ZF=0 转移

② 测试 SF 标志：JS　　　　　；当 SF=1 转移

　　　　　　　　JNS　　　　；当 SF=0 转移

③ 测试 OF 标志：JO　　　　　　　;当 OF=1 转移

　　　　　　　　　　JNO　　　　　　　;当 OF=0 转移

④ 测试 PF 标志：JP/JPE　　　　　;当 PF=1 转移

　　　　　　　　　　JNP/JPO　　　　　;当 PF=0 转移

⑤ 测试 CF 标志：JB/JNAE/JC　　　;当 CF=1 转移

　　　　　　　　　　JNB/JAE/JNC　　　;当 CF=0 转移

【例 3.41】 测试 AL 中的 D0 位，若为 0，则置 BL 为 0；否则，置 BL 为 0FFH。

```
        TEST    AL, 01H          ;测试 D0=0?
        JZ      LP               ;为 0, 转 LP
        MOV     BL, 0FFH         ;否则, 置 BL 为 0FFH
        JMP     STOP
LP:     MOV     BL, 0            ;置 BL 为 0
STOP:   …
```

（2）根据标志间组合的条件进行测试

判断无符号数大小：

　　　JA/JNBE，高于/不低于等于转；当 CF 且 ZF=0 转移

　　　JNA/JBE，不高于/低于等于转；当 CF 或 ZF=1 转移

判断有符号数大小：

　　　JG/JNLE，大于/不小于等于转移　　;(SF ⊕ OF)=0 且 ZF=0

　　　JNG/JLE，不大于转移/小于等于　　;(SF ⊕ OF)=1 或 ZF=1

　　　JNL/JGE，大于等于/不小于转移　　;(SF ⊕ OF)=0 或 ZF=1

　　　JL/JNGE，小于/不大于等于转移　　;(SF ⊕ OF)=1

【例 3.42】 判断 AX 和 BX 中两个无符号数的大小，若 AX 中的数高于 BX 中的数，则转移到目标 MAX 标号处；否则转移到 MIN 标号处，将大数存于 AX 单元。

```
        CMP     AX, BX           ;两个无符号数比较, 仅影响标志位
        JA      MAX              ;若 AX 内容高于 BX 内容, 则先转移到附近地址 MAX
        JMP     MIN              ;否则 AX 内容不高于 BX 内容, 转移到 MIN
MAX:    JMP  STOP                ;无条件转移到 MAX
MIN:    MOV  AX,BX
STOP:…
```

（3）测试 CX 的值

JCXZ　目标标号

JCXZ 的功能：若(CX)=0，则转移到目标地址；若(CX) ≠ 0，则顺序执行下一条指令。

4．循环控制指令

循环控制指令是段内短距离相对转移指令，目的地址在 -128～+127 范围之内，指令执行后对标志位无影响。表 3.10 所示为循环控制指令。

表 3.10　循环控制指令

指 令 格 式	指 令 功 能	条 件	说 明
LOOP　目标标号	CX ≠ 0 循环	CX ≠ 0	CX←CX-1
LOOPE/LOOPZ　目标标号	等于/结果为 0 循环	ZF=1 且 CX ≠ 0	CX←CX-1
LOOPNE/LOOPNZ　目标标号	不等于/不为 0 循环	ZF=0 且 CX ≠ 0	CX←CX-1
JCXZ　目标标号	CX 的内容为 0 转移	CX=0	CX←CX（不减 1）

循环控制指令可用来控制程序段的循环执行，它必须以 CX 寄存器作为计数器，控制循环次数。执行时首先将 CX 内容减 1，若 CX 内容不为 0，则转移到目标地址；否则就执行 LOOP 指令之后的指令。循环控制指令有如下三种格式和操作。

（1）LOOP　短目标标号

指令功能：(CX)←(CX)–1，若(CX)≠0，执行(IP)=(IP)+8 位位移量，转移到目标地址；若(CX)=0，则退出循环，顺序执行下一条指令。一条 LOOP 指令相当于以下两条指令的作用：

```
DEC   CX
JNZ   DON
```

例如，可以用以下两条指令构成循环，作为简单的延时子程序 DELAY：

```
DELAY:  MOV   CX, COUNT        ;COUNT 为循环次数
AGAIN:  LOOP  AGAIN            ;循环
        RET
```

（2）LOOPE/LOOPZ　短目标标号

指令功能：(CX)←(CX)–1，若 CX≠0 且 ZF=1，执行(IP)=(IP)+8 位位移量，转移到目标地址；否则当(CX)=0 或 ZF=0 时，退出循环。注意，(CX)=0 时，不会影响标志 ZF，也就是说，ZF 的状态受前面指令执行的结果影响。

【例 3.43】 找出字节数组 ARRAY 中的第一个非零项，并将序号存在 NO 单元，若未找出非零项，则返回。假设数组元素为 10 个。主要程序段如下：

```
        MOV CX, 10
        XOR AL, AL              ;清 AL
        MOV SI, 0
NEXT:   INC SI                  ;数组序号从 1 开始
        CMP ARRAY[SI], AL       ;该元素=0?
        LOOPZ NEXT              ;是，CX 自减 1，且(CX)≠0，ZF=1，循环
        JNZ FOUND               ;否，找到第一个非零元素，转 FOUND
        JMP STOP               ;整个数组为 0，退出
FOUND:  MOV WORD PTR NO, SI     ;存序号
STOP:   …
```

（3）LOOPNE/LOOPNZ　短目标标号

指令功能：(CX)←(CX)–1，若(CX)≠0 且 ZF=0，执行(IP)=(IP)+8 位位移量，转移到目标地址；否则当(CX)=0 或 ZF=1 时，退出循环。要特别注意，ZF 标志不受 CX 减 1 影响，而受前面其他指令执行的影响。

5．中断指令 INT（Interrupt）

在系统运行期间，有时需要计算机暂停现行程序的执行，转而执行一段例行程序来进行某些处理，这种情况称为中断（Interrupt），所执行的这段程序称为中断子程序。中断分为内部中断（又称软件中断）和外部中断（又称硬件中断）两类。内部中断包括运行中遇到除数为 0 时产生的中断或程序中需要某些处理而设置的中断指令等。外部中断主要用于处理 I/O 设备与 CPU 之间的通信等。

所有中断操作，与调用子程序类似，除了要保护程序断点外，要将 IP 与 CS 内容入栈保存，还要将反映现场状态的标志寄存器 Flag 的内容入栈保存，然后才能转到中断例行程序去执行。中断返回时，要恢复 CS 与 IP 的内容，还要恢复标志寄存器 Flag 的内容。

中断子程序的入口地址称为中断向量。按照 8086 中断机构原理，中断向量表放在存储器的最低

地址区 1024 字节，地址为 00000H～003FFH 的单元，可存放 256 个不同的中断子程序的入口地址。256 个中断向量形成中断向量表，如图3.13 所示。

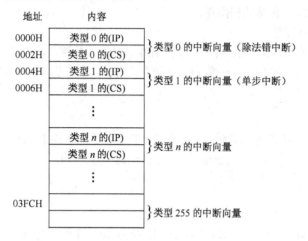

图 3.13　存储器中的中断向量区

　　由于每个中断向量占 4 字节，前二字节（低地址单元）是中断服务程序的入口地址的段内偏移地址（将来要送到 IP），后二字节（高地址单元）是中断服务程序所在代码段的段基址（将来要送到 CS）。中断指令中指定的类型号 n 乘以 4，就得到中断向量存放的地址。

　　内部中断主要包括单步中断、溢出中断（INTO）、除法出错中断及指令中断（INT n）等。与中断指令相对应的是中断返回指令 IRET。任何中断子程序的最后一条指令必须是 IRET。

　　中断向量表中，类型码 0～4 对应的中断已由系统定义，不允许用户修改；从类型码 5 开始，其中断类型可以是 INT n 指令中断，也可以是外部中断。

　　有关中断处理的问题将在第 6 章中介绍，这里我们主要介绍以下几条中断指令：INT n，INTO，IRET。

　　（1）指令中断 INT（Interrupt）

　　指令格式：INT n

　　本指令启动指令中的中断类型号 n 所规定的中断过程。本条指令为双字节指令，指令中的 n 为中断类型号，占一字节。该指令执行如下操作：

　　① 首先使(SP)减 2，将标志寄存器 Flag 内容入栈，此操作与 PUSHF 指令的功能相同；

　　　　(SP)←(SP)–2

　　　　((SP)+1，(SP))←Flag

　　② 将标志位 IF、TF 清零，以禁止跟踪方式与屏蔽中断；

　　　　IF←0，TF←0

　　③ 然后使(SP)减 2，将断点处的段地址（返回地址的段地址）CS 内容入栈；

　　　　(SP)←(SP)–2

　　　　((SP)+1，(SP))←CS

　　④ 然后再次使(SP)减 2，将断点处的偏移地址（返回地址的偏移地址）IP 内容入栈；

　　　　(SP)←(SP)–2

　　　　((SP)+1，(SP))←IP

　　⑤ 分别将中断服务程序的偏移地址与段地址装入 IP 与 CS 寄存器，以指示下条要执行的程序位置。

　　　　(IP)←(n*4)

$$(CS) \leftarrow (n*4+2)$$

用中断类型号 $n \times 4$ 计算中断向量的地址，把第一个字的内容（中断服务程序的偏移地址）装入 IP，把第二个字的内容（中断服务程序的段地址）装入 CS。

INT 指令只影响 IF、TF，对其他标志位无影响。

这条指令从功能上讲，除了把标志与断点一起入栈和从一个固定的向量表中取出中断服务程序的入口地址外，与子程序的段间调用是一样的。

【例 3.44】 INT　21H

假设断点地址为 (CS)=1000H，(IP)=1200H。

指令执行前，(SS)=5000H，(SP)=2000H，(Flag)=0851H。

21H 中断的中断向量地址为 21H*4= 0084H，对应的中断向量存储在 0084～0087H 单元，其内容为 00H，B2H，09H，68H。

执行 INT　2lH 指令，完成的操作为：

① 标志寄存器 Flag 内容入栈，执行的操作：

　　(SP)= (SP)−2=2000H−2=1FFEH

　　(1FFFH), (1FFEH)←(Flag)=0851H；

② IF←0，TF←0；

③ 断点处的段地址 CS 内容入栈，执行的操作：

　　(SP)= (SP)−2=1FFEH−2=1FFCH

　　(1FFDH), (1FFCH)←(CS)=1000H

④ 断点处的偏移地址 IP 入栈，执行的操作：

　　(SP)=(SP)−2=1FFCH−2=1FFAH

　　(1FFBH), (1FFAH)←(IP)=1200H 入栈；

⑤ 装入中断服务程序入口地址的偏移地址与段地址，即：

　　(IP)←(0085H, 0084H)=B200H

　　(CS)←(0087H, 0086H)=6809H

CPU 会转到 6809H: B200H 单元去执行中断服务程序。

图 3.14 所示为执行 INT　21H 指令时堆栈与中断向量的情况。

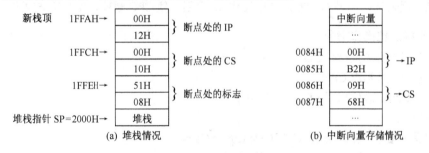

图 3.14　执行 INT　21H 指令时堆栈与中断向量的情况

（2）溢出中断指令 INTO（INTerrupt if Overflow）

对 CPU 来说，它并不能知道当前处理的数据是无符号数还是有符号数，只有程序员才明确这一点。为此，8086 指令系统提供了一条溢出中断指令 INTO，它专门用来判断有符号数的加、减运算是否溢出。

指令格式：INTO

INTO 指令总是跟在有符号数加法/减法运算的过程后。当运算指令使 OF 为 1 时，执行 INTO 指令就会进入类型号为 4 的溢出中断，此时中断处理程序给出出错标志。

（3）中断返回指令 IRET（RETurn from Interrupt）

IRET 指令用于从中断服务子程序返回到被中断的程序继续执行。任何中断子程序不论是软件引起的还是硬件引起的，最后执行的一条指令一定是 IRET，用以退出中断服务程序，返回到被中断程序的断点处。

执行该指令的具体操作如下：

① 将堆栈中断点地址弹出到 IP 和 CS；

② 将压入堆栈的标志内容弹出至标志寄存器，以恢复原标志寄存器的内容。

3.4.6 处理器控制指令

处理器控制指令只是完成简单的控制功能，指令中无须设置地址码，因此又称为无地址指令，8086 指令系统中的这类指令如表 3.11 所示。

表 3.11 处理器控制指令

分 类	指 令 格 式	功 能	操 作 内 容
状态标志位操作指令	STC	进位标志置 1	CF←1
	CLC	进位标志置 0	CF←0
	CMC	进位标志取反	CF←$\overline{CF}$
	STD	方向标志置 1	DF←1
	CLD	方向标志置 0	DF←0
	STI	中断允许标志置 1	IF←1
	CLI	中断允许标志置 0	IF←0
外同步指令	WAIT	等待 TEST 信号有效	
	ESC ext-opcode, src	交权给外部协处理器	
	LOCK	封锁总线	
空操作指令	NOP	空操作	
暂停指令	HLT	暂停	

这类指令用来对 CPU 进行控制，如修改标志寄存器、使 CPU 暂停、使 CPU 与外设同步等。

1. 状态标志位操作指令

（1）清除进位标志位指令 CLC（CLear，Carry）

该指令使进位位标志 CF=0。

（2）置 1 进位标志位指令 STC（SeT Carry）

该指令使 CF=1。

（3）取反进位标志位指令 CMC（COMplement Carry）

该指令使 CF 的值取反。若指令执行前 CF=0，则该指令使 CF←1；若 CF=1，则使 CF←0。

（4）清除方向标志位指令 CLD（CLear Direction）

该指令使方向标志位 DF=0，则在串操作指令中使地址增量。

（5）置 1 方向标志位指令 STD（SeT Direction）

该指令使 DF=1，则在串操作指令中使地址减量。

（6）清除中断标志位指令 CLI（CLear Interrupt）

该指令使中断标志位 IF=0。在 8086 系统中，外部设备送到可屏蔽中断请求 INTR 引脚上的中断请求，CPU 不会响应，即中断屏蔽。但此标志对于非屏蔽中断 NMI 引脚上的请求及软中断没有影响。

（7）置 1 中断标志位指令 STI（SeT Interrupt）

该指令使 IF=1，则 CPU 可以响应 INTR 引脚上的中断请求。

上述 7 条标志操作指令都为一字节指令，除了对指定标志位进行操作外，对别的标志无影响。指令执行时间均为两个时钟周期。

2. 暂停指令 HLT（HaLT）

8086 的 HLT 指令可使得 8086 进入暂停状态。在暂停状态，8086 CPU 则处于"什么事也不干"的状态，即不进行任何操作。该指令不影响任何标志。

当 8086 CPU 处于暂停状态时，只有在下列三种情况之一发生时，处理器才脱离暂停状态。

① 在中断允许情况下（IF = 1），在 INTR 线上有请求；

② 在 NMI 线上有请求；

③ 在 RESET 线上有复位信号。

3. 外同步指令

8086 CPU 工作在最大工作模式下时，与别的处理器一起构成多微处理器系统。当 CPU 需要协处理器帮它完成某个任务时，CPU 可用同步指令向有关协处理器发出请求，8086 指令系统中为此设置了三条同步控制指令。

（1）处理器等待指令 WAIT

8086 CPU 执行 WAIT 指令时，进入等待状态，每隔 5 个时钟周期测试一次 $\overline{\text{TEST}}$ 引脚，当测试到该引脚上的信号变为低电平（有效）时，便退出等待状态。WAIT 指令与 ESC 指令联合使用，提供了一种存取协处理器 8087 数据的能力。

此指令对标志位无影响。

（2）处理器交权指令 ESC（ESCape）

指令格式：ESC　men

ESC 指令也称交权指令。当处理器执行这条指令时，8086 把控制权交给协处理器，如 8087。8086 工作在最大模式下时，配备 8087 算术协处理器，以增强系统浮点数运算速度。当 8086 需要 8087 配合时，就在程序中执行一条 ESC 指令，把存储单元的内容送到数据总线上去，协处理器获取后，完成相应的操作。

此指令对标志位无影响。

（3）封锁总线指令 LOCK

LOCK 指令是一个前缀，可放在任何一条指令前面，它主要是为多机共享资源而设计的。这条带前缀 LOCK 的指令的执行，可使 8086 的 LOCK 引脚低电平有效，从而使得该指令在执行期间封锁外部总线，即禁止系统中其他处理器在该指令执行期间使用总线，这个过程持续到该指令的下一条指令执行完毕才结束。

此指令对标志位无影响。

4. 空操作指令 NOP

CPU 执行 NOP 指令时，不做任何具体的操作，但它消耗三个时钟周期的时间，它常用于程序的延时等。

以上我们已经介绍了 8086 CPU 的整个指令系统，对一些常用的指令做了比较完整的介绍，为了方便读者学习，在本书附录中列出了 8086 指令总表，以供参考。

本 章 小 结

指令系统就是指该计算机能够执行的全部指令的集合。计算机中的指令由操作码和操作数两部分构成。操作码也称指令码，操作码说明计算机要执行哪种操作，而操作数是参与本指令运算的数据，也就是各种操作的对象。操作数地址的形成就是寻址方式。8086 寻址方式包括立即数寻址、寄存器寻址、存储器寻址及 I/O 端口寻址。其中存储器寻址方式又可分为直接寻址、寄存器间接寻址、寄存器相对寻址、基址变址寻址及相对基址变址寻址。8086 的指令按功能可分为数据传送、算术运算、逻辑运算和移位、串操作、控制转移和处理器控制指令 6 类。各种指令要注意指令的操作功能、操作数寻址方式及操作结果对标志位的影响。

习　　题

1. 单选题

（1）执行下面的指令序列后，结果是（　　）。

```
MOV AL, 82H
CBW
```

    A.（AX）=0FF82H　　　　B.（AX）=8082H　　　C.（AX）=0082H　　　D.（AX）=0F82H

（2）与 MOV　BX, OFFSET　VAR 指令完全等效的指令是（　　）。

    A. MOV　BX, VAR　　　　　　　　B. LDS　BX, VAR

    C. LES　BX, VAR　　　　　　　　D. LEA　BX, VAR

（3）编写分支程序，在进行条件判断前，可用指令构成条件，其中不能形成条件的指令有（　　）。

    A. CMP　　　　　　　　B. SUB　　　　　　　　C. AND　　　　　　　D. MOV

（4）下面的指令执行后，改变 AL 寄存器内容的指令是（　　）。

    A. TEST　AL, 02H　　　　　　　　B. OR　AL, AL

    C. CMP　AL, B　　　　　　　　　D. AND　AL, BL

（5）设 DH=10H，执行 NEG　DH 指令后，正确的结果是（　　）。

    A.（DH）=10H, CF=1　　　　　　　B.（DH）=0F0H, CF=0

    C.（DH）=10H, CF=0　　　　　　　D.（DH）=0F0H, CF=1

（6）设 DS=8225H, DI=3942H，指令 NEG　BYTE　PTR[DI]操作数的物理地址是（　　）。

    A. 85B92H　　　　　　　　B. 86192H　　　　　　　C. BB690H　　　　　D. 12169H

（7）下列指令中，执行速度最快的是（　　）。

    A. MOV　AX, 100　　　　　　　　B. MOV　AX, [BX]

    C. MOV　AX, BX　　　　　　　　D. MOV　AX, [BX+BP]

2. 分析执行下列指令序列后的结果：

```
MOV AL, 10110101B
AND AL, 00011111B
OR  AL, 11000000B
XOR AL, 00001111B
NOT AL
```

3. 假设(AL)=10101111B，CF=0，CL=2，写出分别执行下列指令后的结果及标志位 CF、ZF 的值。

（1）SHL　AL，CL

（2）SHR　AL，CL

（3）SAR　AL，CL

（4）ROL　AL，CL

（5）RCR　AL，CL

4．设当前的 SP=1000H，执行 PUSHF 指令后，SP=（　），若改为执行 INT 20H 指令后，则 SP=（　）。

5．设当前(SS)=2010H，(SP)=FE00H，(BX)=3457H，计算当前栈顶的物理地址。执行 PUSH　BX 指令后，栈顶地址和栈顶 2 字节的内容分别是什么？

6．HLT 指令用在什么场合？如 CPU 在执行 HLT 指令时遇到硬件中断并返回后，以下应执行哪条指令？

7．为什么用增量指令或减量指令设计程序时，在这类指令后面不用进位标志作为判断依据？

8．中断指令执行时，堆栈的内容有什么变化？中断处理子程序的入口地址是怎样得到的？

9．中断返回指令 IRET 和普通子程序返回指令 RET 在执行时，具体操作内容什么不同？

10．以下是格雷码的编码表：

0—0000，1—0001，2—0011，3—0010，4—0110

5—0111，6—0101，7—0100，8—1100，9—1101

请用换码指令和其他指令设计一个程序段，将格雷码转换为 ASCII 码。

11．将存放在 0A00H 单元和 0A02H 单元的两个无符号数相乘，结果存放在地址为 0A04H 开始的单元中。

12．编程计算$((X+Y) \times 10)+Z)/X$，其中 X、Y、Z 都是 16 位无符号数，结果存储到 RESULT 开始的单元。

13．分别用一条语句实现下述功能：

（1）AX 的内容加 1，要求不影响 CF；

（2）BX 的内容加 1，要求影响所有标志位；

（3）栈顶内容弹出送 DI；

（4）双字变量 AYD 存放的地址指针送 ES 和 SI；

（5）将 AX 中的数最高位保持不变，其余全部右移一位；

（6）将 0400H 单元中的数，低 4 位置零，高 4 位保持不变；

（7）将 BX 中的数，对高位字节求反，低位字节保持不变；

（8）若操作结果为零，转向标号 GOON。

14．检测 BX 中的第 13 位(D13)，为 0 时，将 AL 置 0，为 1 时，将 AL 置 1。

15．用循环控制指令实现，从 1000H 开始，存放有 200 字节，要求查出字符#（ASCII 码为 23H），把存放第一个#的单元地址送入 BX 中。

16．用串操作指令实现，先将 100H 个数从 2170H 单元处搬到 1000H 单元处，然后从中检索等于 AL 中字符的单元，并将此单元换成空格字符。

第 4 章　汇编语言程序设计

本章首先介绍汇编语言程序设计的特点，包括汇编语言程序的格式、数据项与表达式、伪指令、功能调用等，然后再介绍汇编语言程序设计。

建议本章学时为 8～10 学时。

4.1　汇编语言程序设计的特点

4.1.1　机器语言

B0 66 是什么意思？这就是机器代码，它既不直观，又不易理解和记忆。其等价形式为：

MOV AL，66H；

很容易记忆理解，这就是助记符的作用。

机器指令是 CPU 能直接识别并执行的指令，它的表现形式是二进制编码。机器指令通常由操作码和操作数两部分组成，操作码指出该指令所要完成的操作，即指令的功能；操作数指出参与运算的对象，以及运算结果所存放的位置等。

由于机器指令与 CPU 紧密相关，所以，不同种类的 CPU 所对应的机器指令也不同，而且它们的指令系统往往相差很大。但对同一系列的 CPU 来说，为了满足各型号之间具有良好的兼容性，要做到新一代 CPU 的指令系统必须包括先前同系列 CPU 的指令系统。只有这样，先前开发出来的各类程序在新一代 CPU 上才能正常运行。

用机器语言编写程序是早期经过严格训练的专业技术人员的工作，普通的程序员一般难以胜任，而且用机器语言编写的程序不易读、出错率高、难以维护，也不易直观地反映用计算机解决问题的基本思路。由于用机器语言编写程序有以上的诸多不便，现在几乎没有人这样编写程序了。

4.1.2　汇编语言

虽然用机器语言编写程序有很高的要求和许多不便，但机器语言程序执行效率高，CPU 严格按照程序员的要求去做，没有多余的额外操作。所以，在保留"程序执行效率高"的前提下，人们就开始着手研究一种能大大改善程序可读性的编程方法。

为了改善机器指令的可读性，设计者选用了一些能反映机器指令功能的单词或词组来代表该机器指令，而不再关心机器指令的具体二进制编码。与此同时，也把 CPU 内部的各种资源符号化，使用该符号名也等于引用了该具体的物理资源。

如此一来，难懂的二进制机器指令就可以用通俗易懂、具有一定含义的符号指令来表示了，于是，汇编语言就有了雏形。现在，我们称这些具有一定含义的符号为助记符，用指令助记符、符号地址等组成的符号指令称为汇编指令。

用汇编指令编写的程序称为汇编语言程序。汇编语言程序要比用机器指令编写的程序容易理解和维护。

4.1.3　汇编语言程序设计的特点

1．与机器相关性

汇编语言指令是机器指令的一种符号表示，而不同类型的 CPU 有不同的机器指令系统，也就有不同的汇编语言，所以汇编语言程序与机器密切相关。

　　由于汇编语言程序与机器的相关性，所以，除了同系列、不同型号 CPU 之间的汇编语言程序有一定程度的可移植性之外，其他不同类型（如小型机和微机等）CPU 之间的汇编语言程序是无法移植的，也就是说，汇编语言程序的通用性和可移植性要比高级语言程序低。

2．执行的高效率

　　高级语言的编译程序在进行寄存器分配和目标代码生成时，也都有一定程度的优化。但由于所使用的"优化策略"要适应各种不同的情况，所以，这些优化策略只能在宏观上，不可能在微观上、细节上进行优化。而用汇编语言编写程序几乎是程序员直接在编写执行代码，程序员可以在程序的每个具体细节上进行优化，这也是汇编语言程序执行高效率的原因之一。

　　举个简单的例子来说，比如把一个变量的值自加 1，并执行 100 次，也就是下面这条语句：

```
FOR(I=0;I<100;)
{   I++; }
```

　　那么对于一个没有充分优化的 C 语言编译器而言，需要每次寻址内存找到变量，然后把变量值复制到 CPU 内寄存器，然后对寄存器自加 1，然后把寄存器值写回到内存，整个过程需要反复执行 100 次。

　　但是如果写汇编代码，就没这么麻烦了，程序中只需寻址内存一次，把变量读入寄存器，然后对寄存器自加 100 次，最后写回内存即可。显然，这个汇编代码的执行速度要比 C 语言快得多，尽管它们所执行的功能是一样的。

　　前面这个例子只是用来说明问题，并不具有实践价值。实践中有很多因素影响程序的效率，如编译方式、优化程度等。

3．编写程序的复杂性

　　汇编语言是一种面向机器的语言，其汇编指令与机器指令基本上一一对应，所以，汇编指令也同机器指令一样具有功能单一、具体的特点。要想完成某项工作（如计算 A+B+C 等），就必须安排 CPU 的每步工作（例如，先计算 A+B，再把 C 加到前者的结果上）。另外，在编写汇编语言程序时，还要考虑机器资源的限制、汇编指令的细节和限制等，这就使得编写汇编语言程序比较烦琐、复杂。一个简单的计算公式或计算方法，也要用一系列汇编指令一步一步来实现。

4．调试的复杂性

　　在通常情况下，调试汇编语言程序也要比调试高级语言程序困难，其主要原因如下。

　　（1）汇编语言指令涉及机器资源的细节，在调试过程中，要清楚每个资源的变化情况。

　　（2）程序员在编写汇编语言程序时，为了提高资源的利用率，可以使用各种实现技巧，而这些技巧完全有可能破坏程序的可读性。这样，在调试过程中，除了要知道每条指令的执行功能外，还要清楚它在整个解题过程中的作用。现在，高级语言程序几乎不显式地使用"转移语句"了，但汇编语言程序要用到大量的各类转移指令，这些跳转指令大大地增加了调试程序的难度。如果在汇编语言程序中也强调不使用"转移指令"，那么，汇编语言程序就会变成功能单调的顺序程序，这显然是不现实的。

　　（3）调试工具落后。高级语言程序可以在源程序级进行符号跟踪，而汇编语言程序只能跟踪机器指令。不过，现在这方面也有所改善，CV（CodeView）、TD（Turbo Debug）等软件也可在源程序级进行符号跟踪了。

　　综上所述，汇编语言的基本语句与机器指令是一一对应的，只有熟悉和掌握微处理器指令系统以后，才能用汇编语言进行程序设计。在工业实时控制系统中，用汇编语言可编出语句简洁、节省内存空间、运行速度快、效率高的程序。用汇编语言编程可真正体现程序设计技术的水平、风格，编制出优秀的程序。所以，至今仍有很多计算机高级技术人员用汇编语言来编写计算机系统程序、在线实时控制程序及图像处理等方面的程序。

4.1.4　8086 宏汇编源程序的组成

8086 按照逻辑段组织程序，包括代码段、数据段、堆栈段和附加段。因此，完整的汇编语言源程序也由段组成。一个汇编语言源程序可以包含若干代码段、数据段、堆栈段或附加段，段与段之间的顺序可随意排列。需独立运行的程序必须包含至少一个代码段，并指示程序执行的起点，一个程序只有一个起点。所有的指令语句必须位于某一个代码段内，伪指令语句和宏指令语句可根据需要位于任一个段内。

以下是一个完整的汇编语言源程序示例，该程序完成在屏幕上显示 "HELLO!"。

```
STACK    SEGMENT  PARA 'STACK'       ;定义堆栈段，段名为 STACK
DB  100 DUP('?')                     ;分配堆栈的大小，设置为 100 字节
STACK    ENDS
DATA     SEGMENT                     ;定义数据段，段名为 DATA
   STRING    DB'HELLO!', '$'         ;定义字符串数据
DATA     ENDS
CODE     SEGMENT                     ;定义代码段，段名为 CODE
ASSUME   CS:CODE, DS:DATA, SS:STACK
START:   MOV  AX, DATA               ;程序执行起始点
         MOV  DS, AX                 ;将数据段地址寄存器指向用户数据段
         MOV  AX, STACK
         MOV  SS, AX                 ;将堆栈段地址寄存器指向用户堆栈段
         LEA  DX, STRING
         MOV  AH, 09H
         INT  21H                    ;系统功能调用，在显示器上显示字符串
         MOV  AH, 4CH
         INT  21H                    ;系统功能调用，程序结束返回操作系统
CODE     ENDS
         END  START                  ;汇编结束，段内程序起点为 START
```

对于这个程序，应侧重了解它的格式，而不仅仅是内容。通常，完整的汇编语言源程序格式的段定义由 SEGMENT 和 ENDS 这对伪指令实现，同时需要伪指令 ASSUME 指定该段加载的段地址寄存器。以上的 ASSUME 语句将 CS、DS、SS 依次指向名为 CODE、DATA、STACK 的段，然而，ASSUME 语句并不为 DS、SS 赋值，所以，程序开始就是先用传送指令将数据段 DATA 和堆栈段 STACK 的段地址分别赋值到 DS、SS，然后进行系统功能调用，在显示器上显示字符串。最后，系统功能调用，程序结束返回操作系统。

接下来讲解汇编语言源程序中的语句格式，包括指令语句、伪指令语句和宏指令语句。

4.1.5　汇编语句格式

语句是由各种符号及分隔符按照一定规则组织起来的有序序列。汇编语言源程序的语句包括指令性语句和指示性语句。指令性语句由 CPU 执行，每条指令性语句都有一条机器码指令与其对应，在汇编时产生机器代码。指示性语句在汇编时不产生机器代码，主要用于引导汇编程序在汇编时进行的一些操作，如完成数据定义、分配存储单元、指示程序结束等。

一般 8086 宏汇编语句行由 4 部分构成，格式如下：

| 标识符 | 操作符 | 操作数 | 注释 |

1．标识符

标识符由有效字符组成，一般表示符号地址，具有段基址、偏移量、类型三种属性。

标识符的定义规则为：可以由字母 A～Z（不区分大、小写）、数字 0～9、特殊符号（如"?"）等组成，不能以数字开头，句号"."只能作为首字符，长度小于 31 个字符，不能与保留字（指令助记符、伪指令、预定义符号等）重名，不能重复定义。

标识符包括标号与名字两类。

（1）标号：指令中出现的标识符称为标号，以冒号（:）结束，是指令的符号地址，用来代表指令在存储器中的地址。

（2）名字：伪指令中出现的标识符，后面没有冒号（:），是伪指令的名字，通常为常量名、变量名、过程名等。

2．操作符

操作符包含指令助记符和伪指令助记符。它由保留字组成，是汇编语句中必不可少的部分之一。

（1）指令助记符：即指令规定的符号，包含 8086 CPU 指令系统中的各种指令。

（2）伪指令（指示性语句）助记符：即指示性语句规定的符号，包含 8086 宏汇编语言 MASM5.0 规定的常用伪指令。

3．操作数

被操作符操作的对象即为操作数，它可以是常量、寄存器、存储器或表达式。

4．注释

注释以分号开头，可放在指令后，也可单独一行。程序注释直接影响汇编程序的可读性。注释一般要写一条或多条指令在程序中的作用，而不要写指令的本身操作。例如，在子程序调用时，通过阅读清晰的子程序接口说明注释，即可不必阅读子程序，而直接按照说明注释传递参数。

4.2　8086 宏汇编语言基本语法

本节主要介绍 8086 宏汇编语言的一些基本语法，包括各种可使用的助记符、保留字、各种数据类型及表达式。

数据项包括字符集、常量、保留字、标识符及表达式。

1．字符集

8086 宏汇编语言使用以下字符构成源程序中的各种助记符。

① 英文字母：包括大写字母和小写字母。宏汇编语言中大、小写字母的作用相同，不予区分。

② 阿拉伯数字：0～9。

③ 特殊字符：

● 可打印字符：+ – * / = _ ()[]<>{}: ; ,? ' @ $ & # %

● 不可打印字符：空格符、制表符（TAB 键）、回车符、换行符

2．常量

源程序中具有固定值的数均称为常量，常量可以各种数制和形式出现，包括以下两类。

（1）数字常量

① 二进制，以 B 结尾，如 01001101B。

② 十进制数，以 D 结尾或无任何字母作为结尾，如 85。

③ 十六进制数，以 H 结尾。若最高位为字母 A～F 时，前面应加 0，如 0F160H。

④ 八进制数，以 O 结尾，如 725O。

（2）字符串常量

字符串常量是包含在两个单引号之间的一连串 ASCII 码字符。如'ERROR!', 'a'，汇编时被翻译成对应的 ASCII 码 45H、52H、52H、4FH、52H、21H 和 61H。

3．保留字

源程序中具有特定意义的、不可改动的字符序列称为保留字，8086 宏汇编源程序可以使用以下几类保留字：8086 CPU 规定的所有指令助记符、8086 CPU 中各寄存器名、宏汇编程序规定的所有伪指令助记符，以及宏汇编程序规定的其他助记符。

4．标识符

标识符是由用户自行定义的、具有特殊意义的字符序列，由字母、数字及特殊字符组成，最长不超过 31 个字符，且不能与任何保留字相同。

（1）变量

变量实质是指存放在内存单元中的数据，所以可以变化。变量在程序中作为存储器操作数被引用。变量名是用户自定义的标识符，表示数据存放在内存中的逻辑地址，即用这个符号表示地址，常称为符号地址。变量名具有以下三个属性：①段地址，变量所在段的段地址；②偏移地址，变量所在段的偏移地址，为 16 位二进制数；③类型，有 BYTE、WORD、DWORD 等类型，分别为 1 字节、2 字节、4 字节。

（2）标号

标号是用户为程序中某条指令所起的名字，等于该指令所对应的目标代码的存放地址。标号通常作为转移指令或 CALL 指令的转移地址，具有三个属性：①段地址，即所在段的段地址；②偏移量，所代表存储单元的段内偏移地址；③类型，NEAR 或 FAR。

NEAR 表示标号所在语句与转移指令或调用指令在同一代码段内，跳转时只需改变 IP 即可。FAR 表示标号所在语句与转移指令或调用指令不在同一代码段内，跳转时需要修改 IP 和 CS。若没有对类型进行说明，默认为 NEAR。

（3）段名

段名是用户为程序中某个段所起的名字，等于该段的段地址。

（4）过程名

过程名是用户为程序中某个过程所起的名字，等于该过程的入口地址，即该过程第一条指令所对应的目标代码的存放地址。过程名具有标号所有的三个属性。

5．表达式

表达式是由若干操作数和运算符构成的有意义的组合序列。表达式可出现于源程序的任何地方，在汇编过程中可产生确定的值。表达式是常数、寄存器、标号、变量与运算符的组合。

汇编时按优先规则对表达式进行计算，计算出的具体数值在运行时不能改变，而寄存器间接寻址的地址计算则是按照执行指令时寄存器的值先取值后计算的。例如，

```
        MOV AL, 19H AND 0F0H        ;正确，汇编后为 MOV AL, 10H
        MOV BX, [SI+BX]             ;正确，汇编后还是 MOV BX, [SI+BX]
```

表达式中的运算符包括算术运算符、逻辑运算符、关系运算符、分析运算符、合成运算符。

（1）算术运算符

算术运算符仅允许整数操作数参加运算，结果产生确定的整数值，包括加（+）、减（−）、乘（*）、除（/）和取模运算（MOD）。例如，

```
MOV  AX, 4*1024        ;汇编后为 MOV AX, 4096
LEA  SI, TAB+3         ;若 TAB 的偏移地址为 1000H，汇编后：LEA  SI, [1003H]
MOV  AL, 5/2           ;汇编后为 MOV AL, 2
MOV  AL, 5 MOD 2       ;汇编后为 MOV AL, 1
```

注意：除（/）是取商，只有整除部分，没有余数；取模运算（MOD）是只取余数。

（2）逻辑运算符

逻辑运算符在两个操作数之间按位进行二进制布尔运算，包括与（AND）、或（OR）、异或（XOR）和非（NOT）。逻辑运算表达式只能对常数进行运算，所得的结果也是常数。

逻辑运算符只能用于数字表达式中。例如，

```
MOV  CL, 36H AND 0FH      ;汇编后为 MOV CL, 06H
AND  AX, 3FC0H AND 0FF00H ;汇编后为 AND AX, 3F00H
```

（3）关系运算符

关系运算符在两个无符号操作数之间进行大小关系比较，若关系满足，则返回全 1，否则返回全 0，包括相等 EQ、不等 NE、小于 LT、大于 GT、小于等于 LE、大于等于 GE。关系运算的结果是一个逻辑值，即真或假。例如，

```
PORT EQU 310H
MOV  AL, 1 EQ 1       ;汇编后为 MOV AL, 0FFH
MOV  AX, PORT EQ 1    ;汇编后为 MOV AL, 0
MOV  BX, PORT GT 300H ;汇编后为 MOV BX, 0FFFFH
```

注意：

① 关系运算符只能对常数（或相当于常数）进行运算，参加运算的两个数是无符号数。

② 关系为真，结果为二进制全 1；关系为假，结果为二进制全 0。二进制数的长度取决于指令中的目的操作数的长度。

（4）分析运算符

分析运算符对单个操作数进行属性分解，分别返回不同属性的值，包括 SEG、OFFSET、TYPE、LENGTH、SIZE。

① SEG：取变量或标号的段地址。

② OFFSET：取变量或标号的偏移地址。例如，

```
VAR DB 12H
MOV  BX, OFFSET VAR   ;取变量 VAR 的偏移地址
MOV  AX, SEG VAR      ;取变量 VAR 的段地址
```

③ TYPE：取变量的类型，对于变量类型，返回值可以是 1（字节）、2（字）、4（双字）、6（三字）、8（四字）或 10（五字）；对于标号类型，返回值可以是–1（NEAR）或–2（FAR）。

④ LENGTH：取变量中元素的个数。若使用 DUP()定义的数组变量，结果为单元的个数，否则结果为 1。

⑤ SIZE：取所定义存储区的字节数（等于 TYPE*LENGTH）。若使用 DUP()，取所定义的变量或字节个数；没使用 DUP()，则取第一个数据的字节数。例如，

```
VAR1 DW 1,2,3,4
VAR2 DW 100 DUP (0)
```

```
                VAR3 DW  10 DUP( 1,2 DUP (0))
                MOV  AX, SIZE VAR1          ;汇编后为 MOV  AX, 2
                MOV  BX, SIZE VAR2          ;汇编后为 MOV  BX, 0C8H
                MOV  CX, LENGTH VAR1        ;汇编后为 MOV  CX, 01H
                MOV  DX, LENGTH VAR2        ;汇编后为 MOV  DX, 64H
                MOV  DI, TYPE VAR1          ;汇编后为 MOV  DI, 02H
                MOV  SI, LENGTH VAR3        ;汇编后为 MOV  SI, 0AH
```

注意：以上例子中，有嵌套 DUP( )时，LENGTH 仅对外层 DUP( )有效。

（5）合成运算符

合成运算符对已定义的单个操作数重新生成段基址、偏移量相同而类型不同的新操作数，这里主要介绍 PTR 和 THIS。

① PTR：用来指定地址操作数的类型。其格式为：

<新类型> PTR <存储器操作数>

类型：BYTE，WORD，DWORD，NEAR，FAR

功能：PTR 运算符指定原存储器操作数为新类型，新操作数的段基址和偏移量与原操作数相同。例如，

```
                MOV BYTE PTR[DI], 0         ;字节类型，把 0 放在 DI 所指的 1 字节中
                MOV WORD PTR[DI], 0         ;字类型，把 0 放在 DI 所指的 1 个字中
                MOV [DI], 0B5H              ;错误，类型不定
```

PTR 也可用来进行强制类型转换。例如，

```
                STR1 DW ?                   ;STR1 定义为字类型
                MOV  AX, STR1               ;合法
                MOV  AL, BYTE PTR STR1      ;合法，从 STR1 开始读取 1 字节的数据
```

同理，

```
                STR1 DW ?                   ;STR1 定义为字类型
                MOV  STR1, AX               ;合法
                MOV  BYTE PTR STR1, AL      ;合法，将 AL 写入 STR1 开始 1 字节
```

② THIS：指定"新类型"，格式为

THIS <新类型> ;该表达式代表的新操作数的类型即为式中指定的"新类型"

例如，

```
                ORG 1000H
                LABC EQU THIS BYTE
                LABD DW 4321H, 2255H
                MOV AL, LABC    ;汇编后 MOV AL, [1000H], 执行指令后, (AL)=21H
                MOV AX, LABD    ;汇编后 MOV AX, [1000H], 执行指令后, (AL)=4321H
```

这里，符号 LABC 与 LABD 有相同的段地址和偏移地址，LABC 是字节类型，LABD 是字类型。

4.3 伪 指 令

指令性语句是由 8086 指令助记符构成的语句，它由 CPU 执行，每条指令性语句都有一条机器码指令与其对应。

指示性语句是由伪指令构成的语句。指示性语句是说明性语句，又称为汇编命令语句，由程序

员发给汇编程序（编译器）执行的命令，不产生机器目标代码。它指出汇编程序应如何对源程序进行汇编，如何定义变量、分配存储单元，以及指示程序开始和结束等。指示性语句没有机器码指令与其相对应。

常用的伪指令有：符号定义伪指令、数据定义伪指令、段定义和段寄存器指定伪指令、过程定义伪指令和汇编结束伪指令。

4.3.1 符号定义伪指令

符号定义伪指令有两种：EQU 和=。在汇编语言程序中，常使用这类伪指令来定义一些特定符号以代替某些常数或表达式，这样可以提高程序的可读性和易维护性。

语句格式为：

```
<符号> EQU <表达式>    ;表达式可以是常数或地址表达式
```

例如，

```
A       EQU   1000H            ;表示名称 A 就等价于数值 1000H
ADDRESS EQU   [SI+10]          ;名称 ADDRESS 就代表地址表达式[SI+10]
I       EQU   0A3BH MOD 10     ;i 是代表取模运算后的余数
GOTO = JMP
…
MOV AX, A
MOV BX, ADDRESS
MOV AL, I
GOTO LABLE
```

注意：用 EQU 定义的符号在未清除时，不能重新定义。清除 EQU 定义可用 PURGE 伪指令。例如，

```
PORT1   EQU    3
PURGE   PORT1       ;解除 PORT1 的赋值
PORT1   EQU    10   ;重新给 PORT1 赋值为 10
```

用"="定义的符号可在任何时候进行重定义，其他用法与 EQU 完全相同。二者均不占用存储空间，仅是给符号赋值，在编译的过程中完成。

4.3.2 数据定义伪指令

1. 定义变量

数据定义伪指令用于定义变量，即内存单元或数据区。数据定义伪指令的格式为：

```
<变量名>  数据定义伪指令  <操作数, 操作数, …>
```

操作数可以是常数、变量或表达式。

（1）常用的数据定义伪指令有如下几种：DB 定义字节、DW 定义字（2 字节）、DD 定义双字（4 字节）、DQ 定义四字（8 字节）、DT 定义五字（10 字节）。例如，

```
DATA_B  DB  10, 5, 10H
DATA_W  DW  100H, -4
DATA_D  DD  0FFFBH
```

操作数可以是字符串，例如，

```
STR  DB  'HELLO'
```

STR 定义的数据存储情况如图 4.1 所示。

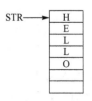

图 4.1 字节型数据存储图

注意，下面两个定义的不同之处：

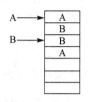

```
A    DB    'AB'        ;41H 在低字节，42H 在高字节
B    DW    'AB'        ;42H 在低字节，41H 在高字节
```

字节型和字型数据存储图如图 4.2 所示。

操作数 '?' 用来保留存储空间。例如，

```
A    DB    0, 1, 2, 3, 4, 'OK', '$'
B    DW    ?, ?, ?, ?, ?, ?, ?, ?
```

图 4.2　字节型和字型数据存储图

（2）复制操作符 DUP

定义重复的数据可以使用复制操作符 DUP，如上面 B 也可写成：

```
B    DW    8 DUP(?)     ;连续分配 8 个字单元
```

括号中的内容可以为 DUP 重复定义的嵌套，如：

```
B    DW    8 DUP ( 8 DUP (0)) ; 连续分配 64 个字单元，初值为 0
```

（3）表达式中的$，取当前地址

在操作数中若使用$，则表示的是地址计数器的当前值，即存储当前数据的这一字节的地址。例如，

```
TABLE    DB     4 DUP(?)
BUFFER   DW     TABLE, $+3
```

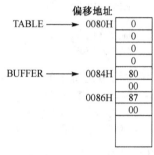

设 TABLE 的偏移地址为 0080H，从地址 0080H 存储 4 字节，紧接着从 0086H 存储 TABLE 的地址，TABLE 的偏移地址为 0080H，存储 0080H 需要 2 字节，$取当前地址 0084H，在此基础上加上 3，结果为 0087H，所以在地址为 0086H 的连续 2 字节存放的数据是 0087H，则 BUFFER 中的数据为 80 00 87 00，如图 4.3 所示。

图 4.3　TABLE 与 BUFFER 数据存储图

2. 段定义伪指令

段定义伪指令用于将源程序划分成若干段，这些段按照用途，可分为代码段、数据段、堆栈段和附加段，但不是所有的程序都必须包含这 4 个段。汇编语言程序按段来组织程序和数据，汇编程序的每个模块都由一个或多个段组成，这样的结构对应于 8086 系统存储器的分段方式。程序中出现的数据与代码及程序中设置的堆栈都必须纳入某一段中。

SEGMENT 和 ENDS 伪指令总是成对出现，二者前面的段名应一样。SEGMENT 说明了一个段的开始，ENDS 说明了一个段的结束。对数据段和堆栈段，段中的语句一般是变量定义，对代码段则是指令语句。

（1）定义段的格式

```
<段名>  SEGMENT  [定位类型] [组合方式] [类别]
<汇编语言语句>
<段名>  ENDS
```

段定义格式中，带有[ ]的部分为参数，根据需要确定。还应指出，当用于定义数据段、附加段和堆栈段时，处于 SEGMENT 和 ENDS 伪指令中间的语句只能包括伪指令语句，不能包括指令语句。例如，

```
DATA  SEGMENT
A     DB 1, 2, 3    ;定义字节变量
DATA  ENDS
```

（2）段定义中的参数

SEGMENT 语句后可以带可选参数，用以规定逻辑段的其他一些属性。

① 定位类型

定位类型说明如何确定逻辑段的实际段起点的类型，有 4 种类型。

PARA（Paragraph）：逻辑段从一个节（16 字节）的边界开始，即段的起始地址应能被 16 整除，即该段起始物理地址应为×××× 0H，默认类型。

BYTE：逻辑段从字节边界开始，即段可以从任何地址开始。

WORD：逻辑段从字边界开始，即段的起始地址必须是偶数。

PAGE：逻辑段从页边界开始。256 字节称为 1 页，故段的起始物理地址应为×××00H。

② 组合类型

组合类型说明不同模块中同名段的组合方式和关系，常用的组合类型如下。

PUBLIC：将该类型的同名段按连接顺序组合成一个物理段，公用一个段地址。

COMMON：将该类型的同名段重叠起来形成物理段，共享相同的存储区域。

AT <数值表达式>：按绝对地址定位，段地址就是表达式的值。

STACK：将说明为 STACK 类型的各同名堆栈段连成一个物理堆栈段，段基址在 SS 中。

③ 类别

类别是指用单引号括起来的字符串，用于控制段的次序和确定代码段。所有同类别的段被安排在连续的存储区域中。

例如，在模块 1 中有段定义：

```
SEG1  SEGMENT  PARA  STACK  'stack'
   ...
SEG1  ENDS
```

在模块 2 中有段定义：

```
SEG2  SEGMENT  PARA  STACK  'stack'
   ...
SEG2  ENDS
```

则连接时，这两个段将依次存放在连续的内存空间中。

3. ASSUME 伪指令

在代码段中，还必须明确段和段寄存器的关系，这由 ASSUME 语句来指定。例如，

```
ASSUME  CS：CODE, DS:DATA, ES:DATA
```

语句中的 CODE 和 DATA 为段名。

注意：CS 将指向名字为 CODE 的代码段，DS 和 ES 将指向名字为 DATA 的数据段。但要注意，ASSUME 伪指令只是告知汇编程序有关段寄存器与段的关系，并没有给段寄存器赋予实际的初值。故下面的语句：

```
MOV AX, DATA
MOV DS, AX
MOV ES, AX
```

是将段基址装入段寄存器。如果程序中用到堆栈段，则 SS 也需装入实际的初值。代码段基地址无须程序员装入 CS 寄存器，而由操作系统负责装入。

4．ORG 伪指令

ORG 规定了段内的指令或数据存放的开始地址，其格式为：

```
ORG  <表达式>
```

表达式的值即为开始地址，从此地址起连续存放程序或数据。例如，

```
DATA SEGMENT
     ORG 100H
VAR  DB 1, 2, 3, 4, 5, 6          ;在 DATA 段中定义数据 VAR, 起始地址为 100H
     DATA ENDS
```

5．过程定义伪指令 PROC、ENDP

在汇编语言中，过程的含义和子程序是一样的。一个过程可以被其他程序所调用，它的最后一条指令一般是返回指令 RET，用以控制此过程在执行完毕后，返回到主程序。过程可以嵌套调用。过程定义伪指令的格式为：

```
<过程名>  PROC  [类型]
          ...
          RET
<过程名>  ENDP
```

注意：PROC 和 ENDP 必须成对出现，并且过程名要相同。过程的类型有两种：NEAR（默认类型）表示段内调用，FAR 表示段间调用。

调用一个过程的格式为：

```
CALL  <过程名>
```

例如，

```
CODE  SEGMENT
ASSUME CS:CODE
...                       ;代码段中其他语句
CALL  FUNC1               ;调用过程 FUNC1
CALL  FUNC2               ;调用过程 FUNC2
FUNC1 PROC  NEAR          ;名为 FUNC1 的 NEAR 属性过程开始
...
RET                       ;返回
FUNC1 ENDP                ;FUNC1 结束
...
FUNC2 PROC                ;名为 FUNC2 的 NEAR 属性过程开始
...
RET                       ;返回
FUNC2 ENDP                ;FUNC2 结束
CODE  ENDS                ;代码段结束
```

注意：过程的伪指令 NEAR 可以省略。若一个过程没有注明是段内（NEAR）形式还是段间（FAR）形式，则汇编程序将它默认为供段内调用的过程。

6．汇编结束伪指令 END

汇编语言源程序的最后，要加汇编结束伪指令 END，以使汇编程序结束汇编。其格式为：

```
END  <表达式>
```

END 后跟的表达式通常就是程序第一条指令的标号，指示程序的入口地址。

4.4　DOS 和 BIOS 功能调用

微型计算机系统为汇编用户提供了两个程序接口，一个是 DOS 系统功能调用，另一个是 ROM 中的 BIOS（Basic Input/Output System）功能调用。DOS 系统功能调用和 BIOS 功能调用由一系列的中断服务程序构成，它们使得程序设计人员不必详细了解硬件的内部结构和工作原理，直接调用这些中断服务程序即可使用系统的硬件，尤其是 I/O 设备的使用与管理。

4.4.1　DOS 系统功能调用

MS-DOS 设置了丰富的内部中断服务子程序，可以完成 I/O 设备管理、存储管理和文件管理等，这些中断服务子程序占用了 20H～27H 的中断类型码。用户程序在调用这些中断服务程序时，不是采用 CALL 命令，而是采用软中断指令 INT n 来实现。

1．DOS 系统功能调用方法

在 DOS 系统中，最常用的 DOS 功能调用是 INT 21H，称为系统功能调用。

DOS 系统功能调用的使用方法如下：

① 设置该功能所要求的入口参数；

② 功能号送 AH；

③ 执行 INT 21H 指令；

④ 分析返回的结果参数。

关于数据输入和输出，这里只讨论键盘输入和显示输出，调用系统功能需要提供入口参数及所调用的功能号，调用结束后返回的结果。

2．常用 DOS 系统功能调用（INT 21H）简介

（1）键盘功能调用

① 从键盘输入一个字符并回显（功能号 AH=1）

执行该功能调用时，等待用户按下键盘输入一个字符，字符的 ASCII 送至 AL 中并在屏幕上显示该字符。

```
MOV  AH, 1
INT  21H
<AL 中返回输入的字符>
```

例如，程序中有时需要用户对提示做出应答，由用户输入 'Y' 或 'N' 并转相应处理：

```
GET KEY:MOV AH, 1            ;等待输入字符
        INT 21H              ;结果在 AL 中
        CMP AL, 'Y'          ;是'Y'?
        JZ  YES              ;是, 转 YES
        CMP AL, 'N'          ;是'N'?
        JZ  NO               ;是, 转 NO
        JMP GET KEY          ;否则继续等待输入
    YES:      …
              …
    NO:       …
```

② 从键盘输入字符串并回显（功能号 AH=0AH）

执行该功能调用时，从键盘输入字符串并把它存入 DS: DX 指定的缓冲区中。例如，将键盘输入的字符串存入数据段 BUF 区域：

```
LEA  DX, BUF
MOV  AH, 0AH
INT  21H
```

（2）显示功能调用

① 向显示器输出一个字符（功能号 AH=2）

执行该功能调用时，将 DL 中的字符送显示器显示。例如，显示字符 'A' 的功能调用如下：

```
MOV  DL, 'A'
MOV  AH, 2
INT  21H
```

② 显示字符串（功能号 AH=9）

执行该功能调用时，向显示器输出 DS: DX 指定的字符串，该字符串必须以'$'结束。例如，在屏幕上显示: 'HELLO, WORLD!'

在数据段定义字符串：

```
DATA  SEGMENT
STR1  DB  'HELLO, WORLD!$'
DATA  ENDS
```

在代码段中进行显示输出：

```
LEA  DX, STR1
MOV  AH, 9
INT  21H
```

（3）返回 DOS（功能号 AH=4CH）

直接返回 DOS，调用方式如下：

```
MOV  AH, 4CH
INT  21H
```

4.4.2　BIOS 功能调用

在 IBM-PC 的 ROM 存储区中固化了一些基本输入/输出（BIOS）功能的子程序。其主要功能包括系统的自检、引导装入程序及 I/O 接口的控制，以实现对系统中各种常用设备的输入/输出操作的管理。

BIOS 中的程序，不但在操作系统中被作为标准模块调用，完成各种 I/O 操作，而且也可以提供给程序设计人员使用。常用的 BIOS 调用占用 10H～1AH 的中断类型码，用户可以通过 INT n 指令调用。BIOS 调用方法为：

```
MOV  AH, <功能号>
<设置入口参数，一般将参数放在寄存器中>
INT     <中断类型>
```

BIOS 使用的中断类型号为 10H～1FH，其中的几个主要中断类型为：INT 10H，屏幕显示；INT 13H，磁盘操作；INT 14H，串行口操作；INT 16H，键盘操作；INT 17H，打印机操作。

每一类中断都包含了多个子功能，调用时通过具体功能号指定。

（1）从键盘输入一个字符

采用 INT 16H，0 号功能。执行该功能调用时，等待键盘输入，读入的字符 ASCII 值在 AL 中。调用方式如下：

```
MOV AH, 0
INT 16H              ; <AL 中返回输入的字符>
```

（2）输出一个字符到显示器

采用 INT 10H，0E 号功能，显示字符在 AL 中，BH 为显示页号，BL 为前景色。例如，向显示器输出单个字符 'A'：

```
MOV AL,'A'
MOV BX,0             ;默认方式
MOV AH,0EH
INT 10H
```

4.5 汇编语言程序设计

4.5.1 汇编语言程序设计的步骤

1. 根据实际问题抽象出数学模型，确定算法

仔细分析需要解决问题的原始数据形式、输入/输出格式、运行速度等要求，根据用户需求及问题的特点建立合适的数学模型或制定解决问题的规则。

一般情况下，不同问题应采用不同的算法，同一问题在选用不同的计算机编程语言时，算法也不尽相同。对适合采用汇编语言编程的问题来说，当可能有多种解决方案时，应如何选择最佳算法呢？通常可以从以下两个方面判断一个汇编程序质量的优劣。

① 程序执行时间。对相同的编程任务，执行时间越短的程序效率越高。在应用于实时检测或是控制的程序中，宏比子程序更有利于提高效率。

② 目标代码所占的内存空间。在完成既定任务的前提下，目标代码越少，所占空间越小，程序质量越高。当内存空间有限时，子程序是一个有效的解决途径。

2. 合理分配内存单元和寄存器

存储器和寄存器都是汇编语言程序设计者可以直接使用的资源。如何根据确定的算法充分利用存储空间和合理分配各寄存器的用途，是编制一个好的汇编语言程序必须注意的问题。

3. 绘制流程图

绘制流程图就是用图形的方式把确定的算法表达出来。使用流程图并不是程序设计的必需的步骤，但它可以形象地体现算法思路，使编程者易于确定程序结构和编写方法，并有利于查错。

4. 根据流程图编写源程序，保存为.ASM 文件

根据画好的流程图逐条编写源程序。在用汇编语言编写程序时，需要特别注意的是分清指令语句和伪指令语句的作用，正确使用各种寻址方式和指令格式。程序应带有适当的注释，方便程序调试和程序阅读。

编写汇编源程序可以用任何一个文本编辑软件，如记事本、WORD、EDIT 等软件，从键盘输入源程序，并以.ASM 为文件扩展名将源文件存盘。注意：如用记事本编写源程序时，保存文件名为

exp.asm，一定要把保存文件类型选为*.*，这样才是保存为 asm 的文件类型，不然的话，采用默认值 txt，保存的文件实质是文件名为 exp.asm 的 txt 文件。

5. 对源程序汇编，生成.OBJ 目标文件

利用汇编程序（如 MASM）对.ASM 源文件进行编译，所以在保存源程序时一定要存为 asm 文件类型。不然，编译器难以识别非.ASM 后缀的源程序文件，这也是所有编译器的共同特点。如果源程序没有语法错误，就会生成同名的 OBJ 目标文件；否则没有目标文件生成，编译器会提示在源文件的多少行，有什么类型的错误。这时需要再回到源程序进行修改，重新编译，直到没有语法错误，生成同名的 OBJ 目标文件。

6. 把 OBJ 文件链接成.EXE 执行文件

链接是指将目标程序文件（OBJ 文件）转换为可执行文件的过程。开发人员可以利用链接程序（如 LINK 程序）将若干模块的目标代码和相应的汇编语言库文件链接在一起，如无链接错误，则产生可直接执行的文件。如果有错，则不产生可执行文件，仍需要返回程序编辑状态对源程序进行修改。链接程序具有以下功能：

① 把各种程序设计语言编写的程序（如汇编语言程序）经过编译后产生的目标代码（OBJ 文件）链接起来；

② 查找库文件（LIB 文件），用以解决尚未确定的外部调用，以及解决外部交叉调用问题；

③ 可以产生一个映像文件（MAP 文件），文件中包含的是一些链接信息；

④ 产生可执行文件（EXE 文件）；

⑤ 运行、调试。

汇编源程序经过汇编、链接后将得到可执行文件，可以在操作系统下直接运行。但为确认可执行文件在各种可能情况下都能够正确执行并得到正确的结果，需要先对其进行调试。可以利用调试工具（如 DEBUG 程序）调试，调试工具可以通过各种手段（如单步调试、断点调试等）观察程序运行过程中相关寄存器、存储单元的内容及标志位寄存器的状态。如果调试过程中发现错误，可以根据这些信息找出程序出错的原因，然后返回程序编辑状态，修改源程序，然后再进过编译、链接得到可执行文件，再调试，直到程序运行没有问题。

4.5.2 顺序结构程序设计

程序的基本结构包括顺序、分支、循环、子程序。

顺序结构程序是最简单的也是最基本的一种程序结构形式。这种结构的程序由程序的开头顺序地执行直到程序结束为止，执行过程中没有任何分支。

【例4.1】 用查表的方法将一位十六进制数转换成与它相应的 ASCII 码。

题目要求指定要用查表的方法，那么首先就要建立一个表 TABLE。在表中按照十六进制数从小到大的顺序放入它们的 ASCII 码值。流程如图4.4所示，程序如下：

```
DATA    SEGMENT
        TABLE   DB  30H, 31H, 32H, 33H, 34H, 35H, 36H, 37H, 38H, 39H
                DB  41H, 42H, 43H, 44H, 45H, 46H

        NUMBER  DB  8
        ASCII   DB  ?                    ;数据定义
DATA    ENDS
CODE    SEGMENT
```

```
                ASSUME    CS:CODE, DS:DATA
        START:  MOV       AX, DATA
                MOV       DS, AX           ;数据段加载
                MOV       BX, OFFSET TABLE
                MOV       AL, NUMBER
                XLAT                       ;换码指令
                MOV       ASCII, AL
                MOV       AH, 4CH
                INT       21H              ;返回
        Code    ENDS
                END       START
```

【**例 4.2**】 编制一个完整的程序，将一字节压缩 BCD 码转换为两个非压缩 BCD 码，并将结果以高位存高地址、低位存低地址的格式存放。

分析：一字节压缩 BCD 码是两位 0～9 的数字，4 位二进制数对应一位 BCD 码。所以关键是要将两个 4 位二进制数分离开来。"分离"可以先用逻辑运算得到低 4 位数据，再用移位指令得到高 4 位数据，然后依次存放低位数据和高位数据。流程如图 4.5 所示。

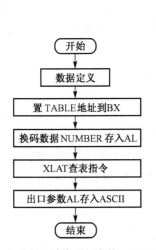

图 4.4　一位十六进制数转换成相应的 ASCII 码的流程图

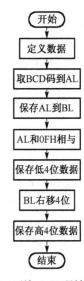

图 4.5　压缩 BCD 码转换流程图

程序如下：

```
    DATA    SEGMENT
        BCD     DB   98H
        BCD_L   DB   ?
        BCD_H   DB   ?
    DATA    ENDS
    CODE    SEGMENT
            ASSUME CS:CODE,DS:DATA
    START:  MOV AX,DATA
            MOV DS,AX
            MOV AL,BCD        ;取 BCD 码数据存放在 AL 中
            MOV BL,AL         ;另存到 BL 中用于高位运算
            AND AL,0FH        ;逻辑与运算，得到高 4 位
            MOV BCD_L,AL      ;保存低 4 位结果
            MOV CL,4
            SHR BL,CL         ;右移 4 位，高 4 位移到低 4 位
            MOV BCD_H,BL      ;保存高 4 位结果
```

```
                MOV AH,4CH
                INT 21H
                CODE ENDS
                END START
```

顺序结构程序只能完成一些简单的功能，在大多数情况下，若要解决比较复杂的问题，则还需要使用其他更灵活的汇编程序结构。

4.5.3　分支结构程序设计

顺序结构程序的设计和运行都是比较简单的，但在实践应用中，却往往需要根据不同的情况和条件做出不同的处理。要编制这样的程序，可以事先把各种可能出现的情况和处理的方法写在程序中，然后由计算机自动做出判断，并跳转或调用相应的处理程序。由于按这种方法编制出来的程序就会出现分支结构，所以通常把它称为分支结构程序。

分支结构程序在执行时，可以对给定的条件进行判定，以决定程序执行的流向。通常由条件转移指令实现这一功能。

分支程序结构可以用两种形式表示，它们的结构分别相当于高级语言的 IF–THEN–ELSE 语句和 CASE 语句。这种结构常用于根据不同的条件做出不同处理的情况，IF–THEN–ELSE 语句可以有两个分支，CASE语句则可以有很多分支。但不论是哪种形式，它们的共同特点是：其运行方向是向前的，在确定的条件下，只能执行多个分支中的一个分支。

【例4.3】　编程实现开关函数的功能，其中 X、Y 为无符号字节数：

$$Z = \begin{cases} -1, & X < Y \\ 0, & X = Y \\ +1, & X > Y \end{cases}$$

Z 的取值由 X 和 Y 数值的大小关系决定，当给定 X 和 Y 后，Z 的值只有一种可能，所以就必须先对 X 和 Y 的大小进行判断，然后再相应地对 Z 赋值。流程如图4.6所示。

```
DATA     SEGMENT
  X      DB    90
  Y      DB    57
  Z      DB    ?              ;定义数据
DATA     ENDS
CODE     SEGMENT
         ASSUME  CS:CODE, DS:DATA
START:   MOV     AX, DATA
         MOV     DS, AX        ;数据段加载
         MOV     AL, X
         MOV     BL, Y
         CMP     AL, BL
         JE      ONE           ;X=Y
         JA      TWO           ;X>Y
         MOV     AL, -1        ;X<Y
         JMP     EXIT
ONE:     MOV     AL, 0
         JMP     EXIT
TWO:     MOV     AL, 1
EXIT:    MOV     Z, AL
         MOV     AH, 4CH
         INT     21H           ;返回DOS
CODE     ENDS
         END     START
```

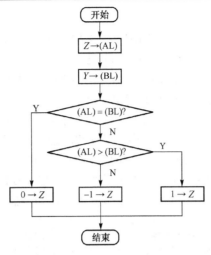

图 4.6　计算开关函数的流程图

4.5.4　循环结构程序设计

从以上介绍的顺序程序设计和分支程序设计结构可以看出，程序中的每条指令最多只能执行一次，甚至有些指令还可能不执行。这种结构的特点是：因为程序的控制流向不能再回到进入此程序的入口。

但实际应用中，有些相同或类似的操作需要重复执行多次。对于这样的问题，如果仍采用顺序结构编程显然是不合理的，不仅工作量大，而且也会使程序变得十分冗长。为此，在程序设计中又提出了一种循环程序结构，如果需要多次重复执行相同或相似的功能，就可以使用循环结构。它的特点是可以把程序的控制流向返回到进入此结构的入口。

采用循环结构可以缩短程序的长度，使程序结构简单，减少程序占用的存储器空间。但并没有简化程序的执行过程，反而增加了循环控制环节，这样就导致程序总的执行效率不仅没有提高反而有了降低的事实。

1．循环程序结构

循环程序结构共包含三部分。

① 初始化部分，设置循环执行的初始化状态。

② 循环体部分，需要多次重复执行的部分。

③ 循环控制部分，用于控制循环体的执行的次数。循环体每次执行后，应该修改循环条件，使得循环能够在适当的时候终止执行。

循环程序通常有两种基本的结构形式，如图4.7所示，一种是 WHILE 结构形式，另一种则是 DO-WHILE 结构形式。WHILE 结构循环的特点是：进入循环后先判断条件，若满足条件就执行循环体；否则退出循环。DO-WHILE 结构循环的特点是：

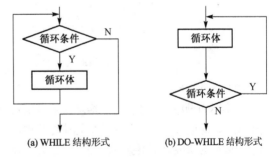

(a) WHILE 结构形式　　　(b) DO-WHILE 结构形式

图 4.7　循环结构流程图

先执行循环体，然后再判断控制条件，若满足条件，则退出循环，否则继续执行循环操作。

2．循环控制方法

如何控制循环是循环程序设计中的一个重要环节。下面所介绍的是最常见的两种控制方法，即计数法和条件控制法。

（1）计数法

对于循环次数已知的循环程序，一般采用计数法来控制循环，这是最简单也是最方便的控制方法。在汇编语言程序设计中常采用 CX 寄存器作为循环计数器。

【例 4.4】 设有两个长度为 8 字节的无符号数分别存放在以 NUM1、NUM2 为首地址的连续的内存单元中，将两个数相加，结果存入 SUM 内存单元中。

定义 8 字节数据 NUM1、NUM2、SUM，将 NUM1 的偏移地址存入 SI，将 NUM2 的偏移地址存入 DI，将 SUM 的偏移地址存入 BX；设置加法的循环次数，进位标志清零，将 NUM1 的低两字节存入 AX，取 NUM2 的低两字节与 AX 求和；将两数的低两字节的和存入到 SUM 中，修改 SI，让 SI 指向 NUM1 的高两字节；修改 DI，让 SI 指向 NUM2 的高两字节，修改 BX，让 BX 指向 SUM 的高两字节；然后 CX–1 并判断是否等于 0，如果不等于就继续循环，反之，程序结束。流程如图 4.8 所示，程序如下：

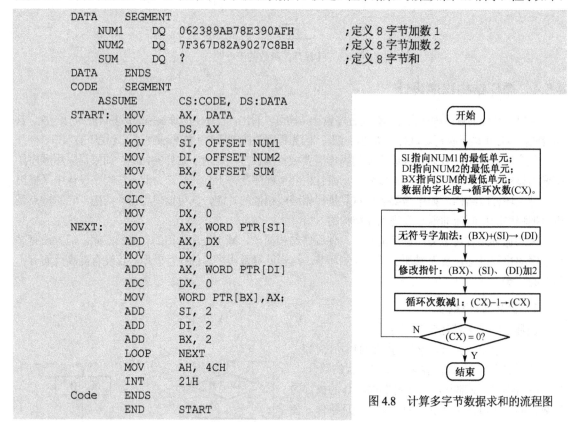

```
DATA        SEGMENT
    NUM1    DQ      062389AB78E390AFH       ;定义 8 字节加数 1
    NUM2    DQ      7F367D82A9027C8BH       ;定义 8 字节加数 2
    SUM     DQ      ?                       ;定义 8 字节和
DATA        ENDS
CODE        SEGMENT
    ASSUME          CS:CODE, DS:DATA
START:  MOV     AX, DATA
        MOV     DS, AX
        MOV     SI, OFFSET NUM1
        MOV     DI, OFFSET NUM2
        MOV     BX, OFFSET SUM
        MOV     CX, 4
        CLC
        MOV     DX, 0
NEXT:   MOV     AX, WORD PTR[SI]
        ADD     AX, DX
        MOV     DX, 0
        ADD     AX, WORD PTR[DI]
        ADC     DX, 0
        MOV     WORD PTR[BX],AX;
        ADD     SI, 2
        ADD     DI, 2
        ADD     BX, 2
        LOOP    NEXT
        MOV     AH, 4CH
        INT     21H
Code    ENDS
        END     START
```

图 4.8 计算多字节数据求和的流程图

（2）条件控制法

在实际问题中，往往会遇到循环次数是未知的情况。例如，从 1 开始到整数 N 求和，并要求和不大于 M，现问最大的 N 值为多少？这个题目中，从 1 到 N 的求和次数是未知的，无法再用前面的计数法了，循环的次数只有根据每次循环的结果来确定下一次是否还要继续循环，这样的情况，就只能用条件控制法。

【例 4.5】 从 1 开始到整数 N 求和，并要求和不大于 10000，问最大的 N 值为多少？流程如图4.9所示，程序如下：

```
DATA        SEGMENT
    NUM     DW      ?                       ;存放结果
DATA        ENDS
```

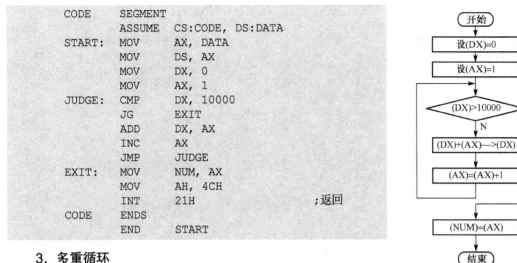

```
          CODE      SEGMENT
                    ASSUME   CS:CODE, DS:DATA
          START:    MOV     AX, DATA
                    MOV     DS, AX
                    MOV     DX, 0
                    MOV     AX, 1
          JUDGE:    CMP     DX, 10000
                    JG      EXIT
                    ADD     DX, AX
                    INC     AX
                    JMP     JUDGE
          EXIT:     MOV     NUM, AX
                    MOV     AH, 4CH
                    INT     21H                    ;返回
          CODE      ENDS
                    END     START
```

图 4.9 N 个数求和的流程图

3. 多重循环

前面所介绍的程序均属于单循环程序。如果在循环程序的循环体内再嵌套循环，则程序就变成了多重循环程序。

在设计多重循环时，从外层循环到内层循环一层一层地进行。在设计外层循环时，把内层循环看成一个过程调用，确定外循环的结构，再细化内循环的结构，内层循环设计完毕，用其替换外层循环体中被视为过程调用的部分，这样就构成了一个多重循环程序。

汇编程序语言与高级程序语言一样，多重循环程序都可以多次嵌套，但不能交叉。此外，转移指令可以从循环结构内转出，但不要从外循环直接跳入内循环。特别要注意的是，当内循环结束后，不要使循环回到外循环初始化部分，因为这样可能会出现死循环。

下面以排序为例，来说明多重循环程序的基本结构和执行情况。

为了实现排序，一种算法是从第一个数开始，依次把相邻的两个数相比较，即第一个数与第二个数，第二个数和第三个数，等等，依次进行比较，经比较之后把较小数放在前一个单元中。当全部 N 个数都比较一遍后，在最后一个单元中存放的则是所有数中最大的一个数。接下来再从第一个数开始依次比较相邻的两个数，当前面 $N-1$ 个数都比较了一遍后，在倒数第二个单元中存放的则是所有数中次最大的那个数。依此类推，当将比较进行了 $N-1$ 遍后，所有 N 个数也就按照从小到大的次序排好了。

需要进一步说明的是，按照这样的方法对 N 个数进行排序时，需要进行两个数之间的比较，比较次数为 $N(N-1)/2$。显然，当 N 个数排序之前如果是从小到大完全逆序排序时，利用这种算法，必须经过 $N(N-1)/2$ 次比较后才能完成递增顺序。但是，如果 N 个数排序之前不完全是逆序排序时，则可能在某遍比较后这 N 个数已经按递增顺序排好了，此时再进行后续比较就没有必要了。为了发现某遍比较后 N 个数已经按递增次序排好，可以设置一个标志，并在每次比较前，先将标志置全 1。如果本次比较中存在相邻两个数逆序排序的现象，则在将这两个数交换位置的同时，将标志置零。因此，若一遍比较后，标志还是全 1，说明 N 个数已经按递增次序排列，不必继续进行排序，使程序转向结束。

【例4.6】 设内存中以 BUF 为首地址存放着多个无符号字节数，编程完成数据从小到大的排序。流程如图 4.10 所示，程序如下：

```
          DATA      SEGMENT
                    BUF DB   89, 34, 23, 47, 2, 93, 13, 26, 3, 90
                    COUNT    EQU $-BUF                    ;表中元素个数
          DATA      ENDS
          CODE      SEGMENT
                    ASSUME   CS:CODE, DS:DATA
```

```
START:          MOV     AX, DATA
                MOV     DS, AX
                MOV     DX, COUNT-1          ;设置外循环的比较次数
SORT1:          MOV     BL, 0                ;设置交换标志初值
                MOV     CX, DX               ;设置内循环次数
                MOV     SI, OFFSET BUF       ;数据表偏移量
SORT2:          MOV     AL, [SI]
                CMP     AL, [SI+1]
                JNA     NOXCHG
                XCHG    [SI+1], AL
                XCHG    [SI], AL
                MOV     BL, 0FFH             ;本次循环有交换操作
NOXCHG:         INC     SI
                LOOP    SORT2
                DEC     DX                   ;更新外循环次数
                CMP     BL, 0
                JNE     SORT1
                MOV     AH, 4CH
                INT     21H
CODE    ENDS
        END START
```

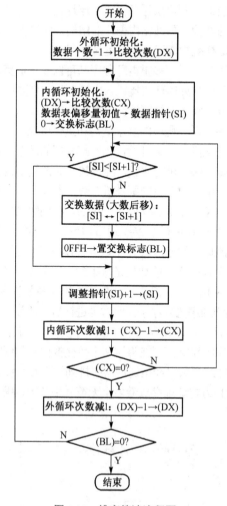

图 4.10　排序算法流程图

【**例 4.7**】 编写将从键盘输入的十进制整数（−32768～+32767）转换为二进制数的程序。

将 n 位十进制整数转换为二进制数的方法有多种，方法之一是使用算法 $((a_i \times 10 + a_{i-1}) \times 10 + \cdots) \times 10 + a_0$。例如，将 678 转换为二进制数，计算机执行的二进制运算算式为：$(6 \times 10 + 7) \times 10 + 8$。在转换之前，先判断是正数还是负数，正数则按习惯不输入"+"。

数据段中定义两个变量 BUF 和 BINARY。BUF 共计定义 9 个单元来存放输入的十进制字符串，因为输入的字符串连同负号最多 6 个字符，加一个回车，共计 7 个。另外，根据"功能调用 10"的入口参数的要求，还要在第 1 单元装入允许输入的字符数，并预留第 2 个单元"功能调用 10"存放实际输入的字符数。字变量 BINARY 用来存放转换的结果。流程如图 4.11 所示，程序如下：

```
DATA        SEGMENT
BUF         DB   7, 0, 7 DUP(0)
BINARY      DW   0
DATA        ENDS
CODE        SEGMENT
            ASSUME      CS:CODE, DS:DATA
START:      MOV    AX, DATA
            MOV    DS, AX
            MOV    DX, OFFSET BUF
            MOV    AH, 10
            INT    21H
            MOV    CL, BUF+1
            MOV    CH, 0
            MOV    SI, OFFSET BUF+2
            CMP    BYTE PTR[SI], '-'
            PUSHF
            JNE    SININC
            INC    SI
            DEC    CX
SININC:     MOV    AX, 0
AGAIN:      MOV    DX, 10
            MUL    DX
            AND    BYTE PTR[SI], 0FH
            ADD    AL, [SI]
            ADC    AH, 0
            INC    SI
            LOOP   AGAIN
            POPF
            JNZ    NNEG
            NEG    AX
NNEG:       MOV    BINARY, AX
            MOV    AH, 4CH
            INT    21H
CODE        ENDS
            END    START
```

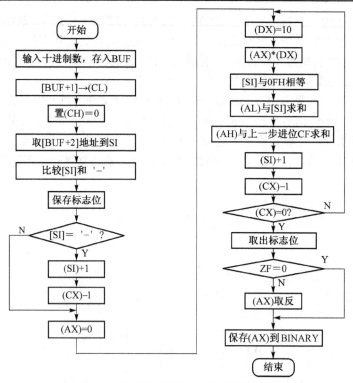

图 4.11　十进制整数转换为二进制数的流程图

4.5.5　子程序设计

在 8086/8088 汇编语言中，子程序又称为过程。它类似于高级语言的过程和函数，它是一个独立的程序段，能完成某些确定的功能，并能被其他程序调用。当一个子程序被调用后，且该子程序完成确定的功能后便返回调用程序处。

在程序设计中，若某一程序段的结构形式在多处出现，只是某些变量（参数）的赋值不同，这时就应将该程序段设计成一个子程序。此外，有些程序段尽管在某一程序设计中只需用一两次，如码制转换程序等，也可以设计成子程序。设计好了的过程应能方便地被其他程序调用，并能方便地进行参数传递。

1．子程序的调用和返回

过程的调用采用 CALL 指令，其寻址方式可以是直接寻址方式，也可以是间接寻址方式；可以是段内调用，也可以是段间调用。过程执行完毕返回主程序时，靠过程体最后的 RET 指令的执行返回。一个过程和主程序在同一个代码段时，可采用段内调用方式，即过程具有 NEAR 属性。这时，CALL 和 RET 指令执行时分别向堆栈压入和弹出一个字的偏移地址（即 IP 的内容）。当一个过程和主程序不在同一代码段时，只能采用段间调用方式，即过程具有 FAR 属性。这时 CALL 和 RET 指令执行时分别向堆栈压入和弹出两个字，即段地址（CS 内容）和偏移地址（IP 内容）。在 IBM-PC 上编写过程调用程序时，只要在过程定义伪指令的属性字段注明该过程是 NEAR 属性还是 FAR 属性。至于 CALL 和 RET 指令的属性，则由汇编程序根据过程定义伪指令指明的属性来确定。

2．保护现场和恢复现场

主程序和过程的设计是分开进行的，因而它们所使用的寄存器有时会发生冲突，主程序运行时需要寄存器，子程序运行时也需要寄存器，有时主程序使用的内容在子程序运行后还要继续使用，如何保护这些寄存器的内容不被破坏，是程序设计中不可忽视的问题。为避免这类错误发生，应在进入过程时将该过程所用寄存器的内容保存起来，称为保护现场。从过程返回主程序前，再恢复这些寄存器内容，称为恢复现场。

这种操作可以通过压栈和出栈指令实现。在进入子程序时，首先将有关寄存器的内容保存到堆栈中；而当子程序执行完毕，返回主程序之前，再把保存的内容从堆栈中弹出并送入相应的寄存器中。下面程序段是典型的保护现场和恢复现场的汇编语言程序：

```
SUBBT    PROC
         PUSH    AX        ;保护现场
         PUSH    BX
         PUSH    CX
         …
         POP     CX        ;恢复现场
         POP     BX
         POP     AX
         RET
SUBBT    ENDP
```

注意，并不是过程中用的所有寄存器内容都需要进行保护。例如，若用寄存器在主程序和过程间传递参数，特别是用来向主程序回送结果的寄存器的内容时，就不用进行保护和恢复；否则，过程的运行结果就不能回送到主程序了。

3. 主程序和过程间的参数传递

主程序调用过程时，必须先把过程所需的初始数据设置好，这些初始数据称为过程的入口参数。过程执行完毕返回主程序时，还需要将过程运行所得的结果回送主程序，这些回送的结果称为过程的出口参数。过程入口参数的送入和出口参数的送出称为主程序和过程间的参数传递。主程序和过程间的参数传递主要有三种：使用 CPU 内部的寄存器传递参数、指定内存单元传递参数、使用堆栈传递参数。

（1）使用 CPU 内部的寄存器传递参数

这种参数传递的方法是，主程序把子程序执行时所需要的参数放在指定的寄存器中，子程序执行时得到的结果也放在预定好的寄存器中。

【例 4.8】 编程将一个 16 位二进制有符号数以十进制形式输出到显示器显示。流程如图 4.12 所示。
程序如下：

```
DATA     SEGMENT
    BIN     DW      5820H             ;有符号二进制数
    BCD DB  6 DUP(?)                  ;十进制数以非组合 BCD 码形式存储
    ASC DB  6 DUP(?), '$'             ;存放 ASCII 码的结果
DATA     ENDS
CODE     SEGMENT
         ASSUME  CS:CODE, DS:DATA
TRAN     PROC    FAR
         MOV     AX, DATA
         MOV     DS, AX
         MOV     AX, BIN
         LEA     DI, BCD
         CALL    HEXTOUBCD             ;将十六进制转换为非组合 BCD 码
         MOV     AL, BCD
         MOV     ASC, AL               ;存放符号位的 ASCII 码
         MOV     CX, 5                 ;只需处理 5 位数据位
         LEA     SI, BCD+1
         LEA     DI, ASC+1
         CALL    UBCDTOASC             ;将非组合 BCD 码转换为 ASCII 码
```

```
            MOV     DX, OFFSET ASC
            MOV     AH, 09H
            INT     21H                         ;显示
            MOV     AH, 4CH
            INT     21H                         ;返回 DOS
    TRAN    ENDP
    HEXTOUBCD       PROC
            TEST    AX, 8000H                   ;判断数据的符号
            JNS     PLUS
    MINUS:  MOV     BYTE PTR[DI], '-'           ;将负号以 ASCII 码存储
            NEG     AX                          ;如是负数，取相反数去掉负号位
            JMP     GO
    PLUS:   MOV     BYTE PTR[DI], '+'           ;将符号以 ASCII 码存储
    GO:     INC     DI                          ;修改结果存放指针
            MOV     DX, 0                       ;将无符号数扩展位双字
            MOV     BX, 10000
            DIV     BX
            MOV     BYTE PTR[DI], AL            ;存放万位
            INC     DI
            MOV     AX, DX
            MOV     DX, 0
            MOV     BX, 1000
            DIV     BX
            MOV     BYTE PTR[DI], AL            ;存放千位
            INC     DI
            MOV     AX, DX
            MOV     DX, 0
            MOV     BX, 100
            DIV     BX
            MOV     BYTE PTR[DI], AL            ;存放百位
            INC     DI
            MOV     AL, DL
            MOV     AH, 0
            MOV     BL, 10
            DIV     BL
            MOV     BYTE PTR[DI], AL            ;存放十位
            INC     DI
            MOV     BYTE PTR[DI], AH            ;存放个位
            RET
    HEXTOUBCD       ENDP
    UBCDTOASC       PROC
    REPEAT: MOV     AL, BYTE PTR[SI]            ;取第 1 位 BCD 码
            OR      AL, 30H                     ;将 BCD 码转换为 ASCII 码
            MOV     BYTE PTR[DI], AL            ;存 ASCII 码
            INC     SI
            INC     DI
            LOOP    REPEAT
            RET
    UBCDTOASC       ENDP
    CODE    ENDS
            END     TRAN
```

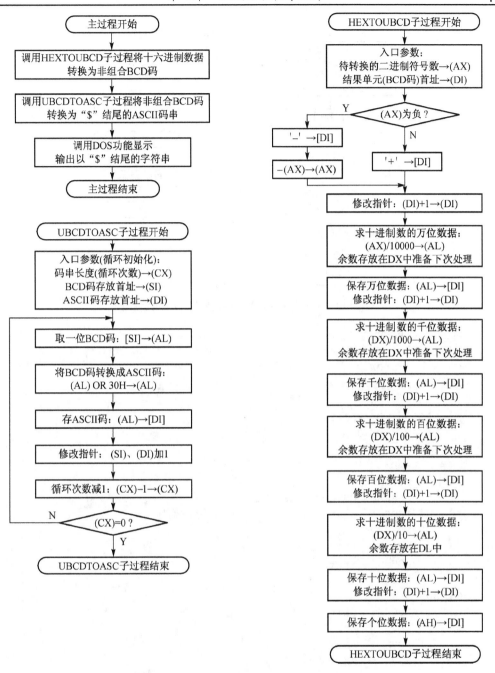

图 4.12 二进制有符号数转换十进制数的流程图

（2）指定内存单元传递参数

使用指定内存单元传递参数时，主程序先把要传送的参数存放在某一数据区中，子程序从指定的数据区取出要处理的信息，执行完子程序后，将得到的结果也放在指定的数据区中。

【例4.9】 把存储器中以 LIST1、LIST2、LIST3 为首地址的三组存储单元称为信息表。将每组信息表中的前两个数相乘，并将结果存入第三个单元中，最后再把这三组参数乘积进行累加并存入变量 RESULT 内，流程如图4.13所示。

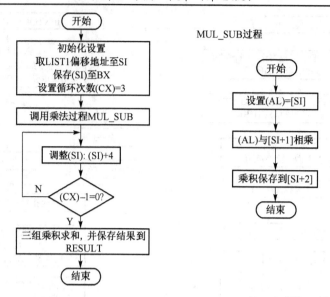

图 4.13　利用指定内存单元传递参数方法的流程图

```
DATA    SEGMENT
    LIST1   DB 46, 4
            DW 0
    LIST2   DB 78, 9
            DW 0
    LIST3   DB 25, 6
            DW 0
    RESULT  DW 0
DATA    ENDS
CODE    SEGMENT
        ASSUME  CS:CODE, DS:DATA
MUL_SUB PROC                        ;乘法子程序
        MOV     AL, [SI]
        MUL     BYTE PTR[SI+1]
        MOV     [SI+2], AX
        RET
MUL_SUB     ENDP
START:  PUSH    DS                  ;主程序
        MOV     AX, 0
        PUSH    AX
        MOV     AX, DATA
        MOV     DS, AX
        MOV     CX, 3               ;设置循环次数
        MOV     SI, OFFSET LIST1    ;取 LIST1 偏移地址
        MOV     BX, SI              ;保存 LIST1 的地址，方便后面程序取数
LP_MUL  CALL    MUL_SUB
        ADD     SI, 4               ;调整地址指针
        LOOP    LP_MUL
        MOV     AX, [BX+2]          ;取第一组数乘积
        ADD     AX, [BX+6]          ;取第二组数乘积，并与前一个成绩求和
        ADD     AX, [BX+10]         ;取第三组数乘积，并求和
```

```
            MOV     RESULT, AX              ;保存结果到 RESULT
            RET
CODE        ENDS
            END     START
```

（3）使用堆栈传递参数

利用存储单元保存主程序和子程序之间传送的信息，可以不受寄存器的限制，但要占用一些存储单元，对于一些暂时不需要的信息，可以利用堆栈来保存并传送。使用堆栈进行主程序和子程序之间信息的传送能节省存储空间和通用寄存器，是较常用的一种信息传送方法。然而，在使用堆栈时必须清楚堆栈中的内容，掌握并跟踪指针的变化情况，以免出现错误。

【例 4.10】 编写一个程序，实现将内存储器中以 ARRAY 为首地址的数组相加。

主程序把所有需要相加的数组首地址及数组个数通过堆栈传送给子程序。子程序通过堆栈指针确定的地址从堆栈中取出数组的首地址及数组个数，将数组中数据累加后，返回主程序。流程如图 4.14 所示。

```
DATA      SEGMENT
ARRAY     DB 25H, 36H, 89H, 20H, 40H, 9AH, 5BH    ;定义数据
COUNT     DW  $-ARRAY
RESULT    DW ?
DATA      ENDS
CODE      SEGMENT
          ASSUME  CS:CODE, DS:DATA
START:    PUSH    DS                              ;主程序
          MOV     AX, 0
          PUSH    AX
          MOV     AX, DATA
          MOV     DS, AX
          MOV     AX, OFFSET ARRAY
          PUSH    AX                              ;数组首地址进栈
          MOV     AX, COUNT
          PUSH    AX                              ;数组个数进栈
          CALL    ADDSUB                          ;调用累加求和子程序
          MOV     RESULT, AX                      ;保存计算结果
          RET
ADDSUB    PROC
          MOV     BP, SP                          ;设置堆栈段基地址
          MOV     CX, [BP+2]                      ;取数组个数
          MOV     BX, [BP+4]                      ;取数组首地址
          MOV     AX, 0                           ;结果置初值
LP:       ADD     AL, [BX]                        ;累加
          ADC     AH, 0                           ;如果有进位，(AH)+1
          INC     BX                              ;调整数据指针
          LOOP    LP                              ;循环
          RET
ADDSUB    ENDP
CODE      ENDS
          END     START
```

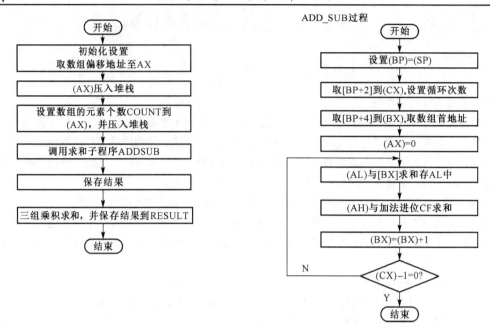

图 4.14　利用堆栈传递参数方法的流程图

本 章 小 结

1．汇编语言程序设计的特点，汇编程序编译和链接的过程及其作用。

汇编程序的任务和过程：汇编程序是把汇编语言源程序模块转换为二进制的目标模块。转换过程需要对源文件进行两遍扫描。第一遍扫描是生成符号表，把源程序所定义符号的偏移地址记录下来；第二遍扫描是利用符号表、机器指令表、伪操作表产生所要求的 OBJ、LST 和 CREF 文件，并把汇编语言指令翻译成机器语言指令，完成汇编任务。

链接程序的主要工作是再定位工作和链接多个程序模块，确定每个程序的外部符号并形成装入模块。

2．程序结构伪指令：包括段定义伪指令、段组定义伪指令、程序开始和结束伪指令等。

数据类型及数据定义伪指令：包括数据定义及存储器分配伪指令、表达式赋值伪指令、基数控制伪指令等。

宏是源程序中一段有独立功能的程序代码，它只需在源程序中定义一次，随后即可多次调用它。调用时只需用一个宏调用指令语句。

3．调用 DOS 或 BIOS 功能有以下几个基本步骤：

（1）参数装入指定的寄存器中；

（2）功能号，把它装入 AH；

（3）如需子功能号，把它装入 AL；

（4）按中断号调用 DOS 或 BIOS 中断；

（5）检查返回参数是否正确。

4．汇编语言程序设计方法

首先编制汇编语言程序的步骤有 4 步：

（1）分析题意，确定算法；

（2）根据算法，画出程序框图；

（3）根据框图编写程序；

（4）上机调试程序。

其次，程序的基本结构包括顺序、分支、循环、子程序。

主程序和过程间的参数传递方式主要有：使用 CPU 内部的寄存器传递参数，指定内存单元传递参数，使用堆栈传递参数。

习　　　题

1．分析执行下列指令序列后的结果：

（1）
```
        MOV     AX，1234H
        MOV     BX，00FFH
        AND     AX，BX
```
（2）
```
        MOV     AL，01010101B
        AND     AL，00011111B
        OR      AL，11000000B
        XOR     AL，00001111B
        NOT     AL
```
（3）
```
        MOV     DL，05H
        MOV     AX，0A00H
        MOV     DS，AX
        MOV     SI，0H
        MOV     CX，0FH
AGAIN:  INC     SI
        CMP     [SI]，DL
        LOOPNEAGAIN
        HLT
```
本程序实现了什么功能？

（4）
```
        MOV     AX，DSEGADDR
        MOV     DS，AX
        MOV     ES，AX
        MOV     SI，OFFSET B1ADDR
        MOV     DI，OFFSET B2ADDR
        MOV     CX，N
        CLD
        REP     MOVSB
        HLT
```
本程序实现了什么功能？

（5）
```
        MOV     AX，0H
        MOV     DS，AX
```

```
        MOV     ES，AX
        MOV     AL，05H
        MOV     DI，0A000H
        MOV     CX，0FH
        CLD
AGAIN:  SCASB
        LOOPNE          AGAIN
        HLT
```

本程序实现了什么功能？

2. 阅读程序：

（1）
```
        CLD
        LEA     DI，[0100H]
        MOV     CX，0080H
        XOR     AX，AX
        REP     STOSW
```

本程序实现了什么功能？

（2）
```
        MOV     AL，08H
        SAL     AL，01H
        MOV     BL，AL
        MOV     CL，02H
        SAL     AL，CL
        ADD     AL，BL
```

本程序实现了什么功能？

3. 试分析下列程序完成什么功能？

```
        MOV     DX, 3F08H
        MOV     AH, 0A2H
        MOV     CL, 4
        SHL     DX, CL
        MOV     BL, AH
        SHL     BL, CL
        SHR     BL, CL
        OR      DL, BL
```

4. 已知程序段如下：

```
        MOV     AX, 1234H
        MOV     CL, 4
        ROL     AX, CL
        DEC     AX
        MOV     CX, 4
        MUL     CX
```

试问：（1）每条指令执行后，AX 寄存器的内容是什么？（2）每条指令执行后，CF、SF 及 ZF 的值分别是什么？（3）程序运行结束时，AX 及 DX 寄存器的值为多少？

5. 试分析下列程序段：

```
        ADD     AX, BX
        JNC     L2
```

```
SUB      AX, BX
JNC      L3
JMP      SHORTL5
```

如果 AX、BX 的内容给定如下：

　　　　AX　　　BX

（1）14C6H　　80DCH

（2）B568H　　54B7H

问该程序在上述情况下执行后，程序转向何处？

6. 以下为某个数据段，试问各个变量分别占多少字节？该数据段共占多少字节？

```
DATA     SEGMENT
VAR1     DW  9
VAR2     DD  10 DUP(?), 2
VAR3     DB  2 DUP(?, 10 DUP(?))
VAR4     DB 'HOW ARE YOU'
DATA     ENDS
```

7. 下列语句在存储器中分别为变量分配多少字节空间？并画出存储空间的分配图。

```
VAR1     DB  10, 2
VAR2     DW  5DUP(?), 0
VAR3     DB  'HOW ARE YOU? ', '$'
VAR4     DD  -1, 1, 0
```

8. 编写一段程序，比较两个 5 字节的字符串 OLDS 和 NEWS，若相同，将 RESULT 置 0，否则置 0FFH。

9. 编程求和 Y=A1＋A2＋ … ＋A100。其中 Ai 为字节变量。

10. 内存中以 FIRST 和 SECOND 开始的单元中分别存放着两个 16 位组合的十进制（BCD 码）数，低位在前。编程序求这两个数的十进制和，并存到以 THIRD 开始的单元。

11. 试编写程序，统计由 40000H 开始的 16K 个单元中所存放的字符 "A" 的个数，并将结果存放在 DX 中。

12. 统计数据块中正数与负数的个数，并将正数与负数分别送到两个缓冲区。

13. 编写一个子程序，将 AX 中的十六进制数转换成 ASCII 码，存于 ADR 开始的 4 个单元中。

提示：① AX 中的数从左到右，转换成 ASCII 码，用循环左移 ROL 和 AND 指令，把提出的一个十六进制数置 BL 中；② 0～9 的 ASCII 码：30～39H；A～F 的 ASCII 码：41H～46H。

（先把每个数加 30H，判断是否为数字 0～9。若是 A～F，再加 07H，得字母的 ASCII 码。）

14. 编写一个子程序，将 AX 中的二进制数转换成十进制 ASCII 码，存于 ADR 开始的 5 个单元中。

15. 编写一个子程序，对 AL 中的数据进行偶校验，并将经过校验的结果放回 AL 中。

16. 从 2000H 单元开始的区域，存放 100 字节的字符串，其中有几个 $ 符号（ASCII 码为 24），找出第一个 $ 符号，送 AL 中，地址送 BX。

17. 用串操作指令实现：先将 100H 个数从 2170H 单元处搬到 1000H 单元处，然后从中检索等于 AL 中字符的单元，并将此单元换成空格字符。

18. 从 60H 个元素中寻找一个最大的值，并放到 AL 中，假设这 60 个元素放在 DATA1 开始的单元中。

19. 排序程序设计，把表中元素按值的大小升序排列。要求显示排序前和排序后的数据。

20. 编写一段程序，接收从键盘输入的 10 个数，输入回车符表示结束，然后将这些数加密后存于 BUFF 缓冲区中。加密表为：输入数字：0, 1, 2, 3, 4, 5, 6, 7, 8, 9；密码数字：7, 5, 9, 1, 3, 6, 8, 0, 2, 4。

21. 编写程序从键盘接收一个 4 位十六进制数，转换为十进制数后，送显示。

第5章　微机的输入与输出

输入与输出设备（又称I/O设备、外设等）是计算机系统的重要组成部分。由于外部设备种类繁多，结构各异，速度差别大，信息类型不尽相同，因此，计算机需要通过输入与输出接口（Interface）完成与外部设备之间的信息交换。

本章介绍接口的基本功能和典型结构、端口（Port）及其编址方式、地址译码的基本方法，重点介绍CPU与外设之间进行数据传送的方式，并以实例说明简单输入/输出接口的设计。建议本章采用6个标准学时教学，2学时讲解接口基本知识，2学时重点讲解CPU与外设的数据传送方式，2学时讲解简单接口的设计。

5.1　接　口　概　述

输入与输出（I/O）接口是计算机系统的一个重要组成部分，是CPU与外设之间的连接电路，能够实现计算机与外界之间的信息交换。I/O接口技术就是CPU与外设进行数据交换的一门技术，在微机系统设计和应用中都占有重要的地位。I/O接口电路位于CPU与外设之间，是用来协助完成数据传送和控制任务的逻辑电路，是CPU与外界进行数据交换的中转站。外设通过I/O接口电路把信息传送给微处理器进行处理，微处理器将处理完的信息通过I/O接口电路传送给外设。可见，如果没有I/O接口电路，计算机就无法实现各种输入/输出功能。

I/O接口技术采用了软件和硬件相结合的方式，其中，接口电路属于硬件系统，是信息传递的物理通道；对应的驱动程序则属于软件系统，用于控制接口电路按要求工作。因此接口技术的学习必须注意软硬相结合的特点。

5.1.1　接口的功能

为满足不同应用的要求，人们为计算机系统配置了不同的外设，如键盘、显示器、鼠标、硬盘、网卡、图像采集卡，等等。由于这些外设的工作原理各不相同、性能特点各异，因此对应的接口电路也不一样。一般而言，接口电路具有以下功能。

1．数据缓冲功能

微型计算机系统工作时，总线是非常繁忙的，由于总线的工作速度快，而外设的工作速度相对较慢，为解决二者速度上的差异，提高CPU和总线的工作效率，在接口电路中一般都设置了输入/输出数据寄存器（或数据存储器）。在输入数据时，外设先将数据输入暂存在寄存器中，然后通知CPU，并等待CPU读取。在输出数据时，CPU先将数据输出暂存在寄存器中，然后通知外设，在外设空闲时完成数据的输出。数据寄存器将外设与总线分隔开来，实现数据的缓冲，其自身与总线之间通常需要加入三态门（驱动芯片）等隔离器件，只有在接口被选中时才打开三态门，从而使数据寄存器连接到总线上。

2．通信联络功能

一般情况下，CPU与外设的工作是异步的，为进行可靠的数据传递，CPU只有在外设准备好数据后才能输入；外设也只有在CPU已准备好数据后才能读取。因此，在接口电路中需要设置联络信号，使 CPU 和外设了解接口的工作状态信息，从而正确地工作。以外设为例，对输入接口而言，联络信号向输入设备显示数据输入寄存器中的数据是否已被 CPU 读取，如果已被 CPU 读取，表明输入寄存器空闲，输入设备可以输入下一个数据；如果未被 CPU 读取，输入设备则应等待，否则，新输入的数据将覆盖前一个数据，从而使其丢失。对输出接口而言，联络信号向输出设备显示 CPU 是否已将数据写入输出数据寄存器。如果是，则外设才能读取数据；否则，外设必须等待。

3．信号转换功能

一般而言，所有外设都只能接收符合其自身要求的信息（如电平高低、信号的顺序，等等）。这些信息与 CPU 的信号可能出现不兼容的情况，此时，就要求接口电路能够完成信号的转换，使外设和 CPU 都能接收到符合各自要求的信号。常见的转换包括以下几种。

（1）电平高低的转换。在不同的设备上，相同的逻辑所表现的物理电平范围可能不同，因此接口电路需要完成电平的转换，从而使逻辑关系符合要求。

（2）信息格式的转换。在不同种类的设备上传递的信息的格式会有不同。例如，总线以并行的方式传递数据，而某些外设以串行的方式传递数据，此时，相应的接口就必须实现并行数据和串行数据之间的转换。

（3）时序关系的转换。在系统中经常利用信号之间的顺序关系来实现控制目的，不同设备的控制时序可能不一样，为了使控制信息能够正确传递，接口电路必须能够完成时序关系的配合和控制。

（4）信号类型的转换。现在的计算机是数字式的计算机，其信息均是以数字信号的形式存在的，某些外设的信息是模拟信号，因此需要对应的接口电路能够实现数/模和模/数转换。

4．地址译码和读/写控制功能

同 CPU 对存储器的访问控制方法一样，在计算机系统中也采用编址的方式来选择外部设备。接口电路利用译码器对地址总线上的地址信息进行译码，当总线上的地址信息与接口电路设定的地址吻合时，才允许接口电路工作。同时，在接口电路中还需要读/写控制信号，数据在其控制下完成实际的输入与输出。

5．中断管理功能

中断是 CPU 与外部设备之间进行输入/输出操作的有效方式之一，这种输入/输出方式一直被大多数计算机系统所采用，它可以充分提高 CPU 的效率，同时外部设备的需求也能被及时响应。为了使用中断，接口电路必须产生符合计算机中断系统要求的中断请求信号并保持到 CPU 开始响应。另一方面，接口电路也必须具备撤销中断请求信号的能力。

6．可编程功能

外部设备种类繁多，若针对每种设备均设计专用的接口电路，这样既不经济，又没有必要，也不利于标准化。因此，接口电路应具备一定的可编程能力，这样在不改变硬件的情况下，只需修改设定就能改变接口的工作方式，从而增加接口的灵活性和扩展能力。

5.1.2　接口中的信息类型

在接口电路中传递的信息按性质的不同，可分成三类：数据信息、状态信息和控制信息。

1．数据信息

数据信息是 CPU 与外部设备之间通过接口传递的数据，例如，从键盘得到的按键信息、向打印机输出的字符信息，等等。数据信息又可分成数字量、模拟量和开关量。

（1）数字量是数值、字符及其他信息的编码，一般是以 8 位、16 位或 32 位表达和传递的。

（2）模拟量是连续的电信号。对于输入来说，它来自于各种传感器及其处理电路。传感器将外设中的各种物理信息（如压力、温度、位移等）转变成连续的电信号，再经过滤波、放大等处理，最后被传送到接口中。模拟量在接口中必须进行 A/D 转换，将其转换成数字量后才能被 CPU 读入；对于输出来说，CPU 输出的数字量必须在接口中经过 D/A 转换后才能被模拟设备所接收。

（3）开关量是只具备两个状态的量，如开关的闭合与关断、电机的运行和停止、阀门的打开与关闭，等等。这些量只需占用二进制数中的一个位即可表示，故数据长度为 n 位的接口一次可最多输入/输出 n 位的开关量。

2．状态信息

状态信息用来表达外设当前的工作状态。例如，输入时，它反映设备是否已准备好数据；输出时，它反映设备是否能够接收数据。同时，状态信息也可用于表达接口自身的工作状态，这样 CPU 通过读取状态信息，不仅知道外部设备工作的情况，同时也能了解接口工作的状况，从而协调好处理工作，保障数据信息的顺利传送。

3．控制信息

控制信息是 CPU 用来控制外设和接口工作的命令。控制信息一般通过专门的控制信号来实现对外设和接口的控制。

5.1.3　接口的典型结构

数据信息、状态信息和控制信息在 CPU 与接口之间传递，但对于 CPU 而言，这三种信息均可视为广义上的"数据"信息，通过数据总线实现输入与输出。在接口内部，通过使用不同的寄存器分别将它们保存起来，从而实现其各自的功能。一个典型的接口是由端口、地址译码、总线驱动和控制逻辑 4 部分组成的，如图 5.1 所示。

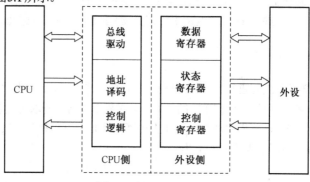

图 5.1　接口的典型结构

1．端口

端口是指接口电路中能够被 CPU 直接访问的寄存器。按照保存在端口中数据的性质，端口可分成数据端口、状态端口和控制端口三类。为了识别不同的端口，每个端口都分配了地址，在同一接口中，端口的地址通常是相邻的，即一个接口占用一段连续的地址空间。为了节省地址资源，多个端口可共享同一个地址，此时可通过读/写控制、访问顺序及特征位等手段加以区别。

2．地址译码

由于需要通过地址来识别端口，因此接口中必须要有地址译码电路。硬件设计时，通常将同一接口中的端口地址安排为相邻的。因此，用地址总线的高位进行译码实现对接口电路的选择，用地址总线的低位进行译码实现对接口内具体端口的选择。

3．总线驱动

所有的接口都在选中后才会"连通"总线，然后通过总线与 CPU 实现信息的传递；在没有被选中时，接口与总线是"断开"的（第三态也称"浮空"态）。因此在端口与总线之间需要有总线驱动芯片，使接口在控制逻辑的控制下实现与总线的"连通"和"断开"。总线驱动芯片也可以减轻总线的负载。

4．控制逻辑

接口的控制逻辑电路接收控制端口的信息及总线上的控制信号，实现对接口工作的控制。

5.2　端口的编址方式

同存储器一样，接口电路中的端口也是通过地址来区别访问的。为端口分配的地址称为端口地址。每个端口都必须有一个对应的端口地址，但相同的端口地址可以对应于多个端口。在通常情况下，每个接口内部包含多个端口，为方便地址译码，分配给同一接口内部各端口的地址是相邻的。将所有端口地址集合在一起形成端口地址空间。对端口地址的编址方式有两种：一种是将端口地址空间与存储器地址空间统一起来，形成一个共同的地址空间，称为存储器映像编址方式，也称为统一编址方式；另一种是将端口地址空间与存储器地址空间独立开来，各自形成不同的地址空间，称为端口独立编址方式。

5.2.1　存储器映像编址方式

在此方式中，将端口和存储器统一起来，同样对待。为方便译码，通常的做法是在存储器地址空间中选择一段连续的区域分配给端口，被端口占用的地址不能再用于存储器。此方法使 CPU 不用区分访问的对象是存储器还是端口，因此，对存储器数访问的指令和寻址方式均可全部用于对端口数的访问，如图 5.2 所示。

```
0FFFFFFH               端口
0F0000H
0EFFFFFH
                       存储器

00000H
```

图 5.2　存储器映像编址方式

存储器映像编址方式的优点如下。

（1）由于对存储器访问的指令众多，寻址方式丰富，因此，使得对端口的访问非常灵活，从而方便软件对端口数的处理。

（2）不需要专门的端口操作指令，简化了 CPU 的指令系统。

（3）端口地址的范围可灵活变化，便于构建不同要求的计算机系统。

存储器映像编址方式的缺点如下。

（1）端口地址占用存储器空间，从而减少了存储器空间的大小。

（2）因为可任意设定端口占用的地址范围，可能会出现存储器空间不连续的情况，这不利于软件的编制。

（3）由于公用指令，而一般访问存储器的指令比专门的端口操作指令长，导致指令执行时间加长。

（4）编写软件时，在指令上不能很好地区分对存储器和端口的访问，容易混淆，不利于软件的开发。

5.2.2　端口独立编址方式

在此方式中，将端口地址和存储器地址分开编址，从而使两个地址空间各自独立，彼此互不影响，如图5.3所示。为了公用地址总线，两个空间的地址值范围是重叠的，为了能够区别，需要使用专门的控制信号。

端口独立编址方式的优点如下。

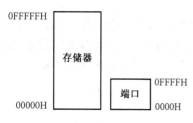

图 5.3　8086 的端口独立编址方式例子

（1）存储器空间和端口空间各自连续，彼此独立，互不影响。

（2）专门的端口操作指令简单，运行速度快。同时，便于软件的设计与检查。

（3）端口地址的范围固定，端口的增减不影响存储器的大小。端口独立编址方式的缺点如下。

（1）需要使用专门的端口操作指令。

（2）为了简化指令系统，端口操作指令的种类、数量和寻址方式有限，从而限制了软件对端口数据操作的灵活性。

（3）需要增加专门的控制信号，形成两套控制逻辑，从而增加了系统设计复杂性。

8086 使用端口独立编址方式，存储器地址范围为 00000～0FFFFFH，端口地址范围为 0000～0FFFFH，指令系统使用 IN 和 OUT 指令实现对端口的访问，分别用于输入与输出，可以使用直接和间接两种寻址方式。直接寻址方式的地址范围限制在 00～0FFH，间接寻址范围为 0000～0FFFFH（通过 DX 寄存器实现），输入/输出的数据必须放在 AL（8 位）或 AX 中（16 位）。例如：

```
IN    AL, 20H      ;输入，直接寻址，8 位
IN    AX, DX       ;输入，间接寻址，16 位
OUT   20H, AL      ;输出，直接寻址，8 位
OUT   DX, AX       ;输出，间接寻址，16 位
```

5.2.3　IBM PC/AT 机端口地址的分配

IBM PC 在设计系统主板和规划外部适配卡时，仅使用了地址总线上的低 10 位地址信号用来译码，故提供的能够被外部设备使用的端口地址范围是 0000～03FFH（1KB）。其中低端 00～1FFH 被分配给了系统主板接口芯片，高端 200～3FFH 被分配给了外部适配卡。IBM AT 机做了调整，将低端 00～0FFH 分配给了系统主板接口芯片，高端 100～3FFH 分配给了外部适配卡。

在表 5.1 中，分配给主板接口芯片的地址实际上并没有被芯片全部用完。例如，每个中断控制器芯片 8259 只使用了分配地址中的两个，它们是 20H、21H（主片）和 0A0H、0A1H（从片）；定时/计数器芯片 8253 使用了 40～43H 这 4 个地址；并行接口芯片 8255 使用了 60～63H 这 4 个地址；使用最多的是 DMA 控制器芯片 8237，DMA 电路部分共使用了 16 个地址。从表 5.2 中可以看到，能够被用户使用的地址范围是 300～31FH，用户在自己设计的外部适配卡上可以任意使用这段地址，表中其他的地址已经被分配给各种类型的外部适配卡，表中未列出的地址被保留。

表 5.1　系统主板接口芯片的端口地址

芯 片 名 称	地　址
DMA 控制器 1	00～1FH
DMA 控制器 2	0C0～0DFH
DMA 页面寄存器	80～09FH
中断控制器 1	20～3FH
中断控制器 2	0A0～0BF
定时/计数器	40～5FH
并行接口芯片	60～6FH
RT/CMOS RAM	70～7FH
协处理器	0F0～0FFH

表 5.2　适配卡的端口地址

适配卡名称	地　址
游戏控制卡	200～20FH
并行口控制卡 1	370～37FH
并行口控制卡 2	270～27FH
串行口控制卡 1	3F0～3FFH
串行口控制卡 2	2F0～2FFH
原型插件卡（用户可用）	300～31FH
同步通信卡 1	3A0～3AFH
同步通信卡 2	380～38FH
单显 MDA	3B0～3BFH
彩显 CGA	3D0～3DFH
彩显 EGA/VGA	3C0～3CFH
软驱控制卡	3F0～3FFH
硬驱控制卡	1F0～1FFH
网卡	360～36FH

5.2.4　端口地址的译码

接口使用译码电路来完成译码，在译码电路中，不仅与地址信号有关，还与控制信号有关，在地址信号和控制信号的共同作用下，产生对接口内部电路的选择信号。在 IBM PC 的系统总线信号中，常用的与端口译码有关的控制信号有 $\overline{\text{IOR}}$ 、$\overline{\text{IOW}}$ 和 AEN。其中 AEN 是地址允许信号，当它处于低电平时，表示 DMA 控制器占用了地址总线，而当它处于高电平时，表示非 DMA 控制器（如 CPU）使用了地址总线。$\overline{\text{IOR}}$ 和 $\overline{\text{IOW}}$ 分别是端口的读/写控制信号，低电平有效，分别控制端口输出或输入数据。

1．地址译码方法

接口的译码方法灵活多样。一般原则是，将地址分成高、低两部分，高位地址部分用于对接口的选择，低位地址部分用于对接口内具体端口的选择。

不同的微机系统根据需要提供能够被使用的端口地址范围。例如，IBM PC 在设计系统主板和规划外部适配卡时，其端口地址的译码采用部分译码法，即仅使用了地址总线上的低 10 位地址信号用来译码，故提供的能够被外部设备使用的端口地址范围是 0000～03FFH（1K 范围）。

2．译码电路的几种组成形式

在构建译码电路时，可以使用独立的逻辑门电路，也可以使用集成译码器，还可以使用可编程逻辑器件，等等。根据译码的地址是否可以选择，可分成固定式译码和可选式译码两种。

（1）大多数接口采用固定式译码。在这种形式中，译码电路一旦被设计好后，使其产生有效输出的地址即确定下来。如图 5.4 和图 5.5 所示。

（2）在一些情况下，接口电路中端口的地址是在使用时才被确定下来的，因此，要求能够选择使译码电路输出有效的地址。最简单的方法是利用开关实现选择，如图5.6所示。

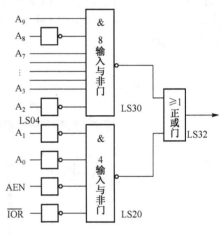

图 5.4　逻辑门电路固定译码

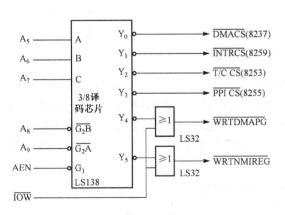

图 5.5　集成译码器固定译码

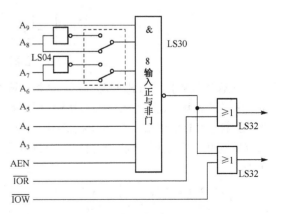

图 5.6　逻辑门电路可选译码

5.3　数据传送的方式

在微机系统中，数据在 CPU、内存和 I/O 接口之间传递。CPU 与外部设备之间的数据传送，实质上就是 CPU 与 I/O 接口之间的数据传送。根据数据传送控制方式的不同，可分成程序控制传送方式和 DMA（直接存储器存取）传送方式。

5.3.1　程序控制传送方式

程序控制传送方式的特点是以 CPU 为中心，数据传送的控制来自于 CPU，通过 CPU 执行预先编制好的程序实现数据的传送。在这类方式中，存储器与外设之间数据传送的路径需要经过 CPU 内部的寄存器，相对于 DMA 传送方式来说，数据传送的速度低，响应也较慢。根据程序处理方法的不同，又分为无条件传送、查询传送和中断传送三种方式。

1．无条件传送方式

无条件传送方式也称为"同步传送方式"，是最简单的程序控制传送方式。主要用于外设速度已知且固定的场合，CPU 假设外设始终处于准备好状态，随时提供或接收数据。完成数据传输控制的软件非常简单，一条输入/输出指令就可以完成对端口的读/写操作。图5.7所示为一个采用无条件传送方式的接口电路。

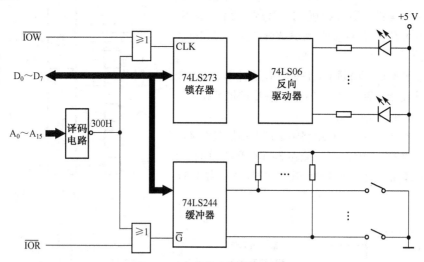

图 5.7　无条件传送方式接口电路

在这个电路中，74LS244 三态缓冲器构成输入数据口，它与 8 个开关相连，当 CPU 读缓冲器时，各开关的状态就传送到 CPU 中。74LS273 锁存器构成输出数据口，当向锁存器写数据时，CPU 输出的数据被锁存在输出端，再经过驱动芯片（LS06）驱动 8 个 LED 发光（因为锁存器不能提供使 LED 发光的电流）。下面的程序将开关的状态从缓冲器读入后立即写到锁存器中，从而实现用开关控制 LED 的发光。

```
AGAIN:  MOV     DX, 300H        ;DX 指向数据端口
        IN      AL, DX          ;从缓冲器读入开关状态
        NOT     AL              ;求反（因为 74LS06 是反向驱动）
        OUT     DX, AL          ;向锁存器输出开关状态（显示）
        JMP     AGAIN           ;重复
```

2. 查询传送方式

查询传送方式也称为"异步传送方式"。当外部设备不能保证与 CPU"同步"时，很难确保在 CPU 执行输入操作时，外设一定是"准备好"的；在 CPU 执行输出操作时，外设一定是"空闲"的。若仍然使用无条件传送方式，则数据在传送过程中可能会"丢失"，在此情况下，提出了查询传送方式，即必须首先检查外部设备的工作状态，在状态许可时，才能完成数据传送的操作。

典型查询传送方式的软件处理流程如下：

（1）通过输入指令读入状态寄存器中的状态信息；

（2）判断状态信息中的"准备好"或"空闲"标志位，若外设是"未准备好"或"忙" 状态，则返回步骤（1）继续查询状态，否则执行步骤（3）；

（3）执行输入或输出操作指令，完成数据的传送。

在查询传送方式的接口中，需要增加状态寄存器用于反映外设的工作状态，同时需要为其分配端口地址及控制逻辑。

图 5.8 所示为一个典型查询输入接口的电路图，当外部输入设备将数据准备好后，通过选通信号 $\overline{STB}$ 将数据锁存在接口中的数据锁存器中，同时，$\overline{STB}$ 信号将 D 触发器的 Q 端置 1，作为数据"准备好"状态位信息。当 CPU 执行输入状态信息的指令时（端口地址 301H），地址译码输出和 $\overline{IOR}$ 共同产生的读状态选通信号打开状态缓冲器，状态位信息通过状态缓冲器和数据总线（D_7）送入 CPU 中。当 CPU 执行输入数据信息的指令时（端口地址 300H），地址译码输出和 $\overline{IOR}$ 共同产生的读数据选通信号打开数据缓冲器，数据锁存器中的信息通过数据缓冲器和数据总线送入 CPU 中。同时，读数据选通信号复位 D 触发器，使其 Q 端清 0，作为数据"未准备好"状态位信息。

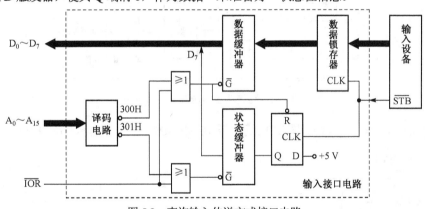

图 5.8　查询输入传送方式接口电路

查询输入接口的程序流程图如图5.9所示，查询输入数据、状态信息示意图如图5.10所示。

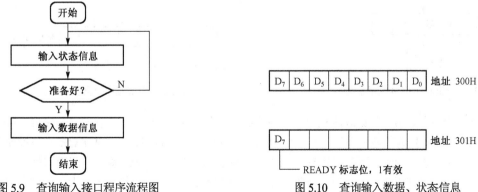

图 5.9　查询输入接口程序流程图　　　　　图 5.10　查询输入数据、状态信息

具体程序如下：

```
QUERY:  MOV    DX, 301H          ;DX 指向状态端口
        IN     AL, DX            ;读入状态信息
        TEST   AL, 10000000B     ;检查状态位（D7）
        JZ     QUERY             ;若"未准备好"，重新查询
        MOV    DX, 300H          ;DX 指向数据端口
        IN     AL, DX            ;读入数据信息
```

图 5.11 所示为一个典型查询输出接口的电路图，当 CPU 执行输出数据信息的指令时（端口地址 300H），地址译码输出和 $\overline{\text{IOW}}$ 共同产生的写数据选通信号将总线上的数据锁存在数据锁存器中，同时，该选通信号将 D 触发器的 Q 端置 1，一方面作为外设"忙"状态位信息，另一方面通知外部设备读取输出的数据，外部设备在读取完数据后，通过响应信号 $\overline{\text{ACK}}$ 将 D 触发器的 Q 端清 0，从而使状态位信息恢复成"空闲"状态；当 CPU 执行输入状态信息的指令时（端口地址 301H），地址译码输出和 $\overline{\text{IOR}}$ 共同产生的读状态选通信号打开状态缓冲器，状态位信息通过状态缓冲器和数据总线（D_7）送入 CPU 中。

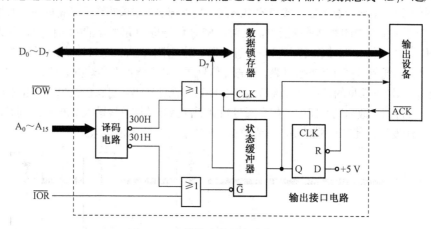

图 5.11　查询输出传送方式接口电路

查询输出接口的程序流程图如图 5.12 所示，查询输出数据、状态信息示意图如图 5.13 所示。

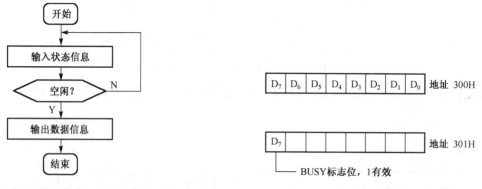

图 5.12　查询输出接口程序流程图　　　　　图 5.13　查询输出数据、状态信息

在典型查询传送方式的处理流程中，若外设处于"未准备好"或"忙"状态，程序将一直处于循环查询状态，而不能为其他任务服务，这大大降低了 CPU 的工作效率。特别是在对多个外设使用查询传送方式，当某设备处于循环查询状态时，CPU 被独占，不能管理其他设备。为了改善性能，多外设的查询传送方式可使用图 5.14 所示的处理流程。在这个处理流程中，当检测到某设备的状态信息有效

时，完成数据传送，而检测到状态信息无效时，则跳转到检测下一个设备，这样就使其他设备的数据传送需求有可能被 CPU 所服务，大大提高了 CPU 的工作效率。

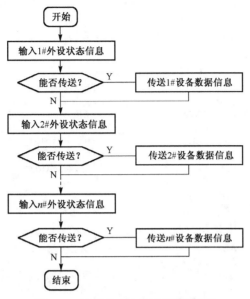

图 5.14　多设备查询传送处理流程图

【例 5.1】 打印机接口电路中的状态口（地址 379H）如图 5.15 所示，编写程序实现向打印机（数据口地址 378H）输出 400 个字符，在输出数据的过程中若发现错误，则显示错误信息后立即结束。

分析：在向打印机输出数据时，需要同时满足 4 个条件，即未出错、已联机、有纸和空闲，因此需要对多个状态位进行检测与判断。按题目要求，出错时立即结束，因此可单独处理。其他三个状态的值相互独立，因此分成两组分别判断（空闲和已联机为一组，有纸为另一组）。程序流程图如图 5.16 所示。

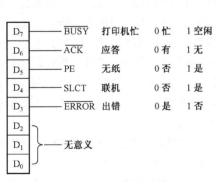

图 5.15　打印机状态口

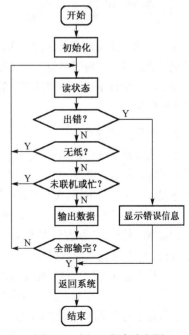

图 5.16　例 5.1 程序流程图

```
          STACK      SEGMENT STACK
                     DW         512 DUP ( ? )
          STACK      ENDS
          DATA       SEGMENT
          DBUF       DB    40 DUP ( ? )                ;数据区
          MSG        DB    'DEVICE ERROR !', 0DH , 0AH , '$'
          DATA       ENDS
          CODE       SEGMENT
                     ASSUME CS:CODE,DS:DATA,SS:STACK
          LPT_S      EQU        379H                   ;定义状态端口
          LPT_D      EQU        378H                   ;定义数据端口
          START :    MOV        AX, DATA               ;初始化
                     MOV        DS, AX
                     LEA        SI, DBUF               ;SI 指向数据区
                     MOV        CX, 400                ;CX 为数据区长度
          QUERY:     MOV        DX, LPT_S              ;查询状态信息
                     IN         AL, DX
                     TEST       AL, 08H
                     JZ         ERR                    ;出错，结束
                     TEST       AL, 20H
                     JNZ        QUERY                  ;无纸，再查询
                     NOT        AL                     ;状态信息取反
                     TEST       AL, 90H
                     JNZ        QUERY                  ;未联机或忙，再查询
                     MOV        AL, [SI]               ;输出数据
                     MOV        DX, LPT_D
                     OUT        DX, AL
                     INC        SI                     ;指向下个数据
                     LOOP       GUERY
                     JMP        QUIT
          ERR:       LEA        DX, MSG                ;显示错误信息
                     MOV        AH, 09H
                     INT        21H
          QUIT:      MOV        AH, 4CH                ;返回系统
                     INT        21H
          CODE       ENDS
                     END        START
```

　　查询传送方式相对于无条件传送方式来说，增加了硬件电路和端口地址译码等消耗，但保留了程序处理简单的特点。对于多设备的查询传送，每个设备都是在其他设备完成传送之后才能进行数据传送，因此，各个设备彼此之间是平等的，没有优先特权，这也导致它不适合于需要对紧急事件进行及时处理的应用。

3. 中断传送方式

　　在查询传送方式中，CPU 与外设之间的数据传送是一种交替进行方式（串行性），当系统中有慢速的设备时，将极大降低 CPU 的工作效率。为了改善这种缺陷，CPU 与外设的数据传送可采用中断传送方式——正常情况下，CPU 服务于自己的事务，当外设需要数据传送时，可向 CPU 提出中断申请；CPU 响应后，中断当前正在执行的程序，转而执行对应的中断服务程序，通过中断服务程序完成与外设数据的传送；中断服务程序执行完成之后，再返回执行被中断的程序。这样 CPU 不仅可及时（不需要等待）地与外设完成数据传送，又可服务于其他应用需要（并行性）。同时，由于中断可以区分优先特权，从而使紧急的事件能被及时处理，大大增强了系统的性能。

　　中断传送方式除要求在计算机中必须构建中断控制系统外，对接口也要求必须提供符合 CPU 中断处理的所有信号及其相关的逻辑功能，接口电路和工作过程比查询传输方式复杂。

　　在图 5.17 所示电路中，当外部设备需要传送数据时，产生 $\overline{\text{INT}}$ 中断请求信号，该信号将触发器 1

的 Q 端置 1，若此时接口允许中断（中断屏蔽锁存器的输出 D_7 位为 0，端口地址为 301H），则会产生 INTR 信号向 CPU 提出中断请求，当 CPU 响应时，产生的 $\overline{\text{INTA}}$ 信号将触发器 3 的 $\overline{Q}$ 端清 0。在中断服务程序中 CPU 完成数据的输入或输出（端口地址为 300H），当从外设输入数据时，对端口 300H 的读操作打开数据缓冲器，外设的数据通过数据总线送入 CPU 中。当向外设输出数据时，对端口 300H 的写操作会使触发器 2 的 $\overline{Q}$ 端清 0，从而通知外设读取数据，外设在读取时，产生的 $\overline{\text{ACK}}$ 信号一方面打开数据缓冲器，另一方面使触发器 2 的 $\overline{Q}$ 端置 1。在中断服务程序的最后，向端口 302H 输出任意值，将触发器 1 的 Q 端清 0，从而撤销 INTR 信号。

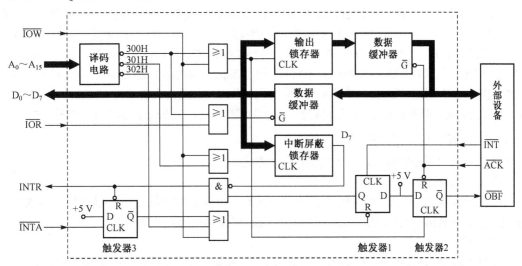

图 5.17　中断传送方式接口电路

在中断传送方式中，由于外部设备是主动的，CPU 是被动的，因此程序的编写与调试比其他传送方式复杂。并且，中断的请求、响应、服务及返回等过程需要花费额外的时间，因此，对于高速的外部设备，这种方式仍显得较慢，不能满足高速大批量传输数据的要求。

5.3.2　DMA 传送方式

当数据在存储器与外设之间传递时，程序控制传送方式需要通过 CPU 做"中转"，且指令的执行也要耗费一定的时间，随着外部设备传输数据速度和传输量的增加，CPU 的处理速度无法满足外设要求。此时，可以由专门的控制器来完成数据在外设与存储器之间的直接传送，这种传送方式称为 DMA 传送方式，完成 DMA 传送方式控制的控制器称为 DMA 控制器（DMAC）。

DMA（Direct Memory Access）是一种无须 CPU 干预的高速数据传送方式。整个传送过程直接由硬件完成。

1. DMA 操作的基本方法

实现 DMA 操作的基本方法有三种。

（1）周期挪用

此方法利用 CPU 不访问存储器的那些总线周期来实现 DMA 操作，此时，DMAC 可以使用总线而不用通知 CPU，也不会妨碍 CPU 的工作。周期挪用的关键是识别存储器不使用总线的周期，它不会减慢 CPU 的操作，但需要复杂的控制电路。这种情况下，数据的传送过程是不连续和不规则的（受到当前执行的指令序列的影响）。

（2）周期扩展

此方法使用专门的时钟电路，当需要进行 DMA 操作时，由 DMAC 发出请求信号给时钟电路，时钟电路把提供给 CPU 的时钟周期加宽，而提供给存储器和 DMAC 的时钟不变。这样，CPU 在加宽的时钟周期内不往下进行（冻结），而这加宽的时钟周期相当于若干正常的时钟周期，可供 DMAC 用来实现 DMA 操作。加宽的时钟周期结束后，CPU 即按正常的时钟继续操作（苏醒）。这种方式会使 CPU 的处理速度减慢，而且 CPU 时钟周期的加宽是有限制的。

（3）CPU 停机

在这种方式下，当 DMAC 要进行 DMA 操作时，先向 CPU 发送 DMA 请求信号，迫使 CPU 在现行的总线周期结束后，其地址总线、数据总线和部分控制总线的驱动信号处于高阻状态（三态），从而出让对系统总线的控制权。CPU 提供 DMA 响应信号，DMAC 收到响应信号后，就可以控制总线，进而完成数据传送的控制工作。当 DMA 操作完成后，DMAC 停止控制系统总线，并撤销 DMA 请求。CPU 收到撤销信号后恢复对系统总线的控制权，继续执行。同周期扩展一样，这种方式使 CPU 的处理速度减慢，而且 DMA 操作的时间是需要考虑的，但由于其简单、容易实现，所以，大部分 DAMC 采用这种方式。

2．DMA 操作的传送方式

通常，大部分的 DMAC 都有三种 DMA 传送方式。

（1）单字节传送方式

每次 DMA 传送只传送一字节的数据，传送完成后至少会让 CPU 执行一个总线周期才又进行下一次传送。这种方式因一次 DMA 传送的时间很小，所以对程序和系统影响不大。

（2）块传送方式

一次 DMA 传送将连续传送一块数据，数据块的大小事先设定（在对 DMAC 初始化时完成），当数据块传送完成后，DMAC 才将总线的控制权交还给 CPU。这种方式每次传送的时间比单字节传送方式要花费更多的时间，该时间会因数据块的大小不同而不同，但比由 CPU "中转" 传输数据要快许多，因此使用时需要综合考虑对程序和系统的影响。

（3）请求传送方式

此方式又称查询传送方式。该方式的传送类似于块传送方式，但每传送一字节后，DMAC 都会检测请求信号，若无效，则挂起（等待）；若有效，则继续 DMA 传送，直至：①块数据传送结束；②外加信号强制中断 DMA 传送。这种方式改善了块传送方式中因大容量块传送时间较长所产生的对软件和系统的影响，但需要增加另外的控制逻辑。

本 章 小 结

8086 采用端口独立编址方式，在此方式中，将端口地址和存储器地址分开编址，从而使两个地址空间各自独立，彼此互不影响。8086 采用专门的输入/输出指令，寻址方式为直接寻址与 DX 间接寻址两种。

数据传送方式分为程序传送方式（无条件传送方式、查询传送方式）、中断传送方式与 DMA 传送方式。

习　　题

1. 什么叫端口？通常有哪几类端口？计算机对 I/O 端口编址时通常采用哪两种方法？在 8086/8088 系统中，用哪种方法对 I/O 端口进行编址？

2. CPU 和输入/输出设备之间传送的信息有哪几类？

3. 一般的 I/O 接口电路安排有哪三类寄存器？它们各自的作用是什么？

4. 简述 CPU 与外设进行数据交换的几种常用方式。

5. 无条件传送方式用在哪些场合？画出无条件传送方式的工作原理图并说明。

6. 条件传送方式的工作原理是怎样的？主要用在什么场合？画出条件传送（查询）方式输出过程的流程图。

7. 现有一输入设备，其数据端口的地址为 FFE0H，并于端口 FFE2H 提供状态，当其 D0 位为 1 时，表明输入数据备好。请编写采用查询方式进行数据传送的程序段，要求从该设备读取 100 字节并输入到从 1000H：2000H 开始的内存中，注意在程序中加上注释。

8. 某字符输出设备，其数据端口和状态端口的地址均为 80H，在读取状态时，当标志位 D_7 为 0 时，表明该设备闲。请编写采用查询方式进行数据传送的程序段，要求将存放于符号地址 ADDR 处的一串字符（以 $ 为结束标志）输出给该设备，注意在程序中加上注释。

第6章 中断系统

本章首先介绍中断系统的基本概念，包括中断、中断系统、中断响应过程、中断向量、中断优先权与中断嵌套，接着对 8086 CPU 的中断系统进行详细介绍，然后对 8259A 可编程中断控制器的原理及其应用进行讨论，给出中断服务程序设计思路与例子，最后介绍高档微机系统的中断结构及与 8086 中断的区别。

建议本章学时为 8～10 学时。中断系统的基本概念 4 学时，8086 的中断系统 3 学时，8259A 中断控制器及其应用 3 学时。

6.1 中断系统的基本概念

6.1.1 中断的概念

1. 什么是中断

当 CPU 与外设交换信息时，若用查询式方式，CPU 要一直查询外设状态是否准备好，浪费了大量时间去等待外设。这是由于外设一般是慢速设备，与快速的 CPU 匹配存在矛盾，这是计算机在发展过程中遇到的严峻问题之一。为了解决这个问题，一方面要提高外设的工作速度，另一方面要发展中断控制技术。中断系统是实现中断功能的软件和硬件的集合。整个中断过程由计算机的中断系统配合用户设计的中断服务程序来实现。

在计算机系统中，中断的例子很多，例如，用户使用键盘时，每击一键都发出一个中断信号，告诉 CPU "有键盘事件"发生，要求 CPU 读入该键的键值。在数据采集系统中，CPU 启动模/数转换器（ADC）后，CPU 可以做其他事，而 ADC 也开始转换，当转换完成后就发出一个"转换完毕"的中断信号，要求 CPU 读取数据。

这样，采用中断技术，CPU 可以与多个外设并行工作，并实现实时处理。中断还可以处理一些紧急事件，如电源掉电或运算溢出等，CPU 可以利用中断系统自行处理，而不必停机或报告工作人员。

中断不仅可以由外部事件产生，也能由内部事件引起，如计算中出现被零除的错误时，就会产生"被零除"的中断。

中断还可以由程序的"中断指令"（INT n）引起，称为软件中断，这类中断用于对系统资源的共享与利用，如 BIOS 功能调用与 DOS 功能调用。

所以，中断是这样一个过程：当 CPU 内部或外部出现某种事件（中断源）需要处理时，中止正在执行的程序（断点），转去执行请求中断的那个事件的处理程序（中断服务程序），执行完后，再返回被暂时中止执行的程序（中断返回），从断点处继续执行。

2. 中断源

在中断系统中能引起中断的事件称为中断源。中断源可以是外部事件（由 CPU 的中断请求信号引脚输入），也可以是 CPU 内部事件（由软件引起）。根据其用途可分为三类。

（1）外部设备中断源。由系统外部设备要求与 CPU 交换信息而产生的中断，如时钟中断、键盘中断、显示器中断、打印机中断、磁盘中断等。

（2）硬件故障中断源。机器在运行过程中，硬件出现偶然性或固定性错误而引起的中断，如电源掉电故障或 CPU 故障等。

（3）软件中断源。主要有两种软件中断。一种是为方便用户使用系统资源或调试软件而设置的中断指令，如人为设置的中断指令；第二种是程序员疏忽或算法上的差错，使得程序在运行过程中出现错误引起中断，系统转入相关处理，如除法非法运算错误、程序运行错误等。

3．中断源的识别

中断处理过程是中断系统按一定的步骤在硬件和软件的配合下完成的。当外部中断源公用一个中断请求引脚向 CPU 提出中断请求时，CPU 首先要分辨出是哪一个中断源发出的中断请求，这就是中断源的识别问题。CPU 识别中断源的目的是，要形成该中断源的中断服务程序入口地址，以便 CPU 根据该地址实现程序的转移，从而完成中断服务。

中断源的识别可通过向量中断或中断查询来完成。

中断查询方式是 CPU 在接到中断请求信号后，先执行一个查询程序，在查询程序中首先确认是哪个中断源在申请中断，再执行相应的中断服务程序段。该方法能同时实现中断优先权排队（先查询的优先），接口电路简单，但需要查询端口且处理滞后一步，影响了实时性。图 6.2 所示为软件查询的优先全排队接口电路，也可同时完成中断源识别。图中，8 个外设的中断请求信号送到数据缓冲器，CPU 读数据端口，测试 8 位数据的每一位，即可识别出中断源。

向量中断也称矢量中断，每个中断源对应一个中断向量号或中断类型码。CPU 响应中断时通过中断响应信号选通中断源，中断源将中断向量号送至数据总线，CPU 通过总线获知中断程序入口地址，转去执行该中断服务程序。IBM PC 系列微机正是采用这种方法。

在向量中断中，每个中断服务程序都有一个确定的入口地址，该地址称为中断向量。

6.1.2　有关中断的术语

（1）硬件中断与软中断

硬件中断指由某个硬件中断请求信号引发的中断，是随机的。

软中断是由执行软中断指令所引起的中断或是由于程序设计差错导致程序运行过程中出现运行错误引起的中断。由于软中断指令是确定的，或由于程序设计失误导致运行错误，虽然程序员事前未预计但该错误必然发生，这类中断可以认为是确定的。

（2）内中断与外中断

内中断指来自主机内部的中断请求，如掉电中断、CPU 故障中断、软中断等。

外中断指中断源来自主机外部，一般指外围设备中断，如时钟中断、键盘中断、显示器中断、打印机中断、磁盘中断等。

（3）可屏蔽中断与非屏蔽中断

外中断请求是由于某个外围设备（接口）或某个外部事件的需要而提出的，但 CPU 可对此施加种种控制，其中一项基本方法就是屏蔽技术。CPU 可向外围接口送出屏蔽字代码，每位可屏蔽一种中断源，不允许它提出中断请求，或者不允许它已经发出的中断请求信号送达 CPU。相应地，可将中断请求分为可屏蔽中断与非屏蔽中断两部分。

（4）中断优先级

通常 CPU 的内部中断有许多，需要管理的外部中断也有许多。中断要处理的可能是紧急事件，也可能是一般事件。我们就会想到，某些中断事件必须立即处理，某些中断事件可以先缓一缓。我们考虑用"中断优先级"管理各个中断源。

为使系统能及时响应并处理发生的所有中断，系统根据引起中断事件的重要性和紧迫程度，将中断源分为若干级别，称为中断优先级。

6.2 中断系统的组成

6.2.1 中断系统的功能

中断系统需要解决的问题包括：各种中断源向 CPU 提出中断申请的方式；多个中断源同时提出中断申请时需要应对的方法；各种中断源的识别方法；CPU 响应中断申请的条件；CPU 如何找到中断服务程序的入口地址；CPU 如何返回到断点处继续工作。CPU 正在处理中断服务时又出现了新的中断，此时该如何处理。下面简述微机中断系统的功能。

1. 微机中断系统的功能

① 中断请求：当中断源或外部设备要求 CPU 为它服务时，要向 CPU 发送一个"中断请求"信号进行中断申请，中断系统能接收中断请求信号。

② 中断响应：当中断源有中断请求时，CPU 能决定是否响应该请求，若 CPU 满足中断响应的条件，CPU 送出的中断响应信号能到达中断系统中，并做相关处理。

③ 中断屏蔽：当有多个中断源提出中断请求后，有时需要屏蔽某些中断源的请求，因此中断系统需要具有屏蔽某些指定中断源的功能。通常可以用一个中断屏蔽寄存器，设置需要屏蔽的中断源对应的位。

④ 中断源识别：各个中断源对应不同的设备及其相应的中断服务，中断系统必须将这些中断源以适当的方式区分，以便 CPU 能识别各个中断源。

⑤ 断点保护和中断处理：在中断响应后，CPU 能保护断点，并转去执行相应的中断服务程序。

⑥ 中断优先权排队：当有两个或两个以上中断源同时申请中断时，应能给出处理的优先顺序，保证先执行优先权高的中断。

⑦ 中断嵌套：在中断处理过程中，发生新的中断请求，CPU 应能识别中断源的优先级别，在高级的中断源申请中断时，能中止低级中断源的服务程序，而转去响应和处理优先权较高的中断请求，处理结束后再返回较低级的中断服务程序，这一过程称中断嵌套或多重中断。

2. 与中断有关的触发器

由第 5 章中断传送方式可知，外部设备准备好后，要向 CPU 发中断请求信号，因此在中断系统中必须有中断请求触发器，用于存放中断请求，我们将第 5 章的中断传送方式接口简化，将相关触发器电路重画，如图6.1所示。

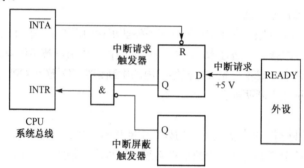

图 6.1 中断系统中的触发器

中断请求触发器：外设送出的中断请求信号送中断请求触发器（D 触发器），通过中断请求触发器将中断请求信号送 CPU。一般将多个中断源的请求触发器集合为一字节（8 位一组）。

中断屏蔽触发器：在中断系统中，一般有多个外设，常常需要屏蔽某个外设送来的中断，因此在每个外设的中断接口电路中，还需设置一个中断屏蔽触发法器。如果希望屏蔽某个中断，可以通过 CPU 设置中断屏蔽触发器，输出为 1 表示屏蔽中断，为 0 表示允许中断。如图 6.1 所示，中断屏蔽触发器的输出与中断请求信号输出相"与"，然后再送 CPU。注意这两个触发器一般在接口电路中。一般将多个中断源的屏蔽触发器集合为一字节（8 位一组）。

还有一个重要的触发器，是 CPU 内部的中断允许触发器，即标志寄存器的允许中断标志位 IF，通过软件可以设置 IF：置 IF=1，CPU 开中断；清 IF=0，CPU 关中断。

3．CPU 响应外中断的条件

① 有中断源发出的中断请求信号，并保存在中断请求触发器中，直至 CPU 响应此中断请求之后才清除。

② 开放总中断。8086 系统可通过对 CPU 中断标志位 IF 的置位或复位，使中断响应开放或禁止。只有开放总中断（执行 STI 指令），CPU 才能响应外部可屏蔽中断；当一个中断被响应后，CPU 会自动关闭中断，所以在中断服务程序中仍需开放总中断以允许嵌套发生。

③ 在现行指令结束后响应中断。8086 CPU 在每个指令周期的最后一个 T 状态时采样 INTR 引脚的电平，若发现有中断请求（INTR 为高），就清除中断允许，即把 IF 置 0，不进入下一条指令的指令周期取指，而转入执行中断周期。

6.2.2 中断系统的组成

下面就中断系统的组成简单分析几个重点部分。

1．中断请求信号 INTR

在实际的微机系统中，一般有多个中断源，但是 CPU 的引脚往往只有一条中断请求输入线，首先我们用一个 8 位锁存器存放 8 个中断请求信号，如图 6.2 所示。

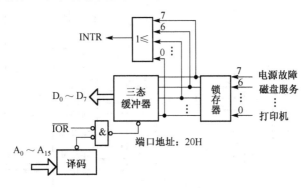

图 6.2 软件查询方式的优先权接口电路

将 8 个外设的中断请求触发器组合起来，作为数据端口，送到数据缓冲器，并赋以端口号（假设为 20H），然后将 8 个外设的中断请求信号送入"或"门后，作为 INTR 信号，那么任一个外设有中断请求，通过或门后，都可以向 CPU 送出 INTR 信号。

2．中断优先权排队

当有多个中断源时，要按轻重缓急的顺序进行排列，分别赋予不同的优先等级，在中断响应时按优先权排队次序进行处理。除了多个中断源同时申请中断需要排队外，中断嵌套时，也需要进行优先权排队，只有高一级的中断才可以中断较低级的中断服务程序。

中断优先权排队，包括软件查询中断方式与硬件优先权排队电路，其中硬件实现方法有两类：中断优先权电路或采用中断控制器。

（1）软件查询优先权与中断源的识别

采用软件查询优先权的方法同时完成中断源的识别与优先权的排队，图6.2所示为软件查询方式的优先权接口电路。

【例6.1】 软件查询中断程序。

```
        IN      AL, 20H      ;读中断触发器状态
        TEST    AL, 80H      ;有电源故障?
        JZ      B1           ;没有，继续查询
        JMP     PWF          ;D7=1, 转电源故障处理
B1:     TEST    AL, 40H      ;有磁盘服务申请?
        JZ      B2           ;没有，继续查询
        JMP     DISK         ;D6=1, 转磁盘服务
B2:     TEST    AL, 20H      ;有键盘服务申请?
        JZ      B3           ;没有，继续查询
        JMP     MT           ;D5=1, 转键盘服务
B3:     …
```

软件查询优点为：① 询问次序就是优先权次序；② 中断源识别；③ 省硬件，不需要优先权排队电路。

（2）硬件优先权排队电路

对同样一个有8个中断源的系统，可采用图6.3所示的硬件编码器和比较器电路来实现优先权排序。图中的8个中断源均来自外设，它们的中断请求线 IRQ_0, …, IRQ_7 通过一个或门送入与门1和与门2。当有任一个外设有中断发生时，通过或门，即可产生一个中断请求信号，但它能否传送至CPU的中断请求线INTR上，还要受比较器的控制。

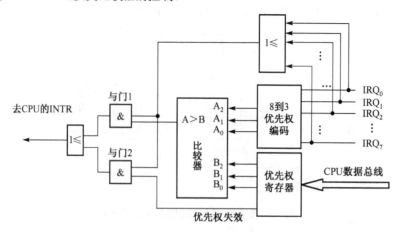

图6.3　中断优先权编码电路

若与门1的来自比较器的输入端为高电平，则该中断请求有效；或受优先权寄存器控制端的影响，只有当优先权失效信号为高时，才能打开与门2。

8条中断请求线的任一条，经过优先权编码器可产生三位二进制编码 $A_2A_1A_0$，最高优先权的中断源编码为111，最低为000。当有多个中断请求时，编码器只输出最高优先权的编码。

与此同时，正在进行中断处理的外设的优先权编码 $B_2B_1B_0$，通过 CPU 数据总线被送到优先权寄存器，然后输出编码送入比较器。

比较器比较两个编码的大小，中断申请编码 $A_2A_1A_0$ 与 $B_2B_1B_0$ 相比较，若"A>B"，则比较器输出端为高电平，打开与门 1，将中断申请送到 INTR 端，CPU 就可以中断正在处理的低级中断，转而响应较高级别的中断。否则，若新申请的中断具有与原来正在处理的中断相同或更低的优先权，则比较器输出为低电平，封锁与门 1，该请求被屏蔽。

当且仅当 CPU 不进行中断处理（执行主程序）时，优先权寄存器发出的"优先权失效"控制信号为高电平，打开与门 2。当有任一外中断源中断发出请求时，都能通过与门 2 发出 INTR 信号。一旦进入中断处理，此信号就变成低电平，锁住与门 2，改由比较器的输出来决定是否响应新的中断请求。因此，只要以一定的顺序把外中断源的各个中断请求信号线接到编码器的输入端，就可实现优先权排序。

除了上述编码器和比较器组成的排序电路外，常用的还有菊花链式硬件排序电路，以及中断控制集成芯片 8259A 等。

3. 中断嵌套

当 CPU 正在进行某一级别中断源的中断处理时，若有更高级别的新中断源发出中断请求，且新中断源满足响应条件，则 CPU 应中止当前的中断服务程序，并保护此程序的断点和现场，转而响应高级中断——这种多级（重）中断的处理方式称为"嵌套"。当新中断源的优先权与正在处理的中断具有相同优先权或更低时，则不会发生中断嵌套，CPU 不立即响应新中断，直至当前中断服务结束后再进行判断处理。中断嵌套是一种常用的解决多重中断的方法。图 6.4 所示为中断嵌套示意图。

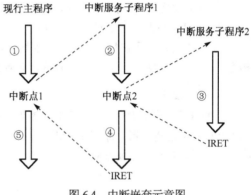

图 6.4　中断嵌套示意图

6.2.3　CPU 响应中断的处理过程

当 CPU 响应中断后，进入中断处理过程，中断处理过程可分为三段，即保存现场、中断服务、中断返回。

1. 保存现场

CPU 响应中断后首先保存处理器现场，处理过程如下。

① 关中断。保存现场过程中不响应任何高级中断，中断开始时首先要关中断。8086 CPU 用 CLI 指令完成关中断。

② 保存原程序现场。现场包括程序断点（断点处的代码地址，8086 CPU 包括段地址与偏移地址）、入栈、运算结果的标志寄存器入栈。这个工作在 8086 系统中是自动完成的。同时在程序中用到的通用寄存器等，必须保存它们，这是为了返回主程序时得到相同的程序环境，以便主程序能够正确无误地接着执行。这部分工作由编程完成。

③ 中断源识别。同时请求中断服务的中断源可能有多个，通过中断排队电路或中断排队程序，识别出优先级最高的请求中断的中断源编号。在 8086 系统中由中断系统硬件自动完成中断源识别。8086 系统为每个中断源赋予一个编号，称为中断向量。当某个中断源的中断请求响应后，中断系统自动送出中断向量编号。

④ 转向该中断请求的中断服务程序的入口，服务入口地址是以中断源编码为基础构成的，每个中断源有一个中断服务程序。在 8086 系统中，中断系统将提供该中断源的向量，CPU 通过中断向量自动获取中断服务程序入口地址。

⑤ 开中断。现场保存完毕执行中断服务程序时，允许响应高级中断。8086 系统用指令 STI 置位中断允许触发器，称为开中断。

2．中断服务

中断处理又称为中断服务，由中断服务程序完成。中断服务程序一般应由以下 5 部分按顺序组成。

① 保护现场：用入栈指令把中断服务程序中要用到的寄存器内容压入堆栈，以便返回后 CPU 能正确运行原程序，断点地址是由硬件自动保护的，不用在中断服务程序中保护。

② CPU 开放中断：以便执行中断服务时能响应高一级的中断请求，实现中断嵌套。需要注意的是，用 STI 指令开放中断时，是在 STI 指令的后一条指令执行完后，才真正开放中断。中断过程中，可以多次开放和关闭中断，但一般只在程序的关键部分才关闭中断，其他部分则要开放中断以允许中断嵌套。

③ 中断服务程序：执行输入/输出或事件处理程序，这部分工作是中断服务的主体。

④ CPU 关中断：为恢复现场做准备。

⑤ 恢复现场：用出栈指令把保护现场时进栈寄存器内容恢复，注意应按先进后出的原则与进栈指令一一对应。出栈后，堆栈指针也应恢复到进入中断处理时的位置。

3．中断返回

中断服务程序的最后一条指令是中断返回指令，该指令将压入堆栈中的原断点地址与标志寄存器的值弹回相应的寄存器。原程序从断点开始又继续执行下去。中断时，哪个程序被中止，则中断返回指令执行时，哪个程序就恢复运行。

6.3　8086 微机中断系统

6.3.1　8086 中断方式

8086 具有一个简单而灵活的中断系统，采用向量中断机制，可以处理多达 256 个不同类型的中断请求。CPU 的中断源分为两类，即内部中断和外部中断。内部中断又称软件中断；外部中断通过外部硬件产生，又称硬件中断。图6.5所示为 8086 中断源。

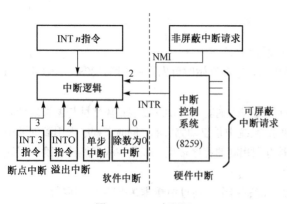

图 6.5　8086 中断源

1．硬件中断

硬件中断又称外部中断，是由外部硬件引发的。外部中断又可以分为两类：一类为非屏蔽中断 NMI，另一类为可屏蔽中断 INTR。

（1）非屏蔽中断 NMI

非屏蔽中断 NMI 是由 8086 CPU 的 NMI 引脚上输入有效的中断请求信号引起的一个向量号为 2 的中断。NMI 用来通知 CPU 发生了致命性事件，如电源掉电、存储器读/写错、总线奇偶位错等。NMI 是不可用软件屏蔽的，即它不受中断允许标志 IF 的控制。在 IBM PC 系列机中，NMI 用于处理存储器奇偶校验错、I/O 通道奇偶校验错及 8087 协处理器异常中断等。

（2）可屏蔽中断 INTR

可屏蔽中断是由 CPU 的 INTR 引脚输入的，并且只有当中断允许标志 IF 为 1 时，可屏蔽中断才能进入。如果中断允许标志 IF 为 0，则可屏蔽中断受到禁止。因此，要响应 INTR 的中断请求，CPU 必须开中断，即置 IF=1。8086 设有对中断标志位 IF 置 1 或清 0 的指令，STI 指令给 IF 置 1，CPU 开放中断；CLI 指令给 IF 清 0，CPU 屏蔽中断。

利用可屏蔽中断，微机系统可以实时响应外部设备的数据传送请求，能够及时处理外部意外或紧急事件。可屏蔽中断的原因是由处理器外部随机产生的，所以它是真正的中断（Interrupt）。

2．软件中断

软件中断（内部中断）是由 CPU 内部事件引起的中断，如执行一条软件中断指令，或者软件对标志寄存器中的某个位的设置而产生中断。例如，单步中断标志 TF 为 1 时，执行任意一条指令，都会引起中断。从软件中断的产生过程来讲，它与硬件完全无关，因此内部中断也称软件中断。包括溢出中断、除法出错中断、单步中断、断点中断 4 个由内部自动引发的中断和指令设置的中断（内部软件中断）。

（1）溢出中断

溢出中断是在执行溢出中断指令 INTO 时，若溢出标志 OF 为 1，产生一个向量号为 4 的内部中断。溢出中断为程序员提供一种处理算术运算出现溢出的方法，通常和有符号数的加法、减法指令一起使用。

（2）除法出错中断

除法出错中断是在执行除法指令（无符号数除法指令 DIV 或有符号数除法指令 IDIV 指令）时，若除数为 0 或商大于目的寄存器所能表达的范围，产生一个向量号为 0 的内部中断。0 型中断没有相应的中断指令，也不由外部硬件电路引起，故也称为"自陷"中断。

（3）单步中断

单步中断是当单步中断标志 TF 为 1 时，在每条指令执行结束后，产生一个向量号为 1 的内部中断。单步中断是为调试程序而设置的。如 DEBUG 中的跟踪命令，就是将 TF 置 1。8086 没有直接对 TF 置 1 或清 0 的命令，可修改存放在堆栈中的标志内容，再通过 POPF 指令改变 TF 的值。

（4）断点中断

断点中断是指令中断中的一个特殊的单字节 INT3 指令中断，执行一个 INT 3 指令，产生一个向量号为 3 的内部中断。断点中断常用于设置断点，停止正常程序的执行，转去执行某种类型的特殊处理，用于调试程序。

（5）指令中断

指令中断是执行 INT n 时，产生一个向量号为 n 的内部中断，为两字节指令，INT 3 除外。INT n 主要用于系统定义或用户自定义的软件中断，如 BIOS 功能调用和 DOS 功能调用。

软件中断向量号除指令中断由指令指定外，其余都是预定好的，因此都不需要传送中断向量号，也不需要中断响应周期。

内部中断是由于系统内部执行程序出现异常引起的程序中断。利用内部中断，微处理器为用户提供了发现、调试并解决程序执行时异常情况的有效途径。例如，ROM-BIOS 和 DOS 系统利用内部中断为程序员提供了各种功能调用。

3．硬件中断与软件中断的比较

硬件中断是外部事件引发的，是随机产生的。硬件中断需要执行总线周期，即 CPU 要发中断响应信号（NMI 硬件中断不发中断响应信号）；中断类型码由中断控制器提供；硬件中断是可屏蔽的（NMI 硬件中断是不可屏蔽的）。

软件中断不由硬件产生，可以说是确定的，无须外部施加中断请求信号；软件中断类型码自动形成，不需要中断控制器，不执行总线周期，CPU 也不发出中断响应信号 INTA；除单步中断外，软件中断比硬件中断具有更高的优先权。

4．各种中断源的优先权

对于 8086 CPU 而言，软件中断的优先权最高，其余依次为非屏蔽中断、可屏蔽中断、单步中断。

6.3.2　中断向量表

1．中断类型码

8086 中断系统采用的是向量型中断方式，8086 中断源共分 256 级中断，每个中断源对应一个 0～255 编号，称为中断类型码或中断向量号。中断类型码为一字节，是识别中断源的唯一标志，CPU 通过中断类型码，确定对应为它服务的中断服务程序。

每个中断服务程序都有一个确定的入口地址，中断服务程序入口地址称为中断向量。中断向量由段地址 CS 和偏移地址 IP 组成，占用 4 字节，其中两个低字节是偏移地址，两个高字节是段地址。

2．中断向量表

把系统中所有中断向量集中起来，按中断类型码从小到大的顺序存放到存储器的某一区域内，这个存放中断向量的存储区叫做中断向量表，即中断入口地址表。

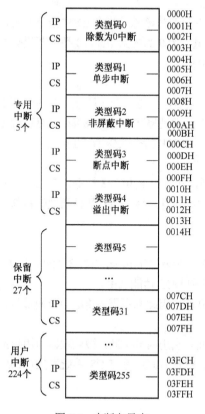

图 6.6　中断向量表

如图 6.6 所示，8086 系统中，从物理地址 0000H 开始，依次安排各个中断向量，向量号也从 0 开始，256 个中断占用 1KB 区域，就形成中断向量表（00000H～003FFH）。每个中断向量占用 4 字节存储单元，4 个单元中的前两个单元存放的是中断服务程序所在段内的 16 位偏移量，低位字节存放在低地址，高位字节存放在高地址；后两个单元存放的是中断服务程序所在段的 16 位段基地址，存放方法与前两个单元相同。

中断向量在表中的位置称为中断向量地址，中断向量地址与中断类型码的关系为：

中断向量地址（首地址）=中断类型码×4

例如，类型号为 21H 的中断向量入口地址存储在什么位置？

由于 21H×4=84H，中断向量入口地址为：84H～87H。

中断向量表中，类型码 0～4 对应的中断已由系统定义，不允许用户做修改；类型码 5～31 是系统备用中断，是为软硬件开发保留的，一般也不允许改为他用；类型码 32～255 供用户自由应用。

从类型码 5 开始，其中断类型可以是双字节 INT *n* 指令中断，也可以是 INTR 的硬件中断。

专为 IBM PC 开发的基本输入/输出系统 BIOS 中断调用占用 10H～1AH 共 11 个中断类型码，如 INT 10H 为屏幕显示调用，INT 13H 为磁盘 I/O 调用；这些中断为用户提供直接与 I/O 设备交换信息的功能，用户又不必了解设备硬件接口的一系列子程序。

DOS 中断占用 20H～3FH 共 32 个中断类型码（其中 29H～2EH 和 30H～3FH 为 DOS 保留类型码），如 DOS 系统功能调用（INT 21H）主要用于对磁盘文件的存储管理。

6.3.3　8086 CPU 响应中断的流程

8086 响应中断可分为 4 个阶段，中断请求、中断响应、中断服务及中断返回。

1．中断请求信号的检测

当外部设备要求 CPU 为它服务时，要向 CPU 发送一个"中断请求"信号进行中断申请，CPU 会自动检查"中断请求"输入线查看是否有外部发来的中断申请。注意虽然中断请求可能在任意时刻被送到 CPU，但实际上 8086 CPU 只是在每条指令执行的最后一个机器周期才采样中断请求信号。CPU 是否响应中断，要看中断允许标志 IF 是否为"1"，若 IF=1，予以响应；若 IF=0，不予响应。中断请求的检测由 CPU 内部的硬件电路自动完成。

如果有多个中断源提出中断申请，CPU 将进行优先权排队，然后响应优先权最高的中断申请。8086 CPU 内部的中断优先权判断由硬件电路自动完成。图 6.7 中开始部分的查询分支就是 8086 CPU 对中断优先权的判断过程。

2．中断响应阶段

当 CPU 检测到中断请求信号后，进入是否响应中断的判断流程，如果是内部中断或 NMI 非屏蔽中断，CPU 自动形成中断类型码；如果是 INTR 可屏蔽中断，则进入中断响应周期（当 IF=1 时），从数据总线获取中断类型码。若 TF=1，进入单步中断。图 6.7 所示即为 8086 CPU 的中断响应过程。

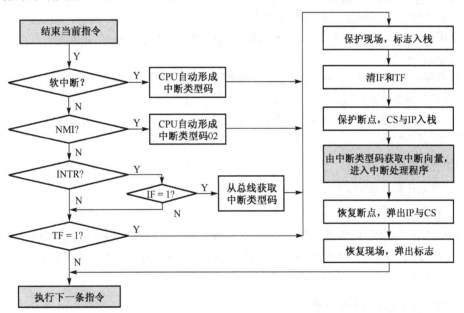

图 6.7　8086 CPU 中断响应处理流程

（1）获取中断类型码

类型码为 0、1、3、4 的专用软中断已经指定了类型码，而通过执行中断指令 INT n 实现的软中断，类型码有指令给出的立即数 n，CPU 在取指时就获得了中断类型码。

NMI 中断类型码为 2，作为 8086 保留的中断，有固定的中断类型码，当中断发生时，CPU 自动形成中断类型码。

INTR 中断：可屏蔽中断 INTR 是专门提供给外设使用的中断源，由用户开发，对应的中断类型码也由用户确定。CPU 必须通过总线从中断控制器获取该类中断类型码，因此 CPU 必须执行总线周期。

图 6.8 所示为 8086 CPU 可屏蔽中断响应周期，图中 ALE 为地址锁存信号，高电平有效；$\overline{\text{INTA}}$ 为 CPU 向外设送出的中断响应信号，低电平有效；$AD_7 \sim AD_0$ 为地址/数据分时复用线。

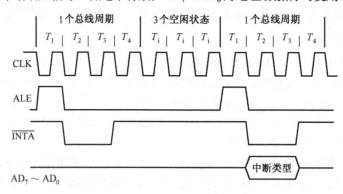

图 6.8　8086 CPU 可屏蔽中断响应周期

在第一个中断响应周期，CPU 送出中断响应信号 $\overline{\text{INTA}}$，数据线 $AD_7 \sim AD_0$ 浮空。

在第二个中断响应周期，被响应的外设数据线送一字节的中断类型码，CPU 采样数据线得到中断类型码。

（2）CPU 进入自动处理阶段

CPU 响应中断后，将自动完成以下处理。

① 关中断：8086 CPU 清 IF 位。因为 CPU 响应中断后，要进行必要的中断处理，在此期间不允许其他中断源来打扰。

② 断点保护。为了在中断处理结束后能正常返回和继续执行被中断了的程序，8086 CPU 将自动将标志寄存器 FLAG 与断点地址 CS 和 IP 压入堆栈。

③ 形成中断入口地址。系统通过中断类型码获取中断向量，即获得中断服务程序的入口地址，从而进入中断服务程序。

3．中断服务阶段

中断服务是中断处理的主体部分，与 6.2.3 节中相同。

4．中断返回

8086 CPU 必须根据中断结束方式，发中断结束指令，并在最后用一条中断返回指令 IRET 结束中断。当执行到 IRET 指令时，断点地址自动出栈到 IP 和 CS，并恢复标志寄存器 FLAG，返回中断前的程序位置，继续执行。

6.3.4　中断服务程序设计举例

1．中断向量表的装入与修改

对于系统定义的中断，如 BIOS 中断调用和 DOS 中断调用，在系统引导时就自动完成了中断向量表中断向量的装入，也即中断类型码对应中断服务程序入口地址的设置。而对于用户定义的中断调用，除设计好中断服务程序外，还必须把中断服务程序入口地址放置到与中断类型码相应的中断向量表中。

（1）中断向量表的装入

【例 6.2】 假设中断服务程序入口符号地址为 INT-SEV，N 为中断类型码，用 MOV 指令来完成中断向量装入的参考程序：

```
CLI
PUSH    DS
XOR     AX, AX
MOV     DS, AX
MOV     BX, N*4                    ;N 为中断类型码
MOV     AX,OFFSET INT-SEV          ;取中断服务程序的偏移地址
MOV     WORD PTR [BX], AX
MOV     AX, SEG  INT-SEV           ;取中断服务程序的段地址
MOV     WORD PTR [BX+2], AX
POP     DS
STI
```

（2）中断向量表的修改

由用户直接装入中断向量的做法只在单板机中采用，因为它没有配置完善的系统软件，无法由系统负责中断向量的装入。而在 PC 微机中，即使是系统尚未使用的中断号，实际上也不采用由用户自行装入中断向量的做法，而是采用中断向量修改的方法来使用系统资源。

中断向量表的修改是利用 DOS 系统功能调用取中断向量 INT 21H/35H（中断向量=ES:BX，类型码=AL），以及装入中断向量 INT 21H/25H（中断向量=DS:DX，类型码=AL）来完成的。中断向量修改的方法分为如下三步：

① DOS 系统功能调用 35H 功能号获取原中断向量，并保存在字变量中；

② DOS 系统功能调用 25H 功能号设置新中断向量，取代原中断向量，当中断发生时，转移到新中断服务程序中；

③ 用 25H 功能号恢复原中断向量。

例如，用 INT 21H/25H 功能号设置新中断向量，例 6.2 可以重写为：

```
CLI
PUSH    DS
MOV     DX, OFFSET INT-SEV    ;取中断服务程序的偏移地址
MOV     AX, SEG INT-SEV       ;取中断服务程序的段地址
MOV     DS, AX
MOV     AH, 25H
MOV     AL, N
INT     21H
POP     DS                    ;设置新中断向量
STI
```

2．软中断服务程序设计

编写软中断服务程序与编写子程序类似，主要包括以下几个步骤：①利用过程定义伪指令 PROC/ENDP 为内部中断服务程序指定名字；②第一条指令通常为开中断指令 STI；③最后用中断返回指令 IRET；④通常采用寄存器传递参数。

主程序需要调用中断服务程序，要注意：①调用前，需要设置中断向量；②设置必要的入口参数；③利用 INT n 指令调用中断服务程序；④处理出口参数。

【例 6.3】 编写 80H 号中断服务程序，并调用。程序功能：具有显示以 "0" 结尾字符串的功能，利用显示器功能调用 INT 10H 实现字符显示，字符串缓冲区首地址为入口参数 DS:DX（段地址：偏移地址）传递参数。完整程序如下：

```
DATA      SEGMENT
intoff    DW  ?                               ;用于保存原中断向量偏移地址
intseg    DW  ?                               ;用于保存原中断向量段地址
intmsg    DB  'THIS IS MY Interrupt PROG, !', 0dh, 0ah, 0
DATA      ENDS
CODE      SEGMENT
          ASSUME CS:CODE, DS:DATA
start:    MOV   AX, data
          MOV   DS, AX
          CLI
          MOV   AX, 3580h                     ;利用 DOS 功能 35H 号
          INT   21H                           ;获取原 80H 中断向量
          MOV   intoff, BX                    ;保存偏移地址
          MOV   intseg, ES                    ;保存段基地址
          PUSH  DS                            ;设置新中断向量
          MOV   DX, OFFSET new80h             ;取中断程序偏移地址
          MOV   AX, SEG new80h                ;取中断程序段地址
          MOV   DS, AX
          MOV   AX, 2580h                     ;利用 DOS 功能 25H 号
          INT   21H                           ;设置新中断向量
          POP   DS
          STI
          ;调用 80H 中断服务程序
          MOV   DX, OFFSET intmsg
          INT   80H
          ;恢复原中断向量
          MOV   DX, intoff                    ;恢复原中断向量
          MOV   AX, intseg
          MOV   DS, AX                         ;改变 DS
          MOV   AX, 2580h                     ;恢复原中断向量
          INT   21H                           ;因紧接着返回 DOS
          MOV   AX, 4C00H                     ;故无须恢复 DS
          INT   21H
          ;80H 号内部中断服务程序：显示字符串（以 "0" 结尾）
          ;入口参数：DS：DX=缓冲器首地址
new80h    PROC                                ;过程定义
          STI                                 ;开中断
          PUSH  AX                            ;保护寄存器
          PUSH  BX
          PUSH  SI
          MOV   SI, DX
new1:     MOV   AL, [SI]                       ;读取一个显示字符
          CMP   AL, 0                          ;为结尾 "0"，则结束
          JZ    new2
          MOV   BX, 0                          ;采用 ROM-BIOS 功能调用
          MOV   AH, 0EH
          INT   10h
          INC   SI                             ;准备显示下一个字符
          JMP   new1
new2:     POP   SI                             ;恢复寄存器
          POP   BX
          POP   AX
          IRET                                 ;中断返回
new80h    ENDP                                 ;过程（中断服务程序）结束
CODE      ENDS
          END   START
```

用微机系统自带的 DEBUG 调试工具调试运行该程序，载入该程序后，用 G 命令运行，程序运行结果如图6.9所示。注意，软中断服务程序与子程序相似，其不同点在于：

① 子程序用 CALL 指令调用，中断子程序用 INT 指令调用；

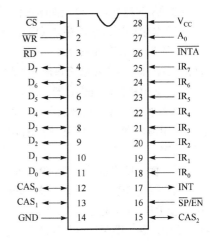

图 6.9　软中断运行结果示意图

② 子程序用 RET 指令返回，中断子程序用 IRET 指令返回；

③ CALL 指令直接用过程名作为操作数，即由过程名提供子程序的入口地址，INT n 指令通过类型号 n 得到中断向量表中固定单元中保存的中断子程序的入口地址；

④ 软中断应在主程中将中断子程序的入口地址（中断向量）放入中断向量表中，而一般子程序不需要该步骤。

6.4　8259A 可编程中断控制器

8259A 可编程中断控制器（PIC，Programmable Interrupt Controller）是用于系统中断管理的专用芯片，在 IBM PC 系列微机中，都使用了 8259A，但从 Intel 80386 开始，8259A 都集成在了外围控制芯片中。

本章将详细介绍 8259A 的功能、内部结构与引脚、工作方式、级联和编程方法，最后举例说明 8259A 的使用方法。

6.4.1　8259A 的功能

① 具有 8 级优先权，一片 8259A 能管理 8 级中断。并且在不增加任何其他电路的情况下，可以用 9 片 8259A 级联构成 64 级的主从式中断系统；

② 具有中断判优逻辑功能，且可通过编程屏蔽或开放接于 8259A 上的任一中断源；

③ 在中断响应周期，8259A 能自动向 CPU 提供响应的中断类型码；

④ 可通过编程选择 8259A 的各种不同工作方式。

此外，8259A 不仅能实现向量中断工作方式，也能实现查询中断方式。当 8259A 设为查询中断方式时，优先权的设置与向量中断方式时一样；当 CPU 对 8259A 进行查询时，8259A 把状态字送 CPU，指出请求服务的最高优先权级别，CPU 据此转移到相应的中断服务程序段。

6.4.2　8259A 的外部特性与内部结构

1．8259A 的引脚

8259A 是 28 脚双列直插式 DIP 封装的芯片，单+5V 供电，无外接时钟。外部引脚排列如图6.10所示，其引脚信号可分为 4 组。

（1）与 CPU 总线相连的信号

$D_7 \sim D_0$：双向三态数据线，与 CPU 数据总线直接相连或与外部数据总线缓冲器相连，通过它传送命令、接收状态和读取中断信息。

$\overline{RD}$：读信号，该信号为低电平时允许 8259A 将状态信息（IRR、ISR、IMR）或中断向量送到数据线供 CPU 读取。

图 6.10　8259A 引脚图

$\overline{\text{WR}}$：写信号，该信号为低电平时允许 CPU 对 8259A 写入初始化控制命令字 ICW 和操作命令字 OCW。

$\overline{\text{CS}}$：片选信号线，通常接 CPU 高位地址总线或地址译码器的输出。

INT：8259A 的中断请求信号输出端。用于向 CPU 发出中断请求信号，该脚连接到 CPU 的 INTR 端。

$\overline{\text{INTA}}$：来自于 CPU 的中断响应输入信号，一般与 CPU 的中断响应信号相连。

A_0：地址线，通常接 CPU 低位地址总线，作为对 8259A 芯片内部端口寻址。这个引脚与 $\overline{\text{CS}}$、$\overline{\text{WR}}$、$\overline{\text{RD}}$ 联合使用，可读写 8259A 内部相应的寄存器。$A_0 = 0$ 是偶地址，$A_0 = 1$ 是奇地址，8259A 在现代 PC 微机中的 I/O 端口地址如表 6.1 所示。

表 6.1　8259A 寄存器读/写地址表

$\overline{\text{CS}}$	$\overline{\text{WR}}$	$\overline{\text{RD}}$	A_0	地址（奇、偶）	功　　能	PIC（主）	PIC（从）
0	0	1	0	偶地址	写 ICW_1、OCW_2、OCW_3	20H	0A0H
0	0	1	1	奇地址	写 ICW_2、ICW_3、ICW_4、OCW_1	21H	0A1H
0	1	0	0	偶地址	读查询字、IRR、ISR	20H	0A0H
0	1	0	1	奇地址	读 IMR	21H	0A1H

（2）与外部中断设备相连的信号

$IR_7 \sim IR_0$：与外设的中断请求信号相连，通常 IR_0 优先权最高，IR_7 优先权最低，按序排列。

（3）级联信号

$CAS_2 \sim CAS_0$：级联信号线。用于连接主从芯片以完成多个 8259A 间的信息传输。对主片（$\overline{\text{SP}}$ =1）而言为输出线，用于在中断响应期间向从片输出从片选择码。对从片（$\overline{\text{SP}}$ =0）而言为输入线，用于接收中断响应期间主片送来的选择码。

$\overline{\text{SP}}/\overline{\text{EN}}$：主从设备选择控制信号/允许缓冲线。在缓冲工作方式中用做输出信号 $\overline{\text{EN}}$，以控制总线缓冲器的接收和发送控制信号。在非缓冲工作方式中用做输入信号 $\overline{\text{SP}}$，表示该 8259A 是主片（$\overline{\text{SP}}/\overline{\text{EN}}$ =1）还是从片（$\overline{\text{SP}}/\overline{\text{EN}}$ =0）。在没有级联的系统中，该信号接高电平。

（4）其他

V_{CC}：接+5V 电源。GND：地线。

2．8259A 的内部结构

8259A 的内部结构框图如图 6.11 所示。8259A 由 8 个功能模块组成。

（1）8 位中断请求寄存器（IRR，Interrupt Request Register）

一片 8259 具有 8 条外设中断请求线 $IR_0 \sim IR_7$，中断请求寄存器 IRR 用于保存来自 $IR_0 \sim IR_7$ 上的外设的中断请求，当某根线有请求信号时，IRR 中的对应位就置 1。IRR 的内容可用 OCW_3 命令读出来。

（2）8 位中断服务寄存器（ISR，Interrupt-Service Register）

用于存放所有正在被服务的中断源，对应位为 1，表示对应的中断源正在被处理。例如，IR_3 获得中断请求允许，则 ISR 的 IS_3 位置 "1"，表明 IS_3 正在被服务。ISR 的内容可以通过 OCW_3 命令读出来。

（3）优先权比较器（PR，Priority Resolver）

用于确定 IRR 中的所有未被屏蔽的中断请求位的优先权。若当前中断源的中断申请为最高优先权，PR 就使 INT 信号变高，送给 CPU，为其提出中断申请，并在中断响应周期将它选通至中断服务寄存器。否则，若中断源的中断等级不大于正在服务中的等级，则 PR 就不发 INT 信号。

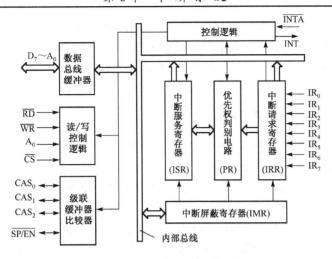

图 6.11　8259A 的内部结构框图

（4）8 位中断屏蔽寄存器（IMR，Interrupt Mask Register）

用于存放对应中断请求信号的屏蔽状态，对应位为 1，表示屏蔽该中断请求，对应位为 0，表示开放该中断请求。IMR 可通过屏蔽命令，由编程来设置。

（5）控制逻辑

控制逻辑根据 PR 的请求，向 CPU 发出 INT 信号，同时接收 CPU 发来的 $\overline{INTA}$ 信号，并将它转换为 8259A 内部所需的各种控制信号，完成相应处理，如置位相应的 ISR 位、清除 INT 信号等。

（6）读/写控制逻辑

用于接收 CPU 的读/写命令，并把 CPU 写入的内容存入 8259A 内部相应的端口寄存器中，或把端口寄存器（如状态寄存器）的内容送数据总线。一般的读/写操作是由 $\overline{CS}$、$\overline{WR}$、$\overline{RD}$、A_0 这几个输入控制实现的。

（7）8 位数据总线缓冲器

是一个三态 8 位双向缓冲器，用于传送 CPU 发到 8259A 的各种命令字，或 8259A 发送至 CPU 的各种状态信息及中断响应期间 8259A 向 CPU 提供的中断类型码。8259A 可通过此数据总线缓冲器直接与数据总线相连，也可通过外接数据总线缓冲器与数据总线相连。

（8）级联缓冲/比较器

用于控制 8259A 的级联。当外设的中断源多于 8 个时，就需要多片 8259A 采用级联进行扩展。此时与 CPU 相连接的 8259A 称为主片，其他与主片相连的 8259A 称为从片。在两个连续的 $\overline{INTA}$ 脉冲期间，被选中的从片将把预先设定的中断类型码放到数据总线上。

级联应用时，8259A 一片主片最多可接 8 片从片，扩展到 64 级中断。连接时，从片的 INT 信号接主片的 $IR_0 \sim IR_7$ 之一，并确定了在主片中的优先权，从片的 $IR_0 \sim IR_7$ 接外设的中断请求信号，最终确定了 64 个优先权。

3. 8259A 的工作过程

当外设发出中断请求后，8259A 的处理过程如下。

① 中断请求输入引脚出现有效电平（电平触发、边沿触发）（$IR_0 \sim IR_7$），则 IRR 的相应位置 1；

② 8259A 判断请求线中（未被屏蔽）最高优先权请求，通过 INT 引脚向 CPU 发出中断请求信号；

③ 若 CPU 响应该中断，在当前指令执行完后发 $\overline{INTA}$ 作为响应；

④ 8259A 接到第一个 $\overline{INTA}$ 脉冲，使最高优先权的 ISR 位置 1（可阻止低级中断请求，但允许高

级中断嵌套），使相应的 IRR 位复位；接到第二个 $\overline{\text{INTA}}$ 脉冲时，8259A 将中断类型码送到数据总线，CPU 根据中断类型码从中断向量表中取出中断服务程序入口地址，并转去执行中断服务程序；

⑤ 若 8259A 为自动中断结束方式（AEOI），在第二个脉冲结束时，使中断源对应的 ISR 的相应位复位；对于非自动中断结束方式，由中断服务程序发 EOI 命令使 ISR 的相应位复位。

6.4.3　8259A 的控制命令字与初始化编程

8259A 的编程包括初始化编程与工作方式编程，由控制命令字确定。8259A 有两种控制字：初始化命令字 ICW 和操作命令字 OCW。

① 初始化编程：由 CPU 向 8259A 写入初始化命令字 $\text{ICW}_1 \sim \text{ICW}_4$。8259A 工作之前必须写入 ICW 使其准备就绪。

② 工作方式编程：由 CPU 向 8259A 写入操作命令字 $\text{OCW}_1 \sim \text{OCW}_3$，用于设定 8259A 的工作方式。例如：中断屏蔽方式，结束中断的方式，优先权循环方式，查询 8259A 状态等。

OCW 可以在 8259A 初始化以后的任何时刻写入。

初始化命令字通常是计算机系统启动时由初始化程序设置的，一旦设定，在工作过程中一般不须再改变。操作命令字由应用程序设定，用于中断处理过程的动态控制，可多次设置。

1．8259A 的初始化命令字 ICW

（1）初始化命令字 ICW_1

初始化命令字 ICW_1，也称芯片控制字，是 8259A 初始化流程中写入的第一个控制字，ICW_1 的格式如图6.12所示。ICW_1 必须写入偶地址端口。

$A_0 = 0$：表示 ICW_1 必须写入偶地址端口。

D_0（IC_4）：用于控制是否在初始化流程中写入 ICW_4。$D_0 = 1$ 要写 ICW_4，$D_0 = 0$ 不要写 ICW_4。

D_1（SNGL）：用于控制是否在初始化流程中写入 ICW_3。$D_1 = 1$ 不要写 ICW_3，表示本系统中仅使用了一片 8259A；$D_1 = 0$ 要写 ICW_3，表示本系统中使用了多片 8259A 级联。

D_2（ADI）：对 8086/8088 系统不起作用；对 8 位机，用于控制每两个相邻中断处理程序入口地址之间的距离间隔值。

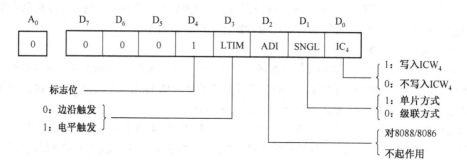

图 6.12　ICW_1 的格式

D_3（LTIM）：用于控制中断触发方式。$D_3 = 0$ 选择上升沿触发方式，$D_3 = 1$ 选择电平触发方式。

D_4：是 ICW_1 的特征位，必须为 1。

$D_7 \sim D_5$：用于 8080/8085 系统中，即为入口地址低 8 位中的可编程特性（D_7、D_6、D_5 位）。若选择间隔为 4，则三位全可编程；若选择间隔为 8，则只有 D_7、D_6 位可编程，此时 D_5 不起作用。对 8086/8088 系统不起作用，一般设定为 0。

【例6.4】 8259A 采用上升沿触发，单片使用，不需要 ICW_4，设 8259A 端口地址为 20H、21H。写入 ICW_1 的程序段为：

```
MOV    AL, 00010010B    ;上升沿触发，单片，不需要 ICW4
OUT    20H, AL          ;ICW1 写入 8259 偶地址端口（A0 = 0）
```

ICW_1 写入后，8259A 内部有一初始化过程。初始化过程的主要动作如下：

① 边沿触发电路复位；

② 清除 ISR 和 IMR，不屏蔽任何中断输入；

③ 指定 $IR_7 \sim IR_0$ 由低到高的固定优先权顺序；

④ 清除特殊屏蔽方式，状态读出电路预置为 IRR。

（2）中断向量字 ICW_2

ICW_2 是 8259A 初始化流程中必须写入的第二个控制字，是一个中断类型码字节，格式如图 6.13 所示。ICW_2 必须写入奇地址端口。

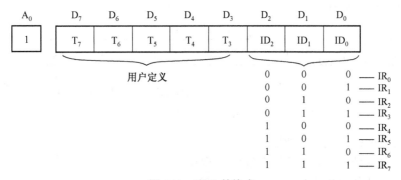

图 6.13　ICW_2 的格式

$A_0 = 1$：表示 ICW_2 必须写入奇地址。

$T_7 \sim T_3$：编程时用于置中断类型码高 5 位，而低 3 位可以设置为 0。中断类型码由用户根据中断向量决定。

$ID_2 \sim ID_0$：ICW_2 的低 3 位是由引入中断请求的引脚的 IR 端号编码。如连接在 IR_7 端为 111，连接在 IR_6 端为 110，依此类推，此 3 位编码不由软件确定。

【例6.5】 在 PC 中，键盘中断申请连接到 8259A 的 IR_1，中断类型码为 09H，那么 8259A 的 ICW_2 的高 5 位为 08H，低 3 位取 0。ICW_2 的初始化程序为：

```
MOV  AL, 08H           ;ICW2 内容
OUT  21H, AL           ;写入 ICW2 端口（A0=1）
```

（3）级联控制字 ICW_3

对 8259A 初始化时，是否需要 ICW_3，取决于 ICW_1 的 SNGL 的状态。当 SNGL=0 时，表示 8259A 工作于级联方式，需用 ICW_3 设置 8259A 的状态。ICW_3 必须写入奇地址端口。在级联系统中，主片和从片都必须设置 ICW_3，但二者的格式和含义有区别。

对于主片 8259A（$\overline{SP}/\overline{EN}$=1，$ICW_4$ 中 BUF=1，S/M=1，表示该片是主片），主片 ICW_3 的格式如图6.14所示。

A_0=1：表示 ICW_3 必须写入奇地址端口。

$S_7 \sim S_0$：分别对应主片 $IR_7 \sim IR_0$ 是否接有从片 8259A，"1" 表示接有从片 8259A，"0" 表示没接从片 8259A。

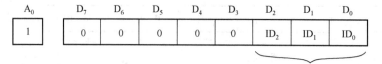

某位=0，表示主片对应引脚无从片
某位=1，表示主片对应引脚连接有从片8259A

图6.14　主片 ICW_3 的格式

【例6.6】主片的 IR_5 引脚上接有从片，S_5 =1，其他的引脚上没接从片，则 ICW_3 =00100000B（20H）。主片写 ICW_3 的程序片段为：

```
MOV  AL, 00100000B    ;写 ICW₃，IR₅ 引脚上接有从片
OUT  21H, AL          ;写入奇地址端口（A₀=1）
```

对于从片8259A（$\overline{SP}/\overline{EN}$ =0；在缓冲方式，ICW_4 中 BUF=1，S/M=0，表示该片是从片），ICW_3 中的 $D_2 \sim D_0$ 位表示从8259A 识别代码，它等于从片8259A 的 INT 端所连的主片8259A 的 IR 编码。从片 ICW_3 的格式如图6.15所示。

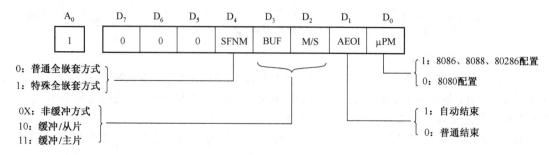

从片的识别码，表示从片级联在主片引脚的编码

图6.15　从片 ICW_3 的格式

A_0 =1：表示 ICW_3 被写入奇地址。

$D_7 \sim D_3$：在系统中不用，可为任意值，常取 0。

$ID_2 \sim ID_0$：为从片的识别码，编码规则同 ICW_2。

【例6.7】若某从片的 INT 输出接到主片的 IR_5 端，则该从片的 ICW_3 =05H。从片写 ICW_3 的程序片段为：

```
MOV  AL, 05H    ;从片 ICW₃，从片的 INT 引脚接在主片的 IR₅ 上
OUT  21H, AL    ;写入奇地址端口（A₀=1）
```

（4）中断方式字 ICW_4

ICW_4 主要用于控制初始化后即可确定并且不再改变的 8259A 的工作方式，格式如图6.16所示。ICW_4 必须写入奇地址端口。

A_0	D_7	D_6	D_5	D_4	D_3	D_2	D_1	D_0
1	0	0	0	SFNM	BUF	M/S	AEOI	μPM

1：8086、8088、80286配置
0：8080配置

0：普通全嵌套方式
1：特殊全嵌套方式

0X：非缓冲方式
10：缓冲/从片
11：缓冲/主片

1：自动结束
0：普通结束

图6.16　中断方式字 ICW_4

A_0=1：表示 ICW_4 必须写入奇地址端口。

D_0（μPM）：系统处理器芯片选择。为 1 选择 8086/8088；为 0 选择 8080/8085。

D_1（AEOI）：结束中断方式选择。为 1 自动结束（AEOI），为 0 普通结束（EOI）。

D_2（M/S）：此位与 D_3 配合使用，表示在缓冲方式下，本片是主片还是从片。当 BUF=1 时，M/S 为 1 是主片，M/S 为 0 是从片。当 BUF=0 时，则 M/S 不起作用，可为 1，也可为 0。

D_3（BUF）：缓冲方式选择。为 1 选择缓冲方式，为 0 选择非缓冲方式；当 D_3=0 时，D_2 位无意义。

D_4（SFNM）：嵌套方式选择。为 1 选择特殊全嵌套方式，在采用此系统时一般都使用多片 8259A；为 0 选择普通全嵌套方式。

$D_7 \sim D_5$：特征位，必须为 000，用来作为 ICW_4 的标志码。

2. 8259A 初始化编程

8259A 的初始化流程如图6.17所示。从图中可知，ICW_1 和 ICW_2 是必需的，而 ICW_3 与 ICW_4 是可选的。8259A 必须于工作之前写入初始化命令字使其处于准备就绪状态。

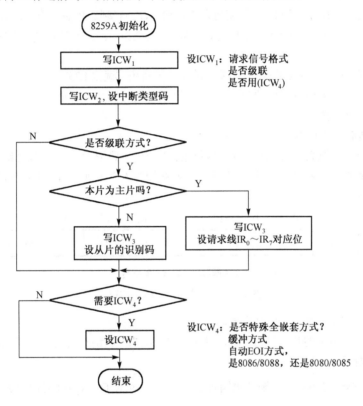

图 6.17　8259A 的初始化流程

由于 8259A 的端口地址只有两个，为区分 $ICW_1 \sim ICW_4$，初始化时，写入 $ICW_1 \sim ICW_4$ 的顺序有严格限制。在 ICW_1 中，设置了特征位与标志位，用来控制是否写入 ICW_3 与 ICW_4。

【例6.8】设 8259A 应用于 8088 系统，中断类型码为 08H～0FH，它的偶地址为 20H，奇地址为 21H，设置单片 8259A 按如下方式工作：电平触发，普通全嵌套，普通 EOI，非缓冲工作方式，试编写其初始化程序。

分析：根据 8259A 应用于 8088 系统，单片工作，电平触发，可得：ICW_1=00011011B；根据中断类型码 08H～0FH，ICW_2=00001000B；根据普通全嵌套，普通 EOI，非缓冲工作方式，ICW_4= 00000001B。写入此三字，即可完成初始化，程序如下：

```
MOV AL, 00011011B        ;单片工作，电平触发
OUT 20H, AL              ;写入 ICW1
MOV AL, 00001000B        ;设中断类型码
OUT 21H, AL              ;写入 ICW2
MOV AL, 00000001B        ;全嵌套，普通 EOI，非缓冲工作方式
OUT 21H, AL              ;写入 ICW4
```

6.4.4 8259A 的操作命令字 OCW

初始化命令字的 ICW_1 决定了中断触发方式，ICW_4 决定了中断结束方式，是否采用缓冲方式，是否采用特殊全嵌套。这些工作方式在 8259A 初始化后就不能改变，除非重新对 8259A 进行初始化。而其他工作方式，如中断屏蔽、中断结束和优先权循环、查询中断方式等则都可在用户程序中利用操作命令字 OCW 设置和修改。

对 8259A 用初始化命令字初始化后，就进入工作状态，准备接收 IR 输入的中断请求信号。在 8259A 工作期间，可通过操作命令字 OCW 来使它按不同的方式操作。8259A 的操作命令字 OCW 共三个，可独立使用。

OCW 可完成某些对 8259A 的操作，如要屏蔽某些中断源或读出 8259A 的状态信息，都可向 8259A 写入 OCW。OCW 的写入没有严格的顺序，OCW 除了采用奇偶地址区分外，还采用了命令字本身的 D_4D_3 位作为特征位来区分。

（1）中断屏蔽命令字 OCW_1

OCW_1 直接对中断屏蔽寄存器 IMR 的相应位进行屏蔽，主要用于有多个中断源时对某些不希望它中断的中断源进行屏蔽控制。中断屏蔽命令字 OCW_1 必须写入奇地址端口。中断屏蔽命令字的格式如图6.18所示。

A_0	D_7	D_6	D_5	D_4	D_3	D_2	D_1	D_0
1	M_7	M_6	M_5	M_4	M_3	M_2	M_1	M_0

M_i=1，表示屏蔽对应引脚的中断请求

图 6.18　中断屏蔽命令字 OCW_1

A_0=1：表示 OCW_1 必须写入奇地址端口。

M_7～M_0：当这 7 位中的某一位为 1 时，对应于这一位的中断请求就受到屏蔽；如某一位为 0，这表示对应中断请求得到允许。

【例6.9】 要屏蔽 8259A 的中断请求输入 IR_1 、IR_3 ，可使 OCW_1 =00001010B。那么，相应的程序片段为：

```
MOV  AL, 00001010B         ;屏蔽 IR1, IR3 的屏蔽字
OUT  21H, AL               ;写入 8259A 的奇地址端口
```

（2）优先权循环和非自动中断结束方式控制字 OCW_2

优先权循环和非自动中断结束方式控制字，必须写入偶地址端口。OCW_2 的格式如图6.19所示。

D_2～D_0（L_2～L_0）：中断源编码。在特殊 EOI 命令中，用来指定 OCW_2 选定的操作使得哪一级的 ISR 位清 0，在优先权指定循环方式中指明最低优先权 IR 端号。

L_2～L_0 的编码与起作用的 IR 对应，即 000, 001, …, 111 对应 IR_0，IR_1，…，IR_7。

D_4D_3：是 OCW_2 的特征位，必须为 00。

D_7（R）：优先权循环控制位。为 1 时进行优先权循环，为 0 时固定优先权。

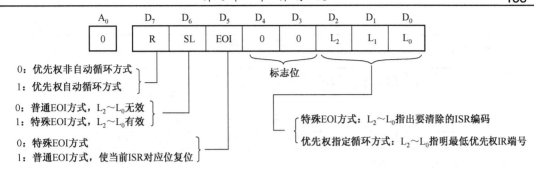

图 6.19 优先权循环和中断结束命令字 OCW$_2$ 的格式

D$_6$（SL）：决定了 L$_2$L$_1$L$_0$ 是否为有效控制位，SL=1 则 L$_2$L$_1$L$_0$ 有效；否则无效。

D$_5$（EOI）：中断结束方式控制位，在非自动中断结束命令的情况下，EOI=1，表示中断结束命令，它使当前 ISR 中最高优先权的位复位；EOI=0，则不起作用。8259A 工作于非自动 EOI 方式时，必须在中断服务程序的返回指令之前发送 EOI，即 OCW$_2$ 的 EOI 位为 1。

【例 6.10】假设 8259A 已经初始化为全嵌套普通 EOI（非自动 EOI 方式），在中断服务程序中的返回指令之前，要发 EOI 命令，参考程序片段为：

```
...               ;中断服务
MOV  AL, 20H      ;OCW2 的 EOI 位=1
OUT  20H,         ;发 EOI 命令
```

D$_7$：有无中断请求位。为 1 表示有，为 0 表示无。

D$_6$～D$_3$：无意义。

W$_2$～W$_0$：当前优先权最高中断源编码。

注意：ISR、IRR、查询字只能从偶地址端口读入，读之前要发 OCW$_3$ 命令。而 IMR 是读奇地址端口，之前不用发 OCW$_3$ 命令，而是直接使用输入指令读出 IMR 的内容。

【例 6.11】设 8259A 端口地址为 20H、21H。读 IRR、ISR 和 IMR 的内容，并送到 S_WORD 开始的存储单元。程序片断：

```
LEA  DI, S_WORD
MOV  AL, 00001010B    ;设置 OCW3，读 IRR
OUT  AL, 20H          ;将 OCW3 送 8259 偶地址端口
IN   AL, 20H          ;从偶地址读 IRR
MOV  [DI], AL         ;存 IRR 到存储单元
MOV  AL, 00001011B    ;设置 OCW3，读 ISR
OUT  20H, AL          ;将 OCW3 送 8259 偶地址端口
IN   20H, AL          ;从偶地址读 ISR
MOV  [DI+1], AL       ;存 ISR 到存储单元
IN   AL, 21H          ;读 IMR
MOV  [DI+2], AL       ;存 IMR
```

R、SL、EOI 配合使用确定的工作方式如表 6.2 所示。

表 6.2 R、SL、EOI 配合使用表

R	SL	EOI	工 作 方 式	备 注
0	0	1	普通 EOI 命令，将 ISR 中优先级最高的位清 0	组合出有效的 7 个操作命令
0	1	1	特殊 EOI 命令，按 L$_2$L$_1$L$_0$ 编码级别指定的 ISR 位清 0	
0	0	0	自动 EOI 命令，取消优先权自动循环	

（续表）

R	SL	EOI	工 作 方 式	备　　注
0	1	0	无操作意义	
1	0	1	普通 EOI 循环方式，优先权自动循环方式	
1	1	1	特殊 EOI 循环方式，按 $L_2L_1L_0$ 编码级别清 ISR，赋予最低优先级，循环优先级	组合出有效的 7 个操作命令
1	0	0	自动 EOI 循环方式，优先权自动循环	
1	1	0	优先级置位，优先权指定循环，$L_2L_1L_0$ 指定级别最低的优先权的 IR 端号	

（3）多功能操作命令字 OCW_3

OCW_3 的功能有三个：设置查询中断方式、控制 8259A 的中断屏蔽方式及设置 8259A 内部寄存器（IRR 或 ISR）的命令。OCW_3 必须写入 8259A 的偶地址端口，且特征位 $D_4D_3=01$。OCW_3 的格式如图 6.20 所示。

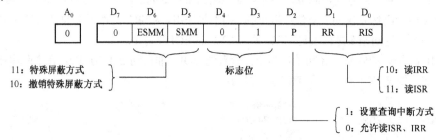

图 6.20　多功能操作命令字 OCW_3 格式

$A_0=0$：表示 OCW_3 必须写入偶地址端口。

D_7：无定义，通常设置为 0。

D_6D_5（ESMM，SMM）：特殊屏蔽方式控制位。为 11 时允许特殊屏蔽方式，为 10 时撤除特殊屏蔽方式，返回正常屏蔽方式。若 D_6 位 ESMM＝0，则 D_5 位 SMM 不起作用。

D_4D_3：特征位，必须是 01。

D_2（P）：查询中断方式控制位。$D_2=0$，非查询方式；$D_2=1$，进入查询中断方式。通过读指令（地址 $A_0=0$），8259A 将送出查询字，该字节最高位为 1，表示有中断请求，且最低三位指示了请求中断的最高优先权的 IR 位。若该字节最高位为 0，表示没有中断请求。

D_1（RR）：读命令控制位。$D_1=1$，是读命令；否则不是读命令。

D_0（RIS）：读 ISR、IRR 选择位。为 1 选择 ISR，为 0 选择 IRR。

实际上，通过 $D_2D_1D_0$ 三位组合，控制了输入指令读出的是什么内容。$D_2=1$，且 $D_1=0$，读出的是查询字；$D_2=0$，且 $D_1=1$，读出的是 ISR（$D_0=1$）或 IRR（$D_0=0$）；如果 $D_2=1$，且 $D_1=1$，则第一条输入指令读出的是查询字，第二条输入指令读出的是 ISR（$D_0=1$）或 IRR（$D_0=0$）。查询字的格式和各位的含义如下：

A_0		D_7	D_6	D_5	D_4	D_3	D_2	D_1	D_0
0		1					W_2	W_1	W_0

6.4.5　8259A 的工作方式

8259A 有多种工作方式，可通过编程来设置，以灵活地适用于不同的中断要求。

8259A 的工作方式分为三类：中断触发方式、中断优先权管理方式、连接系统总线方式。其中，中断优先权管理方式是工作方式的核心，包括中断屏蔽方式、设置优先权方式和中断结束处理方式。

1．中断触发方式

（1）边沿触发方式

在边沿触发方式中，8259A 将中断请求信号的上升沿作为有效的中断请求信号。其优点是 IR_i 端只在上升沿申请一次中断，故该端一直可以保持高电平而不会误判为多次中断申请。

该方式由初始化命令字 ICW_1 的 D_3 位清 0 来设置。

（2）电平触发方式

如果用初始化命令字 ICW_1 对 8259A 设置为电平触发方式，那么 8259A 在工作时，就在中断请求输入端出现高电平，作为有效的中断请求信号。使用该方式应注意，在 CPU 响应中断后（ISR 相应位置位后），必须撤销输入端的高电平，否则会发生第二次中断请求。

该方式由初始化命令字 ICW_1 的 D_3 位置 1 来设置。

2．中断屏蔽方式

（1）普通屏蔽方式

利用操作命令字使屏蔽寄存器 IMR 的一位或多位置 1，屏蔽一个或多个中断源的申请。若要开放某个中断源的中断，则将 IMR 中的相应位清 0。可通过 OCW_1 设置。

（2）特殊屏蔽方式

在某些特殊情况，在执行某个中断服务程序时，要求允许另一个优先权低的中断请求被响应，此时可采用特殊屏蔽方式。可通过操作命令字 OCW_3 的 $D_6D_5=11$ 来设置。

若要退出特殊屏蔽方式，则要通过在中断服务程序中设置操作命令字 OCW_3 的 $D_6D_5=10$ 来实现。

3．设置优先权方式

（1）普通全嵌套方式

在此种方式下中断优先权按 0～7 级顺序排队，且只允许中断级别高的中断源去中断级别低的中断服务程序，而不能相反。这是 8259A 最常用的方式，简称全嵌套方式。8259A 初始化后未设置其他优先权方式，就按该方式工作，所以普通全嵌套方式是 8259A 的默认工作方式。

在普通全嵌套方式下，一定要预置 ICW_4 的 D_1，即 AEOI=0，使中断结束处于正常方式。这样做，可以为中断优先权裁决器的裁决提供依据，因为中断优先权裁决器总是将收到的中断请求和当前中断服务器中的 IS 位进行比较，判断收到的中断请求的优先权是否比当前正在处理的中断的优先权高。否则，低级的中断源也可能打断高级的中断服务程序，使中断优先权次序发生错乱，不能实现全嵌套。

（2）特殊全嵌套方式

特殊全嵌套方式与普通全嵌套方式相比，不同点在于执行中断服务程序时，不但要响应优先权比本级高的中断源的中断申请，而且要响应同级别的中断源的中断申请。

特殊全嵌套方式一般适用于 8259A 级联工作时主片采用特殊全嵌套工作方式，从片采用普通全嵌套工作方式，可实现从片各级的中断嵌套。

优先权设置方式的普通/特殊全嵌套是通过初始化命令字 ICW_4 的 D_4 位来控制的，D_4 位为 0 是普通全嵌套方式，D_4 位为 1 是特殊全嵌套方式。

（3）优先权自动循环方式

优先权自动循环方式，其基本思想是：每当任何一级中断被处理完，它的优先权级别就被改变为最低级，而将最高优先权赋给原来比它低一级的中断请求。在给定初始优先顺序 IR_0～IR_7 由高到低按序排列后，某一中断请求得到响应后，其优先权降到最低，比它低一级的中断源优先权升到最高，其余按序循环。如 IR_0 得到服务，其优先权变成最低，IR_1～IR_7 优先权由高到低按序排列。

使用优先权循环方式，每个中断源有同等的机会得到 CPU 的服务。通过把操作命令字 OCW_2 的 D_7D_6 位置为 10 可得到该工作方式。

（4）优先权指定循环方式

优先权指定循环方式与优先权自动循环方式相比，不同点在于它可以通过编程指定初始最低优先权中断源，使初始优先权顺序按循环方式重新排列。如指定 IR_3 优先权最低，则 IR_4 优先权最高，初始优先权顺序为 IR_3、IR_2、IR_1、IR_0、IR_7、IR_6、IR_5、IR_4，即按由低到高排列。

通过把操作命令字 OCW_2 的 D_7D_6 位置为 11 可得到该工作方式。同时，OCW_2 的 $D_2D_1D_0$ 位指明了最低优先权输入端。

4．中断结束处理方式

当中断服务结束时，必须将 8259A 的 ISR 相应位清 0，表示该中断源的中断服务已结束，使 ISR 相应位清 0 的操作称中断结束处理。

中断结束处理方式有两类：自动结束方式（AEOI）和非自动结束方式（EOI），而非自动结束方式（EOI）又分为普通中断结束方式和特殊中断结束方式。

（1）自动中断结束方式（AEOI）

当某级中断被 CPU 响应后，8259A 在第二个中断响应周期的 $\overline{INTA}$ 信号结束后，自动将 ISR 中的对应位清 0。

自动结束方式是最简单的一种中断结束处理方式，但这种方式只能用在系统中只有一片 8259A、并且多个中断不会嵌套的情况。因为 ISR 中的对应位清 0 后，所有未被屏蔽的中断源均已开放，同级或低级的中断申请都可被响应。

该方式通过初始化命令字 ICW_4 的 D_1 位置 1 来设置。

（2）普通中断结束方式

普通中断结束方式通过在中断服务程序中设置 EOI 命令，使 ISR 中的优先权最高的那一位清 0。该方式只适用于全嵌套情况下。因为在全嵌套方式中，最高的 ISR 位对应最后一次被响应和被处理的中断，也就是当前正在处理的中断，所以，最高的 ISR 位的复位相当于结束了当前正在处理的中断。

该方式通过初始化命令字 ICW_4 的 D_1 位清 0，同时将 OCW_2 的 $D_7D_6D_5$ 设置为 001 来实现，即设置 $OCW_2 = 00100000B$。

（3）特殊中断结束方式

该方式与普通的中断结束方式相比，区别在于发中断结束命令的同时，用软件方法给出结束中断的中断源是哪一级的，使 ISR 的相应位清 0。适用于任何非自动中断结束的情况。

该方式通过初始化命令字 ICW_4 的 D_1 位清 0，同时将 OCW_2 的 $D_7D_6D_5$ 设置为 011 来实现，即设置 $OCW_2 = 01100 L_2L_1L_0$，$L_2L_1L_0$ 给出结束中断处理的中断源 IR 的编号。

5．连接系统总线方式

按照 8259A 和系统总线的连接来分，有下列两种方式。

（1）缓冲方式

在多片 8259A 级联的系统中，每片 8259A 都通过总线驱动器与系统数据总线相连，这就是缓冲方式。在缓冲方式下，有一个对总线驱动器的启动问题。为此将 8259A 主片的 $\overline{SP}/\overline{EN}$ 端和总线驱动器的允许端 $\overline{CE}$ 相连，$\overline{SP}/\overline{EN}$ 端作为总线驱动器的启动信号。从片的 $\overline{SP}/\overline{EN}$ 端接地。

该方式通过初始化命令字 ICW_4 的 D_3 位置 1 来设置。

（2）非缓冲方式

非缓冲方式是相对于缓冲方式而言的。在以下两种情况下 8259A 工作在非缓冲方式。其中一种情况是系统中只有单片 8259A 时,一般将它直接与数据总线相连;另一种情况是在一些不太大的系统中,有几片 8259A 工作在级联方式,只要片数不多,那么也可以将 8259A 直接与数据总线相连。

在非缓冲方式时,8259A 的 $\overline{SP}/\overline{EN}$ 端作为输入端。当系统中只有单片 8259A 时,该 8259A 的 $\overline{SP}/\overline{EN}$ 端接高电平;当系统中有多片 8259A 时,级联 8259A 的主片的 $\overline{SP}/\overline{EN}$ 端接高电平,从片的 $\overline{SP}/\overline{EN}$ 端接低电平。

该方式通过初始化命令字 ICW_4 的 D_3 位清 0 来设置。

6. 程序查询方式

以上所述都是 8259A 的向量工作方式,但 8259A 不仅可工作在向量中断工作方式,也可以工作在查询中断工作方式。

查询中断工作方式的特点是:

(1)中断设备将中断请求信号送入 8259A,要求 CPU 服务,但是 8259A 不使用 INT 信号向 CPU 发中断请求信号;

(2)CPU 关中断(IF=0),所以禁止了外部对 CPU 的中断请求,即 CPU 也不开放中断。

(3)CPU 通过软件定期或循环查询 8259A 的状态来确认中断源,当查到有中断请求时,就根据它提供的信息转入相应的中断服务程序,从而实现对设备的中断服务。

设置查询方式的方法是:CPU 关中断(IF=0),写入 OCW_3 查询方式字(OCW_3 的 D_2 位为 1),然后执行一条输入指令,8259A 便将一个查询字送到数据总线上。查询字中,D_7=1 表示有中断请求;$D_2D_1D_0$ 组成的代码表示当前 8259A 中断请求的最高优先权。

当 OCW_3 的 D_2D_1=11 时,它表示既发查询命令,又发读命令。执行输入指令时,首先读出的是查询字,然后读出的是 ISR(或 IRR)。

查询中断工作方式有下列优点:首先,它无须执行中断响应周期,无须设置中断向量表;其次是响应速度快,占用空间少。

7. 8259A 的级联方式

在微机系统中,当外中断源超过 8 个时,采用简单级联方式构成两级,第一级用一片 8259A 作为主片,第二级可接 1~8 片 8259A 作为从片。图6.21所示为三片 8259A 级联应用原理图。

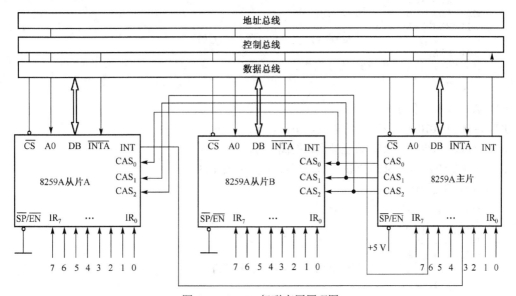

图 6.21 8259A 级联应用原理图

主片 8259A 的 $CAS_2 \sim CAS_0$ 端作为输出线，它直接连接到两个从片的 $CAS_2 \sim CAS_0$ 端，每个从片的 INT 端连接到主片的 $IR_7 \sim IR_0$ 端中的一个，这里是连接到主片的 IR_3 和 IR_6 上，主片的 INT 端连接 CPU 的 INTR 端。

在主从式级联系统中，主片和从片的初始化都必须通过设置初始化命令字来完成，而其工作方式的设置则都必须通过设置工作方式命令字来完成。

当任意的从 8259A 的任一输入端有中断请求时，首先经过优先权电路比较，产生 INT 信号送主片的 IR 输入端，然后经过主片优先权电路比较，如果允许中断，则主片发出 INT 信号给 CPU 的 INTR 引脚。如果 CPU 响应此中断请求，则发出 $\overline{INTA}$ 信号，在主片接收 $\overline{INTA}$ 后通过 $CAS_2 \sim CAS_0$ 输出识别码，而与该识别码对应的从片则在第二个中断响应周期把中断类型码送数据总线。如果是主片的其他输入端发出中断请求信号并得到 CPU 响应，则主片不会发出 $CAS_2 \sim CAS_0$ 信号，主片在第二个中断响应周期把中断类型码送到数据总线。

【例 6.12】 设 8259A 应用于 8086 系统，采用主从三片级联工作，主片 IR_3 与 IR_6 和两片从片级联。主片 8259 的 $\overline{SP}/\overline{EN}$ 接 +5V，从片 8259 的 $\overline{SP}/\overline{EN}$ 接地。

主片，边沿触发，特殊全嵌套方式，设定 0 级中断类型码为 08H。端口地址：20H，21H。

从片 A 边沿触发，全嵌套方式，设定 0 级中断类型码 10H，端口地址：0A0H，0A1H。

从片 B 边沿触发，全嵌套方式，设定 0 级中断类型码为 18H，端口地址：0B0H，0B1H。要实现从片全嵌套工作，试编写其初始化程序。

分析：根据 8259A 应用于 8086 系统，主从式级联工作，主片和从片都必须有初始化程序。

（1）主片初始化命令字：

  $ICW_1 = 0001\ 0001B = 11H$，边沿触发，多片，需 ICW_4。

  $ICW_2 = 0000\ 1000B = 08H$，设置类型码的高 5 位。

  $ICW_3 = 0100\ 1000B = 48H$，主片 IR3 连接了一块从片，$IR_6$ 连接一块从片。

  $ICW_4 = 0001\ 0001B = 11H$，特殊全嵌套，非缓冲，非自动 EOI，16 位机。

主片初始化程序：

```
MOV AL, 11H      ;写入 ICW₁
OUT 20H, AL
MOV AL, 08H      ;写入 ICW₂
OUT 21H, AL
MOV AL, 08H      ;写入 ICW₃，在 IR₃ 引脚上接有从片
OUT 21H, AL
MOV AL, 11H      ;00010001B，写入 ICW₄
OUT 21H, AL
```

（2）从片 A 初始化命令字

$ICW_1 = 0001\ 0010B = 12H$，边沿触发，单片，无须 ICW_4。

$ICW_2 = 0001\ 0000B = 10H$，设置类型码的高 5 位。

$ICW_3 = 0000\ 0011B = 03H$，$D_1D_0 = 11$，从片连接在主片 IR3 上。

从片 A 初始化程序：

```
MOV AL, 12H      ;写入 ICW₁
OUT 0A0H, AL
MOV AL, 10H      ;写入 ICW₂
OUT 0A1H, AL
MOV AL, 03H      ;写入 ICW₃，本从片的识别码为 03H
OUT 0A1H, AL
```

（3）从片 B 初始化程序，与从片 A 相似

```
MOV AL, 12H        ;写入 ICW₁
OUT 0B0H, AL
MOV AL, 18H        ;写入 ICW₂
OUT 0B1H, AL
MOV AL, 06H        ;写入 ICW₃，本从片的识别码为 06H
OUT 0B1H, AL
```

6.4.6 8259A 在微机系统中的应用

在 IBM PC/AT 机中，CPU 为 Intel 80286，采用两片 8259A 作为中断控制器，管理 15 级中断，如图 6.22 所示。

8259A 在 IBM PC/AT 机中，主片端口地址使用 20H～21H，从片端口地址使用 0A0H～0A1H，主/从芯片均采用边沿触发，全嵌套方式；优先权顺序为 0 级最高，依次为 1 级，8～15 级，然后是 3～7 级，中断请求的中断类型码为 08H～0FH。设定 0～7 级对应主片的中断类型码为 08H～0FH，8～15 级对应从片的中断类型码为 70H～77H。工作于非缓冲方式，主片的 $\overline{SP}/\overline{EN}$ 接+5 V，从片 $\overline{SP}/\overline{EN}$ 接地。

初始化程序与例 6.12 相似，这里略去。

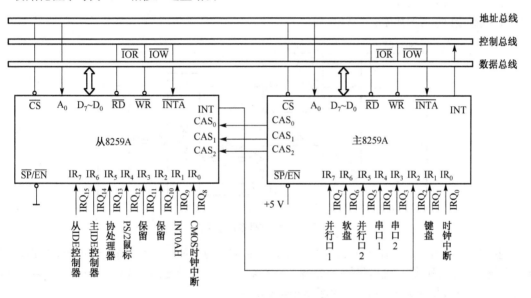

图 6.22 PC/AT 系统中两片 8259A 的连接

6.5 中断服务程序设计

6.5.1 中断程序设计步骤

中断程序设计步骤如下。

（1）了解 IBM PC/XT 系统可屏蔽硬中断的响应过程，根据系统连线确定外设中断申请对应的中断类型号。

（2）主程序完成的工作如下。

① 在主程序中做好准备工作，即外设能发出中断申请，CPU 能响应中断申请。

② 在主程序使 CPU 关中断，保存原中断向量，设置新中断向量。

③ 设置 8259A 的中断屏蔽字，使得该中断开放，8259A 可以接收外设中断请求。

④ CPU 开中断，等待中断。准备工作做好后，此后若该级有中断申请，则 CPU 响应中断，执行相应类型的中断子程序。

⑤ 主程序在返回 DOS 前，应恢复原中断向量。

（3）编写硬中断子程序，完成中断源请求的任务。

① 中断服务程序的设计与软中断编写类似，但须加入下面②中的内容。

② 在中断子程结束前，发中断结束命令清除 8259A 中当前对应的 ISR 位；否则，响应一次中断后，同级中断和低级中断将被屏蔽。

③ 用 IRET 中断返回指令返回主程序被中断处。

6.5.2 应用举例

1. 键盘中断服务程序设计

为设计方便，下面介绍 PC 键盘的接口与键盘中断。

（1）PC 键盘中断简介

PC 键盘接口示意图如图6.23所示。

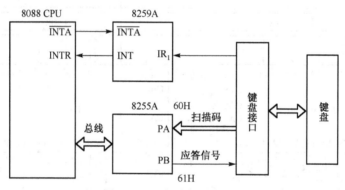

图 6.23 PC 键盘接口示意图

键盘通过键盘接口电路，再通过并行接口芯片 8255A 与计算机连接。键盘通过接口电路，可以检测到键的按下与释放，当检测到某个键按下后，接口电路形成该键的扫描码，同时键盘接口电路向 8259A 的 IR_1 端发出中断请求信号，中断类型号为 09H。

扫描码通过并行接口 8255A 送给 CPU，端口地址为 60H，即 CPU 可从 60H 端口读取操作键的扫描码，每个键对应一个扫描码。由扫描码的 $D_6 \sim D_0$ 判断操作的是哪个键，由扫描码的 D_7 位判断是按下键，还是释放键。$D_7=1$，释放键（断码）；$D_7=0$，按下键（通码）。有关键盘扫描码细节可参考相关资料。

在 IBM PC/XT 机上，从 60H 端口读取扫描码后，应向键盘接口（61H）置应答信号，使键盘接口为接收下一个按键的扫描码做好准备。不设应答信号，键盘接口不能正常工作。在 80286 以上微机，读取扫描码后，可不置键盘应答。

（2）键盘中断处理的一般框架

```
key    PROC
       IN     AL, 60H          ;从 60H 端口读入扫描码
       PUSH   AX               ;保存堆栈中
       IN     AL, 61H          ;置键盘应答控制信号
```

```
            OR      AL, 80H         ;先将 61H 端口的 D₇ 位置 1
            OUT     61H, AL
            AND     AL, 7FH         ;再将 61H 端口的 D₇ 位置 0
            OUT     61H, AL
            POP     AX              ;从堆栈中取出扫描码
            TEST    AL, 80H         ;检查扫描码的 D₇ 位
            JNZ     exit            ;D₇=1，表示释放键操作，转至出口
            ...                     ;中断处理服务
    exit:   MOV     AL, 20H         ;发中断结束命令 EOI
            OUT     20H, AL
            IRET                    ;中断返回
    key     ENDP
```

PC 键盘中断处理程序功能（09H 类型中断子程序）如下。

① 从键盘接口读取操作键的扫描码；将扫描码转换成字符码；大部分键的字符码为 ASCII 码，非 ASCII 码键（如组合键 Shift、Ctrl 等）的字符码为 0。

② 将键的扫描码、字符码存放在键盘缓冲区，供其他有关键盘的中断子程序应用。

【例6.13】 设计任务：编写 PC 键盘中断服务程序，要求每次按下"ENTER"键后，显示字符串"I have just pushed down the "Enter" Key!"，按其他键无效。若按下"END"键后，显示提示字符串"End of the test program!"，退出程序。

显然，要求的设计任务只对键盘中的两个键"ENTER"与"END"的操作做出反应。键盘中断服务程序流程图如图6.24所示。其中，在主程序流程中，为调试方便，需要设置中断屏蔽字，只允许 IR₁ 中断，即仅允许键盘中断。

```
    DATA    SEGMENT
        WELCOME     DB  'Welcome to using the Key test program.', 0dh, 0ah, '$'
        KEYCODE     DB  0
            BUF     DB  'I have just pushed down the "Enter" Key!', 0dh, 0ah, '$'
        ENDTEST     DB  'End of the test program!', 0dh, 0ah, '$'
    DATA    ENDS
    STACK   SEGMENT
        STA DB  256 DUP(?)
        TOP EQU $-STA
    STACK   ENDS
    CODE    SEGMENT

    MAIN    PROC    FAR
            ASSUME  CS: CODE, DS: DATA, ES: STACK
    START:  CLI
            XOR     AX, AX
            MOV     AX, DATA
            MOV     DS, AX
            MOV     AX, STACK
            MOV     SS, AX
            MOV     AX, TOP
            MOV     SP, AX
            CLI
;————取原键盘 09 号中断向量并保存————
            MOV     AL, 09H
            MOV     AH, 35H
            INT     21H             ;读取原键盘 09 号中断向量

            PUSH    ES              ;保存原键盘中断向量的段地址
            PUSH    BX              ;保存原键盘中断向量的偏移地址
```

```
;——————设置新键盘09号中断向量——————
        PUSH    DS
        MOV     DX, OFFSET KEY          ;取键盘中断处理程序的偏移地址送DX
        MOV     AX, SEG   KEY
        MOV     DS, AX                  ;取键盘中断处理程序的段地址送DS
        MOV     AL, 09H
        MOV     AH, 25H
        INT     21H                     ;用DOS系统功能调用设置新键盘中断向量
        POP     DS
;——————仅开放键盘中断——————
        IN      AL, 21H
        AND     AL, 11111101B           ;设屏蔽字，允许IR₁键盘中断
        OUT     21H, AL
        STI                             ;CPU开中断，IF=1
        MOV     AH, 09H                 ;显示提示
        MOV     DX, OFFSET WELCOME
        INT     21H
;——————等待中断，并测试是否结束——————
DELAY:  MOV     AL, KEYCODE             ;从数据区读按键的扫描码
        CMP     AL, 4FH                 ;是END键扫描码4FH?
        JNE     DELAY                   ;不是，继续
;——————显示退出本测试程序提示——————
        LEA     DX, ENDTEST
        MOV     AH, 09H
        INT     21H
;——————恢复键盘原09H中断向量——————
STOP:   POP     DX                      ;恢复系统原09H类型中断向量
        POP     DS
        MOV     AL, 09H
        MOV     AH, 25H
        INT     21H
        MOV     AH, 4CH                 ;返回DOS
        INT     21H
        RET
MAIN    ENDP
;——————新键盘中断服务程序——————
KEY     PROC
        PUSH    AX
        PUSH    BX
        MOV     AX, DATA
        MOV     DS, AX
        IN      AL, 60H                 ;读入字符扫描码
        TEST    AL, 80H                 ;判断是否为按下键操作?
        JNZ     EXIT                    ;否，退出中断
        AND     AL, 7FH
        MOV     KEYCODE, AL             ;存键扫描码
        CMP     AL, 1CH                 ;是否为"ENTER"键扫描码
        JNZ     EXIT                    ;否，退出中断
        LEA     DX, BUF                 ;是"ENTER"键，显示字符串
        MOV     AH, 09H
        INT     21H
EXIT:   MOV     AL, 20H                 ;发中断结束命令EOI
        OUT     20H, AL
        POP     BX                      ;恢复现场
        POP     AX
        IRET                            ;中断返回
KEY     ENDP
CODE    ENDS
        END     START
```

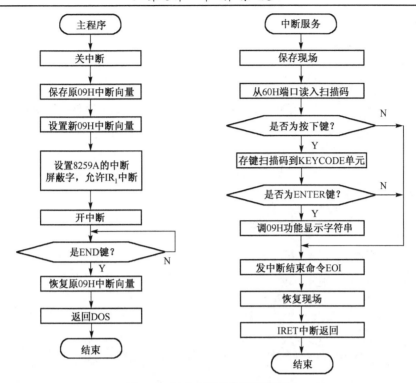

图 6.24 键盘中断服务程序流程图

运行该程序，按下 4 次"ENTER"键，得到键盘中断服务程序运行示意图如图6.25所示。

```
Welcome to using the Key test program.
I have just pushed down the "Enter" Key!
I have just pushed down the "Enter" Key!
I have just pushed down the "Enter" Key!
I have just pushed down the "Enter" Key!
End of the test program!
```

图 6.25 键盘中断服务程序运行示意图

2. 定时中断服务程序设计

【例 6.14】 利用 PC 连接在 8259A IR_0 上的时钟信号，编写具有 1 小时定时功能的程序，要求在屏幕上显示分与秒，超过 60 分，分单元清零。

定时信号连接在 IR_0 上，每隔 55ms 申请一次中断，类型号为 08H。这样，时钟信号的频率为 1/55 ms =18.2 Hz，即每秒向 8259A 发出 18.2 次的中断申请。

一秒钟需要中断次数为 18.2，累计中断 18 次，秒单元加 1；到 60 秒，分单元加 1，同时秒单元清零；当分单元累积到 60 分时，分单元清零。

在数据段定义 MS 用于存放 1 秒需要中断次数，SEC 与 MIN 存放当前秒累计值与当前分累计值。

PC 中的定时器中断，中断类型码为 08H，系统为用户预留该中断，便于用户调用，但是类型码为 1CH。在 1CH 中断服务程序中，只有一条 IRET 指令。由于 1CH 中断服务程序是嵌入在 08H 中断服务程序中的软中断，每当系统执行 08H 中断服务时，自动执行 1CH 中断服务程序。注意，08H 中断是硬件中断，而 1CH 中断是软件中断。我们改写 1CH 中断服务程序代码时，无须写 EOI 命令，只需编写符合设计要求的代码。

参考代码为：

```
DATA    SEGMENT
        MS      DB    0
        SEC     DB    0
        MIN     DB    30
        BUF     DB    'This program is written by HUANGYQ', 0DH, 0AH, '$'
DATA    ENDS
STACK   SEGMENT
  STA   DB  256 DUP(?)
        TOP EQU $-STA
STACK   ENDS
CODE    SEGMENT
MAIN    PROC FAR
        ASSUME  CS: CODE, DS: DATA
START:
        XOR     AX, AX
        MOV     AX, DATA
        MOV     DS, AX
        MOV     AX, STACK
        MOV     SS, AX
        MOV     AX, TOP
        MOV     SP, AX
; ————读取 1CH 原中断向量————
        CLI
        MOV     AL, 1CH
        MOV     AH, 35H                 ;读取 1CH 原中断向量
        INT     21H
        PUSH    ES                      ;保存原中断向量的段地址
        PUSH    BX                      ;保存原中断向量的偏移地址
; ————设置中断向量————
        PUSH    DS
        MOV     DX, OFFSET CLOCK        ;取计时处理程序的偏移地址送 DX
        MOV     AX, SEG CLOCK
        MOV     DS, AX                  ;取计时处理程序的段地址送 DS
        MOV     AX, 251CH
        INT     21H                     ;改写 1CH 号中断向量
        POP     DS
; ————————定位光标————————
        MOV     DH, 05H                 ;第 5 行
        MOV     DL, 11H                 ;第 11 列
        MOV     BH, 00H
        MOV     AH, 02H
        INT     10H
; ————在光标指定位置显示提示————
        LEA     DX, BUF
        MOV     AH, 09H
        INT     21H

        STI                             ;开中断，IF= 1
; ————————等待中断————————
  LOP:  CALL    CURSOR                  ;定位光标
        CALL    DISPTIME
        MOV     AH, 0BH                 ;用 INT21H/0BH 功能号,检测是否有键按下
        INT     21H
        CMP     AL, 00H
        JZ      DON                     ;(AL)=0，无键按下，转
```

```
            MOV     AH, 08H              ;有键，用 INT 21H/08H 功能号读键值 AL
            INT     21H
            CMP     AL, 1BH              ;是 ESC 键?
            JE      END1                 ;是，退出；否，转
DON:        JMP     LOP
; ————恢复系统 1CH 类型中断向量————
END1:       POP     DX                   ;恢复系统 1CH 类型中断向量
            POP     DS
            MOV     AL, 1CH
            MOV     AH, 25H
            INT     21H
            MOV     AH, 4CH              ;返回 DOS
            INT     21H
            RET
MAIN ENDP
; ————定位屏幕光标位置，确定时间在屏幕的显示位置————
CURSOR PROC NEAR
            PUSH    AX
            PUSH    BX
            PUSH    DX
            MOV     DH, 07H              ;第 7 行
            MOV     DL, 1AH              ;第 26 列
            MOV     BH, 00H
            MOV     AH, 02H              ;将光标设置在第 7 行，第 26 列
            INT     10H
            POP     DX
            POP     BX
            POP     AX
            RET
CURSOR ENDP
; ————1CH 中断服务程序————
CLOCK       PROC    NEAR
            PUSH    AX
            PUSH    DS
            MOV     AX, DATA
            MOV     DS, AX               ;取主程序的数据段段地址
            INC     MS
            CMP     MS, 18               ;判断是否到 1 秒
            JNE     LL                   ;不到 1 秒，退出
            MOV     MS, 0                ;将计时单元清零
            INC     SEC                  ;秒位加 1
            CMP     SEC, 60              ;判断是否到 1 分钟
            JNE     LL                   ;不到 1 分钟，退出
            MOV     SEC, 0               ;将秒位清零
            MOV     AL, MIN
            INC     MIN                  ;分钟位加 1
            CMP     MIN, 60              ;判断是否到 60 分
            JNE     LL                   ;不到 60 分，退出
            MOV     MIN, 0               ;将小时位清零
    LL:     POP     AX
            MOV     DS, AX
            POP     AX
            STI
            IRET
CLOCK       ENDP
; ————时钟显示子程序————
DISPTIME    PROC    NEAR
            PUSH    AX
            MOV     AL, MIN
            CALL    DISP                 ;显示分
            MOV     AL, ':'
            MOV     AH, 0EH              ;显示分与秒之间的分隔符:
            INT     10H
```

```
            MOV     AL, SEC
            CALL    DISP                    ;显示秒
            POP     AX
            RET
    DISPTIME    ENDP

    DISP    PROC  NEAR
            PUSH    CX
            MOV     CL, 10
            MOV     AH, 0
            DIV     CL
            PUSH    AX
            ADD     AL, 30H
            MOV     AH, 0EH
            INT     10H                     ;BIOS 功能调用 10H/0E，显示时间的十位
            POP     AX
            MOV     AL, AH
            ADD     AL, 30H
            MOV     AH, 0EH
            INT     10H                     ;显示时间的个位
            POP     CX
            RET
    DISP    ENDP
    CODE    ENDS
            END     START
```

在 Windows 2000 系统下运行该程序，得到的结果如图6.26所示。

图 6.26　1CH 中断服务程序运行结果示意图

6.6　高档微机中断系统简介

80x86 以上的 32 位微机中断系统与 8086/8088 相比有较大的不同，主要区别是 80x86 以上的 CPU 引入了虚地址模式，而实地址模式下的中断源和中断过程仍与 8086/8088 一致。其中，中断源有硬件中断类和异常类，中断类型码的分配及中断和异常的处理都有别于 8086 中断系统。

6.6.1　高档微机中断结构

根据中断触发条件和原因的不同，可将中断源分为软件中断（内中断）和硬件中断（外中断）。

1. 软件中断

软件中断分为异常和 INT n 指令中断两类。异常有自陷、故障和终止三种类型，通常是由处理器内部非正常的指令操作或机器故障导致的。

异常中断的特点如下。

（1）自陷（Trap）：当执行引起异常的指令后，CPU 自动检测和处理内中断，然后返回该指令的下一条指令去执行，与普通的中断处理过程类似。自陷中断通常是程序员预先设定的，如单步中断和断点中断。

（2）故障（Fault）：CPU 将引起此类中断操作的指令地址保存到堆栈中，接着进入中断处理程序进行相应的处理，最后返回执行引起中断的指令处，如果不再引起该类中断，则继续向下执行，故障在执行引起异常指令之前就进入检测和处理，如除法出错中断。

（3）终止（Abort）：此类中断与一般的中断有所不同，它不会保存中断地址。当无法确定引起异常的指令位置时，向 CPU 报告发生严重错误，终止执行程序。通常是由硬件或非法系统调用导致的，此类中断的后果是系统将不能恢复原操作。

INT n 指令中断是用 INT n 指令产生的，与 8086 相同。INT n 中断的执行是与程序执行同步的，就像执行子程序调用一样，与异常中断和硬件中断的产生有着明显的区别。

2．硬件中断

奔腾处理器的硬件中断系统兼容之前 8086/80x86 的中断系统，具有分别由 INTR 输入引脚和 NMI 输入引脚产生的可屏蔽中断和非屏蔽中断的功能，另外还引入了 R/$\overline{S}$、$\overline{FLUSH}$、$\overline{SMI}$ 和 INIT 这 4 个中断输入引脚。因此，奔腾处理器的硬件中断系统具有 6 个中断输入。下面按照中断优先权由低到高的顺序进行介绍。

R/$\overline{S}$（恢复/停止）：该引脚出现低电平时停止当前指令的操作，出现高电平后重新启动指令执行。

$\overline{FLUSH}$（刷新）：该引脚出现低电平时，将高速缓冲处理器的内容回写到主存储器中。

$\overline{SMI}$（系统管理模式中断）：当该引脚出现至少两个时钟周期的低电平时，CPU 会在执行当前指令后，向外界发出即将进入管理模式的提示，系统管理模式是一种节能操作模式。

INIT（初始化）：当该引脚出现至少两个时钟周期的高电平时，系统将会进入初始化，其操作类似系统复位 RESET 操作，不同的是内部高速缓冲处理器、写缓冲器、方式寄存器和浮点寄存器保留原有的数值，而复位控制寄存器 CR0 的 PE 位为 0，使系统进入实模式。

NMI（不可屏蔽中断）：该引脚出现高电平时，系统即进入中断处理，不受 Flags 寄存器中中断允许位的控制，微机系统中只允许有一个非屏蔽中断 NMI 被服务。由于 NMI 中断会在 NMI 引脚出现高电平后无条件被执行，因而通常将 NMI 用做意外事件的中断处理，如总线出错等致命性错误和掉电应急保护。

INTR（可屏蔽中断）：可屏蔽中断 INTR 的开启和屏蔽，通过 CPU 中断允许标志 IF 清 0 和置 1 决定，当 IF=1 时，INTR 被开启。

6.6.2 实地址模式下查询向量表

高档微机在实地址模式下查询中断向量表的过程与 8086 基本相同，主要区别是中断向量表在存储器中的位置。在 8086 处理器中，中断向量表的位置固定在存储器的底端 00000H 处开始的单元，而奔腾处理器的中断向量表的位置则可以通过指令进行修改。在高级处理器中，CPU 内部增加了一个中断描述符表地址寄存器（IDTR），存放着中断描述符表的基地址和表格的大小。在 CPU 复位后，IDTR 中的数值与 8086 的中断向量基地址和大小一致，即基地址为 00000H，表格大小为 03FFH。而通过 LIDT 和 SIDT 两条装载指令可以修改 IDTR 中的值，达到修改中断向量表的基地址和表格大小的目的，将其放置到实模式下寻址空间的任意字段。

在高档微机系统中，专用接口芯片组集成了 8259A 芯片的功能，所以从硬件电路上来说，此类微机系统已经不存在 8259A 芯片及其电路，在芯片组中集成了高级可编程中断控制器（APIC，Advanced Programmable Interrupt Controller）子系统。但是对于系统用户而言，中断系统的硬件和软件接口属性维持不变，高级微机系统仍然兼容 8086 的中断系统。

本 章 小 结

在中断系统中能引起中断的事件称为中断源。中断源的识别可通过向量中断或中断查询来完成。微机的中断系统应具有中断响应、断点保护和中断处理、中断优先权排队与中断嵌套的功能。

在向量中断中，每个中断服务程序都有一个确定的入口地址，该地址称为中断向量。

8086 中断系统采用向量中断机制，可以处理多达 256 个不同类型的中断请求。8086 中断类型号为 1 字节，共分 256 级中断（0～255）。中断向量由 CS:IP 两部分组成。每个类型号含一个 4 字节的中断向量。前 2 字节存放偏移量 IP，后 2 字节存放段首地址 CS。CPU 根据中断类型号，可以从内存的 000H～3FFH 地址中的中断向量表找到中断服务程序的首地址。

8086 响应中断可分为 4 个阶段：中断请求与响应阶段、中断自动处理阶段、中断服务阶段及中断返回。

8259A 是用于系统中断管理的专用芯片，具有灵活的中断管理方式，可满足各种不同要求。8259A 的工作方式分为三类：中断触发方式，中断优先权管理方式，连接系统总线的方式。普通全嵌套方式是 8259A 的默认工作方式。

可屏蔽硬中断服务子程序与软中断服务子程序编写相似，但在可屏蔽中断服务程序中应注意，在退出中断前，发中断结束命令 EOI，清除 8259A 中 ISR 的记录；否则，响应一次中断后，同级中断和低级中断将被屏蔽。

80x86 以上的 32 位微机中断系统与 8086/8088 相比有较大的不同，而实地址模式下的中断源和中断过程仍与 8086/8088 一致。由于中断系统的硬件和软件接口属性维持不变，高级微机系统仍然兼容 8086 的中断系统。本章给出的中断服务程序例子均在 PC 环境运行，无须提供 8086 单板机实验装置。

习 题

1．名词解释
(1) 内部中断　　　　　　(2) 中断向量
(3) 可屏蔽中断　　　　　(4) 中断程序入口地址
(5) 自动 EOI（AEOI）　　(6) 现场保护
(7) 中断优先权　　　　　(8) 中断嵌套

2．CPU 响应中断的条件是什么？响应中断后，CPU 有什么样的处理过程？

3．软件中断有哪些特点？在中断处理子程序和主程序的关系上，软件中断和硬件中断有什么不同之处？

4．什么是中断向量？它放在哪里？对应于 1CH 的中断向量在哪里？如 1CH 中断程序从 5110H：2030H 开始，则中断向量应怎样存放？

5．叙述可屏蔽中断的响应过程，一个可屏蔽中断或非屏蔽中断响应后，堆栈顶部 4 个单元中是什么内容？

6．类型号为 20H 的中断服务程序入口符号地址为 INT-5，试写出中断向量的装入程序片段。

7．8259A 中 IRR、IMR 和 ISR 三个寄存器的作用是什么？

8．试按照如下要求对 8259A 设置初始化命令字。系统中有一片 8259A，中断请求信号用边沿触发方式，下面要用 ICW$_4$，中断类型码为 60H～67H，采用全嵌套方式，不采用缓冲方式，采用中断自动结束方式。8259A 的端口地址为 90H、91H。

9．自编一个键盘中断服务程序，将键盘输入的单个字符转换为 ACSII 码符显示出来。

10．自编一个时钟程序，能实现时分秒计时，可以选择 12 小时制与 24 小时制两种工作模式。

11. 某时刻 8259A 的 IRR 内容是 08H（00001000B），说明（　　　　）。某时刻 8259A 的 ISR 内容是 08H，说明（　　　　）。在两片 8259A 级联的中断电路中，主片的第 5 级 IR5 作为从片的中断请求输入，则初始化主、从片时，ICW₃ 的控制字分别是（　　　　）和（　　　　）。

12. 填空题：

（1）8086 中断源有（　　　　）个。8086 中断服务程序入口地址由（　　　　）组成。中断类型号为 20H，其中断向量为（　　　　）。

（2）一片 8259A 可以管理（　　　　）级中断；三片 8259A 可以管理（　　　　）级中断。

（3）若中断控制器 8259A 的中断请求寄存器 IRR 状态为 10100000B，说明（　　　　）。ISR 状态为 10100000B 说明（　　　　）。

（4）在中断服务程序结束前，为正确返回，必须设置一条指令（　　　　）。在子程序调用结束前，为正确返回，必须设置一条指令（　　　　）。

第7章 定时/计数技术

在微型计算机及其应用系统中，常用到定时与计数技术，实现的方法主要有两种，即软件定时方式与硬件定时方式。本章首先简单介绍定时与计数技术；然后重点介绍一种可编程定时/计数器芯片 Intel 8253，包括它的基本功能、工作方式和初始化编程；最后介绍 8253 的一些应用。

建议本章学时为 4～6 学时。

7.1 概   述

定时计数技术在计算机中具有极为重要的作用。IBM PC 系列微机中需要一个实时时钟以实现计时功能，需要对动态存储器 DRAM 提供定时刷新信号，以及用定时信号来驱动扬声器的发声等。在微机控制系统中，需要等间隔地进行数据采集，即定时采样；在微机系统中，对产品进行统计与计数，即记录外设提供的脉冲个数。在实时操作系统和多任务操作系统中，可以利用定时器产生的定时中断进行进程调度。

定时器和计数器都由数字电路中的计数电路构成。它们的工作原理相似，都是记录输入的脉冲个数。前者记录高精度晶振脉冲信号，因此可以输出准确的时间间隔，称为定时器，而当记录外设提供的具有一定随机性的脉冲信号时，它主要反映脉冲的个数，进而获知外设的某种状态，称为计数器。

定时的方法有两种：软件定时与硬件定时。

1. 软件定时

CPU 执行每条指令需要一定的时间，重复执行一段程序就会占用一段固定的时间，用户通过适当地选取指令和循环次数，便可很容易地实现定时功能，这种方法不需要增加硬件，可通过编程来控制和改变定时时间，灵活方便，但难以做到精确定时。由于 CPU 重复执行的这段程序本身并没有什么具体目的，仅为延时，从而降低了 CPU 利用率。

2. 硬件定时

不可编程的硬件定时可采用数字分频器将系统时钟进行适当的分频，产生需要的定时信号；也可以采用单稳电路由外接 RC 电路控制定时时间。这样的定时电路比较简单，但是定时范围不能改变和控制，定时精度也不高。

在微机系统中，用可编程定时/计数器芯片构成一个方便灵活的定时计数电路，这种电路不仅定时值和定时范围可由程序确定和改变，而且具有多种工作方式，可以输出多种控制信号，计时精确稳定。Intel 8253 定时/计数器就是这样一种可编程间隔定时器 PIT（Programmable Interval Timer）芯片。

7.2 Intel 8253 可编程定时/计数器

7.2.1 8253 的基本功能和内部结构

1. 8253 的基本功能

① 具有三个独立的 16 位定时/计数器，采用二进制计数时，最大计数范围为 0～65535；采用 BCD 码计数时，计数范围为 0～9999。

② 每个定时/计数器都有自己的时钟输入 CLK、定时输出 OUT 和门控信号 GATE。

③ 每个定时/计数器均可以按二进制或 BCD 码计数，计数速率可达 2 MHz（82C54-2 计数速率可达 10 MHz）。

④ 每个定时/计数器有 6 种工作方式，通过编程设置；计数器可作计数用，也可作定时用。

⑤ 所有输入和输出电平都与 TTL 兼容。

8253 具有较好的通用性和使用灵活性，几乎适合于任何一种微处理器组成的系统。

2. 8253 的内部结构

8253 的内部结构如图7.1所示，由数据总线缓冲器、控制寄存器、读/写逻辑电路和计数器等部分组成。

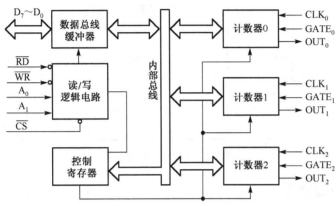

图 7.1 8253 的内部结构示意图

（1）数据总线缓冲器

数据总线缓冲器用于 8253 内部总线和 CPU 数据总线之间的连接，是一个 8 位双向三态缓冲器。CPU 访问 8253 的数据都由该缓冲器传送，包括向 8253 写入工作方式的命令字、向计数器装入计数初值及读取当前计数值。

（2）读/写逻辑电路

读/写逻辑电路接收 CPU 系统总线上的控制信号，然后转换成 8253 内部操作的各种控制信号。它决定三个定时器和控制字寄存器中哪一个参与工作，并控制内部总线上的数据传输方向。

（3）控制寄存器

A_0 和 A_1 均为 1 时，接收 CPU 送来的控制字，控制字确定了每个计数器的工作方式、计数数值及计数初值寄存器的读写格式。控制字的 $D_7 D_6$ 位的编码 00～10 分别对应 0～2 号计数器，8253 的控制寄存器只能写，不能读。

（4）计数器 0、1 与 2

8253 有三个独立的计数器，每个计数器的结构完全相同，如图7.2所示。每个计数器有一个 16 位减法计数器，还有对应的 16 位初值寄存器和输出锁存器。每个计数器都可以对其 CLK 输入端输入的脉冲按照二进制数或 BCD 码从预置的初值开始进行减 1 计数。计数过程中，减法计数器的值不断递减，而初值寄存器中的初值不变。

计数的开始由软件启动或硬件门控信号 GATE 控制。计数开始前写入的计数初值存于初值寄存器，最大计数值为 65536。输出锁存器则用于写入锁存命令时锁定当前计数值。

当 8253 用做计数器时，加在 CLK 引脚上脉冲的间隔可以是不相等的；当它用做定时器时，则在 CLK 引脚应输入精确的时钟脉冲。8253 所能实现的定时时间，取决于计数脉冲的频率和计数器的初值，即：

定时时间=时钟脉冲周期 $T_c \times$ 预置的计数初值 n

对 8253 来讲，外部输入到 CLK 引脚上的时钟脉冲频率不能大于 2 MHz，否则需分频后才能送到 CLK 端。

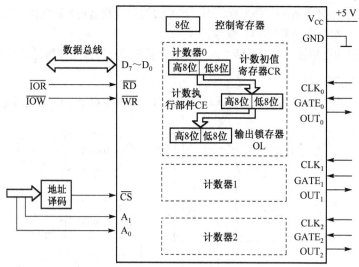

图 7.2　计数器内部逻辑图

7.2.2　8253 的引脚信号

8253 是一片具有三个独立计数器的 16 位定时/计数器芯片，使用单一的+5 V 电源，24 引脚双列直插式封装，如图7.3 所示。

1. 与 CPU 的接口信号

① $D_7 \sim D_0$：双向三态数据线，与 CPU 数据总线直接相连或与外部数据总线缓冲器相连，用于传递 CPU 与 8253 之间的数据信息、控制信息和状态信息。

② $\overline{RD}$：读信号，输入，低电平有效。用于控制 CPU 对 8253 的读操作，可与 A_1 和 A_0 信号配合读取某个计数器的当前计数值。

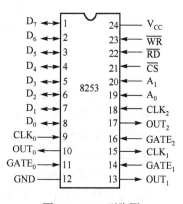

图 7.3　8253 引脚图

③ $\overline{WR}$：写信号，输入，低电平有效。用于控制 CPU 对 8253 的写操作，可与 A_1 和 A_0 信号配合以决定是写入控制字还是计数初值。

④ $\overline{CS}$：片选信号线，输入，低电平有效。表示 8253 被选中，允许 CPU 对其进行读/写操作。通常连接 I/O 端口地址译码电路输出端。通常接 CPU 高位地址总线或地址译码器的输出。

⑤ A_0、A_1：地址输入线。当 $\overline{CS}$ =0，8253 被选中时，用于寻址 8253 内部的 4 个端口，即三个计数器和一个控制字寄存器，以便对它们进行读/写操作。一般与 CPU 低位的地址线相连。8253 的读/写操作逻辑与地址如表 7.1 所示。

表 7.1　8253 读/写操作逻辑与地址

$\overline{CS}$	$\overline{RD}$	$\overline{WR}$	A_1	A_0	寄存器选择和操作	PC/XT 地址
0	1	0	0	0	写入计数器 0	40H
0	1	0	0	1	写入计数器 1	41H
0	1	0	1	0	写入计数器 2	42H
0	1	0	1	1	写入控制字寄存器	43H

（续表）

$\overline{CS}$	$\overline{RD}$	$\overline{WR}$	A_1	A_0	寄存器选择和操作	PC/XT 地址
0	0	1	0	0	读计数器 0	40H
0	0	1	0	1	读计数器 1	41H
0	0	1	1	0	读计数器 2	42H
0	0	1	1	1	无操作	
1	×	×	×	×	禁止使用	
0	1	1	×	×	无操作	

如果 8253 与 8 位数据总线的微处理器相连，如 8088 CPU，只要将 A_0、A_1 分别与地址总线的最低两位 A_0、A_1 相连即可。例如，在以 8088 为 CPU 的 PC/XT 中，地址总线高位部分（$A_9 \sim A_4$）用于 I/O 端口译码，形成选择各 I/O 芯片的片选信号，低位部分（$A_3 \sim A_0$）用于各芯片内部端口的寻址。若 8253 的端口基地址为 40H，则计数器 0、1、2 和控制字寄存器端口的地址分别为 40H、41H、42H 和 43H。8253 与 CPU 总线的连接示意图如图 7.4 所示。

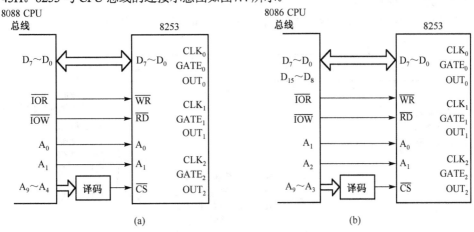

图 7.4　8253 与 8088/8086 CPU 总线的连接

如果系统采用的是 8086 CPU，CPU 数据总线为 16 位。CPU 在传送数据时，总是将低 8 位数据送往偶地址端口，将高 8 位数据送到奇地址端口。当仅具有 8 位数据总线的存储器或 I/O 接口芯片与 8086 的 16 位数据总线相连时，既可以连到高 8 位数据总线，也可以连到低 8 位数据总线。在实际设计系统时，为了方便起见，常将这些芯片的数据线 $D_7 \sim D_0$ 接到系统数据总线的低 8 位，这样，CPU 就要求芯片内部的各个端口都使用偶地址。

假设一片 8253 被用于 8086 系统中，为了保证各端口均为偶地址，CPU 访问这些端口时，必须将地址总线的 A_0 置为 0。因此，就不能像在 8088 系统中那样，用地址线 A_0 来选择 8253 中的各个端口，而改用地址总线中的 A_2A_1 实现端口选择，即将系统地址线 A_2 连到 8253 的 A_1 引脚，而将系统地址线 A_1 与 8253 的 A_0 引脚相连。若 8253 的基地址为 F0H，A_2A_1=00 即为计数器 0 的地址；A_2A_1=01 选择计数器 1，其地址为 F2H；A_2A_1=10 选择计数器 2，其地址为 F4H；A_2A_1=11 选择控制字寄存器，其地址为 F6H。

2．与外部设备的接口信号

CLK_0、CLK_1、CLK_2：计数器的时钟脉冲输入端，用于输入定时脉冲或计数脉冲信号。CLK 可以是系统时钟脉冲，也可以由其他脉冲源提供。如果输入是周期精确的时钟，则 8253 一般工作在定时方式，如果输入是周期不定的脉冲，或关心的只是脉冲的数量而不是脉冲的时间间隔，则此时 8253 一般作为计数器使用。8253 规定加在 CLK 引脚的输入时钟周期不得小于 380 ns。

GATE$_0$、GATE$_1$、GATE$_2$：门控输入端，用于外部控制计数器的启动或停止计数的操作。当 GATE 为高电平时，允许计数器工作，当 GATE 为低电平时，禁止计数器工作。两个或两个以上计数器连用时，可用此信号来同步，也可用于与外部信号的同步。

OUT$_0$、OUT$_1$、OUT$_2$：计数器的输出端。在不同工作方式中，当计数器计数到 0 时，OUT 引脚上输出相应的波形，输出波形取决于 8253 的工作方式。

3. 其他引脚

电源引脚 V_{CC}，地线 GND。

7.2.3　8253 的控制字与初始化编程

1. 8253 的控制字

8253 的控制字有 4 个主要功能：选择计数器；确定计数器数据的读/写格式；确定计数器的工作方式；确定计数器计数的数制。

控制字的格式如图 7.5 所示（注：图中*可以是 0，也可以是 1，一般取 0）。

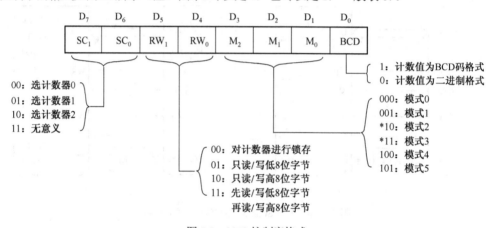

图 7.5　8253 控制字格式

（1）计数器选择（D$_7$ D$_6$）

控制字的最高两位决定这个控制字是哪个计数器的控制字。由于三个计数器的工作是完全独立的，所以需要控制寄存器分别规定相应计数器的工作方式。但它们的地址是同一个，即 $A_1A_0 = 11$（控制字寄存器的地址），所以需要由 D$_7$ D$_6$ 这两位来决定是哪个计数器的控制字。

注意，控制字中的计数器选择与计数器的地址是两个概念。

（2）读/写格式（D$_5$ D$_4$）

CPU 向计数器写入初值和读取它们的当前状态时，有几种不同的格式。例如，写数据时，是写入 8 位数据还是 16 位数据。若是 8 位计数，可以令 D$_5$D$_4$=01 只写低 8 位，则只操作低 8 位计数；若是 16 位计数，令 D$_5$ D$_4$=11，则先写入低 8 位，后写入高 8 位；令 D$_5$ D$_4$=00，则把当前计数值锁存，以便读取计数值到 CPU。

（3）工作方式（D$_3$ D$_2$ D$_1$）

8253 的每个计数器可以有 6 种不同的工作方式，由 D$_3$ D$_2$ D$_1$ 这三位决定。

（4）数制选择（D$_0$）

8253 的每个计数器都有两种计数制：二进制和 BCD 码计数，由 D$_0$ 位决定。在二进制时，写入初值的范围为 0000H～FFFFH，其中 0000H 是最大值，代表 65536。在 BCD 码计数时，写入初值范围为 0000～9999，其中 0000 代表最大值 10000。因为计数器是先减 1，再判断是否为 0 的，所以写入 0 实际代表最大计数值。

2．8253 的初始化编程

系统加电时，如 8253 之类的可编程外围接口芯片计数器都处于未定义状态，在使用之前，必须用程序把它们设置为所需的特定模式，这个过程称为初始化。对 8253 芯片进行初始化时，需按下列步骤进行。

（1）写入控制字

用输出指令向控制字寄存器写入一个控制字，以选定计数器，规定该计数器的工作方式和计数格式。写入控制字还起到复位的作用，使输出端 OUT 变为规定的初始状态，并使计数器清 0。

（2）写入计数初值

用输出指令向选中的计数器端口地址中写入一个计数初值，初值设置时要符合控制字中有关格式的规定。初值可以是 8 位数据，也可以是 16 位数据。若是 8 位数，只要用一条输出指令就可完成初值的设置；如果是 16 位数，则必须用两条输出指令来完成，而且规定先送低 8 位数据，后送高 8 位数据。注意，计数初值为 0 时，若为 16 位计数，也要分成两次写入。

由于三个计数器分别具有独立的编程地址，而控制字寄存器本身的内容又确定了所控制的寄存器的序号，因此对三个计数器的编程没有先后顺序的规定，可任意选择某一个计数器进行初始化编程，只要符合先写入控制字，后写入计数初值的规定即可。

假设 8253 的 CLK 端输入时钟脉冲信号的频率为 f_{CLK}，OUT 端输出信号频率为 f_{OUT}，或输出定时的时间为 t，则 8253 的计数初值为：

$$n = f_{CLK} / f_{OUT} = f_{CLK} \times t$$

【例 7.1】 使 2 号定时器，工作在方式 3，计数初值为 533H，二进制计数。试写出 8253 初始化程序段。假设 8253 端口地址为 40H～43H。

```
MOV     AL, 10110110B        ;2 号定时器，方式 3
OUT     43H, AL
MOV     AX, 0533H
OUT     42H, AL              ;先写入初值低字节
MOV     AL, AH
OUT     42H, AL              ;后写入初值高字节
```

在计数初值写入 8253 后，还要经过一个时钟脉冲的上升沿和下降沿，才能将计数初值装入实际的计数器，然后在门控信号 GATE 的控制下，对从 CLK 引脚输入的脉冲进行递减计数。

3．计数值的读出命令

8253 工作过程中，CPU 可用输入指令读取任一计数器的计数值。CPU 读到的是执行输入指令瞬间计数器的当前值。但 8253 的计数器是 16 位的，所以要分两次读至 CPU。因此，若不锁存的话，在前后两次执行输入指令的过程中，计数值可能已经变化了。锁存当前计数值有以下两种方法。

① 利用 GATE 信号使计数过程暂停；

② 向 8253 写入一个方式控制字，令 8253 计数器的锁存器锁存。8253 的每个计数器都有一个 16 位锁存器，平时它的值随着计数器的值变化。当向计数器写入锁存的控制字时，它把计数器的当前值锁存（计数器可继续计数），于是 CPU 读取的就是锁存器的值。当对计数器重新编程或读取计数值后，自动解除锁存状态，它的值又随计数器变化。

【例 7.2】 计数器 2 已经初始化为 16 位二进制计数方式，读定时器 2 的当前计数值。由于在计

数过程中，减 1 计数器不断变化，当前计数值必须先锁存到输出锁存器中，方可读出。要锁存当前计数值，必须再次设置锁存命令控制字。假设 8253 端口地址为 40H～43H。程序为：

```
MOV    AL, 10000110B        ;2 号定时器, 锁存命令
OUT    43H, AL
IN     AL, 42H              ;先读低字节
MOV    BL, AL               ;存低字节到 BL
IN     AL, 42H              ;后读高字节
MOV    BH, AL               ;存高字节到 BH
```

【例 7.3】 计数器 1 已经初始化为 8 位二进制计数方式，编写程序判断当前计数值是否为 100。这里需要用锁存命令，将当前计数值锁存后再读出。假设 8253 端口地址为 40H～43H。程序为：

```
LL:    MOV AL, 01000000B    ;计数器 1 当前计数值锁存命令
       OUT 43H, AL          ;写命令
       IN  AL, 41H          ;读计数器当前计数值
       CMP AL, 100          ;比较
       JNE LL               ;不是, 转
```

7.2.4 8253 的工作方式

8253 是一种面向微机系统的专用接口芯片，它的每个计数器都可以按照控制字的规定有 6 种不同的工作方式，如下所述。

1. 方式 0——计数结束时中断方式（Interrupt on Terminal Count）

方式 0 在计数过程中，OUT 变为低电平，GATE 信号可以控制计数。方式 0 时序波形如图 7.6 所示，图中 CW 表示 8253 的控制字。

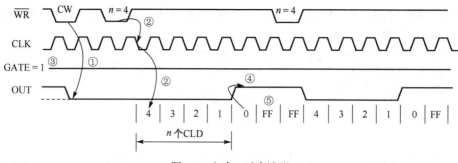

图 7.6 方式 0 时序波形

（1）计数过程

① 当写入方式 0 控制字后，OUT 立即变为低电平，并且在计数过程中一直维持低电平。

② 写入计数初值 n 后，经过一个 CLK 计数初值进入初值寄存器。

③ 若 GATE=1，允许计数；若 GATE=0，停止计数。

④ 经过 n 个 CLK 后，计数器减到零时，OUT 输出变为高电平，且一直保持到该计数器重新装入计数值或重新设置工作方式为止，此信号可用于申请中断。

⑤ 计数结束后，计数值保持 0FFH 不变。

按方式 0 计数时，计数器只计一遍。若要继续计数，则需重新装入初值，启动新的一轮计数。

（2）GATE 信号的影响

门控信号 GATE 可以用来控制计数过程，GATE 为高电平，允许计数；GATE 为低电平，暂停计数，计数值和输出 OUT 保持不变。如果门控信号 GATE 再次变高，计数器从停止处继续计数，如图 7.7 所示。

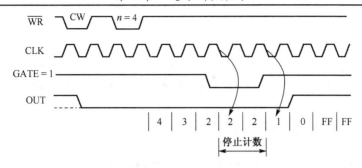

图 7.7 方式 0 门控信号的作用

（3）新的初值对计数过程的影响

方式 0 是写一次计数值，计一遍数，计数器不会自动重装初值重新开始计数。如果在计数过程中写入新的计数初值，则在写入新值后的下一个时钟下降沿，计数器将按新的初值计数，即新的初值是立即有效的。

注意，8253 写计数值是由 CPU 的 $\overline{\text{WR}}$ 信号控制的，在 $\overline{\text{WR}}$ 信号的上升沿，计数值被送入对应计数器的计数值寄存器，在 $\overline{\text{WR}}$ 信号上升沿之后的下一个 CLK 脉冲才开始计数。如果设置计数初值 n，输出 OUT 是在写入命令执行后，第 $n+1$ 个 CLK 脉冲之后，才变为高电平的。后面的方式 1、2、4、5 也有同样的特点。

【例 7.4】 使 1 号定时器，工作在方式 0，计数初值为 0FF5H，二进制计数，试写出 8253 初始化程序段。8253 端口地址：330H～333H。

```
MOV     DX, 333H            ;控制端口地址送 DX
MOV     AL, 01110000B       ;1 号定时器，方式 0
OUT     DX, AL
MOV     DX, 331H            ;1 号定时器端口地址送 DX
MOV     AX, 0FF5H           ;送计数初值
OUT     DX, AL              ;先写入初值低字节到 1 号定时器
MOV     AL, AH
OUT     DX, AL              ;后写入初值高字节到 1 号定时器
```

2. 方式 1——可编程单脉冲发生器（Programmable Single Pulse Generator）

方式 1 又称可编程单脉冲发生器。与方式 0 的软件触发不同，该方式由硬件触发，即由门控信号 GATE 上升沿触发启动计数，使输出端 OUT 变为低电平，产生一个单拍负脉冲信号，脉冲宽度由计数值决定。方式 1 时序波形如图 7.8 所示。

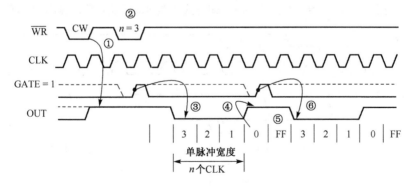

图 7.8 方式 1 时序波形

（1）计数过程

① 写入控制字后，OUT 输出为高电平。

② 写入计数初值 n 后，计数初值进入初值寄存器。

③ 等到 GATE 上升沿后，在下一个 CLK 输入脉冲的下降沿，初值进入计数部件，OUT 输出变低，开始计数。

④ 计数到 0 时计数结束，OUT 输出变高。

⑤ 计数结束后，计数值保持 0FFH 不变。

⑥ 若要重新计数，要求 GATE 上升沿触发，使计数初值自动进入计数部件，OUT 信号重新为低，并开始新一轮计数。

（2）GATE 信号的影响

在计数结束后，若 GATE 信号再出现上升沿，则下一个时钟周期的下降沿又从初值开始计数，而无须重新写入初值，**即门控信号可重新触发计数**。在计数工作期间，若门控信号 GATE 出现上升沿，也在下一个时钟下降沿从初值起重新计数，即终止原来的计数过程，开始新的一轮计数。

（3）新的初值对计数过程的影响

如果在计数过程中写入新的初值，不会立即影响计数过程。只有下一个 GATE 信号出现后的第一个时钟下降沿，才终止原来的计数过程，按新初值开始计数。

【例 7.5】 使 0 号定时器，工作在方式 1，计数初值=106，二进制计数，试写出 8253 初始化程序段。8253 端口地址：40H～43H。

```
MOV    AL, 000100110B      ;0 号定时器，方式 1，只读/写低 8 位
OUT    43H, AL
MOV    AL, 106             ;送计数初值
OUT    40H, AL             ;写入 8 位初值到 0 号定时器
```

3. 方式 2——速率发生器、分频器（Rate Generator）

方式 2 又称分频器，该方式的功能如同一个 n 分频计数器，输出是输入时钟按照计数值 N 分频后的一个连续脉冲，该方式具有计数初值重装能力。方式 2 时序波形如图 7.9 所示。

（1）计数过程

① 写入控制字后的时钟上升沿，输出端 OUT 变成高电平。

② 写入计数初值 n 后，再经过一个 CLK 信号，计数初值进入计数部件。

③ 若 GATE=1，允许计数；若 GATE=0，禁止计数。

④ 计数器减到 1 时，输出端 OUT 变为低电平，经过一个 CLK 后，输出 OUT 又变成高电平，计数部件重新装入计数初值，开始新的计数过程，即方式 2 能自动重装初值，输出固定频率的脉冲。

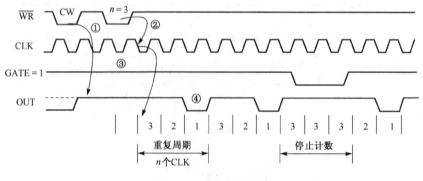

图 7.9　方式 2 时序波形

因此若装入计数初值为 n，则 OUT 引脚上每隔 n 个时钟脉冲就输出一个负脉冲，其频率为输入时钟脉冲频率的 $1/n$，故方式 2 也称为分频器。

（2）GATE 信号的影响

GATE 信号为低电平终止计数，待 GATE 恢复为高电平后，计数器重新从初值开始计数。由此可见，GATE 一直维持高电平时，计数器方能作为一个 n 分频器。

（3）新的初值对计数过程的影响

在计数器工作期间，如果写入新的计数初值，且 GATE 信号一直维持高电平，则新的初值不会立即影响当前的计数过程，但在计数结束后的下一个计数周期将按新的初值计数，即新的初值下次有效。

4．方式 3——方波发生器（Square Wave Generator）

方式 3 又称方波发生器，该方式具有计数初值重装能力，其输出波形是连续方波。方式 3 时序波形如图7.10所示。

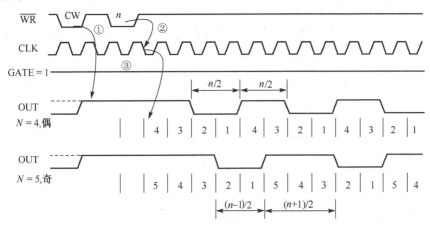

图 7.10　方式 3 时序波形

（1）计数过程

方式 3 的计数过程按计数初值的不同分为两种情况。

① 计数初值为偶数。写入控制字后的时钟上升沿，输出端 OUT 变成高电平。若 GATE=1，写入计数初值后的第一个时钟下降沿开始减 1 计数。减到 $n/2$ 时，输出端 OUT 变为低电平；减到 0 时，输出端 OUT 又变成高电平，并重新从初值开始新的计数过程。可见，输出端 OUT 的波形是连续的完全对称的方波，故称方波发生器。

② 计数初值为奇数。写入控制字后的时钟上升沿，输出端 OUT 变成高电平。若 GATE=1，写入计数初值后的第一个时钟下降沿开始减 1 计数，减到$(n+1)/2$ 以后，输出端 OUT 变为低电平；减到 0 时，输出端 OUT 又变成高电平，并重新从初值开始新的计数过程。这时输出波形的高电平宽度比低电平宽度多一个时钟周期，为连续的近似方波。

（2）GATE 信号的影响

GATE=1，允许计数，GATE=0，禁止计数。如果在输出端 OUT 为低电平期间，GATE 变低，则 OUT 将立即变高，并停止计数。当 GATE 变高以后，计数器重新装入初值并重新开始计数。

（3）新的初值对计数过程的影响

在计数器工作期间写入新的计数初值，则新的初值不会立即影响当前的计数过程，只有在计数结束后的下一个计数周期，才按新的初值计数。

【例7.6】 使2号定时器，工作在方式3，计数初值 $n = 1000$，二进制计数，试写出8253初始化程序段，8253端口地址：340H～343H。

```
MOV    AL, 10110110B    ;2号定时器，方式3，读写16位
MOV    DX,343H
OUT    DX, AL
MOV    DX,342H
MOV    AX, 1000
OUT    DX, AL
MOV    AL, AH
OUT    DX, AL
```

5. 方式4——软件触发选通信号发生器（Software Triggered Strobe）

方式4又称软件触发选通信号发生器。方式4时序波形如图7.11所示。

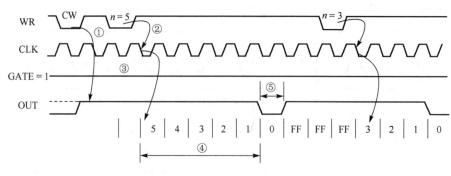

图7.11　方式4时序波形

（1）计数过程

① 写入控制字后的时钟上升沿，输出端OUT变成高电平。

② 写入计数初值 n 后，再经过一个CLK信号，计数初值进入计数部件。

③ 若GATE=1，允许减1计数；若GATE=0，禁止计数。

④ 写入初值后，经过 n 个CLK，计数到达0值，OUT输出为低电平，持续一个CLK脉冲周期后再恢复到高电平。

⑤ 计数结束后，OUT一直输出为高电平。

⑥ 计数结束后，计数值保持0FFH不变，除非重新初始化或送初值。

方式4之所以称为软件触发选通方式，是因为计数过程是由软件把计数初值装入计数寄存器来触发的，计数初值 n 仅一次有效。若要继续计数，则需重新装入初值。

（2）门控信号的影响

GATE=1，允许计数；GATE信号变低，禁止计数，输出维持当时的电平，直到GATE变成高电平后继续计数，从OUT端输出一个负脉冲。

（3）新的初值对计数过程的影响

在计数器工作期间改变计数值，则在写入新值后的下一个时钟下降沿，计数器将按新的初值计数，即新值是立即有效的。

6. 方式5——硬件触发选通方式（Hardware Triggered Strobe）

方式5时序波形如图7.12所示。

（1）计数过程

① 写入控制字后，输出OUT即为高电平。

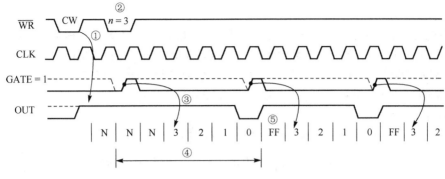

图 7.12　方式 5 时序波形

② 写入计数初值后，计数器并不立即开始计数。

③ 由门控脉冲的上升沿触发，经过一个 CLK 后计数初值进入计数部件，开始减 1 计数。

④ 计数结束（计数器减到 0）时，OUT 输出一个持续时间为 CLK 宽度的负脉冲，然后输出恢复为高电平。

⑤ 计数结束，计数值保持 0FFH 不变，直到 GATE 信号再次触发。

⑥ 新的 GATE 上升沿触发，启动新的一轮计数。

（2）门控信号的影响

在计数器工作期间，若门控信号 GATE 再次出现上升沿，则立即终止当前的计数过程，且在下一个时钟下降沿又从初值开始计数。

（3）新的初值对计数过程的影响

如果在计数过程中写入新的初值，只有到下一个门控信号 GATE 出现上升沿后，才从新的初值开始减 1 计数。

7.3　8253 应用举例

7.3.1　8253 的一般应用

1．8253 定时功能的应用

在计算机应用中，经常会遇到隔一定时间重复某一个动作的应用。

【例 7.7】　设某应用系统中，系统提供一个频率为 10kHz 的时钟信号，要求每隔 100 ms 采集一次数据。在系统中，采用 8253 定时器 0 来实现这一要求。将 8253 芯片的 CLK_0 接到系统的 10 kHz 时钟上，OUT_0 输出接到 CPU 的中断请求线上，8253 的端口地址为 210H～216H，如图7.13所示。

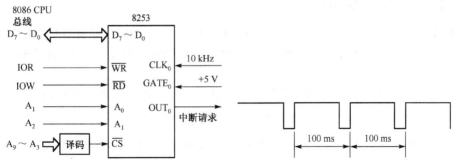

图 7.13　8253 用于定时中断

（1）选择工作方式

由于系统每隔 100 ms 定时中断一次，则采样频率为 10Hz，可选用方式 2 来实现。当 8253 定时器工作在方式 2 时，在写入控制字与计数初值后，定时器就启动工作，每到 100 ms 时间，即计数器减到 1 时，输出端 OUT_0 输出一个 CLK 周期的低电平，向 CPU 申请中断，CPU 在中断服务程序中完成数据采集，同时按原设定值重新开始计数，实现了计数值的自动重装。

（2）确定计数初值

已知 $f_{CLK_0} = 10\,kHz$，则 $T_{CLK_0} = 0.1\,ms$，所以计数初值：

$$n = T_{OUT} / T_{CLK_0} = 100\,ms/0.1\,ms = 1000 = 03E8H$$

（3）初始化编程

根据以上要求，可确定 8253 定时器 0 的方式控制字为 00110100B，即 34H。

初始化程序段如下：

```
MOV    DX, 216H
MOV    AL, 34H          ;计数器0，16位计数，方式2，二进制计数
OUT    DX, AL           ;写入方式控制字到控制字寄存器
MOV    DX, 210H
MOV    AL, 0E8H         ;计数初值低8位
OUT    DX, AL           ;写入计数初值低8位到计数器0
MOV    AL, 03H          ;计数初值高8位
OUT    DX, AL           ;写入计数初值高8位到计数器0
```

2. 8253 计数功能的应用

【例 7.8】 通过 PC 系统总线在外部扩展一个 8253，利用其计数器 0 记录外部事件的发生次数，每输入一个高脉冲表示事件发生一次。当事件发生 100 次后就向 CPU 提出中断请求（边沿触发），假设 8253 片选信号的 I/O 地址范围为 200H～203H。

根据要求，可以选择方式 0 来实现，计数初值 $N=100$。8253 初始化程序段如下：

```
MOV    DX, 203H         ;设置方式控制字地址
MOV    AL, 10H          ;设定计数器0为工作方式0，二进制计数，只写入低字节
OUT    DX, AL
MOV    DX, 200H         ;设置计数器0的地址
MOV    AL, 64H          ;计数初值为100
OUT    DX, AL
```

3. 8253 计数器的串联使用

【例 7.9】 已知某 8253 占用 I/O 空间地址为 40H～43H，设定时器 0、定时器 1 工作于方式 3，外部提供一个时钟，频率 $f = 2\,MHz$。要求定时器 1 连续产生 5ms 的定时信号，定时器 0 连续产生 5s 的定时信号。

分析：8253 的一个计数器的最大计数范围为 65536，一个定时器的最大定时时间：

$$65536/(2\times10^6) = 0.032768\,s = 32.768\,ms$$

因此一个定时器不能完成 5 s 定时，将定时器 0 与定时器 1 串联使用，将定时器 1 的 CLK_1 接 2 MHz 时钟，如图 7.14 所示。

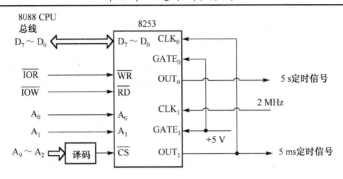

图 7.14　8253 计数器的串联

定时器 1 的计数初值：

$$n_1 = T_1 \times f_{\mathrm{CLK}_1} = 5 \times 2 \times 10^6 = 10000$$

定时器 0 的计数初值：

$$n_0 = T_0 \times f_{\mathrm{CLK}_0} = \frac{1}{5 \times 10^{-3}} \times 5 = 1000$$

计数器 1、0 的初始化程序如下：

```
MOV    AL, 00110110B        ;0 号定时器，16 位计数，方式 3
OUT    43H, AL              ;写入 0 号定时器方式字
MOV    AX, 1000             ;初值
OUT    40H, AL              ;写入初值低 8 位入 0 号定时器
MOV    AL, AH
OUT    40H, AL              ;写入初值高 8 位入 0 号定时器
MOV    AL, 01110110B        ;1 号定时器，16 位计数，方式 3
OUT    43H, AL
MOV    AX, 10000            ;初值
OUT    41H, AL              ;写入初值低 8 位入 1 号定时器
MOV    AL, AH
OUT    41H, AL              ;写入初值高 8 位入 1 号定时器
```

7.3.2　8253 在微机系统中的应用

图 7.15 所示为 8253 在微机系统中的典型应用电路。

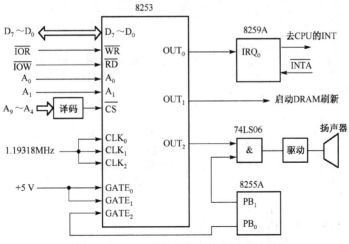

图 7.15　8253 在微机系统中的典型应用电路

定时器的三个 CLK 输入端输入的 1.19318MHz 周期性信号，是来自时钟发生器 8284A 的输出时钟经过二分频后的信号。定时器 0 与定时器 1 的门控信号接+5 V，一直有效，而定时器 2 的门控信号受系统中的 8255A 的 PB_0 控制。定时器 0 的输出连接微机系统中的中断控制器 8259A 的 IRQ_0，而定时器 2 的输出与 8255A 的 PB_1 相与后，一起控制扬声器的发声。定时器 1 的输出用于提供定时刷新动态 DRAM 信号。

【例7.10】 利用 PC 的硬件定时器 8253 编制稳定延时 5s 的定时程序。

（1）分析

8253 定时器 0 工作于方式 3，外部提供一个时钟作为 CLK 信号，频率 $f = 1.1931816$ MHz。定时器 0 输出方波的频率 $f_{out} = 1.1931816 \times 10^6/65536 = 18.2$Hz，输出方波的周期 $T_{out} = 1/18.2$ 为 54.945 ms。

因此，8259A 每隔 54.945 ms 向 CPU 申请一次中断。可用 54.945 ms 作为基本计时单位。若要进行一天的计时，需要的计时单位为：

$$1\ 天 = 24 \times 60 \times 60 \times 1000\ ms/54.945\ ms = 1573040\ （计时单位）= 001800B0H$$

同理： 1 小时=65543（计时单位）

1 分钟=1092（计时单位）

1 秒=18.2（计时单位）

PC 在 BIOS 中开辟了两个双字变量，用于记录中断次数，即每次中断就使双字变量加 1。当累计满 001800B0H 个计时单位时，刚好是 24 小时。而 BIOS 功能调用 INT 1AH/00H 提供了读取当前计时单位的方法，其中计时单位（54.945 ms）的计数在 DL 中。

（2）设计

首先要取得计时单位，利用 BIOS 功能调用 INT 1AH/00H，可以获得计时单位（中断次数）。现在要取得 5s 定时，需要 5000/54.945=91 个计时单位。用 INT 21H/02H 模拟显示 5s 的变化，为简单起见，在屏幕上以 5s 间隔从 0 到 9 循环显示。参考程序如下：

```
DATA      SEGMENT
          SED   DB '0'
DATA      ENDS
STACK     SEGMENT  STACK
          DW    64 DUP(0)
STACK     ENDS
CODE      SEGMENT
          ASSUME CS: CODE, SS: STACK, DS: DATA
START:    MOV   AX, DATA
          MOV   DS, AX
GOT:      MOV   AH, 00H
          INT   1AH              ;BIOS 调用，取计时单位（55ms），在 DX
          ADD   DL, 91           ;定时 5s，需要 91 个计时单位
          MOV   BL, DL
LOP:      MOV   AH, 00H
          INT   1AH
          CMP   DL, BL           ;是否累计到 5s?
          JNZ   LOP              ;没到，继续读
          MOV   DL, SED          ;到 5s，准备显示
          MOV   AH, 02H          ;DOS 调用，显示一个字符
          INT   21H
          INC   SED
          CMP   SED, '9'
          JNA   GOT
```

```
                MOV     SED, '0'
                JMP     GOT
                MOV     AH, 4CH
                INT     21H
        CODE    ENDS
                END     START
```

【例7.11】　设计一个程序，使扬声器发出 600 Hz 的声音。按下任意键则发声；若按 ESC 键，则停止发声。假设 8255 端口地址为 60H～63H，8253 端口地址为 40H～43H。

（1）分析

PC 的扬声器以计数器 2 为核心。CLK_2 的输入频率为 1.193182 MHz，改变计数器初值，可以由 OUT_2 得到不同频率的方波输出。对于 600 Hz，计数初值=1938。扬声器受 8255A 芯片 B 口的两个输出端线 PB_0、PB_1 控制，PB_0 为 1，使 $GATE_2$ 为 1，计数器 2 能正常计数，PB_1 为 1，打开输出控制门，扬声器工作。

（2）设计

① 扬声器的键盘控制

利用 DOS 系统功能调用 INT 21H/0BH，检查键盘输入，若(AL) = 0，表示无键按下；否则，(AL) = 0FFH，表示有键按下，此时使扬声器发声。再利用 INT 21H/08H 功能，检查键盘输入，输入字符在 AL 中，若为 ESC 键，则停止发声。

② 8253 定时器 2 初始化

使定时器 2 工作于方式 3，16 位二进制计数，计数初值为 1983，对应的输出频率为 600Hz。

③ 8255A 的控制

为了使程序在 PC 上运行时，不影响 8255A 对其他设备的控制，首先将 8255A 的 B 端口的值读出后保存，然后再置 PB_0、PB_1 为 1，启动 8253 及扬声器工作。退出程序前，将 8255A 的 B 端口恢复原来状态。

参考程序如下：

```
        DATA    SEGMENT
                M1  DB  'hello!', 0DH, 0AH, '$'
        DATA    ENDS
        CODE    SEGMENT
                ASSUME  CS: CODE, DS: DATA
        START:  MOV     AX, DATA
                MOV     DS, AX
                MOV     DX, OFFSET M1
                MOV     AH, 09H
                INT     21H
        W1:     MOV     AH, 0BH         ;有键按下？
                INT     21H
                CMP     AL, 00H
                JZ      W1              ;无键按下，转 W1
                MOV     AH, 08H         ;有键，读键值 AL
                INT     21H
                CMP     AL, 1BH
                JZ      STOP            ;是 ESC 键，退出
                CALL    SOUND           ;不是，调用 SOUND
                JMP     W1
        STOP:   MOV     AH, 4CH
                INT     21H
        SOUND   PROC    NEAR
                MOV     AL, 10110110B   ;8253 计数器2，模式3，初值16位，二进制
```

```
            OUT       43H, AL
            MOV       AX, 1983         ;计数初值=1.19 MHz ÷600 Hz=1983
            OUT       42H, AL          ;送计数初值低位字节
            MOV       AL, AH
            OUT       42H, AL          ;送计数初值高位字节
;----- 8255 控制程序-----
            IN        AL, 61H          ;读 8255 的 PB 口原输出值
            MOV       AH, AL           ;保留到 AH
            OR        AL, 03H          ;使 PB0\PB1 均为 1
            OUT       61H, AL          ;打开 GATE2 门，输出方波到扬声器
            MOV       CX, 0FFFFH
DELAY:      LOOP      DELAY            ;延时
            MOV       AL, AH           ;取回 8255 的 PB 口原输出值
            OUT       61H, AL          ;恢复 8255 的 PB 口
            RET
SOUND       ENDP
            CODE      ENDS
            END       START
```

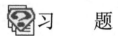 本 章 小 结

8253 是可编程定时/计数器，可工作于 6 种方式。方式 0 和方式 4 都是软件触发计数，无自动重装能力，必须通过重写初值才能启动新一轮计数。两种方式的主要区别在于输出 OUT 的波形不同。方式 0 在开始计数时输出为低电平，并维持 n 个 CLK 脉冲宽度，计数结束后输出变为高电平。方式 4 的输出 OUT 在计数时保持高电平，计数结束后 OUT 输出一个 CLK 脉宽的负脉冲。

方式 1 和方式 5 都是硬件触发计数。写入初值后并不马上计数，必须在门控信号的上升沿，初值进入计数部件再开始计数。两种方式的主要区别在于输出 OUT 的波形不同。方式 1 在计数过程中 OUT 输出低电平，并维持 n 个 CLK 脉冲宽度，计数结束后输出变为高电平，形成一个单负脉冲。方式 5 在计数过程中 OUT 输出高电平，计数结束后 OUT 输出一个 CLK 脉宽的负脉冲。

方式 2 和方式 3 的共同点是具有自动重装初值的能力，即当计数部件减为 0 时，计数初值会自动装入减 1 计数部件中，继续开始计数。两种方式输出都为连续波形，主要区别在于，方式 2 在计数部件减为 0 时，输出一个 CLK 脉宽的负脉冲，而方式 3 输出的是连续方波（近似）。

因此，一般可以将方式 0、1、4 与 5 用于计数方式，方式 2 和 3 用于定时方式。

习　　题

1. 定时和计数有哪几种实现方法？各有什么特点？

2. 试说明定时/计数器芯片 Intel 8253 的内部结构。

3. Intel 8253 有几个独立通道？有几种工作方式？通道可以串联使用吗？

4. 试按如下要求分别编写 8253 的初始化程序，已知 8253 的计数器 0~2 和控制字 I/O 地址依次为 04H~07H。

   （1）使计数器 1 工作在方式 0，仅用 8 位二进制计数，计数初值为 128；

   （2）使计数器 0 工作在方式 1，按 BCD 码计数，计数值为 3000；

   （3）使计数器 2 工作在方式 2，计数值为 02F0H。

5. 设一个 8253 的计数器 0 产生 20 ms 的定时信号，输入频率为 2MHz，地址为 300H~303H。试对它进行初始化编程。

6. 请把一个 8253 与 8086 CPU 相连，地址为 2FF0H~2FF3H。

7. 利用 8253 的计时功能，结合软件方法设计一个能计秒、分与小时的时钟。

8. 试设计一个计时器方案，它应能对场内的长跑成绩进行计时，要求精度达 1/100 秒，且能记录运动员每跑一圈的成绩。

9. 试编写一程序，使 IBM PC 系统板上的发声电路发出 200～900 Hz 频率连续变化的报警声。

10. 填空题：

(1) 可编程定时器 8253 的地址有（　　）个。共有（　　）独立定时通道。工作方式有（　　）个。

(2) 假设 8253 的端口地址为 340H～343H，那么控制端口地址为（　　），通道 0、1、2 的端口地址为（　　）。

(3) 定时器 8253 的门控信号 GATE 的作用是（　　），CLK 端的作用是（　　），OUT 端的作用是（　　）。

(4) 初始化定时器 8253 需要先写（　　），后写（　　）。

第8章　并行接口

　　并行通信和串行通信是微机与外部设备通信常用的两种形式，串行通信将在后续章节介绍，本章从保证正确通信需要解决的问题入手，通过对可编程并行接口芯片 8255 的内部结构、外部引脚及在微机系统中的连接，结合编程控制字，对 8255 实现并行通信的三种工作方式进行讨论，并以实例说明 8255 在不同工作方式下的数据传送过程。

　　建议本章学时为 4～5 学时。

8.1　通　信　概　述

8.1.1　并行通信和串行通信

　　由于外设通信信号与微型计算机总线标准不兼容，外设无法直接与总线传输数据，因此微机输入/输出数据需要经过接口缓冲：在微机内通过总线与接口交换数据；在微机外，接口与外设通过外部通信线实现数据传送。针对不同的外设，接口与外设之间的通信形式和通信标准也各不相同。根据数据传送形式的不同，通信可分为两类。

　　一类是并行通信，指接口与外设之间通过多根数据线同时传送多位数据。并行通信的数据传送率高，但由于多根数据线的线间干扰问题，随着传送距离的加长，信号衰减快，因此并行通信只适合近距离传送。例如，PC 微机标准并行接口 IEEE 1284 的数据传送率为 1.2Mbps，传输距离不超过 2m。

　　另一类是串行通信，指接口与外设之间通过一根数据线逐位传送数据。串行通信由于线间干扰小，所以传送距离较并行通信可以更长。例如，PC 微机标准串行接口 RS-232 的数据传送率低于 20Kbps，最大传送距离为 15m。在单线传送速率相同的情况下，串行通信的数据传送率显然不及并行通信；但随着新技术新标准的出现，目前串行通信的数据传送率已经大大高于并行通信，如 USB 2.0 可达 480Mbps，IEEE 1394b 可达 3.2Gbps，因此串行通信是计算机外部通信的发展方向。

8.1.2　通信中需要解决的问题

　　为了确保通信顺利进行，通信双方必须遵守一系列统一的约定，即通信协议。协议一般包括三个要素：语法、语义和同步。语法是指数据信息和控制信息的格式；语义是指控制信息的含义；同步是通信实现顺序的详细说明。

　　在通信双方约定语法和语义的基础上，同步过程体现了通信双方之间应有的协调操作，也决定了通信双方的流程。下面讨论同步过程中需要考虑的三个问题。

　　其一，计算机的数据通信是随机产生的，数据量和时间都是随机的，通信的发送方必须要告知接收方通信的开始和结束。这个问题应该由发送方向接收方传递一个同步信息来解决。

　　其二，接收方的数据缓冲区是有限的，如果发送方的发送速率高、一次传送的数据量太大，接收方的数据缓冲区可能溢出而造成数据丢失。这个问题应该由接收方向发送方传递一个流量控制信息来解决。

　　其三，通信线路的各个环节都有可能产生错误，接收方收到的数据不可能保证都是正确的。接收方通过校验随传送数据附带的校验信息才能确认数据正确与否，如果有错，这个问题也应该由接收方向发送方传递一个差错控制信息来解决。

综上所述，实现通信的过程中，除了传送数据信息，还要考虑传送一些控制信息：发送方向接收方传递的同步信息，以及接收方向发送方传递的流量控制信息和差错控制信息。

并行通信由于传送线的数目可以有多根，所以可以增加控制线来传递控制信息，一般增加一根发向接收方的同步控制线，一根反馈回发送方的流量控制线，而差错问题由上层协议解决，不再设置单独的控制线。图8.1所示为常见的并行通信形式：发送方将数据发送到数据线上，然后向接收方发出 $\overline{STB}$（Strobe）选通信号；接收方依靠这个信号的触发，接收数据线上的数据，然后向发送方发回 ACK（Acknowledge）响应信号以表示收到数据；发送方收到 ACK 后，这次传送过程完成，发送方可以开始下一次数据传送。这个同步联络的过程也形象地称为"握手"（Hand Shaking）。本章介绍的可编程并行接口 8255 就可实现这种"握手"式并行通信。

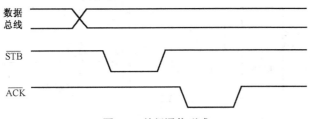

图 8.1　并行通信形式

而串行通信由于传送线只有一根，所以除了数据，同步信息也要通过这根线传送。一般采取以特殊的波形、字符或组合位等方式来表达同步信息，协议中也约定了区分数据信息与控制信息的机制，流量控制和差错控制则只能交由上层协议实现。串行通信的实现将在第 9 章串行通信接口中介绍。

8.2　可编程并行接口 8255

8255 是一种通用可编程并行接口芯片，可用于很多不同的微机系统。8255 拥有 24 个输入/输出引脚，分为 A、B 两组独立的并行通信线路，每组包含一个 8 位并口和一个 4 位并口。其中，A 组包括 PA 口和 PC 口高半部分 $PC_7 \sim PC_4$，有三种工作方式；B 组包括 PB 口和 PC 口低半部分 $PC_3 \sim PC_0$，有两种工作方式。

8.2.1　系统连接、内部结构和外部引脚

8255 与微机系统的连接如图8.2所示，和所有微机接口一样，通过三总线完成数据的输入/输出。

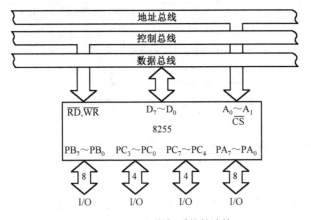

图 8.2　8255 与微机系统的连接

8255 的内部基本结构和外部引脚如图8.3所示，内部主要组成部分及其相关引脚有：

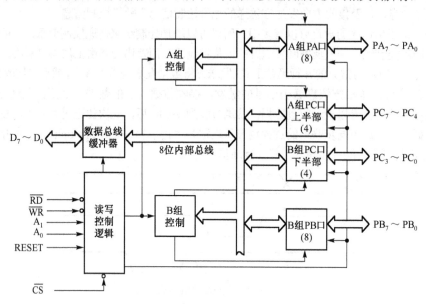

图 8.3　8255 的内部基本结构和外部引脚

数据总线缓冲器（Data Bus Buffer）：片内数据总线与微机系统数据总线接口的三态双向 8 位缓冲器。

$D_7 \sim D_0$：连接到微机系统数据总线的双向三态引脚。

读/写控制逻辑（Read/Write Control Logic）：通过数据总线缓冲器，控制 8255 与 CPU 之间的数据、命令或状态传送，如表 8.1 所示，表中列出 8255 支持的所有读/写操作。

表 8.1　8255 读/写逻辑

$\overline{CS}$	A_1	A_0	$\overline{WR}$	$\overline{RD}$	操　作
0	0	0	0	1	PA 口←微机系统数据总线
0	0	1	0	1	PB 口←微机系统数据总线
0	1	0	0	1	PC 口←微机系统数据总线
0	1	1	0	1	控制字寄存器←微机系统数据总线
0	0	0	1	0	PA 口→微机系统数据总线
0	0	1	1	0	PB 口→微机系统数据总线
0	1	0	1	0	PC 口→微机系统数据总线
0	1	1	1	0	控制字寄存器→微机系统数据总线
1	×	×	×	×	无操作
×	×	×	1	1	无操作

$\overline{CS}$（Chip Select）：片选信号，低电平有效，选通三态双向 8 位缓冲器，允许 8255 与 CPU 之间的通信。

A_1、A_0：用于 8255 片内译码，选通三个并口或控制字寄存器。

$\overline{RD}$（ReaD）：读信号，低电平有效，控制三态双向 8 位缓冲器的数据传送方向，允许 8255 向 CPU 传送数据或状态信息。

$\overline{WR}$（WRite）：写信号，低电平有效，控制三态双向 8 位缓冲器的数据传送方向，允许 CPU 向 8255 传送数据或控制信息。

RESET：复位信号，当输入有效复位信号，初始化控制字寄存器，设置所有并口为基本输入工作方式。

A 组/B 组控制（Group A/B Controls）：即控制字寄存器（Control Word Register），控制字寄存器从微机系统数据总线接收控制字，根据控制字配置 A 组、B 组的工作方式及相应并口的输入/输出状态。

PA 口：包含一个 8 位数据输出锁存器/缓冲器和一个 8 位数据输入锁存器，对应外部引脚是 $PA_7 \sim PA_0$，内部有上拉和下拉保持电路。

PB 口：包含一个 8 位数据输出锁存器/缓冲器和一个 8 位数据输入缓冲器，对应外部引脚是 $PB_7 \sim PB_0$，内部只有上拉保持电路。

PC 口：包含一个 8 位数据输出锁存器/缓冲器和一个 8 位数据输入缓冲器，PC 口分为高半部分和低半部分两个 4 位并口，可独立设置为输入或输出状态，对应外部引脚是 $PC_7 \sim PC_4$ 和 $PC_3 \sim PC_0$，内部只有上拉保持电路。当 A 组或 B 组工作在选通工作方式时，PC 口特定引脚将作为控制信号线输出和状态信号线输入，剩余引脚不受影响。

8.2.2　8255 控制字

CPU 通过数据总线把具有特定含义的 8 位二进制编码传送到控制字寄存器，达到控制 8255 功能的目的，这 8 位二进制编码就是控制字。控制字用于控制 8255 的工作方式和 PC 口引脚的独立输出。控制字的最高位 D_7 是一个标志位，D_7 设置为 1，表示这是一个方式设置字；D_7 设置为 0，表示这是一个 PC 口置位/复位字。两种控制字各位的含义如图 8.4 和图 8.5 所示。

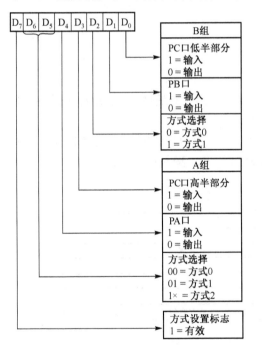

图 8.4　方式设置字

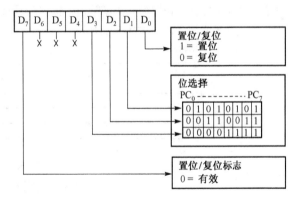

图 8.5　PC 口置位/复位字

1. 8255 方式设置字

标志位 D_7 设置为 1，即为方式设置字；D_6 和 D_5 位设置 A 组的工作方式，可以是方式 0、方式 1 和方式 2；D_4 和 D_3 位分别设置 A 组中的 PA 口和 PC 口高半部分的输入/输出状态，1 表示输入，0 表示输出；D_2位设置B组的工作方式，可以是方式0和方式1；D_1和D_0位分别设置B组中的PB口和PC口低半部分的输入/输出状态，1表示输入，0表示输出。

从方式设置字可以看出，8255的A组和B组可独立设置为不同的工作方式，而PA口、PB口和PC口的高、低两部分可独立设置为不同的输入/输出状态。在系统编程期间，只要使用一条输出指令，就可以任意组合8255的功能定义，以适合需要的输入/输出结构。例如，B组可以编程为方式0以监视简单的开关量变化。A组能被编程为方式1，以中断驱动形式监控一个键盘或磁带机。

8255复位（RESET引脚输入有效信号）后，将控制字寄存器初始化为9BH（10011011B），即将8255的A组、B组设置为方式0，所有并口都处于输入状态，由于内部上拉电阻的作用，所有引脚都保持高电平。可以通过方式设置字重新初始化8255，如果没有另外初始化，8255将继续处于这种工作方式。

2. PC口置位/复位字

标志位D_7设置为0，即为PC口置位/复位字；D_6、D_5和D_4位没有定义；D_3、D_2和D_1位用于选择PC口引脚；D_0位设置为1，则置位相应的PC口引脚，D_0位设置为0，则复位相应的PC口引脚。可见，PC口置位/复位字是一个针对PC口按位输出的控制字。

PC口置位/复位字可以控制任何设置为输出的PC口引脚（包括后续的IBF和$\overline{OBF}$），任何设置为输入的PC口引脚（包括后叙的$\overline{STB}$和$\overline{ACK}$）不受PC口置位/复位字影响，但定义在$\overline{STB}$和$\overline{ACK}$相应位的中断允许标志（参见本节后叙内容）会被改变。

虽然在读/写逻辑控制的基本操作中有一个直接写PC口的操作，但这个操作仅当PC口在一个方式0的组中设置为输出状态时使用。写PC口操作不影响其他位和中断允许标志。当PC口在一个方式1的组中设置为输出口时，必须使用PC口置位/复位字。

8.2.3   8255工作方式

1. 方式0

方式0是基本输入/输出方式（Basic Input/Output），这种方式为并口提供简单的输入和输出操作。不要求"握手"信号控制，数据通过指定并口传送。

可独立设置A组或B组为方式0，每个方式0的组中包含一个8位数据并口和一个4位数据并口，每个数据并口可独立设置为输入或输出，输出时具有数据锁存功能，输入时不锁存。

方式0基本输入时序如图8.6所示。

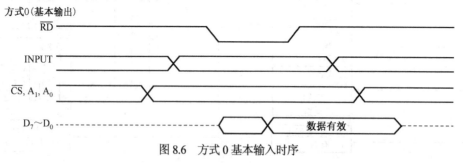

图8.6   方式0基本输入时序

8255的一个并口设置为方式0输入，CPU通过输入指令读这个并口时，相继产生地址信息（$\overline{CS}$、A_1、A_0）和读信号负脉冲（$\overline{RD}$）；由于输入不锁存，8255要求在$\overline{RD}$前后一定时延内，外设发送到这个并口引脚（INPUT）上的数据保持稳定；$\overline{RD}$有效后经短暂时延，INPUT上的数据传送到引脚D_7~D_0（连接微机系统数据总线）上，经过一段稳定时间，D_7~D_0上出现有效数据；$\overline{RD}$无效后一定时延，D_7~D_0浮空。

方式 0 基本输出时序如图 8.7 所示。

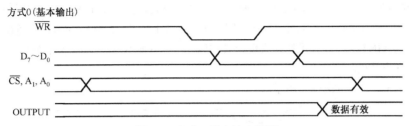

图 8.7 方式 0 基本输出时序

8255 的一个并口设置为方式 0 输出，CPU 通过输出指令写这个并口时，相继产生地址信息（$\overline{\text{CS}}$、A_1、A_0）、写信号负脉冲（$\overline{\text{WR}}$）和数据信息（$D_7\sim D_0$）；8255 要求在 $\overline{\text{WR}}$ 上升沿前后一定时延内，微机系统数据总线传送到引脚 $D_7\sim D_0$ 上的数据保持稳定；$\overline{\text{WR}}$ 上升沿后经过一定时延，引脚 $D_7\sim D_0$ 上的数据传送到并口引脚（OUTPUT）上锁存输出。

2. 方式 1

方式 1 是选通输入/输出方式（Strobed Input/Output），由 PC 口特定引脚为 PA 口和 PB 口提供"握手"信号来控制数据传送。

方式 1 的组中，8 位数据并口（PA 口或 PB 口）可设置为输入或输出，输入、输出都锁存；4 位数据并口（PC 口高半部分或低半部分）提供"握手"信号以外的引脚，可设置为输入或输出，输出锁存，输入不锁存。

（1）方式 1 选通输入

方式 1 的组中 8 位数据并口设置为输入，如图 8.8 所示，PC 口特定引脚被定义为输入控制信号：

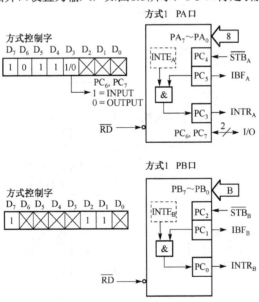

图 8.8 方式 1 选通输入控制信号定义

$\overline{\text{STB}}$（Strobe Input）：来自外设输入的选通信号，信号有效则触发 8 位数据并口，锁存接收引脚（INPUT）上的数据。

IBF（Input Buffer Full）：输入缓冲区满信号，针对 $\overline{\text{STB}}$，输出到外设的响应信号，信号有效表示数据已经进入 8 位数据并口的输入锁存器。

INTR（Interrupt Request）：输出到 CPU 的中断请求信号。当 8 位数据并口从引脚接收到数据后信号有效，用于向 CPU 请求读取新接收的数据，当新接收的数据被 CPU 读取后，信号转变为无效。

INTE（Interrupt Enable）：中断允许标志，用于允许或禁止 INTR 的输出；由 PC 口置位/复位字对 PC_4（$INTE_A$）和 PC_2（$INTE_B$）进行操作来实现，置位表示允许中断请求，复位表示禁止中断请求，8255 初始化后的状态为禁止。

方式 1 选通输入时序如图 8.9 所示。

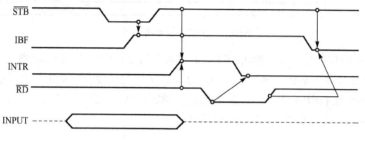

图 8.9　方式 1 选通输入时序

外设向 8 位数据并口引脚发出数据，接着发送选通信号 $\overline{STB}$；$\overline{STB}$ 有效触发 8 位数据并口锁存接收 INPUT 上的数据，并在接收数据后输出 IBF 有效，$\overline{STB}$ 无效后（这时 IBF 有效）一定时延 INTR 输出有效（如果 INTE 允许中断），向 CPU 请求读取新接收的数据；CPU 通过输入指令读 8255 的 8 位数据并口，$\overline{RD}$ 有效后一定时延 INTR 无效（为下一次中断请求做准备），CPU 读取数据后（$\overline{RD}$ 无效）一定时延 IBF 无效，向外设表示已接收数据，完成双方的"握手"过程。

从时序图中可以总结出 8255 向 CPU 发出或撤出中断请求的条件为：

$$INTR = \overline{STB} \cdot IBF \cdot \overline{RD} \cdot INTE$$

（2）方式 1 选通输出

方式 1 的组中 8 位数据并口设置为输出，如图8.10所示，PC 口特定引脚被定义为输出控制信号：

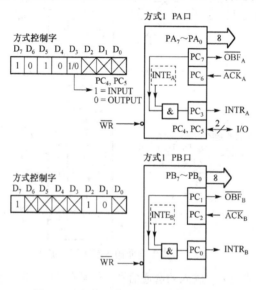

图 8.10　方式 1 选通输出控制信号定义

$\overline{OBF}$（Output Buffer Full）：输出到外设的选通信号，信号有效表示 CPU 已经将数据传送到 8 位数据并口的输出锁存器，但这时并不意味引脚（OUTPUT）上的数据有效，只有在 $\overline{\text{OBF}}$ 上升沿才确保引脚上的输出数据有效。

$\overline{\text{ACK}}$（Acknowledge Input）：针对 $\overline{\text{OBF}}$，来自外设的响应信号，信号有效表示外设已准备接收 8 位数据并口引脚上的输出数据。

INTR（Interrupt Request）：输出到 CPU 的中断请求信号，当 8 位数据并口从引脚向外设发送数据后信号有效，用于向 CPU 请求写入下一个要发送的数据；当 CPU 写入下一个数据后信号变为无效。

INTE（Interrupt Enable）：中断允许标志，用于允许或禁止 INTR 的输出；由 PC 口置位/复位字对 PC_6（$INTE_A$）和 PC_2（$INTE_B$）进行操作来实现，置位表示允许中断请求，复位表示禁止中断请求，8255 初始化后的状态为禁止。

方式 1 选通输出时序如图 8.11 所示。

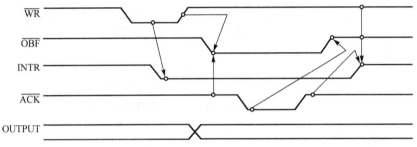

图 8.11　方式 1 选通输出时序

CPU 通过输出指令写 8 位数据并口，$\overline{\text{WR}}$ 有效后经过一定时延 INTR 无效（为下一次中断请求做准备），$\overline{\text{WR}}$ 上升沿后经过一定时延，数据在 8 位数据并口引脚上锁存输出，并向外设输出 $\overline{\text{OBF}}$ 有效信号（当 $\overline{\text{ACK}}$ 信号无效）；如果外设已准备好接收数据，则响应 $\overline{\text{ACK}}$ 信号，$\overline{\text{ACK}}$ 有效后一定时延出现 $\overline{\text{OBF}}$ 上升沿，以此作为选通信号触发外设接收 8 位数据并口引脚上数据，完成双方的"握手"过程。

值得注意的是，在前述选通输入方式，外设发送选通信号时，8 位数据并口保证能接收数据；而选通输出方式，考虑到外设的流量控制和速度差异，要求在外设响应时确保输出数据有效。

$\overline{\text{ACK}}$ 无效后一定延迟 INTR 输出有效（如果 INTE 允许中断），向 CPU 请求写入下一个发送的数据。从时序图中可以总结出 8255 向 CPU 发出或撤出中断请求的条件为：

$$INTR = \overline{WR} \cdot \overline{OBF} \cdot \overline{ACK} \cdot INTE$$

3．方式 2

方式 2 是选通双向总线输入/输出方式（Strobed Bi-Directional Bus I/O），这种方式为 PA 口的双向数据传送提供类似方式 1 的"握手"信号，同样由 PC 口特定引脚产生或接收这些"握手"信号。方式 2 基本上是方式 1 选通输入和选通输出的叠加。

只有 A 组可设置为方式 2，如图 8.12 所示，这时 A 组中的 PA 口为双向数据并口，输入、输出都锁存；PC 口高半部分和 B 组中的 PC3 用于为 PA 口提供"握手"信号。

$\overline{\text{STB}}_A$、IBF_A、$\overline{\text{OBF}}_A$ 和 $\overline{\text{ACK}}_A$ 信号与方式 1 时定义相同。

$INTR_A$ 与方式 1 不同之处在于，当 PA 口接收数据或输出数据时，$INTR_A$ 都输出有效。

$INTE_1$ 与方式 1 选通输出时的 $INTE_A$ 定义相同，$INTE_2$ 与方式 1 选通输入时的 $INTE_A$ 定义相同。

方式 2 双向总线输入/输出时序如图 8.13 所示。

方式 2 的时序基本上是方式 1 选通输入和选通输出时序的组合，通过 PA 口输入和输出数据的先后次序任意，方式 2 输出与方式 1 输出的区别是，由外设响应信号 $\overline{\text{ACK}}$ 控制 PA 口数据在引脚上的输出和浮空。

由于输入由外设向 PA 口引脚发送数据（$\overline{\text{STB}}$ 有效）开始，PA 口收到输入数据后（IBF 有效）再由 CPU 读取（$\overline{\text{RD}}$ 有效），所以时序上要求 $\overline{\text{RD}}$ 出现在 $\overline{\text{STB}}$ 之后。同样，输出由 CPU 写入（$\overline{\text{WR}}$ 有效）数据到 PA 口开始，PA 口收到输出数据后（$\overline{\text{OBF}}$ 有效）再通过引脚由外设读取（$\overline{\text{ACK}}$ 有效），时序上要求 $\overline{\text{WR}}$ 出现在 $\overline{\text{ACK}}$ 之前。

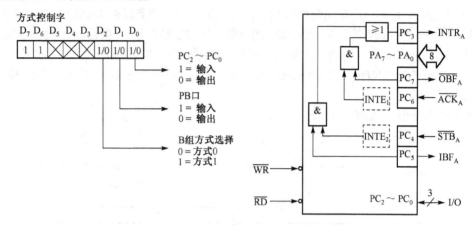

图 8.12　方式 2 双向总线输入/输出控制信号定义

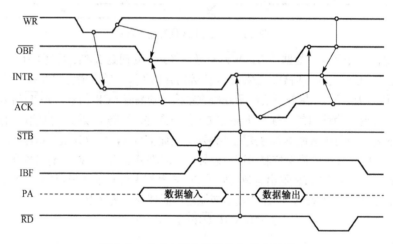

图 8.13　方式 2 双向总线输入/输出时序

另外，方式 2 的中断请求信号也组合为输入和输出数据后都要产生，总结其产生和撤出的条件为：

$$\text{INTR}=\overline{\text{STB}} \cdot \text{IBF} \cdot \overline{\text{RD}} \cdot \text{INTE}_2+\overline{\text{WR}} \cdot \overline{\text{OBF}} \cdot \overline{\text{ACK}} \cdot \text{INTE}_1$$

8.2.4　读 PC 口

8255 两个组的工作方式不同，两个组中 PC 口引脚的定义也不同。通过读 PC 口可以测试或验证外设的状态，从而改变程序流程。

读 PC 口操作，除了定义为 $\overline{\text{STB}}$ 和 $\overline{\text{ACK}}$ 的引脚（输入引脚），可获得 PC 口其他引脚的状态，代替 $\overline{\text{STB}}$ 和 $\overline{\text{ACK}}$ 相应位的是中断允许标志 INTE 的状态。表 8.2 列出了两个组不同工作方式时 PC 口的所有状态组合。

表 8.2 读 PC 口

A 组	PC$_7$	PC$_6$	PC$_5$	PC$_4$	PC$_3$	PC$_2$	PC$_1$	PC$_0$	B 组
方式 0	I/O	I/O	I/O	I/O	I/O	I/O	I/O	I/O	方式 0
方式 0	I/O	I/O	I/O	I/O	I/O	INTE$_B$	IBF$_B$	INTR$_B$	方式 1 输入
方式 0	I/O	I/O	I/O	I/O	I/O	INTE$_B$	OBF$_B$	INTR$_B$	方式 1 输出
方式 1 输入	I/O	I/O	IBF$_A$	INTE$_A$	INTR$_A$	I/O	I/O	I/O	方式 0
方式 1 输入	I/O	I/O	IBF$_A$	INTE$_A$	INTR$_A$	INTE$_B$	IBF$_B$	INTR$_B$	方式 1 输入
方式 1 输入	I/O	I/O	IBF$_A$	INTE$_A$	INTR$_A$	INTE$_B$	OBF$_B$	INTR$_B$	方式 1 输出
方式 1 输出	OBF$_A$	INTE$_A$	I/O	I/O	INTR$_A$	I/O	I/O	I/O	方式 0
方式 1 输出	OBF$_A$	INTE$_A$	I/O	I/O	INTR$_A$	INTE$_B$	IBF$_B$	INTR$_B$	方式 1 输入
方式 1 输出	OBF$_A$	INTE$_A$	I/O	I/O	INTR$_A$	INTE$_B$	OBF$_B$	INTR$_B$	方式 1 输出
方式 2	OBF$_A$	INTE$_1$	IBF$_A$	INTE$_2$	INTR$_A$	I/O	I/O	I/O	方式 0
方式 2	OBF$_A$	INTE$_1$	IBF$_A$	INTE$_2$	INTR$_A$	INTE$_B$	IBF$_B$	INTR$_B$	方式 1 输入
方式 2	OBF$_A$	INTE$_1$	IBF$_A$	INTE$_2$	INTR$_A$	INTE$_B$	OBF$_B$	INTR$_B$	方式 1 输出

从表中可见：PC 口在方式 0 的组中时，作为基本输入/输出的数据口与外设之间交换数据；在方式 1 或方式 2 的组中时，PC 口部分或全部引脚定义为"握手"信号，剩余的位仍可作为基本输入/输出的数据线使用。

8.2.5 8255 应用举例

1. 开关控制发光二极管

（1）要求

如图 8.14 所示，要求通过 8255，利用开关控制发光二极管。当开关 S 断开时，LED1～LED3 熄灭；当 S 闭合时，LED$_1$～LED$_3$ 依次循环发光。

（2）分析

开关 S 连接在引脚 PB$_0$，由于上拉电阻作用，当 S 断开时，PB$_0$ 为高电平，当 S 闭合时，PB$_0$ 为低电平。因此可以通过检测 PB$_0$ 的电平判断 S 的状态，由于只是简单的输入，故设置 PB 口为方式 0 输入。

发光二极管 LED$_1$～LED$_3$ 连接在引脚 PA$_0$～PA$_2$，当 PA$_0$～PA$_2$ 为高电平时，相应发光二极管熄灭，当 PA$_0$～PA$_2$ 为低电平时，相应发光二极管发光。因此可以通过改变 PA$_0$～PA$_2$ 的电平控制发光二极管的发光，可设置 PA 口为方式 0 输出。

（3）软件设计

软件流程如图 8.15 所示，首先初始化 8255 的工作方式，主流程为一个开关扫描循环，根据开关状态分别控制发光二极管的发光或熄灭。

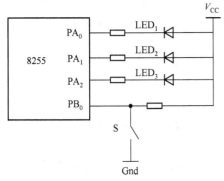

图 8.14 开关控制发光二极管

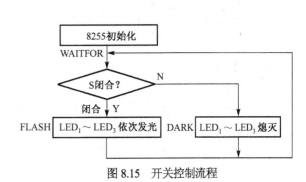

图 8.15 开关控制流程

根据软件流程，编写的参考源码如下：

```
MYCODE      SEGMENT
ASSUME      CS: MYCODE
MAIN        PROC
            CALL    INIT            ;8255 初始化
WAITFOR:    MOV     DX, PORT_B      ;开关扫描循环
            IN      AL, DX
            AND     AL, 00000001B   ;查询连接在 PB0 的开关 S 状态
            JZ      CLOSE           ;开关 S 闭合则 LED1～LED3 依次发光
            CALL    DARK            ;开关 S 断开则 LED1～LED3 熄灭
            JMP     WAITFOR
CLOSE:      CALL    FLASH
            JMP     WAITFOR
MAIN        ENDP
INIT        PROC
            MOV     DX, PORT_CON
            MOV     AL, 10000010B   ;A、B 组方式 0，PA 口输出，PB 口输入
            OUT     DX, AL
            CALL    DARK
            RET
INIT        ENDP
FLASH       PROC
            MOV     DX, PORT_A
            MOV     AL, 11111110B   ;PA0 输出低电平，LED1 发光
            OUT     DX, AL
            CALL    DELAY
            MOV     AL, 11111101B   ;PA1 输出低电平，LED2 发光
            OUT     DX, AL
            CALL    DELAY
            MOV     AL, 11111011B   ;PA2 输出低电平，LED3 发光
            OUT     DX, AL
            CALL    DELAY
            RET
FLASH       ENDP
DARK        PROC
            MOV     DX, PORT_A
            MOV     AL, 11111111B   ;PA 口全部输出高电平，发光二极管熄灭
            OUT     DX, AL
            RET
DARK        ENDP
DELAY       PROC                    ;软件时延
            ...
            RET
DELAY       ENDP
MYCODE      ENDS
END         MAIN
```

2. 打印机接口

（1）要求

如图 8.16 所示，要求以 8255 作为 Centronics 打印机接口，打印缓冲区中的字符。

（2）分析

Centronics 是 8 位并行接口工业标准，定义有 36 根信号线，Centronics 打印机主要使用的信号如下。

DATA：8 位数据信号，输入。

$\overline{STB}$：选通信号，输入，用于触发打印机接收 DATA 上的 8 位并行数据。

BUSY：忙信号，输出，信号有效表示打印机正在处理数据，信号无效时打印机才可以接收数据。

$\overline{ACK}$：响应信号，输出，信号有效表示数据已经处理完成。

Centronics 打印机的工作时序如图 8.17 所示。

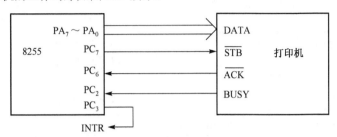

图 8.16　打印机接口

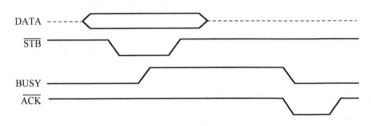

图 8.17　打印机工作时序

Centronics 打印机也采用典型的"握手"方式接收数据：在打印机空闲（BUSY=0）时，发送数据到 DATA，数据稳定后发送选通信号 $\overline{STB}$，触发打印机接收 DATA 上的数据；打印机接收数据后 BUSY 信号输出有效，表示正在进行打印处理，打印机完成打印处理后，BUSY 信号转变为无效，同时输出一个 $\overline{ACK}$ 信号的负脉冲，表示打印机空闲，完成"握手"。

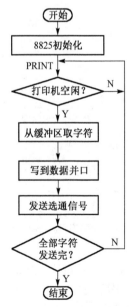

值得注意的是，Centronics 打印机除了响应脉冲 $\overline{ACK}$ 以外，还提供了一个状态信号 BUSY，BUSY 一般用于提供查询，使得发送方可以有更灵活的时序选择和更广泛的传送方式。

根据图 8.16 所示的硬件连接，考虑 8255 的工作方式，向打印机的数据输出可以有两种方式。

方式 0，由于方式 0 只提供最基本的输入/输出，因此要用软件查询打印机 BUSY 信号，并模拟出发向打印机的选通信号 $\overline{STB}$。

方式 1，这种方式支持"握手"传送，可以直接发送 $\overline{STB}$ 选通信号，而且打印机提供的 $\overline{ACK}$ 负脉冲信号符合方式 1 选通输出的时序要求，所以可简单地实现数据传送。另外针对 CPU 与 8255 之间的数据传送，方式 1 既支持查询方式，也提供了中断方式。

（3）软件设计（方式 0）

采用方式 0 的软件流程如图 8.18 所示。首先初始化 8255 的工作方式，然后通过查询 BUSY 状态，向打印机逐字符发送数据和模拟的选通信号 $\overline{STB}$，直至把缓冲区内字符全部发送完。

图 8.18　打印机方式 0 查询流程

根据软件流程，编写的参考源码如下：

```
            MYDATA    SEGMENT
            MSG       DB    "This is the buffer area."    ; 定义缓冲区
            COUNT     DB    $- MSG                        ; 缓冲区内字符数目
            MYDATA    ENDS
            MYCODE    SEGMENT
            ASSUME    DS: MYDATA, CS: MYCODE
            MAIN      PROC
                      CALL    INIT                        ; 8255 初始化
                      CALL    PRINT                       ; 打印缓冲区字符
                      MOV     AH, 4CH                     ; 结束程序
                      INT     21H
            MAIN      ENDP
            INIT      PROC                                ; 初始化过程
                      MOV     DX, PORT_CON
                      MOV     AL, 10000001B
            ; A组、B组为方式 0，PA 口、PC 口高半部分输出，PC 口低半部分输入
                      OUT     DX, AL
                      MOV     AL, 00001111B               ;PC7发出的选通信号 STB 为高电平
                      OUT     DX, AL
                      RET
            INIT      ENDP
            PRINT     PROC                                ;打印字符过程
                      PUSH    AX
                      PUSH    BX
                      PUSH    CX
                      PUSH    DX
                      MOV     BX, OFFSET MSG
                      MOV     CX, WORD PTR COUNT
            QUERY:    MOV     DX, PORT_C
                      IN      AL, DX
                      AND     AL, 00000100B               ;查询连接在 PC2 的 BUSY 信号
                      JNZ     QUERY                       ;BUSY 为高电平（打印机忙）则继续查询
                      MOV     AL, [BX]                    ;从缓冲区取字符
                      INC     BX
                      MOV     DX, PORT_A                  ;将字符写到 PA 口发出
                      OUT     DX, AL
                      MOV     DX, PORT_CON                ;从 PC7发出的选通信号 STB 负脉冲
                      MOV     AL, 00001110B
                      OUT     DX, AL
                      NOP
                      NOP
                      MOV     AL, 00001111B
                      OUT     DX, AL
                      LOOP    QUERY                       ;直到缓冲区字符全部发送完毕
                      POP     DX
                      POP     CX
                      POP     BX
                      POP     AX
                      RET
            PRINT     ENDP
            MYCODE    ENDS
                      END     MAIN
```

（4）软件设计（方式 1，查询方式）

采用方式 1 查询的软件流程如图8.19所示。由于方式 1 支持"握手"传送，既不需要发送模拟的选通信号 $\overline{STB}$ ，也不需要关心打印机的 BUSY 信号。通过读 PC 口就可查询到 8 位数据并口的状态，从而获知打印机是否已接收数据。

根据软件流程，改写 INIT 和 PRINT 两个过程：

```
        INIT    PROC                            ;初始化过程
                MOV     DX, PORT_CON
                MOV     AL, 10100000B           ;A组为方式1，PA口输出
                OUT     DX, AL
                RET
        INIT    ENDP
        PRINT   PROC                            ;打印字符过程
                PUSH    AX
                PUSH    BX
                PUSH    CX
                PUSH    DX
                MOV     BX, OFFSET MSG
                MOV     CX, WORD PTR COUNT
        SEND:   MOV     AL, [BX]                ;从缓冲区取字符
                INC     BX
                MOV     DX, PORT_A              ;将字符写到 PA 口
                OUT     DX, AL
        QUERY:  MOV     DX, PORT_C
                IN      AL, DX
                AND     AL, 10000000B           ;查询 OBF_A（PA 口输出缓冲器满）
                JNZ     QUERY                   ;为满（说明 $\overline{ACK}$ 无效）则继续查询
                LOOP    SEND                    ;直到缓冲区字符全部发送完毕
                POP     DX
                POP     CX
                POP     BX
                POP     AX
                RET
        PRINT   ENDP
```

（5）软件设计（方式 1，中断方式）

采用方式 1 中断的软件流程如图 8.20 所示。方式 1 提供输出到 CPU 的中断请求信号，与图 8.19 所示的查询方式相比，主过程中初始化完成后，写一个字符以启动中断，而实现字符发送的 PRINT 过程则成为中断服务子程序，在主过程结束后继续驻留内存，全部字符发送完毕，禁止中断请求，PRINT 过程将不再被调用。

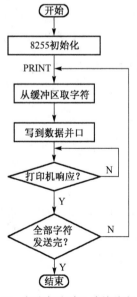

图 8.19　打印机方式 1 查询流程

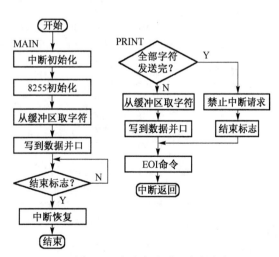

图 8.20　打印机方式 1 中断流程

根据软件流程，以下是参考源码：

```
MYDATA      SEGMENT
MSG         DB  "This is the buffer area."    ;定义缓冲区
COUNT       DB  $- MSG                         ;缓冲区内字符数目
PRINTMSG    DW  ?                              ;缓冲区字符指针
FEND        DB  0                              ;结束标志,如果为 1 则结束程序
MYDATA      ENDS


MYCODE      SEGMENT
ASSUME      DS: MYDATA, CS: MYCODE
MAIN        PROC
            CALL    INIT_INT                   ;中断初始化
            CALL    INIT                       ;8255 初始化
            MOV     BX, OFFSET MSG
            MOV     AL, [BX]                    ;从缓冲区取字符
            INC     BX
            MOV     PRINTMSG, BX
            MOV     DX, PORT_A                  ;将第一个字符写到 PA 口
            OUT     DX, AL
FEND1:      MOV     AL, FEND                    ;判断结束标志
            CMP     AL, 1
            JNE     FEND1
            CALL    REST_INT                    ;中断恢复
            MOV     AH, 4CH                     ;结束程序
            INT     21H
MAIN        ENDP
INIT_INT    PROC                                ;8259 初始化,中断向量写入,开中断等
            ......
            RET
INIT_INT    ENDP
REST_INT    PROC                                ;中断向量恢复,关中断
            ......
            RET
REST_INT    ENDP
INIT        PROC
            MOV     DX, PORT_CON
            MOV     AL, 10100000B               ;A 组为方式 1,PA 口输出
            OUT     DX, AL
            MOV     AL, 00001101B               ;置位 INTE_A,允许 INTR_A 发出
            OUT     DX, AL
            RET
INIT        ENDP
PRINT       PROC
            PUSH    AX
            PUSH    BX
            PUSH    DX
            MOV     AL, COUNT
            DEC     AL
            JZ      PRINT1                      ;检测缓冲区字符是否全部发送完毕
            MOV     COUNT, AL
            MOV     BX, PRINTMSG                ;取字符指针
            MOV     AL, [BX]                    ;从缓冲区取字符
            INC     BX
            MOV     PRINTMSG, BX
            MOV     DX, PORT_A                  ;将字符写到 PA 口
```

```
                  OUT       DX, AL
                  JMP       PRINT2
        PRINT1:   MOV       DX, PORT_CON
                  MOV       AL, 00001100B        ;复位 INTE_A,禁止 INTR_A
                  OUT       DX, AL
                  MOV       FEND, 1              ;置结束标志
        PRINT2:   MOV       DX, PORTE_8259       ;EOI 命令,写到 8259 偶地址端口
                  MOV       AL, 20H
                  OUT       DX, AL
                  POP       DX
                  POP       BX
                  POP       AX
                  IRET
        PRINT     ENDP
        MYCODE    ENDS
        END       MAIN
```

本 章 小 结

微机接口与外设之间通过多条信号线完成数据传送，称为并行通信；并行通信的数据传输率高，但多条信号线之间存在线间干扰问题。传输距离加长时，信号衰减太大，只适合近距离传输。

并行通信可以有多条信号线，一般增加一条发向接收方的同步控制线，一条反馈回发送方的流量控制线，来保证数据传送的正确进行，这种同步联络的过程称为"握手"。

8255 提供两个独立的并行通信线路 A 组和 B 组，A 组包括一个 8 位并口 PA 口和一个 4 位并口 PC 口高半部分，有三种工作方式，B 组包括一个 8 位并口 PB 口和一个 4 位并口 PC 口低半部分，有两种工作方式。

方式 0 为基本输入/输出方式，一个组编程为方式 0 时，组内 8 位并口的单向数据传送不要求"握手"信号。

方式 1 为选通输入/输出方式，一个组编程为方式 1 时，组内 8 位并口的单向数据传送需要"握手"信号。

方式 2 为选通双向总线输入/输出方式，基本上是方式 1 选通输入和选通输出的叠加，只有 A 组可以编程为方式 2，组内 8 位并口 PA 口的双向数据传送需要"握手"信号。

当编程为选通工作方式时，PC 口部分或全部引脚定义为"握手"信号，剩余的位仍为基本输入/输出方式的数据线。

习 题

1. 8255 的 24 条外设数据线有什么特点?
2. 8255 的方式设置字和 PC 口置位/复位字都是写入控制口的，它们是由什么来区分的?
3. 8255 的端口地址范围为 80H～83H，初始化要求：A 组为方式 0，PA 口输入，PC 口高半部分输出，B 组为方式 1，PB 口输出，PC 口低半部分输入。试编写初始化程序。
4. 8255 的端口地址为 100H～103H，要求通过 PA 口以中断方式输入，通过 PB 口以中断方式输出。试编写初始化程序。
5. 8255 的 4 个端口地址为 00C0H、00C2H、00C4H、00C6H，要求用 PC 口置位/复位字控制 PC_6 输出高电平，PC_4 输出低电平。
6. 8255 的方式 0 一般使用在什么场合?在方式 0 时，如要使用"握手"信号进行联络，应该怎么办?
7. 8255 的 4 个端口地址为 40H、42H、44H 和 46H，要求 PA 口连接 8 个发光二极管，PB 口连接 8 个开关，通过开关控制对应发光二极管的开和闭。画出译码电路图，编写初始化程序和控制程序。
8. 8255 工作在方式 1，输入和输出时，中断服务程序应该分别完成什么功能?

第9章　串行通信接口

串行通信接口是计算机系统对外进行通信连接的重要端口，随着计算机应用的深入发展，计算机系统的对外通信能力越来越受重视，串行通信接口基本上成为所有微处理器支持的标准接口。衡量串行通信功能的指标主要有数据传输方式、通信速率、系统电气和机械特性及采用何种标准工业接口等。

本章重点介绍串行通信的基本原理，并详细介绍广泛应用于通信领域的 RS-232C 标准，分别以可编程串行接口芯片 8251A 和 PC 常用的 RS-232C 串行接口为对象，给出串行通信的应用实例。建议本章采用 4 学时教学，2 学时讲解串行通信的基本原理及 RS-232C 标准，2 学时重点讲解基于可编程串行接口芯片 8251A 及 RS-232C 串行接口的应用系统。

9.1　概　　述

微型计算机之间或微型计算机与外设之间的通信方式通常有两种，即串行通信和并行通信。在数据通信时，并行通信将数据的各个位同时传输；串行通信则是将数据一位接一位地依次传输。两种传输方式各有优、缺点，串行通信只要少数几条线就可以在系统间交换信息，节省了传输线路成本，适合于远距离通信，但串行通信的速度比较慢。并行通信则恰恰相反。

串行通信中，一条传输线上既要传输数据信号，还要传输联络控制信号。如何区分当前传输线路上的信号是联络信号还是数据信号，依赖于串行通信对数据格式（固定数据格式）的严格要求，串行的数据格式分为异步和同步两种，与此对应有异步通信和同步通信两种方式。另外，串行通信传输信息的速率需要控制，要求双方约定信息传送的速率。

9.1.1　串行通信数据的收发方式

在串行通信中，数据的收发可采用异步和同步两种基本的工作方式。

1. 异步通信方式

异步通信以一个起始位表示数据位传输的开始，以停止位表示数据位传输的结束。异步串行通信的数据格式如图 9.1 所示。起始位的宽度为一个低电平位；接着传送一个数据位，以高电平表示逻辑 1，低电平表示逻辑 0，数据位可以设定为 5 位、6 位、7 位或 8 位，按低位在前、高位在后的顺序传送；接着可由程序设定是否在数据位的后面添加一个奇偶校验位；最后是停止位，宽度可以是 1 位、1.5 位或 2 位。在两个数据组之间可有空闲位，空闲位要求用高电平 1 来填充。

异步通信中，通信双方必须设定相同的数据格式和波特率。

数据格式即图 9.1 所表示的编码形式、奇偶校验形式及起始位和停止位的规定。

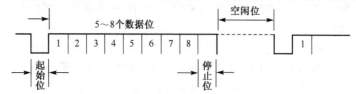

图 9.1　异步串行通信的数据格式

波特率即每秒传送数据的位数，单位是 bps。异步通信所使用的波特率一般为 300～9600bps。

异步通信的两端在约定的数据格式和波特率下，无须严格的同步就可以实现正常的通信。异步通信方式较为可靠，实现起来比较容易，故广泛应用在各种微机通信领域。

2．同步通信方式

异步通信中每次传输一个字符都需要增加字符帧的起始位和结束位等附加信息，导致了传输效率较低，正因为如此，在同步通信方式中去掉了这些附加信息。

在通信双方约定的波特率下，发送方和接收方的时钟频率保持同步，因为发送和接收的每一位数据均保持同步，故传送信息的位数几乎不受限制，通常一次同步通信传送的数据可以为几十到几百个字符。

同步通信的波特率可达到 800kbps，适合传输信息量大、传输速度高的系统；但同步通信所需要的发送器和接收器比较复杂，成本也较高，在微机应用中并不常见。

9.1.2 串行通信数据的传输方向

串行通信中，根据数据流的传输方向可以分为单工、半双工和全双工三种传输方式。

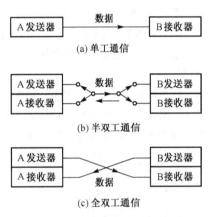

1．单工通信

只允许一个方向传输数据，如图 9.2(a)所示。A 只作为数据发送器，B 只作为数据接收器，不能进行反方向传输。

2．半双工通信

允许两个方向传输数据，但不能同时传输，只能交替进行，A 发 B 收或 B 发 A 收，如图9.2(b)所示。半双工通信中要求两端设备必须能够控制数据的流向，这种控制可以靠增加通信接口的附加控制线来实现，也可以用软件约定来实现。

3．全双工通信

允许两个方向同时进行数据传输，A 收 B 发的同时可 A 发 B 收，如图9.2(c)所示。全双工通信中的两端设备必须有独立的接收器和发送器，以保证双方实现数据收发的同时进行，另外从 A 到 B 和从 B 到 A 的数据链路也必须完全分开（至少在逻辑上是分开的）。

图 9.2 异步串行通信的数据传输方向

9.2 串行通信接口标准 RS-232C

RS-232C 标准的全称是 EIA-RS-232C 标准，其中 EIA（Electronic Industry Association）代表美国电子工业协会，RS（Recommended Standard）代表推荐标准，232 是标志号，C 代表 RS-232 的最新一次修改。它规定连接电缆和机械、电气特性、信号功能及传送过程。RS-232C 是目前最为常用的串行通信接口标准，它适合于数据传输速率在 0～20000bps 范围内的通信。这个标准对串行通信接口的有关问题，如信号线功能、电气特性都做了明确规定。由于通信设备厂商都生产与 RS-232C 制式兼容的通信设备，因此，它作为一种标准，目前已在微机通信接口中广泛采用。

RS-232C 总线标准规定了 25 条线，包含了两个信号通道（主通道和副通道），支持全双工通信。通常情况下，副通道很少使用，只是应用主通道实现设备间的半双工通信。最简单的实现方式只需要三根线，即一根数据发送线、一根数据接收线和一根地线，就可以实现设备间的数据通信。

RS-232C 支持的标准波特率有：50、75、110、150、300、600、1200、2400、4800、9600、19200 等。可灵活地根据设备的要求选择所需要的波特率。

在讨论 RS-232C 接口标准的内容之前，先说明两点。

首先，RS-232C 标准最初是为远程通信连接数据终端设备 DTE（Data Terminal Equipment）与数据通信设备 DCE（Data Communication Equipment）而制定的，因此这个标准的制定并未考虑计算机系统的应用要求，但目前它又广泛地被用于计算机与终端、外设之间的近端连接标准。显然，这个标准的有些规定和计算机系统是不一致的，甚至是相矛盾的。有了对这种背景的了解，我们对 RS-232C 标准与计算机不兼容的地方就不难理解了。

其次，RS-232C 标准中所提到的"发送"和"接收"，都是站在 DTE 立场上，而不是站在 DCE 的立场来定义的。由于在计算机系统中，往往是 CPU 和 I/O 设备之间传送信息，两者都是 DTE，因此双方都能发送和接收。

1．电气特性

RS-232C 对电气特性、逻辑电平和各种信号线的功能都做了规定。

（1）在 TxD 和 RxD 上

逻辑 1（MARK）= -3～-15 V，逻辑 0（SPACE）= +3～+15 V。

（2）在 RTS、CTS、DSR、DTR 和 DCD 等控制线上

信号有效（接通，ON 状态，正电压）=+3～+15 V，信号无效（断开，OFF 状态，负电压）= -3～-15 V。

以上规定说明了 RS-323C 标准对逻辑电平的定义。对于数据（信息码）：逻辑"1"的电平低于 -3 V，逻辑"0"的电平高于+3 V；对于控制信号；接通状态（ON）即信号有效的电平高于+3 V，断开状态（OFF）即信号无效的电平低于 -3 V，也就是当传输电平的绝对值大于 3 V 时，电路可以有效地检查出来，介于 -3～+3 V 之间的电压无意义，低于 -15 V 或高于+15 V 的电压也认为无意义。因此，实际工作时，应保证电平在± (3～15) V 之间。

（3）RS-232C 与 TTL 转换

RS-232C 用正、负电压来表示逻辑状态，与 TTL 以高、低电平表示逻辑状态的规定不同。因此，为了能够同计算机接口或终端的 TTL 器件连接，必须在 RS-232C 与 TTL 电路之间进行电平和逻辑关系的变换。实现这种变换的方法可用分立元件，也可用集成电路芯片。目前较为广泛地使用集成电路转换芯片，如 MC1488、SN75150 芯片可完成 TTL 电平到 RS-232C 电平的转换，而 MC1489、SN75154 可实现 EIA 电平到 TTL 电平的转换。MAX232 芯片可完成 TTL 和 RS-232C 间的双向电平转换。

2．连接器的机械特性

（1）连接器

由于 RS-232C 并未定义连接器的物理特性，因此，出现了 DB-25、DB-9 类型的连接器，其引脚的定义也各不相同，DB-25 连接器的外形及信号线分配如图9.3和图9.4所示。

DB-25 连接器定义了 25 根信号线，分为 4 组：

① 异步通信信号 9 个（2，3，4，5，6，7，8，20，22 脚）；

② 20 mA 电流环信号 9 个（12，13，14，15，16，17，19，23，24 脚）；

③ 空引脚 6 个（9，10，11，18，21，25 脚）；

④ 保护地一个（1 脚）。

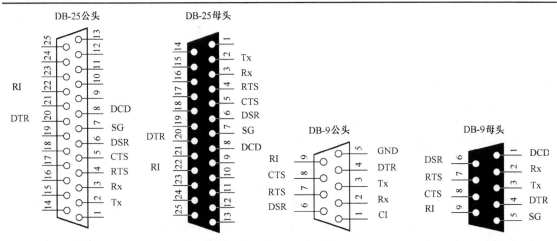

图 9.3　DB-25 连接器外形及信号线分配　　　　图 9.4　DB-9 连接器外形及信号线分配

IBM PC/AT 及以后的机型不再支持 20 mA 电流环接口，而是使用 DB-9 连接器作为主板上 COM1 或 COM2 串行接口的连接器。作为 DB-25 的简化版，DB-9 只提供异步通信的 9 个信号。

（2）电缆长度

在通信速率低于 20 kbps 时，RS-232C 所直接连接的最大物理距离为 15 m。

（3）最大直接传输距离的说明

RS-232C 标准规定，若不使用 MODEM，在码元畸变小于 4% 的情况下，DTE 和 DCE 之间最大传输距离为 15 m。为了保证码元畸变小于 4% 的要求，接口标准在电气特性中规定，驱动器的负载电容应小于 2500 pF。

然而，在实际应用中，码元畸变超过 4%，甚至为 10%～20% 时，也能正常传输信息，这意味着驱动器的负载电容可以超过 2500 pF，因而传输距离可以大大超过 15 m，这说明 RS-232C 标准所规定的直接传送最大距离为 15 m 是偏于保守的。

3. RS-232C 的接口信号

RS-232C 标准接口有 25 条线，包括 4 条数据线、11 条控制线、3 条定时线、7 条备用和未定义线，常用的只有 9 条，分别如下。

（1）联络控制信号线共 6 条

数据装置准备好（DSR，Data Set Ready）：有效时（ON）状态，表明 MODEM 处于可以使用的状态。

数据终端准备好（DTR，Data Terminal Ready）：有效时（ON）状态，表明数据终端可以使用。

这两个设备状态信号有效，只表示设备本身可用，并不说明通信链路可以开始进行通信，能否开始进行通信要由下面的控制信号决定。

请求发送（RTS，Request To Send）：用来表示 DTE 请求 DCE 发送数据，即当终端要发送数据时，使该信号有效（ON 状态），向 MODEM 请求发送。它用来控制 MODEM 是否要进入发送状态。

允许发送（CTS，Clear To Send）：用来表示 DCE 准备好接收 DTE 发来的数据，是对请求发送信号 RTS 的响应信号。当 MODEM 已准备好接收终端传来的数据，并向外发送时，使该信号有效，通知终端开始沿发送数据线 TxD 发送数据。

这对 RTS/CTS 请求应答联络信号是用于半双工 MODEM 系统中发送方式和接收方式之间的切换。在全双工系统中，因配置双向通道，故不需要 RTS/CTS 联络信号。

数据载波检出（DCD，Data Carrier Detection）：用来表示 DCE 已接通通信链路，告知 DTE 准备接收数据。

振铃指示（RI，Ring Indicator）：当 MODEM 收到交换台送来的振铃呼叫信号时，使该信号有效（ON 状态），通知终端，已被呼叫。

（2）数据发送与接收线共两根

发送数据（TxD，Transmit Data）：终端通过 TxD 将串行数据发送到 MODEM。

接收数据（RxD，Receive Data）：终端通过 RxD 接收从 MODEM 发来的串行数据。

（3）地线一根

信号地（SG，Signal Ground）：信号地线，无方向。

上述控制信号线何时有效、何时无效的顺序表示了接口信号的传送过程。例如，只有当 DSR 和 DTR 都处于有效（ON）状态时，才能在 DTE 和 DCE 之间进行传送操作。若 DTE 要发送数据，则预先将 DTR 线置成有效（ON）状态，等 CTS 线上收到有效（ON）状态的回答后，才能在 TxD 线上发送串行数据。这种顺序的规定对半双工的通信线路特别有用，因为半双工的通信才能确定 DCE 已由接收方向改为发送方向，这时线路才能开始发送。

4．信号线的连接和使用

（1）远距离通信

远距离通信（传输距离大于 15 m 的通信）一般要加调制解调器，因此使用的信号线较多。除了发送线 TxD、接收线 RxD 和信号地线 SG 外，还需要 RTS、CTS、DSR、DCD、DTR、RI 等信号参与完成和调制解调器的联络控制。

（2）近距离通信

当通信距离较近时，可不需要调制解调器（零 MODEM 方式），通信双方可以直接连接，这种情况下，只需使用少数几根信号线。最简单的情况，在通信中完全不需要 RS-232C 的控制联络信号，只需三根线（发送线 TxD、接收线 RxD 和信号地线 SG）便可实现全双工异步串行通信。

9.3　可编程串行通信接口芯片 8251A

8251A 是一个可编程的通用同步异步接收发送器，可以配合 CPU 以同步或异步方式与外部设备进行串行通信。它能将并行输入的 8 位数据变换成逐位输出的串行信号；也能将串行输入数据变换成并行数据，传送给 CPU。

9.3.1　8251A 的基本性能

① 通过编程，可以工作在同步方式，也可以工作在异步方式。同步方式下，波特率为 0～64kbps，异步方式下，波特率范围是 0～19200 bps。

② 在同步方式时，可以用 5、6、7 或 8 位作为字符位，内部能自动检测同步字符以实现同步。

③ 在异步方式下，也可以用 5、6、7 或 8 位作为字符位，用 1 个位作为奇偶校验位。8251A 在异步方式下能自动为每个数据增加 1 个起始位，并根据初始化编程为每个数据增加 1、1.5 或 2 个停止位。

9.3.2 8251A 芯片外部引脚信号

8251A 引脚图如图9.5所示。作为 CPU 与外设之间的接口芯片，8251A 的信号线可以分为 4 组：与 CPU 接口的信号线、状态信号线、时钟信号线及与外设接口的信号线。

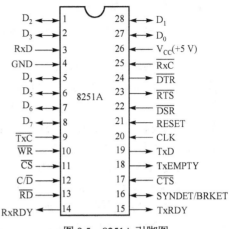

图 9.5 8251A 引脚图

1. 与 CPU 接口的信号线

三态双向数据总线（$D_0 \sim D_7$）：8 位数据总线，CPU 和 8251A 之间的数据交换通道。

读/写信号线（$\overline{RD}$ 和 $\overline{WR}$）：读/写控制信号，由 CPU 发出，低电平有效。

片选信号（$\overline{CS}$）：片选信号。

芯片复位信号（RESET）：RESET 信号线加上高电平（宽度为时钟的 6 倍），将使 8251A 中各寄存器处于复位状态，收、发线路上均处于空闲状态。通常它与系统的复位线相连，以便上电复位。

控制/数据信号（$C/\overline{D}$）：$C/\overline{D}$ =1，表示 CPU 访问的是 8251A 的命令寄存器或状态寄存器；$C/\overline{D}$ =0，表示 CPU 访问的是 8251A 的数据寄存器。

2. 状态信号线（供 CPU 查询或者向 CPU 申请中断）

发送器已准备好信号（TxRDY）：表示 8251A 的发送数据缓冲存储器已经准备好，高电平有效。CPU 向 8251A 写入待发数据后 TxRDY 自动复位。在查询方式时，TxRDY 作为一个状态位，CPU 可以从状态寄存器的 D0 位检测该信号；在中断方式时，TxRDY 用做中断请求信号。

接收器已准备好信号（RxRDY）：表示 8251A 接收缓冲寄存器中已接收到一个数据符号，等待向 CPU 输入，高电平有效。当 CPU 取走接收缓冲存储器中的数据后，RxRDY 自动复位。在查询方式时，RxRDY 可以作为状态位，CPU 可以从状态寄存器的 D1 位检测该信号；在中断方式时，RxRDY 用做中断请求信号。

发送器空闲信号（TxEMPTY）：表示 8251A 的发送移位寄存器已空，高电平有效。当 CPU 向 8251A 的发送缓冲存储器写入数据后 TxEMPTY 自动复位。CPU 可以从状态寄存器的 D2 位检测到此信号。

双功能的检测信号（SYNDET/BRKDET）：高电平有效。如果 8251A 工作在同步方式，SYNDET 作为同步字符检测端，当 8251A 被初始化为工作在内同步方式时，SYNDET 作为输出用，而当 8251A 工作在外同步方式时，SYNDET 作为输入用；如果 8251A 工作在异步方式，BRKDET 用于检测线路是处于工作状态还是中止状态。当 RxD 端上连续收到 8 个 "0" 信号时，则 BRKDET 变成高电平，表示当前处于数据中止状态。

3. 时钟信号线

发送器时钟信号（$\overline{TxC}$）：发送器时钟，由外部的波特率时钟发生器提供，控制 8251A 的发送数据的速率。在异步方式下，$\overline{TxC}$ 可以等于波特率，也可以是波特率的 16 倍或 64 倍；在同步方式下，$\overline{TxC}$ 的时钟频率等于发送数据的波特率。

接收器时钟信号（$\overline{RxC}$）：接收器时钟，由外部的波特率时钟发生器提供。其频率的选择和 TxC 相同。实际应用中，$\overline{TxC}$ 和 $\overline{RxC}$ 两个引脚总是连接在一起，使用同一个时钟源。

主时钟（CLK）：工作时钟，由外部时钟源提供。CLK 信号用来产生 8251A 内部的定时信号。在同步方式下，CLK 必须大于发送时钟（$\overline{TxC}$）和接收时钟（$\overline{RxC}$）频率的 30 倍；在异步方式下，CLK 必须大于发送和接收时钟的 4～5 倍。此外，CLK 频率要在 0.74～3.1 MHz 范围内。

4．与外设接口的信号线

这里的外设主要是指调制解调器，8251A 提供了 4 个与调制解调器相连的控制信号、数据发送和接收信号线。

数据终端准备好信号（$\overline{\text{DTR}}$）：向调制解调器输出，低电平有效。$\overline{\text{DTR}}$ 有效，表示 CPU 已准备好接收数据，它可由软件定义。控制字中 DTR =1 时，输出 $\overline{\text{DTR}}$ 为有效信号。

数据装置准备好信号（$\overline{\text{DSR}}$）：由调制解调器输入，低电平有效。$\overline{\text{DSR}}$ 有效，表示调制解调器已准备好发送数据，它实际上是对 $\overline{\text{DTR}}$ 的回答信号。CPU 可利用 IN 指令读入 8251A 状态寄存器内容，检测 $\overline{\text{DSR}}$ 位状态，当 $\overline{\text{DSR}}$ =1 时，表示 $\overline{\text{DSR}}$ 有效。

请求发送信号（$\overline{\text{RTS}}$）：向调制解调器输出，低电平有效。$\overline{\text{RTS}}$ 有效，表示 CPU 已准备好发送数据，可由软件定义。控制字中 RTS =1 时，输出 $\overline{\text{RTS}}$ 有效信号。

清除发送信号（$\overline{\text{CTS}}$）：由调制解调器输入，低电平有效。$\overline{\text{CTS}}$ 有效，表示调制解调器已做好接收数据准备，CPU 可以开始发送数据了，它实际上是对 $\overline{\text{RTS}}$ 的回答信号。

数据发送线（TxD）：输出串行数据。

数据接收线（RxD）：输入串行数据。

9.3.3　8251A 芯片内部结构及其功能

8251A 由发送器、接收器、数据总线缓冲器、读/写控制电路及调制/解调控制电路 5 部分组成，如图9.6所示。

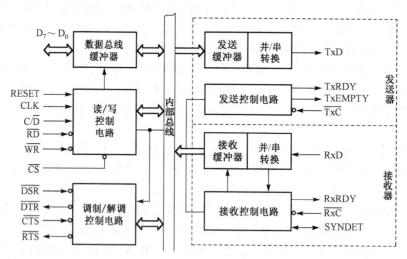

图 9.6　8251A 芯片内部结构图

1．发送器

8251A 的发送器包括发送缓冲器、发送移位寄存器（并/串转换）及发送控制电路三部分，CPU 需要发送的数据经数据发送缓冲器并行输入，并锁存到发送缓冲器中。如果是采用同步方式，则在发送数据之前，发送器将自动送出一个（单同步）或两个（双同步）同步字符（Sync）。然后，逐位串行输出数据。如果采用异步方式，则由发送控制电路在其首尾加上起始位及停止位，然后从起始位开始，经移位寄存器从数据输出线 TxD 逐位串行输出，其发送速率由 TxC 端上收到的发送时钟频率决定。

当发送器做好接收数据准备时，由发送控制电路向 CPU 发出 TxRDY 有效信号，CPU 立即向

8251A 并行输出数据。如果 8251A 与 CPU 之间采用中断方式交换信息,那么 T_XRDY 作为向 CPU 发出的发送中断请求信号。待发送器中的 8 位数据发送完毕时,由发送控制电路向 CPU 发出 T_XEMPTY 有效信号,表示发送器中移位寄存器已空。因此,发送缓冲器和发送移位寄存器构成发送器的双缓冲结构。

2. 接收器

8251A 的接收器包括接收缓冲器、接收移位寄存器(串/并转换)及接收控制电路三部分。外部通信数据从 R_XD 端逐位进入接收移位寄存器中。如果是同步方式,则要检测同步字符,确认已经达到同步,接收器才可开始串行接收数据,待一组数据接收完毕,便把移位寄存器中的数据并行置入接收缓冲器中;如果是异步方式,则应识别并删除起始位和停止位。这时 R_XRDY 线输出高电平,表示接收器已准备好数据,等待向 CPU 输出。8251A 接收数据的速率由 R_XC 端输入的时钟频率决定。

3. 数据总线缓冲器

数据总线缓冲器是 CPU 与 8251A 之间信息交换的通道。它包含三个 8 位缓冲寄存器,其中两个用来存放 CPU 向 8251A 读取的数据及状态,当 CPU 执行 IN 指令时,便从这两个寄存器中读取数据字及状态字。另一个缓冲寄存器存放 CPU 向 8251A 写入的数据或控制字。当 CPU 执行 OUT 指令时,可向这个寄存器写入,由于两者公用一个缓冲寄存器,这就要求 CPU 在向 8251A 写入控制字时,该寄存器中没有将要发送的数据。为此,该接口电路必须要有一定的措施来防止。

4. 读/写控制电路

读/写控制电路用来接收一系列 CPU 发出的控制信号,并进行译码由此确定 8251A 的工作状态,具体功能如表 9.1 所示;读/写控制电路同时向 8251A 内部各功能部件发出有关控制信号,因此它实际上是 8251A 的内部控制器。

表 9.1　8251A 读/写控制信号

$\overline{CS}$	$C/\overline{D}$	$\overline{RD}$	$\overline{WR}$	功　能
0	0	0	1	CPU 从 8251A 读数据
0	1	0	1	CPU 从 8251A 读状态
0	0	1	0	CPU 向 8251A 写数据
0	1	1	0	CPU 向 8251A 写命令
1	×	×	×	USART 总线浮空(无操作)

5. 调制/解调控制电路

当使用 8251A 实现远距离串行通信时,8251A 的数据输出端要经过调制器将数字信号转换成模拟信号,该模拟信号在进入数据接收端之前需要经过解调器转换成数字信号。因此 8251A 要与调制/解调器直接相连,调制/解调控制电路用于实现 8251A 对调制/解调器的控制。

9.3.4　8251A 芯片的命令字和状态字

可编程串行通信接口芯片 8251A 在使用前必须进行初始化,即写芯片的方式命令字和工作命令字,以确定它的工作方式、传送速率、字符格式及停止位长度等。而状态命令字用于报告 8251A 当前的工作状态,主要包括何时才能开始发送或接收及接收数据是否有错等。

1. 方式命令字

用于指定通信方式及其方式下的帧数据格式,使用格式如图9.7所示。

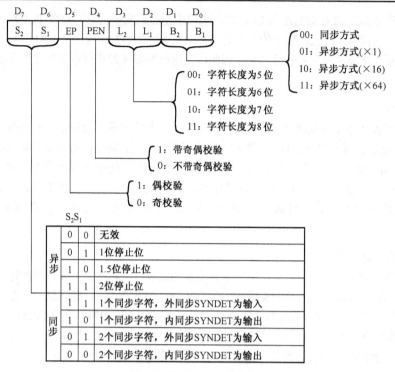

图 9.7　8251A 方式命令字

B_2B_1：定义 8251A 的工作方式是同步方式还是异步方式。当 B_2B_1=0 时，表示同步方式。否则 B_2B_1 用于选择异步方式时钟频率与波特率之间的系数：×1 表示输入的时钟频率与波特率相同，允许发送和接收波特率不同，RxC 和 TxC 也可不相同，但是它们的波特率系数必须相同；×16 表示时钟频率是波特率的 16 倍；×64 表示时钟频率是波特率的 64 倍。

L_2L_1：定义数据字符的长度。

PEN：定义是否带奇偶校验，称为校验允许位。在 PEN=1 情况下，由 EP 位定义是采用奇校验还是偶校验。

S_2S_1：定义异步方式的停止位长度或在同步方式下确定是内同步还是外同步，以及同步字符的个数。

2．工作命令字

指定 8251A 进行某种操作（如发送、接收、内部复位和检测同步字符等）或处于某种状态（如 DTR），以便接收或发送数据。其使用格式如图9.8所示。

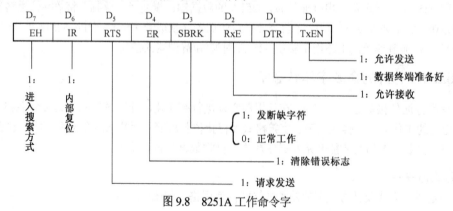

图 9.8　8251A 工作命令字

TxEN：允许发送位，TxEN=1，发送器才能通过 TxD 线向外部串行发送数据。

DTR：数据终端准备好位。DTR=1，表示 CPU 已准备好接收数据。

RxE：允许接收位。RxE=1，接收器才能通过 RxD 线从外部串行接收数据。

SBRK：发送中止字符位。SBRK=1，通过 TxD 线一直发送 0 信号。正常通信过程中 SBRK 位应保持为"0"。

ER：清除错误标志位。8251A 设置有三个出错标志，分别是奇偶校验标志 PE、越界错误标志 OE 和帧校验错标志 FE。ER=1 时，将 PE、OE 和 FE 标志同时清 0。

RTS：请求发送信号。RTS=1，迫使 8251A 输出 RTS 有效，表示 CPU 已做好发送数据准备，请求向调制/解调器或外部设备发送数据。

IR：内部复位信号。IR=1，迫使 8251A 回到接收方式选择控制字的状态。

EH：进入搜索方式位。EH 位只对同步方式有效，EH=1，表示开始搜索同步字符，因此对于同步方式，一旦允许接收（RxE=1），必须同时使 EH=1，并且使 ER=1，清除全部错误标志，才能开始搜索同步字符。从此以后所有写入的 8251A 的控制字都是操作命令控制字。只有外部复位命令 RESET=1 或内部复位命令 IR=1，才能使 8251A 回到接收方式选择命令字状态。

3．状态命令字

报告 8251A 何时才能开始发送或接收，以及接收数据有无错误，所有的状态位置 1 有效。CPU 可在 8251A 工作过程中利用 IN 指令读取当前 8251A 的状态字，其使用格式如图 9.9 所示。

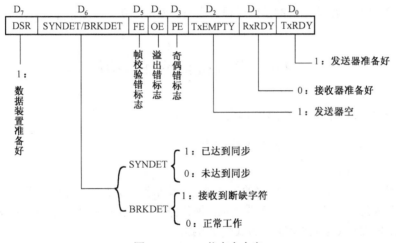

图 9.9　8251A 状态命令字

TxRDY：发送准备好标志，它与引线端 TxRDY 的意义有些区别。TxRDY 状态标志为"1"只反映当前发送数据缓冲存储器已空，而 TxRDY 引线端为"1"，除发送数据缓冲存储器已空外，还有两个附加条件是 CTS=0 和 TxEN=1，这就是说它们之间存在如下关系：

$$\text{TxRDY 引线端} = \text{TxRDY 状态位} \times (\text{CTS}=0) \times (\text{TxEN}=1)$$

在数据发送过程中，上面两者总相同，通常 TxRDY 状态位供 CPU 查询，TxRDY 引线端可用做向 CPU 发出的中断请求信号。

RxRDY 位、TxEMPTY 位和 SYNDET/BRKDET 位与同名引线端的状态完全相同，可供 CPU 查询。

PE：奇偶错标志位。PE=1 表示当前产生了奇偶错，它不会中止 8251A 的工作。

OE：溢出错标志位。OE=1，表示当前产生了溢出错，CPU 没有来得及将上一字符取走，下一字符又来到 RxD 端，它不中止 8251A 继续接收下一字符，但上一字符将丢失。

FE：帧校验错标志位，只对异步方式有效。FE=1，表示未检测到停止位，不中止 8251A 工作。

PE、OE 和 FE 这三个标志允许用工作命令字的 ER 位复位。

DSR：数据装置准备好位。DSR=1，表示外部设备或调制/解调器已准备好发送数据，这时输入引线端 DSR 有效。

4．8251A 的方式命令字、工作命令字和状态命令字之间的关系

8251A 的方式命令字只是约定了双方通信的方式及其数据格式、波特率等参数；而工作命令字进一步定义了数据传送的方向是发送还是接收；何时能实现数据收发取决于 8251A 的状态字。只有当 8251A 进入到发送/接收准备好的状态，才能开始数据的传送。

因为方式命令字和工作命令字没有特征位标志，且都是送到同一个命令端口，所以在初始化 8251A 时需要按照固定的顺序，否则 8251A 无法识别当前写入的到底是方式命令字还是工作命令字。8251A 初始化编程的操作过程的流程图如图9.10所示。

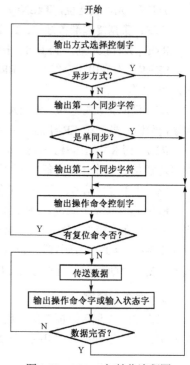

图 9.10　8251A 初始化流程图

9.4　串行接口应用举例

9.4.1　基于 8251A 可编程通信接口芯片

以双机串行通信为例来说明 8251A 的具体应用。

1．要求

在甲、乙两台微机之间进行短距离的串行通信。要求把存放在甲机上的一个连续数据块传送到乙机中。采用异步通信方式，字符长度为 8 位，两位停止位，波特率因子为 64，无校验，波特率为 4800 bps。CPU 与 8251A 之间采用查询方式交换数据。

2．分析

针对硬件设计，由于是短距离通信，可以不使用调制解调器而是直接相连（零 MODEM 形式）。当把两台微机都作为 DTE 时，它们之间只需要 TxD、RxD 和 SG（信号地）三根线连接就可以进行通信。

针对软件设计，当采用查询方式，异步传送，双方实现半双工通信时，对甲机而言，初始化程序将其定义为发送端，对乙机而言，初始化程序将其定义为接收端。发送端 CPU 每查询到 TxRDY 有效，则向 8251A 并行输出一字节数据；接收端 CPU 每查询到 RxRDY 有效，则从 8251A 并行输入一字节数据；一直进行到全部数据传送完毕为止。

3．实现

（1）硬件实现

采用 8251A 作为接口的主芯片再配置少量的附加电路，如波特率发生器、RS-232C 与 TTL 电平转换电路、地址译码器电路等，就可以构成一个串行通信接口，如图9.11 所示。

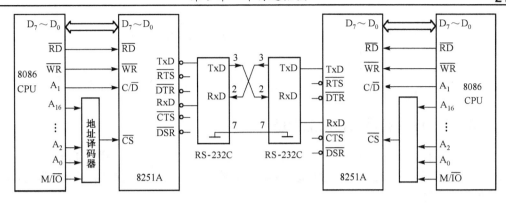

图 9.11　双机串行通信硬件结构图

（2）软件实现

根据要求，在甲机中运行发送程序，而乙机中运行接收程序，分别编写如下。系统运行时，为了保证乙机可以正常接收到甲机发送过来的数据，需要首先运行乙机上的接收程序，然后再运行甲机上的发送程序。

甲机中的发送端初始化程序与发送控制程序：

```
START:  MOV     DX, 8251A 控制端口
        MOV     AL, 0CFH            ;方式命令字（异步，两个停止位，字符长度 8，
        OUT     DX, AL             ;无校验，波特率因子 64）
        MOV     AL, 37H             ;工作命令字（RTS/ER/RxE/DTR/TxEN 均置 1）
        OUT     DX, AL
        MOV     SI, 发送数据块首地址
        MOV     CX, 发送数据块字节数  ;设置发送数据块指针和计数值
NEXT:   MOV     DX, 8251A 控制端口
        IN      AL, DX
        AND     AL, 01H             ;查询 TxRDY 是否有效
        JZ      NEXT                ;发送未准备好，继续等待
        MOV     DX, 8251A 数据端口
        MOV     AL, [SI]
        OUT     DX, AL              ;向 8251A 输出一字节数据
        INC     SI
        LOOP    NEXT
        HLT
```

乙机中的接收端初始化程序和接收控制程序：

```
START:  MOV     DX, 8251A 控制端口
        MOV     AL, 0CFH            ;方式命令字（异步，两个停止位，字符长度 8
        OUT     DX, AL             ;无校验，波特率因子 64）
        MOV     AL, 14H             ;工作命令字（ER/RxE 均置 1）
        OUT     DX, AL
        MOV     DI, 接收数据块首地址
        MOV     CX, 接收数据字节数   ;设置接收数据块指针和计数值
NEXT:   MOV     DX, 8251A 控制端口
        IN      AL, DX
        TEST    AL, 38H             ;查是否有格式错、溢出错、奇偶错
        JNZ     ERR                 ;有错则转出错处理
        AND     AL, 02H             ;查询 RxRDY 是否有效
        JZ      NEXT                ;接收未准备好，继续等待
        MOV     DX, 8251A 数据端口
```

```
          IN       AL,DX               ;接收一字节
          MOV      [DI],AL             ;存入接收数据块中
          INC      DI
          LOOP     NEXT
ERR:      ...
          HLT
```

9.4.2　基于 BIOS 串行通信口功能调用

正如 9.2 节所描述，RS-232C 作为一种常用的串行通信标准，广泛应用于微机通信接口中。目前，标准 PC 都提供基于 RS-232C 的异步通信适配器。下面的实例将利用 ROM-BIOS 的系统调用实现 PC 与 PC 之间的串行通信。

1. 要求

在甲、乙两台 PC 之间通过 RS-232C 串行接口进行短距离的数据通信。要求把存放在甲机上的一个连续数据块传送到乙机中。采用异步通信方式，8 位数据位数，1 位停止位，无校验，波特率为 9600 bps。

2. 分析

针对硬件设计，PC 之间实现基于 RS-232C 的短距离串行通信，可以采用 TxD、RxD 和 SG（信号地）三条线连接的形式实现。

针对软件设计，首先需要对 BIOS 串行通信口功能调用进行必要的说明。

PC 系列及其兼容机通过软中断 INT 14H 的形式提供了全面而强大的 BIOS 串行通信功能调用，包括串口初始化、发送一个字符、接收一个字符、获取当前串口状态 4 个功能，具体的调用及返回参数如表 9.2 所示。

表 9.2　串行通信 BIOS 功能调用

功 能 号	功　　能	调 用 参 数	返回参数功能
0	初始化串行口	AL=初始化参数 DX=通信适配器号 0=COM1；1=COM2	AH=通信口线路状态 AL=MODEM 状态
1	向串行口写一个字符	AL=要发送的字符 DX=通信适配器号 0=COM1；1=COM2	发送成功：$AH._7$=0；AL 被保存 发送失败：$AH._7$=1；$AH._{0\sim6}$=线路状态
2	从串行口读一个字符	DX=通信适配器号 0=COM1；1=COM2	接收成功：$AH._7$=0；AL=接收到的字符 接收失败：$AH._7$=1；$AH._{0\sim6}$=线路状态
3	读状态	DX=通信适配器号 0=COM1；1=COM2	AH=通信口线路状态 AL=MODEM 状态

其中，0 号功能的初始化参数由用户写入 AL 寄存器，其各位的含义如表 9.3 所示。

表 9.3　0 号功能的初始化参数

D_7	D_6	D_5	D_4	D_3	D_2	D_1	D_0
波特率 000=110；100=1200 001=150；101=2400 101=300；110=4800 011=600；111=9600			奇偶校验 01=奇校验 11=偶校验 ×0=无校验		停止位 0=1 位 1=2 位	数据位 10=7 位 11=8 位	

3 号功能的返回参数 AH 及 AL 的定义如表 9.4 所示。

表 9.4　3 号功能的返回参数

	D$_7$	D$_6$	D$_5$	D$_4$	D$_3$	D$_2$	D$_1$	D$_0$
AH	超时错	发送器移位寄存器空	发送器保持寄存器空	间断条件	帧格式错	奇偶校验错	超越错	接收器数据寄存器就绪
AL	载波检测	振铃指示	数据设备就绪	清除发送	DCD 状态变化	RI 由接通到断开	DSR 状态变化	CTS 状态变化

如果 1 号或 2 号功能调用失败，系统返回到 AH$_{0\sim6}$ 的值代表当前线路状态，其定义同表 9.4 中的 AH 定义，但 D$_7$ 位没有使用。

在设计程序流程时，首先调用 0 号功能对甲、乙两台 PC 进行相同的初始化步骤，即在参数上需保证两者的数据位、停止位、奇偶校验位及波特率等一致；甲机在调用 1 号功能完成串行口发送后，读取器 AH.$_7$ 位，如果其置为 0，表示发送成功，反之表示发送失败；乙机调用 2 号功能从串行口接收一个字符后，读取 AH$_7$ 位的返回信息，如果其置为 0，表示接收成功，反之表示接收失败。

3. 实现

（1）硬件实现

目前的 PC 至少提供了一个 DB-9 连接器的串行口，其对应的串行口编号为 COM1，端口地址范围是 3F8H～3FFH（部分 PC 还会提供另外一个异步通信接口 COM2，其端口地址是 2F8H～2FFH）。以 COM1 口为例，在硬件连接上将两台 PC 上 COM1 口对应的 DB-9 连接器的第 5 脚（SG）连接在一起，第 2 脚（RxD）和第 3 脚（TxD）交叉连接即可。

（2）软件实现

根据要求，在甲机中运行发送程序，在乙机中运行接收程序，分别编写如下。系统运行时，为保证乙机可以正常接收到甲机发送过来的数据，需要首先运行乙机上的接收程序，然后再运行甲机上的发送程序。

PC 甲机的发送端初始化程序与发送控制程序：

```
START:   MOV    AL, 0E3H          ;0E3—9600、无奇偶校验、字长 8 位, 一位停止位
         MOV    DX, 0
         MOV    AH, 0
         INT    14H               ;完成初始化通信口 COM1
         MOV    SI,发送数据块首地址
         MOV    CX,发送数据块字节数    ;设置发送数据块指针和计数值
AGAIN:   MOV    DX, 0
         MOV    AH, 3
         INT    14H               ;读取通信口 COM1 状态
         TEST   AH, 60H
         JZ     AGAIN             ;判断寄存器状态, 如不满足发送条件则继续等待
         MOV    DX, 0
         MOV    AL, [SI]
         MOV    AH, 1
         INT    14H               ;发送一个字符
         TEST   AH, 80H
         JNZ    ERR               ;如果发送失败跳到出错处理
         INC    SI
         LOOP   AGAIN
ERR:     …
         HLT
```

PC 乙机的接收端初始化程序和接收控制程序：

```
        START:  MOV     AL, 0E3H        ;0E3—9600、无奇偶校验、字长8位, 一位停止位
                MOV     DX, 0
                MOV     AH, 0
                INT     14H             ;完成初始化通信口 COM1
                MOV     DI,接收数据块首地址
                MOV     CX,接收数据字节数    ;设置接收数据块指针和计数值
        AGAIN:  MOV     DX, 0
                MOV     AH, 3
                INT     14H             ;读取通信口 COM1 状态
                TEST    AH, 01H
                JZ      AGAIN           ;判断接收数据寄存器是否就绪
                MOV     DX, 0
                MOV     AH, 2
                INT     14H             ;接收一个字符
                TEST    AH, 80H
                JNZ     ERR             ;如果接收失败跳到出错处理
                MOV     [DI], AL
                INC     DI
                LOOP    AGAIN
        ERR:    …
                HLT
```

本 章 小 结

在串行通信中，数据的收发可采用异步和同步两种基本工作方式。串行通信中根据数据流的传输方向，可以分为单工、半双工和全双工三种传输方式。8251A 是一个可编程的通用同步异步接收发送器，可以配合 CPU 以同步或异步方式与外部设备进行串行通信。RS-232C 是目前最常用的串行通信接口标准，它适合于数据传输速率在 50~20000 bps 范围内的通信。

习　题

1. 串行通信的数据收发方式分为哪几类？它们各有什么特点？
2. 简述单工、半双工、全双工通信的区别，并列举出相应的应用场合。
3. 描述 RS-232C 的电平标准，并说明该电平标准如何实现跟 TTL 电平标准的转换。
4. RS-232C 标准所规定的线缆最大长度和通信的最大传输距离是多少？
5. 简述 8251A 芯片的基本功能。
6. 扩展本章中 8251A 的应用实例：要求乙机在收到甲机所发数据后可以每次给出一个确认信号，最后在收到所有数据后将数据回发给甲机。

第 10 章　DMA 控制器

在基本的输入/输出方式中，对于数据的传送数量较大、速度较高的场合通常采用 DMA 方式传输。DMA 方式是在硬件（DMA 控制器，DMAC）的控制下进行数据输入/输出控制的，本章主要介绍 DMA 的基本原理和典型的 DMA 控制器 8237。通过本章的学习，应了解与掌握 DMA 工作原理及 8237 DMA 控制器的原理和使用方法。

建议采用 4～6 学时学习本章内容。2 学时学习 DMA 技术概述，重点学习 DMA 的工作原理、DMA 传送过程及 DMA 控制器的功能；2 学时学习 8237 的结构和编程控制字；2 学时学习 8237 的编程和应用。如果学时有限，则可以用 4 学时重点讲解主要内容，技术概述和后面内容部分简要介绍。

10.1　DMA 技术概述

直接存储器存取方式，即 DMA（Direct Memory Access）方式，指存储器与 I/O 设备之间的数据传送在 DMA 控制器（又称 DMAC）的管理下直接进行，而不经过 CPU。这种方式大大提高了传送数据的速率，但控制电路复杂，适于大批量、高速度数据传送的场合。

10.1.1　DMA 的两种工作状态

DMA 控制器在系统中有两种工作状态：主动态与被动态。并处在两种不同的地位：主控器与受控器。

1. 主动态

在主动态时，DMAC 取代处理器 CPU，获得了对系统总线（地址总线、数据总线、控制总线）的控制权，成为系统总线的主控者，向存储器和外设发出相应的地址和控制信号，以控制在两个存储实体间的信息传送。以存储器和 I/O 外设之间传送数据为例说明，当 DMA 写操作时，数据由外设传到存储器，它发出 $\overline{IOR}$ 和 $\overline{MEMW}$ 信号；当 DMA 读操作时，数据从存储器传送到外设，它发出 $\overline{MEMR}$ 和 $\overline{IOW}$ 信号。

2. 被动态

在被动态时，DMAC 接受 CPU 对它的控制和指挥。例如，在对 DMAC 进行初始化编程及从 DMAC 读取状态时，它就如同普通 I/O 芯片一样，受 CPU 的控制，成为系统 CPU 的受控者。当 DMAC 加电或复位时，DMAC 自动处于被动状态。也就是说，在进行 DMA 传送之前，必须由 CPU 处理器对 DMAC 编程，以确定通道的选择、数据传送模式和类型、内存首地址、地址递增还是递减及所需要传送的字节数等参数。在 DMA 传送完毕后，CPU 还会读取 DMAC 的状态。这时 DMA 控制器是 CPU 的从设备。

10.1.2　DMA 的传送过程

DMA 传送方式和中断方式相似，从开始到结束全过程可分为几个阶段。在 DMA 操作开始之前，用户根据需要先对 DMA 控制器（DMAC）编程，把要传送的数据字节数、数据在存储器中的起始地址、传送方向、DMAC 的通道号等信息送到 DMAC，被称为 DMAC 初始化。初始化之后，就等待外部设备准备好来申请进行 DMA 传送。

整个 DMA 传送分为 4 个阶段：申请阶段、响应阶段、数据传送阶段和传送结束阶段。传送工作过程如下。

（1）申请阶段

外设准备好数据后向 DMAC 发出 DMA 请求 DREQ；DMAC 经过内部的判优和屏蔽处理后，向总线仲裁机构发出总线请求信号 HRQ，请求占用总线。即 DMAC 将此请求传递到 CPU 的总线保持端 HOLD，向 CPU 发出 DMA 请求。

（2）响应阶段

CPU 在完成当前总线周期后检测 HOLD，在非总线封锁条件下，对 DMA 请求做出响应：一是使 CPU 放弃对地址总线、数据总线、控制总线的控制，使之呈高阻状态，即放弃对总线的控制权；二是 CPU 送出有效的总线响应信号 HLDA 送至 DMAC，告之可以使用总线。

（3）数据传送阶段

DMAC 接收到有效的总线响应信号后，向外设送出 DMA 应答信号 DACK，通知外设做好数据传送准备。同时 DMAC 占用总线，开始对总线实施控制；DMAC 送出内存地址和对内存与外设的控制信号，控制外设与内存（或内存与内存）之间数据的直接传送。

（4）传送结束阶段

DMAC 通过计数控制将预定的数据（块）传送完后，一方面，向外设发出传送结束信号 $\overline{\text{EOP}}$；另一方面，向 CPU 发出无效的 HOLD 信号，撤销 CPU 的 DMA 请求；CPU 收到此信号后，送出无效的 HLDA，并重新控制总线，实现正常的总线控制操作。

在 DMA 传送期间，HRQ 信号和 HLDA 信号一直有效，直至 DMA 传送结束。

10.2 8237 的引脚特性和内部结构

DMAC 有多种类型，虽然它们的生产厂家不同，但它们的基本原理是相似的。深入地掌握一种 DMAC 的工作原理与使用方法，再学习其他的 DMAC 就容易多了。下面以 Intel 8237 DMAC 为例进行介绍。

10.2.1 8237 的引脚

如图10.1所示，8237 有 40 根引脚，采用双列直插式（DIP）封装。其引脚功能如下。

$A_0 \sim A_3$：双向、三态。作为输入地址信号，用来选择 8237 的内部寄存器。当 8237 作为主控芯片用来控制总线进行 DMA 传送时，输出地址线的最低 4 位。

$A_4 \sim A_7$：三态输出。在 DMA 传送过程中，送出 $A_4 \sim A_7$ 的 4 位地址信号。

$DB_0 \sim DB_7$：双向、三态数据总线，与系统的数据总线相连。在 CPU 控制系统总线时，可以通过它们对 8237 编程或读出 8237 内部寄存器的内容。

ADSTB（Address Strobe）：地址选通，输出信号，高电平有效，用来将从 $DB_0 \sim DB_7$ 输出的高 8 位地址 $A_8 \sim A_{15}$ 锁存到地址锁存器。

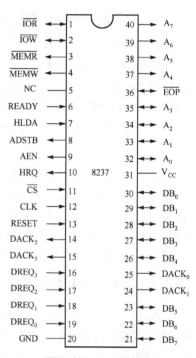

图 10.1 8237 引脚图

AEN（Address Enable）：地址允许，输出信号，高电平有效。在 DMA 传送期间，该信号有效时，禁止其他系统总线驱动器使用系统总线，同时允许地址锁存器中的高 8 位地址信息送上系统地址总线。

　　HRQ（Hold Request）：保持请求信号，输出，高电平有效。在仅有一块 8237 的系统中，HRQ 通常接到 CPU 的 HOLD 引脚，用来向 CPU 请求对系统总线的控制权。如果通道的相应屏蔽位被清除，也就是说，DMA 请求未被屏蔽，只要出现 DREQ 有效信号，8237 就会立即发出 HRQ 有效信号。在 HRQ 有效之后，至少等待一个时钟周期后，HLDA 才会有效。

　　HLDA（Hold Acknowledge）：保持响应，输入信号，高电平有效。来自 CPU 的同意让出总线响应信号。它有效时，表示 CPU 已经让出对总线的控制权，把总线的控制权交给 DMAC。

　　DREQ$_0$～DREQ$_3$（DMA Request）：DMA 请求（通道 0～3）输入信号。它们的有效电平可由编程设定。复位时使它们初始化为高电平有效。这 4 条 DMA 请求线是外部电路为申请 DMA 服务而送到各个通道的请求信号。在固定优先权时，DREQ$_0$ 的优先权最高，DREQ$_3$ 优先权最低。各通道的优先权级别是可以编程设定的。当通道的 DREQ 有效时，就向 8237 请求 DMA 操作。DACK 是响应 DREQ 信号后，进入 DMA 服务的应答信号。在相应的 DACK 产生前 DREQ 必须维持有效。

　　DACK$_0$～DACK$_3$（DMA Acknowledge）：DMA 响应输出信号，分别对应通道 0～3。该信号是一个有效电平可编程的输出信号。复位时使它们初始化为低电平有效。8237 用这些信号来通知外部设备已经进入 DMA 周期。通常会用 DACK 信号作为 I/O 接口的选通信号。系统允许多个 DREQ 请求同时有效，但在同一时间，只能一个 DACK 信号有效。

　　$\overline{\text{IOW}}$：I/O 写控制信号，双向三态低电平有效。CPU 控制总线时由 CPU 发来，CPU 用它把数据写入 8237。而在 DMA 操作期间，由 8237 发出，作为对 I/O 设备写入的控制信号。

　　$\overline{\text{IOR}}$：I/O 读控制信号，双向三态低电平有效。除 $\overline{\text{IOR}}$ 用来控制数据的读出外，其双重作用与 $\overline{\text{IOW}}$ 一样。

　　$\overline{\text{MEMW}}$：存储器写控制信号，三态输出低电平有效。在 DMA 传送期间，由该端送出有效信号，控制存储器的写操作。

　　$\overline{\text{MEMR}}$：存储器读控制信号，三态输出低电平有效。其含义与 $\overline{\text{MEMW}}$ 类似。

　　CLK：时钟输入，用来控制 8237 内部操作定时和 DMA 传送时的数据传送速率。

　　$\overline{\text{CS}}$：片选信号，低电平有效，输入信号，在非 DMA 传送时，CPU 利用该信号对 8237 寻址。在 DMA 控制总线时，自动禁止 $\overline{\text{CS}}$ 输入，以防止 DMA 操作期间该器件选中自己。它通常与接口地址译码器连接。

　　RESET：复位信号，高电平有效输入信号。复位有效时，将清除命令、状态、请求、暂存寄存器和先/后触发器，并清除字节指示器和置位屏蔽寄存器。复位之后，8237 处于空闲周期，它的所有控制线都处于高阻状态，并且禁止所有通道的 DMA 操作。复位之后必须重新对 8237 初始化，它才能进入 DMA 操作。

　　READY：准备好输入信号，当选用的存储器 I/O 设备速度比较慢时，可用这个异步输入信号使存储器或 I/O 读/写周期插入等待状态，以便适应慢速内存或外设。此信号与 CPU 上的准备好信号类似。

　　$\overline{\text{EOP}}$：过程结束，低电平有效的双向信号。8237 允许用外部输入信号来中止正在执行的 DMA 传送。通过把外部输入的低电平信号加到 8237 的 $\overline{\text{EOP}}$ 端即可做到这一点。另外，当 8237 的任一通道传送结束，到达计数终点时，8237 会产生一个有效的 $\overline{\text{EOP}}$ 输出信号。一旦出现 $\overline{\text{EOP}}$，不管是来自内部还是外部，都会中止当前的 DMA 传送，复位请求位，并根据编程规定（是否是自动预置）而执行相应的操作。当 $\overline{\text{EOP}}$ 端不用时，应通过电阻接到高电平上，以免由它输入干扰信号。

10.2.2　8237 的内部结构

　　如图 10.2 所示，8237 由三部分组成：三个基本的控制逻辑单元、三个缓冲器（I/O 缓冲器 1、I/O 缓冲器 2、输出缓冲器）和 12 个内部寄存器。

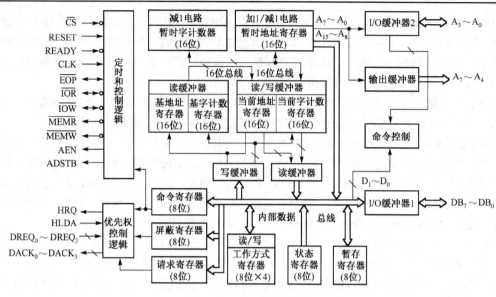

图 10.2　8237 的内部结构

1．控制逻辑单元

（1）定时和控制逻辑单元

定时和控制逻辑单元根据编程初始化时所设置的工作方式寄存器的内容和命令，在输入时钟信号的定时控制下，产生 8237 内部的定时信号和外部的控制信号。

（2）命令控制单元

命令控制单元的主要作用是在 CPU 控制总线时，即非 DMA 周期时（被动态），将 CPU 在编程初始化送来的命令字进行译码；而在 8237 进入 DMA 周期时，对设定 DMA 操作类型的工作方式字进行译码。

（3）优先权控制逻辑

优先权控制逻辑用来裁决各通道的优先权次序，解决多个通道同时请求 DMA 服务时可能出现的优先权竞争问题。

2．缓冲器

I/O 缓冲器 1：8 位、双向、三态的缓冲器，用于与系统的数据总线接口。非 DMA 周期时，CPU 向 8237 送出的编程控制字、从 8237 读取的状态字、当前的地址和字节计数器的内容都经过这个缓冲器；在 DMA 周期时，DMAC 所送出的地址由这个缓冲器输出到地址锁存器锁存。

I/O 缓冲器 2：4 位、双向、三态缓冲器。在 CPU 控制总线时，I/O 缓冲器 2 导通，将地址总线的低 4 位 $A_0 \sim A_3$ 送入 8237 进行译码后，选择 8237 内部寄存器；在 DMA 周期时，它送出 8237 寻址的存储器地址的低 4 位 $A_0 \sim A_3$。

输出缓冲器：4 位、输出、三态缓冲器。在 CPU 控制总线时呈高阻状态；而在 DMA 控制总线时，它导通，由 8237 提供的 16 位存储器地址的 $A_4 \sim A_7$ 通过它送出。

3．内部寄存器

8237 有 4 个独立的 DMA 通道，有许多内部寄存器，它们与用户编程直接发生关系（将于 10.3 节讨论）。表 10.1 所示为这些寄存器的名称、长度、数量和 CPU 的访问形式。表中数量为 4 个的寄存器，是每个通道一个；数量为 1 的寄存器，则为各通道所公用。

表 10.1　8237 内部寄存器

名　　称	长度（位）	数　量	CPU 访问形式
基地址寄存器	16	4	只写
基字计数寄存器	16	4	只写
当前地址寄存器	16	4	可读可写
当前字计数寄存器	16	4	可读可写
地址暂存寄存器	16	1	不能访问
字计数寄存器	16	1	不能访问
命令寄存器	8	1	只写
工作方式寄存器	8	4	只写
屏蔽寄存器	4	1	只写
请求寄存器	4	1	只写
状态寄存器	8	1	只读
暂存寄存器	8	1	只读
高/低触发器	1	1	只写

用户可以访问的寄存器都具有不同的端口地址，各寄存器的端口地址情况如表 10.1 和表 10.2 所示。

表 10.2　8237 各通道寄存器地址

通　　道	寄存器名称	A_3	A_2	A_1	A_0	$\overline{CS}$
通道 0	地址寄存器	0	0	0	0	0
	字节寄存器	0	0	0	1	0
通道 1	地址寄存器	0	0	1	0	0
	字节寄存器	0	0	1	1	0
通道 2	地址寄存器	0	1	0	0	0
	字节寄存器	0	1	0	1	0
通道 3	地址寄存器	0	1	1	0	0
	字节寄存器	0	1	1	1	0

各通道的寄存器通过 $\overline{CS}$ 和地址线 $A_0 \sim A_3$ 规定不同的地址，高、低字节再由高/低触发器来决定。其中有的寄存器是可以读/写的，而有的寄存器是只可以写的。

如表 10.3 所示，其他寄存器的读/写操作是利用 $\overline{CS}$ 和 $A_0 \sim A_3$ 规定寄存器的地址，再利用 $\overline{IOW}$ 或 $\overline{IOR}$ 对其进行写或读。另外，方式寄存器是每个通道一个，仅分配一个地址，这是靠方式控制字的 D_0 和 D_1 来决定是哪个通道的。

表 10.3　8237 其他寄存器地址

寄存器及操作	A_3	A_2	A_1	A_0	$\overline{IOW}$	$\overline{IOR}$	$\overline{CS}$
读状态寄存器	1	0	0	0	1	0	0
写命令寄存器	1	0	0	0	0	1	0
写请求寄存器	1	0	0	1	0	1	0
写单通道屏蔽寄存器	1	0	1	0	0	1	0
写工作方式寄存器	1	0	1	1	0	1	0
清除高/低字节触发器	1	1	0	0	0	1	0
读暂存寄存器	1	1	0	1	1	0	0
发复位命令	1	1	0	1	0	1	0
清屏蔽寄存器	1	1	1	0	0	1	0
写四通道屏蔽寄存器	1	1	1	1	0	1	0

10.3　8237 的控制寄存器格式和软命令

8237 共有 9 类寄存器，分别是当前地址寄存器、当前字计数寄存器、基地址和基字数寄存器、命令寄存器、工作方式寄存器、请求寄存器、屏蔽寄存器、状态寄存器、暂存寄存器。

对8237的编程控制就是对相关的控制寄存器中写入相应的数据。下面介绍每个寄存器的详细原理。

1．基地址寄存器

该寄存器用以存放16位地址。在编程时，它与当前地址寄存器被同时写入某一起始地址。在8237工作过程中，其内容不变化。在自动预置时，其内容被写到当前地址寄存器中。

2．基字计数寄存器

该寄存器用以存放该通道数据传送的个数。在编程时，它与当前字计数寄存器被同时写入要传送数据的个数。在8237工作过程中，其内容保持不变。在自动预置时，其内容被写到当前字计数寄存器中。

3．当前地址寄存器

每个通道有一个16位的当前地址寄存器。该寄存器存放DMA传送期间的地址值。每次传送后自动加1或减1。CPU可以对其进行读/写操作。在选择自动预置时，每当字计数值减为0或外部$\overline{EOP}$发生时，就会自动将基地址寄存器的内容写入当前地址寄存器中，恢复其初始值。

4．当前字计数寄存器

每个通道有一个16位的当前字寄存器。它保持着要传送的字节数，在每次传送后此寄存器减1。在自动预置下，每当字计数值减为0或外部$\overline{EOP}$发生时，就会自动将基字计数寄存器的内容写入当前字计数寄存器中，恢复其初始计数值。

5．地址暂存寄存器和字计数寄存器

这两个16位的寄存器和CPU不直接发生关系，程序员也不能控制这两个寄存器。

6．命令寄存器

8237的命令寄存器存放编程命令字，由它来控制8237的操作。编程时，由CPU对它写入命令字，而由复位信号（RESET）和软件清除命令清除它。命令字各位的功能如图10.3所示。

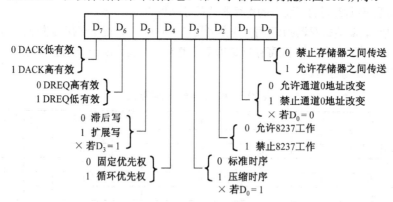

图10.3　8237命令寄存器格式

D_0位：用以规定是否允许采用存储器到存储器的传送方式。

D_1位：用以规定在存储器到存储器的传送过程中，通道0（提供源地址）的地址是否保持不变。当$D_1=0$时，传送过程中源地址是变化的。反之，当$D_1=1$时，在整个传送过程，源地址保持不变。

D_2位：是允许或禁止DMAC工作的控制位。

D_3，D_5位：是与时序有关的控制位。$D_3=0$采用标准时序；$D_3=1$采用压缩时序。当$D_0=1$时，D_3不起作用。$D_5=0$采用滞后写；$D_5=1$，为扩展写。当$D_3=1$时，D_5不起作用。压缩时序只适用于连续传送方式。

D_4 位：用来设定通道优先权结构。当 $D_4=0$ 时，为固定优先权，即通道 0 优先权最高，优先权随着通道号的增大而递减，通道 3 的优先权最低。当 $D_4=1$ 时，为循环优先权。在这种方式下刚服务过的通道的优先权变为最低，其他通道的优先权也做相应的循环旋转。

D_6，D_7 位：用于设定 DREQ 和 DACK 的有效电平。

7. 工作方式寄存器

每个通道有一个 8 位的模式寄存器，以规定通道的工作方式，各位的作用如图 10.4 所示。

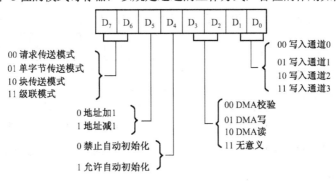

图 10.4　8237 工作方式寄存器格式

D_2，D_3 位：当 D_6、D_7 位不同时为 1 时，由这两位的编码设定通道的 DMA 的传送类型：读、写和校验（或存储器至存储器）。当设定命令寄存器为存储器至存储器方式传送时，应将其工作方式寄存器 D_2D_3 位设定为 00。

D_4 位：它设定通道是否进行自动预置。当选择自动预置时，在接收到 $\overline{EOP}$ 信号后，该通道自动将基地址寄存器内容装入当前地址寄存器；将基字计数寄存器内容装入当前字计数寄存器，而不必通过 CPU 对 8237 进行初始化，就能执行另一次 DMA 服务。

D_5 位：它设定每传送一字节数据后，存储器地址是加 1 或减 1。

D_6，D_7 位：这两位的不同编码决定该通道 DMA 传送的方式。8237 进行 DMA 传送时，有 4 种传送方式：请求传送、单字节传送、数据块传送和级联方式。

8. 屏蔽寄存器

各通道的屏蔽标志位可以用命令进行置位或复位，其命令控制字有两种形式。

① 单通道屏蔽字。这种屏蔽字的格式如图 10.5 所示。利用这个屏蔽字，每次只能选择一个通道。其中 D_0D_1 的编码指示所选的通道，$D_2=1$ 表示屏蔽位置位，$D_2=0$ 表示屏蔽位复位，即允许 DREQ 请求。

② 四通道屏蔽字。可以利用这个屏蔽字同时对 8237 的 4 个通道的屏蔽字进行操作。其格式如图 10.6 所示。利用这个屏蔽字同时对 4 个通道操作，故又称为主屏蔽字。它与单通道屏蔽字占用不同的 I/O 接口地址，以此加以区分。

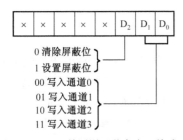

图 10.5　8237 单通道屏蔽寄存器格式

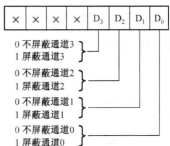

图 10.6　8237 四通道屏蔽寄存器格式

9. 请求寄存器

该寄存器用于在软件控制下产生一个 DMA 请求，即将某通道的请求标志置 1，就如同外部的 DREQ 请求一样。请求寄存器的格式如图 10.7 所示。

10. 状态寄存器

状态寄存器存放各通道的状态，CPU 读出其内容后，可得知 8237 的工作状况。状态寄存器的格式如图10.8 所示。

状态寄存器的低 4 位表示 4 个通道的终止计数状态。高 4 位表示是否存在 DMA 请求。

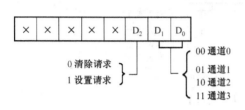

图 10.7 8237 请求寄存器格式

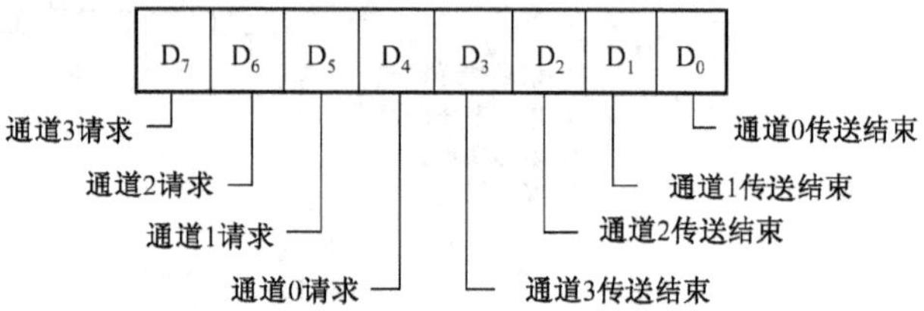

图 10.8 8237 状态寄存器格式

11. 暂存寄存器

这个 8 位寄存器用于在存储器到存储器传送过程中暂存从源地址单元中读取的数据。用 RESET 信号可以清除此暂存寄存器。

12. 高/低触发器

8237 的数据线是 8 位，但其内部有 16 位寄存器。高/低位寄存器指明目前数据线上传送的是低 8 位还是高 8 位数据。"0" 表示低 8 位，"1" 表示高 8 位。

10.4 8237 的编程应用

10.4.1 8237 的编程步骤

由于 8237 内部各寄存器均有相应的端口地址，其编程顺序无严格要求。一般可按如下顺序初始化：
① 输出主清除命令；
② 写入基地址与当前地址寄存器；
③ 写入基计数与当前字计数寄存器；
④ 写入方式寄存器；
⑤ 写入屏蔽寄存器；
⑥ 写入命令寄存器；
⑦ 写入请求寄存器。

10.4.2 编程举例

若要利用通道 0，由外设（磁盘）输入 32 KB 的一个数据块，传送至内存 8000H 开始的区域（增量传送），采用块连续传送的方式，传送完不自动初始化，外设的 DREQ 和 DACK 都为高电平有效。

要编程首先要确定端口地址。地址的低 4 位用以区分 8237 的内部寄存器，高 4 位地址 $A_7 \sim A_4$ 经译码后，连至片选端 $\overline{CS}$，假定选中时高 4 位为 5。首先根据要求确定了方式控制字为 84H，屏蔽控制字为 00H，命令控制字为 A0H。初始化程序如下：

```
OUT     5DH,    AL          ;输出主清除命令
MOV     AL,     00H
OUT     50H,    AL          ;输出基地址寄存器和当前地址寄存器的低 8 位
MOV     AL,     80H
OUT     50H,    AL          ;输出基地址寄存器和当前地址寄存器的高 8 位
MOV     AL,     00H
OUT     51H,    AL
MOV     AL,     80H
OUT     51H,    AL          ;给基计数寄存器和当前字计数寄存器数赋值
MOV     AL,     84H
OUT     5BH,    AL          ;输出模式字
MOV     AL,     00H
OUT     5AH,    AL          ;输出屏蔽字
MOV     AL,     0A0H
OUT     58H,    AL          ;输出命令字
```

10.4.3　8237 在 PC/XT 微机中的应用

8237 在 PC/XT 微机中的应用电路图如图 10.9 所示。

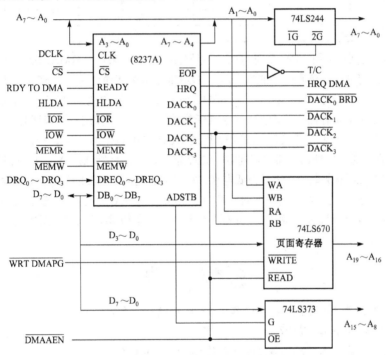

图 10.9　8237 在 PC/XT 微机中的应用

下面讲述页面寄存器及 20 位地址的生成。

8237 每个通道的最大传送长度为 64 K，它提供 16 位地址。但 XT 机使用 20 位地址总线。所以，在 DMA 传输时，DMA 控制电路还要提供高 4 位 $A_{19} \sim A_{16}$ 地址，称为页面地址。为此，XT 机设计了 DMA 页面寄存器，它采用 4×4 位的寄存器堆电路 74LS670，存放 4 个 DMA 通道所需的高 4 位地址 $A_{19} \sim A_{16}$。

74LS670 内部有 4 个寄存器，每个寄存器长度为 4 位。它的 4 位数据输入端接至系统数据总线的低 4 位 $D_3 \sim D_0$，4 位数据输出端接至系统地址总线高 4 位 $A_{19} \sim A_{16}$。当控制端 $\overline{GW}$ 为低时，数据从数据输入端写入由 WB 和 WA 编码所指定的某个寄存器中；当控制端 $\overline{GR}$ 为低时，数据从由 RB 和 RA 编码指定的寄存器中读出送至数据输出端，如表 10.4 所示。

表 10.4　74LS670 寄存器的功能

WRITE	WB	WA	功　能	READ	RB	RA	功　能
0	0	0	写入 0 组寄存器	0	0	0	读出 0 组寄存器
0	0	1	写入 1 组寄存器	0	0	1	读出 1 组寄存器
0	1	0	写入 2 组寄存器	0	1	0	读出 2 组寄存器
0	1	1	写入 3 组寄存器	0	1	1	读出 3 组寄存器
1	X	X	寄存器内容不变	1	×	×	输出为高阻抗

写入页面寄存器内容由 CPU 的 I/O 写操作实现。页面寄存器的 $\overline{CS}$ 端受 $\overline{WRT\ DMAPG}$ 信号控制，当对端口地址 80H～9FH 执行写操作时，它为低电平有效。寄存器写入选择端，WA 接地址线 A_0，WB 接 A_1，这样通常仅用 80H～83H 这 4 个端口地址，如表 10.5 所示。

表 10.5　PC/XT 型计算机页面寄存器的使用

8237 通道	写入地址	WB（A_1）	WA（A_0）	寄存器组	RB（DACK2）	RA（DACK3）
通道 0	80H	0	0	—		
通道 1	83H	1	1	第 3 组寄存器	1	1
通道 2	81H	0	1	第 1 组寄存器	0	1
通道 3	82H	1	0	第 2 组寄存器	1	0

由 DMA 控制电路（见图 10.9）看到，页面寄存器读出的控制条件是 $\overline{DMAAEN}$ 为低电平，即 DMA 操作期间，读出选择端 RB 接通道 2 的响应信号 $DACK_2$；RA 接通道 3 的 $DACK_3$，从表 10.5 看出，系统分配的页面寄存器口地址如下：通道 1：83H；通道 2：81H；通道 3：82H。0 号寄存器并未使用，这是因为通道 0 用于动态存储器的刷新，只需要低位地址，因此不使用页面寄存器。

综上所述，进入 DMA 服务状态时，8237 通过 $DB_7～DB_0$ 输出地址 $A_{15}～A_8$，并发出地址锁存信号 ADSTB，把它选通至地址锁存器中。同时，8237 输出低 8 位地址 $A_7～A_0$，并在整个 DMA 有效周期保持有效。在 DMA 服务期间，信号为低电平，它将选通地址驱动器的低 8 位地址 $A_7～A_0$、地址锁存器地址 $A_{15}～A_8$ 及事先写入页面寄存器的高 4 位地址 $A_{19}～A_{16}$，送至系统地址总线，形成 20 位 DMA 传输所需的内存地址。需注意的是，页面寄存器不具有自动增减量功能，所以高 4 位在整个 DMA 传送过程中是不会改变的。

习　题

1. DMA 控制器在微机系统中有哪两种工作状态？其工作特点如何？

2. DMA 控制器应具有哪些功能？

3. 8237 只有 8 位数据线，为什么能完成 16 位数据的 DMA 传送？

4. 什么叫软命令？8237 有几条软命令？

5. DMA 控制器 8237 什么时候作为主控制器工作？什么时候作为从控制器工作？在这两种情况下，各控制信号处于什么状态？

6. 什么是 DMA 页面地址寄存器？它的作用是什么？

7. DMA 控制器 8237 在系统中如何生成访问内存的有效地址？

8. 说明 8237 初始化编程的步骤。

9. 设计 8237 的初始化程序。8237 的端口地址为 0000H～000FH，设通道 0 工作在块传输模式，地址加 1 变化，自动预置功能；通道 1 工作于单字节读传输，地址减 1 变化，无自动预置功能；通道 2、通道 3 和通道 1 工作于相同方式。然后对 8237 设控制命令，使 DACK 为高电平有效，DREQ 为低电平有效，用固定优先级方式，并启动 8237 工作。

第11章 存 储 器

存储器是计算机系统中用来存放程序和数据的基本设备，无论是简单还是复杂，每个基于微处理器的系统都有存储器。存储器的容量越大，能存放的信息越多，计算机系统的能力就越强。存储器的存取速度越快，和 CPU 之间交换数据的速度就越快，计算机系统的数据处理能力就越强。存储器通常采用分级结构，将存储器分为高速缓冲存储器、主存储器（内存储器）和外存储器。

本章重点介绍主存储器的基本原理，并介绍主存储器与 Intel 系列微处理器之间的接口。用实例来说明存储器地址范围，并介绍存储器的分级结构和存储器管理的相关知识。建议本章采用 6 学时教学，2 学时讲解存储器的基本原理和基本知识，2 学时重点讲解内存储器系统的设计，2 学时讲解其他相关知识。

11.1 半导体存储器的分类及性能指标

存储器是计算机的重要组成部分，按其用途可分为主存储器（Main Memory，简称主存）和辅助存储器（Auxiliary Memory，简称辅存），主存储器又称内存储器（简称内存），辅助存储器又称外存储器（简称外存）。外存通常是磁性介质或光盘，能长期保存信息，并且无须电源支持便能保存信息。内存通常又称为半导体存储器，本节主要讨论半导体存储器的分类及性能指标。

11.1.1 半导体存储器的分类

半导体存储器是计算机中重要的存储部件，目前所有的计算机系统都采用了半导体存储器作为内存，此外，系统中的 CMOS 和 Cache 都是半导体存储器件。

半导体存储器按制造工艺，分以为双极型、CMOS 型和 HMOS 型等；按使用功能，可以分为随机读/写存储器 RAM（Random Access Memory）和只读存储器 ROM（Read Only Memory）两类。近年又出现了 Flash Memory 等。半导体存储器分类图如图11.1所示。

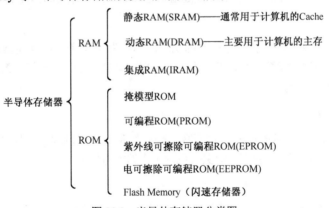

图 11.1 半导体存储器分类图

RAM 主要用来存放各种数据、中间结果及与外存交换的信息和作为堆栈。RAM 中的信息可以随机读出或写入，但掉电后 RAM 中存放的信息会丢失。程序的运行一般先从外存读入内存 RAM 中，然后再由 CPU 从 RAM 中读取并运行。

RAM 又可以分为 SRAM（Static 静态 RAM）和 DRAM（Dynamic 动态 RAM）及 IRAM（Integrated 集成 RAM）。SRAM 靠 MOS 场效应管双稳态触发器的两种状态来存储信息"0"和"1"；DARM 则是靠 MOS 管的极间电容来存储信息"0"和"1"。"电容"会漏电，因此必须定期对存放信息的 MOS 管的极间电容进行充电或放电，即"刷新"。但动态 RAM 比静态 RAM 集成度高、功耗低，从而成本也低，适于作为大容量存储器。所以主内存通常采用动态 RAM，而高速缓冲存储器（Cache）则使用静态 RAM。另外，内存还应用于显卡、声卡等设备中，用于充当设备缓存或保存固定的程序及数据。IRAM 就是把相关的刷新电路集成到芯片内部的 DRAM。

ROM 中的信息在正常使用时不能被改变，只能读出，不能写入（部分类型的 ROM 在编程状态可以写入数据），是一种非易失性存储器。

ROM 包括掩模 ROM、PROM（Programmable ROM）、EPROM（Erasable Programmable ROM）、EEPROM（Electrically Erasable Programmable ROM）及 Flash Memory。掩模 ROM 是靠字线间是否跨接 MOS 管来确定信息"0"和"1"的；PROM 则是根据浮置栅是否有足够电荷积累存储信息"0"和"1"两个状态。EEPROM 可通过高于普通电压的电压（编程电压）来擦除和重编程（重写）。

闪速存储器（Flash Memory）的主要特点是在不加电的情况下能长期保持存储的信息。就其本质而言，Flash Memory 属于 EEPROM（电擦除可编程只读存储器）类型。它既有 ROM 的特点，又有很高的存取速度，而且易于擦除，同时功耗也很低。

11.1.2　半导体存储器的性能指标

1．存储器容量

存储器容量是指每个存储器芯片或模块能够存储的二进制数据的位数。存储器容量以存储 1 位二进制数为最小存储单位（bit），基本单位为字节（Byte）。常用的单位有 KB、MB、GB、TB 等。各容量单位的换算公式为：1B=8 bit；1KB=1024 B；1MB=1024 KB；1 GB=1024 MB；1 TB=1024 GB。一般来说，存储器的容量越大，与其对应的计算机系统的性能也就越高，但也不是越大越好。

2．存取时间

存取时间是指 CPU 访问一次存储器所需要的时间，即向指定存储单元写入数据或读出数据所需要的时间。其单位通常是 ns（纳秒）。存取时间越短，速度越快，存储器的性能越高。

3．功耗

功耗一般有两种定义方法：存储器单元的功耗，单位为 μW/单元；存储器芯片的功耗，单位为 mW/芯片。功耗是存储器的重要指标，不仅表示存储器的功耗，还涉及计算机系统的散热问题，一般应选用低功耗的存储器芯片。

4．存储器的可靠性

存储器的可靠性用平均故障间隔时间 MTBF 来衡量。MTBF 可以理解为两次故障之间的平均时间间隔。MTBF 越长，表示可靠性越高，即保持正确工作的能力越强。

5．性能价格比

性能价格比是一个综合性指标，对于不同的存储器有不同的要求。对于外存储器，要求容量极大，而对缓冲存储器，则要求速度非常快，容量不一定大。因此性能价格比是评价整个存储器系统的很重要的指标。

11.2 读/写存储器 RAM

11.2.1 静态随机存取存储器（SRAM）

静态 RAM（Static Random Access Memory）的基本存储电路通常由 6 个 MOS（场效应）管组成的触发器构成。它不是通过利用电容充、放电的特性来存储数据的，而是利用触发器来决定逻辑状态的。读取操作对于 SRAM 不是破坏性的，所以 SRAM 不存在刷新的问题。因此不用配置刷新电路，但由于每个存储单元由 6 个 MOS 管构成，芯片集成度相对较低，这是静态 RAM 的不足。

1. SRAM 基本存储单元

实际的 SRAM 的基本存储电路图如图11.2所示，由 6 个 MOS 管组成，其中 VT_1 和 VT_2 组成双稳态触发器，VT_5 和 VT_6 是节点 A 和 B 的引出控制管，VT_3 和 VT_4 是负载管。一个存储电路存储一位二进制代码。如果一个存储单元为 n 位，则需要 n 个存储电路才能组成一个存储单元。

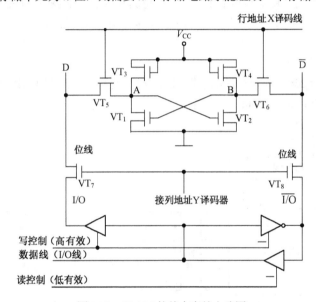

图 11.2 SRAM 的基本存储电路图

该存储单元电路具有两个稳定状态，可以用来表示一位二进制信息。若 VT_1 导通，VT_2 截止，则 B 点为高电平，A 点为低电平。若 VT_1 截止，VT_2 导通，则 A 点为高电平，B 点为低电平。因此 A、B 总是互为相反电位。若 A 点为高电位表示"1"，为低电位表示"0"，则就可以存储一位二进制数据"1"或"0"。

当写入时，写入信号从 I/O 及 $\overline{I/O}$ 线输入，如要写"1"，则从 I/O 线输入"1"，而 $\overline{I/O}$ 线为"0"。它们通过 VT_7 和 VT_8 及 VT_5 和 VT_6 分别与 A 点和 B 点相连，使 A="1"，B="0"，就会强迫 VT_2 导通，VT_1 截止。相当于把输入电荷存储于 VT_1 和 VT_2 的栅极。若要写入"0"，则从 I/O 端输入"0"，而 $\overline{I/O}$ 线为"1"，使 VT_1 导通，VT_2 截止，同样写入的"0"信号也可以保持，直到写入新的信号为止。

读出时，只要存储电路被选中，相应的 VT_5 和 VT_6 导通，A 点和 B 点与位线 D 和 $\overline{D}$ 相通，且 VT_7、VT_8 也导通，故存储电路的信号就会被送到 I/O 及 $\overline{I/O}$ 线上。读出时可以把 I/O 及 $\overline{I/O}$ 线接到一个差动放大器，由其电流方向即可判断存储单元的信息是"1"还是"0"；也可以只有一个输出端接到外部，以其有无电流通过而判定所存储的信息。这种存储电路的读出是非破坏性的（信息读出后，仍然保留在存储电路中）。

2. SRAM 存储器的组成

不同容量的 SRAM 是由很多上述基本存储电路组成的。图 11.3 所示为 SRAM 的一般结构，图中存储体包含 $j×k$ 个基本存储单元。不同容量的 SRAM 地址线与数据线条数不同。容量为单元数与数据线位数的乘积。如果地址线有 m 条，数据线有 n 条，则容量为 $2^m×n$ 的存储体，由于内部采用 X（行地址）和 Y（列地址）译码，如果 m 为偶数，则 X 和 Y 对应的地址线为 $m/2$ 条，则内部有 $j×k=2^{m/2}×2^{m/2}$ 个单元。例如，一个 4K×8 的存储器，共 12 条地址线，X 和 Y 对应的地址线各 6 条，因此内部构成 $2^6×2^6$ 即 64×64 的存储单元，每个单元为 8 位宽度。图中 R/$\overline{W}$ 为写控制线，$\overline{CE}$ 为片选信号线，只有当 CE 为低电平，且 R/$\overline{W}$ 为高时，才能读存储体的数据，如果 $\overline{CE}$ 为低，且 R/$\overline{W}$ 为低，则可以写数据到存储单元。

3. SRAM 的典型芯片

典型的 SRAM 芯片有 2 K×8 位的 6116、8 K×8 位的 6264、16 K×8 位的 62128 等。通过容量就可以知道存储器芯片地址线和数据线条数，如 62512 为 64 K×8 位，则其必有 8 条数据线和 16 条地址线（$2^{16}=64\,\mathrm{K}$）。

（1）6264 引脚结构

典型 SRAM 芯片 6264 共有 28 条引出线，包括 13 条地址线、8 条数据线及 4 条控制信号线，以及电源线、地线等。6264 引脚图如图 11.4 所示。

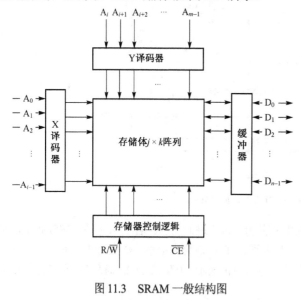

图 11.3　SRAM 一般结构图

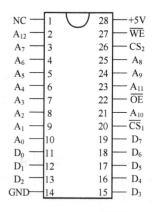

图 11.4　6264 引脚图

这 28 条引脚的含义分别为：

$A_0 \sim A_{12}$：13 条地址信号线。一个存储芯片上地址线的多少决定了该芯片有多少个存储单元。13 条地址信号线上的地址信号编码最大为 2^{13}，即 8192（8K）个。也就是说，芯片的 13 条地址线上的信号经过芯片的内部译码，可以决定选中 6264 芯片上 8 K 个存储单元中的一个。在与系统连接时，这 13 条地址线通常接到系统地址总线的低 13 位上，以便 CPU 能够寻址芯片上的各个单元。

$D_0 \sim D_7$：8 条双向数据线。对 SRAM 芯片来讲，数据线的条数决定了芯片上每个存储单元的二进制位数，8 条数据线说明 6264 芯片的每个存储单元中可存储 8 位二进制数，即每个存储单元有 8 位。

使用时，这 8 条数据线与系统的数据总线相连。当 CPU 存取芯片上的某个存储单元时，读出和写入的数据都通过这 8 条数据线传送。

$\overline{CS}_1$，CS_2：片选信号线。当 $\overline{CS}_1$ 为低电平、CS_2 为高电平（$\overline{CS}_1$=0，CS_2=1）时，该芯片被选中，CPU 才可以对它进行读/写。不同类型的芯片，其片选信号的数量不一定相同，但要选中该芯片，必须所有的片选信号同时有效。

$\overline{OE}$：输出允许信号。只有当 $\overline{OE}$ 为低电平时，CPU 才能够从芯片中读出数据。

$\overline{WE}$：写允许信号。当 $\overline{WE}$ 为低电平时，允许数据写入芯片；当 $\overline{WE}$ =1，$\overline{OE}$ =0 时，允许数据从该芯片读出。

（2）6264 的读/写时序

对 6264 芯片的存取操作包括数据的写入和读出。

表 11.1　6264 控制信号与读/写的关系

$\overline{WE}$	CS_2	$\overline{CS}_1$	$\overline{OE}$	读/写操作
0	0	1	×	写入
1	0	1	0	读出
×	0	0	×	三态
×	1	1	×	（高阻）
×	1	0	×	

写入数据的过程是：首先把要写入单元的地址送到芯片的地址线 $A_0 \sim A_{12}$ 上；要写入的数据送到数据线上；然后使 $\overline{CS}_1$、CS_2 同时有效（$\overline{CS}_1$=0，CS_2=1）；再在 $\overline{WE}$ 端加上有效的低电平，$\overline{OE}$ 端状态可以任意。这样，数据就可以写入指定的存储单元中。写操作时序如图11.5所示，读操作时序如图 11.6 所示，控制信号与读/写的关系如表 11.1 所示。

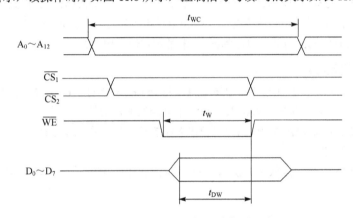

图 11.5　6264 写操作时序图

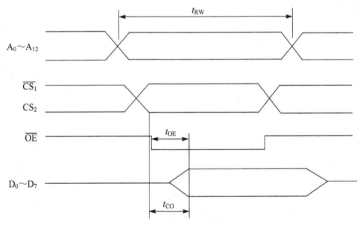

图 11.6　6264 读操作时序图

应注意的是，实际读或写的时间要比存储器的读/写时间要长，这是因为输入/输出控制逻辑电路、系统总线驱动电路和存储器接口电路本身都会产生一定的延时。

11.2.2　动态随机存取存储器（DRAM）

DRAM 的存储元有两种结构，四管存储元和单管存储元。四管存储元的缺点是元件多，占用芯片面积大，故集成度较低，但外围电路较简单，使用简单。单管电路的元件数量少，集成度高，但外围电路比较复杂。这里仅简单介绍单管存储元的存储原理。

1. DRAM 的基本存储单元

单管动态存储元电路如图11.7所示，图中 C_1 是 CMOS 管栅极与衬底之间的分布电容，C_0 为位线对地的寄生电容，VT_0 为预充管，VT_1 为存储信息的关键管，VT_2 为列选择管。通过 X 选择和 Y 选择，即可对该单元进行读/写操作。当选择该单元时，行线和列线上加高电平，使 VT_1 和 VT_2 导通。

尽管 CMOS 器件是高阻器件，但漏电流总是存在的，C_1 两端的电荷经过一定时间后就会泄露掉，因此不能长期保存信息，为了维持 DRAM 所存储的信息，必须进行"刷新"操作。VT_0 为刷新电路接通的信息通道，刷新电路每隔一段时间对电容两端的电压进行检测，当 C_1 的电压大于 $V_{CC}/2$ 时，通过 VT_0 向位线重新写入"1"，即对 C_1 充电；当 C_1 的电压小于 $V_{CC}/2$ 时，则刷新电路对 C_1 重新写入信息"0"，即对电容 C_1 放电。只要刷新电路的刷新时间满足一定要求，就能够保证原来的信息不变。

DRAM 存储数据的本质原理就是：电容器的状态决定了这个 DRAM 单位的逻辑状态是 1 还是 0，一个电容器可以存储一定量的电子或电荷。一个充电的电容器被认为是逻辑上的 1，而"空"的电容器则是 0（通过连通时位线上是否有电流判断 C_1 中是否存储了电荷）。

2. DRAM 的典型芯片

常用 DRAM 芯片有 256 K×1 位的 21256 和 41256、64 K×1 位的 2164 和 4164、1 M×1 位的 21010、256 K×4 位的 21014、4 M×1 位的 21040 及 1 M×1 位的 42100，等等。

下面以 DRAM 芯片 2164A 为例，来说明 DRAM 的外部特性及工作过程。

（1）2164A 引脚结构

2164A 是一块 64 K×1 bit 的 DRAM 芯片，与其类似的芯片有很多，如 3764、4164 等。图11.8 所示为 2164A 的引脚图。

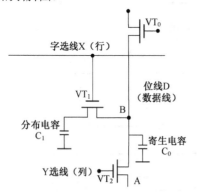

图 11.7　单管 DRAM 存储元电路图

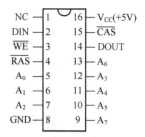

图 11.8　2164A 引脚图

$A_0 \sim A_7$：地址输入线。DRAM 芯片在构造上的特点是芯片上的地址引线是复用的。虽然 2164A 的容量为 64 K 个单元，但它并没有 16 根地址线，而是只有这个数量的一半，即 8 根地址线。那么它是如何用 8 根地址线来寻址这 64 K 个单元的呢？实际上，在存取 DRAM 芯片的某单元时，其操作过程是将存取的地址分两次输入到芯片中，每次都由同一组地址线输入。两次送到芯片上去的地址分别称为行地址和列地址，它们被分别锁存到芯片内部的行地址锁存器和列地址锁存器中。

在芯片内部，各存储单元是按照矩阵结构排列的。行地址信号通过片内译码选择一行，列地址信号通过片内译码选择一列，这样就决定了选中的单元。我们可以简单地认为该芯片有 256 行和 256 列，共同决定 64 K 个单元。对于其他 DRAM 芯片也可以按同样方式考虑。如 21256，它是 256 K×1 bit 的 DRAM 芯片，有 256 行，每行为 1024 列。

综上所述，动态存储器芯片上的地址引线是复用的，CPU 对它寻址时的地址信号分成行地址和列地址，分别由芯片上的地址线送入芯片内部进行锁存、译码，从而选中要寻址的单元。

DIN 和 DOUT：芯片的数据输入、输出线。其中 DIN 为数据输入线，当 CPU 写芯片的某一单元时，要写入的数据由 DIN 送到芯片内部。同样，DOUT 是数据输出线，当 CPU 读芯片的某一单元时，数据由此线输出。

$\overline{RAS}$：行地址锁存信号。该信号将行地址锁存在芯片内部的行地址锁存器中。

$\overline{CAS}$：列地址锁存信号。该信号将列地址锁存在芯片内部的列地址锁存器中。

$\overline{WE}$：写允许信号。当它为低电平时，允许将数据写入。反之，当 $\overline{WE}$ =1 时，可以从芯片读出数据。

（2）2164A 的读/写时序

① 读时序

读出过程的时序如图11.9所示。首先将行地址加在 $A_0 \sim A_7$ 上，然后使 $\overline{RAS}$ 行地址锁存信号有效，该信号的下降沿将行地址锁存在芯片内部。接着将列地址加到芯片的 $A_0 \sim A_7$ 上，再使 $\overline{CAS}$ 列地址锁存信号有效，该信号的下降沿将列地址锁存在芯片内部。然后保持 $\overline{WE}$ =1，则在 $\overline{CAS}$ 有效期间（低电平），数据由 DOUT 端输出并保持。

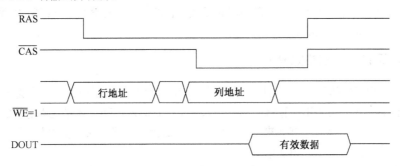

图 11.9 DRAM 2164A 的数据读出时序图

② 写时序

数据写入过程的时序如图11.10所示。数据写入与数据读出的过程基本类似，区别是送完列地址后，要将 $\overline{WE}$ 端置为低电平，然后把要写入的数据从 DIN 端输入。

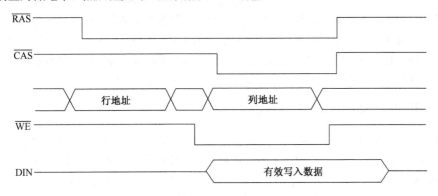

图 11.10 DRAM 2164A 的数据写入时序图

③ 刷新

　　DRAM 芯片的刷新时序如图11.11所示。图中 $\overline{CAS}$ 保持无效，利用 $\overline{RAS}$ 锁存刷新的行地址，进行逐行刷新。DRAM 要求每隔 2~8 ms 刷新一次，这个时间称为刷新周期。在刷新周期中，DRAM 是不能进行正常读/写操作的，这一点由刷新控制电路来予以保证。

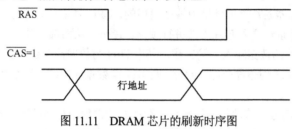

图 11.11　　DRAM 芯片的刷新时序图

11.3　只读存储器 ROM

　　微机中除了使用速度较快的随机读/写存储器以外，还需要使用具有一定容量、不可随意改写的存放重要系统参数和程序（如监控程序、BIOS 程序等）的只读存储器 ROM。只读存储器主要有掩模 ROM、可编程 ROM（PROM）、可擦除可编程 ROM（EPROM）、电可擦除可编程 ROM（EEPROM）及闪速存储器（Flash Memory）等。

　　因此，存储矩阵的存储内容取决于制造时各字线与位线的交叉点是否有 MOS 管相连，也就是取决于制作过程，出厂后用户无法更改。

11.3.1　可编程 ROM（PROM）

　　早期的 ROM 由半导体生产厂家按照固定电路制造，制造好以后用户就不能改变，使用不方便。可编程只读存储器是可由用户直接向芯片写入信息的存储器，PROM 是在固定 ROM 的基础上发展而来的。但 PROM 的缺点是只能写入一次数据，且一经写入就不能再更改。

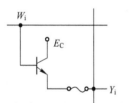

图 11.12　PROM 基本存储单元

　　可编程 PROM 封装出厂前，存储单元中的内容全为"1"，用户可根据需要进行一次性编程处理，将某些单元的内容改为"0"。图11.12所示为 PROM 的一种存储单元，它由三极管和低熔点的快速熔丝组成，所有字线和位线的交叉点都接有一个这样的熔丝开关电路。存储矩阵中的所有存储单元都具有这种结构。出厂时，所有存储单元的熔丝都是连通的，相当于所有的存储内容全为"1"。编程时若想使某单元的存储内容为"0"，只需选中该单元后，再在 E_C 端加上电脉冲，使熔丝通过足够大的电流，把熔丝烧断即可。但是，熔丝一旦烧断将不可恢复，也就是一旦写成"0"后就无法再重写成"1"了，即这种可编程存储器只能进行一次编程（而且需要使用专门的 PROM 写入设备，如 PC 上的 ROM 写入卡）。

11.3.2　可擦除可编程 ROM（EPROM）

　　EPROM 是一种可擦除可编程的只读存储器。擦除时，用紫外线长时间照射芯片上的窗口，即可清除存储的内容。擦除后的芯片可以使用专门的编程写入器对其重新编程（写入新的内容）。存储在 EPROM 中的内容能够长期保存达几十年之久，而且掉电后其内容也不会丢失。

　　可擦除可编程的 ROM 又称为 EPROM。它的基本存储单元的结构和工作原理如图 11.13(a)所示。

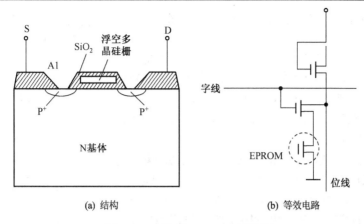

(a) 结构　　　　　(b) 等效电路

图 11.13　P 沟道 EPROM 结构图

与普通的 P 沟道增强型 MOS 电路相似，这种 EPROM 电路在 N 型的基片上扩展了两个高浓度的 P 型区，分别引出源极（S）和漏极（D），在源极与漏极之间有一个由多晶硅做成的栅极，但它是浮空的，被绝缘物 SiO₂ 所包围。在芯片制作完成时，每个单元的浮动栅极上都没有电荷，所以管子内没有导电沟道，源极与漏极之间不导电，其相应的等效电路如图 11.13(b) 所示，此时表示该存储单元保存的信息为"1"。

向该单元写入信息"0"：在漏极和源极（S）之间加上 +25V 的电压，同时加上编程脉冲信号（宽度约为 50 ns），所选中的单元在这个电压的作用下，漏极与源极之间被瞬时击穿，就会有电子通过 SiO₂ 绝缘层注入到浮动栅。在高压电源去除之后，因为浮动栅被 SiO₂ 绝缘层包围，所以注入的电子无泄漏通道，浮动栅为负，就形成了导电沟道，从而使相应单元导通，此时说明将 0 写入该单元。清除存储单元中所保存的信息：必须用一定波长的紫外线长时间照射浮动栅，使负电荷获取足够的能量，摆脱 SiO₂ 的包围，以光电流的形式释放掉，这时，原来存储的信息也就不存在了。

由这种存储单元所构成的 ROM 存储器芯片，在其上方有一个石英玻璃的窗口，紫外线正是通过这个窗口来照射其内部电路而擦除信息的。

11.3.3　电可擦除可编程 ROM（EEPROM）

EPROM 尽管可以擦除后重新编程，但擦除时需用紫外线，使用起来仍然不太方便。现在常用一种可用电擦除的可编程的 ROM，也称为 EEPROM。

由于采用电擦除技术，所以它允许在线编程写入和擦除，而不必像 EPROM 芯片那样需要从系统中取下来，再用专门的编程写入器和专门的擦除器编程和擦除。从这一点讲，它的使用要比 EPROM 方便。另外，EPROM 虽可多次编程写入，但整个芯片只要有一位写错，也必须从电路板上取下来全部擦掉重写，这给实际使用带来很大不便。因为在实际使用中，多数情况下需要的是以字节为单位的擦除和重写，而 EEPROM 在这方面就具有了很大的优越性。

EEPROM 通常有 4 种工作方式，即读方式、写方式、字节擦除方式和整体擦除方式。读方式是 EEPROM 最常用的工作方式，如同对普通 ROM 的操作，用来读取其中的信息；写方式，对 EEPROM 进行编程；字节擦除方式下，可以擦除某个指定的字节；整体擦除方式下，使整片 EEPROM 中的内容全部擦除。

NMC98C64A 为 8×8 位的典型的 EEPROM 芯片，其引脚如图 11.14 所示。

$A_0 \sim A_{12}$：地址线，用于选择片内的 8 K 个存储单元。

$D_0 \sim D_7$：8 条数据线。

$\overline{CE}$：选片信号。低电平有效，当 $\overline{CE} = 0$ 时选中该芯片。

$\overline{OE}$：输出允许信号。当 $\overline{CE} = 0$，$\overline{OE} = 0$，$\overline{WE} = 1$ 时，可将选中的地址单元的数据读出。这点与 6264 很相似。

$\overline{WE}$：写允许信号。当 $\overline{CE} = 0$，$\overline{OE} = 1$，$\overline{WE} = 0$ 时，可以将数据写入指定的存储单元。

READY/$\overline{BUSY}$：状态输出端。NMC98C64A 在执行编程写入时，此引脚为低电平。写完后，此引脚变为高电平。因为正在写入当前数据时，NMC98C64A 不接收 CPU 送来的下一个数据，所以 CPU 可以通过检查此引脚的状态来判断写操作是否结束。

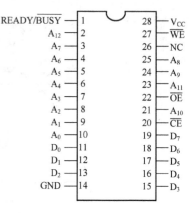

图 11.14　NMC98C64A 引脚图

11.3.4　闪速存储器（Flash Memory）

闪速存储器又称快擦型存储器，它是不用电池供电的、高速耐用的非易失性半导体存储器，它性能好、功耗低、体积小、重量轻，但价格较贵。快擦型存储器具有 EEPROM 的特点，又可在计算机内进行擦除和编程，它的读取时间与 DRAM 相似，而写入时间与磁盘驱动器相当。

闪速存储器有 5 V 或 12 V 两种供电方式。对于便携机来讲，用 5 V 电源更为合适。闪速存储器操作简便，编程、擦除、校验等工作均已编成程序，可由配有闪速存储器系统的中央处理机予以控制。闪速存储器可替代 EEPROM，在某些应用场合还可取代 SRAM，尤其是对于需要配备电池后援的 SRAM 系统，使用闪速存储器后可省去电池。

闪速存储器的非易失性和快速读取的特点，能满足固态盘驱动器的要求，同时，可替代便携机中的 ROM，以便随时写入最新版本的操作系统。闪速存储器还可应用于激光打印机、条形码阅读器、各种仪器设备及计算机的外部设备中。

11.4　内存储器系统的设计

设计一个计算机系统，除微处理器芯片的选择外，存储器系统的设计也非常重要。如何选用半导体存储器芯片构成主（内）存储器系统，如何接入计算机系统，是系统硬件设计的重要环节。

11.4.1　存储器芯片的选择

存储器芯片的选用不仅和存储结构相关，而且和存储器接口设计直接相关。采用不同类型、不同型号的芯片构造的存储器，其接口的方法和复杂程度不同。一般应根据存储器的存放对象、总体性能、芯片类型和特征等方面综合考虑。

1．存储器芯片类型的选择

在对存储器容量需要较小的专用设备中，应选用静态 RAM 芯片，这样可以节省刷新电路；有时也采用 EEPROM，因其可以在长久保存数据同时又可以随时更新，也不需要刷新电路；在对于存储器容量需要较大的系统中，应选集成度较高的动态 RAM 芯片，虽然需要刷新电路且硬件设计较复杂，但可以减少芯片数量和体积，并降低成本。

2．对存储器芯片型号的选择

在芯片类型确定之后，在进行具体芯片型号选择时，一般应考虑存取速度、存储容量、结构和价格等因素。

存取速度最好选用与 CPU 相匹配的芯片。如果速度慢了，则需要增加时序匹配电路；如果速度快了，又会增加成本。

存储器芯片的容量和结构直接关系到系统的组成形式、负载大小和成本高低。一般在满足系统总容量的前提下，应尽可能选择集成度高、存储容量大的芯片。这样不仅可以降低成本，而且有利于减轻系统负载、缩小存储模块的几何尺寸。一般来说，芯片容量越大，其总线负载越小。如果总线上芯片接得很多时，不但系统中要增加更多的总线驱动器，而且可能由于负载电容变得很大而使信号发生畸变。

11.4.2　存储器芯片与 CPU 的连接

存储器芯片与 CPU 的连接主要是三总线的连接。当 CPU 执行一条访问存储器的指令时，首先 CPU 经过地址总线向存储器发出要访问存储器单元的地址信息，确定要访问的地址单元有效。然后根据 CPU 是对地址单元进行读操作还是写操作的指令功能，CPU 经过控制总线向存储器发出控制信息。最后 CPU 与存储器某地址单元经过数据总线交换信息。数据线一般与 CPU 数据线直接相连或者经过总线驱动器再与 CPU 数据线相连（存储器芯片数据线位数和 CPU 数据线位数不匹配时，需要用多片存储器合在一起并联以满足 CPU 的数据线要求）；控制线主要是 CPU 的读/写控制线和访存控制线与存储器芯片相关控制线（$\overline{OE}$、$\overline{WE}$ 等）的连接；地址线的连接需要把 CPU 的地址线和存储器芯片的片选引脚、地址引脚相连，同时要考虑地址范围和地址重叠的问题，是存储器系统设计的核心。

11.4.3　存储器的地址译码方法

存储器的地址译码是任何存储器系统设计的核心，目的是保证 CPU 能对所有的存储单元实现正确寻址。由于单个存储器芯片的容量是有限的，所以一个存储器经常需要由若干存储器芯片构成，这就使存储器的地址译码被分为片选控制译码和片内地址译码两部分。其中，片选控制译码电路对 CPU 的高位地址进行译码后产生存储器芯片的片选信号；片内地址译码电路对 CPU 的低位地址译码实现存储器芯片内存储单元的寻址。存储器接口电路中主要完成存储器芯片的选择及低位地址总线的连接。其重点是存储器芯片的选择的方法，存储器芯片选择的方法有线选法、全译码法、部分译码法和混合译码法。

1. 线选法

使用 CPU 高位地址线中的某一条作为某一存储器芯片的片选控制。当存储器容量不大，所使用的存储器芯片数量不多，而 CPU 寻址空间又远大于存储器容量时，可以使用线选法。这种方法片选控制简单，不需要额外译码电路。但在多片存储器芯片构成的存储器系统中，会造成芯片间的地址不连续，使存储器系统可寻址范围变小，而且可能导致地址重叠。

2. 全译码法

全译码法除了将低位地址总线与各芯片的片内地址线相连之外，其余地址线全部经译码后作为各芯片的片选信号。例如，CPU 地址总线为 16 位，存储芯片容量为 8 KB。用全译码法寻址 64 KB 存储器的结构示意图如图 11.15 所示。

由于译码器输出信号每次只有一个为"0"，其余全部为"1"，因此每次只可以选中一片存储器芯片，所有高位地址线都参与地址译码，不存在空余地址线，因此不存在地址重叠。并且整个存储器系统地址空间连续。第一块芯片地址范围：0000H～1FFFH，要选中第一块芯片，则 A_{15}～A_{13} 必为 000B；第二块芯片地址范围：2000H～3FFFH，要选中第二块芯片，A_{15}～A_{13} 必为 001B；则其余芯片地址范围原理相同不再列出。由此可知各块芯片地址范围为 0000H～1FFFH、2000H～3FFFH、4000H～5FFFH、

6000H～7FFFH、8000H～9FFFH、A000H～BFFFH、C000H～DFFFH、E000H～FFFFH。可以看出，整个存储器系统的地址范围是连续的。

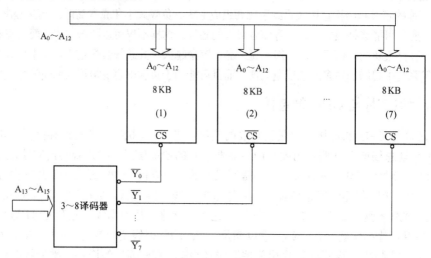

图 11.15　全译码法结构示意图

3. 部分译码法

部分译码法是将高位地址线中的一部分进行译码，产生片选信号。该方法常用于不需要全部地址空间的寻址能力，但采用线选法地址线又不够用的情况，如图 11.16 所示。例如，CPU 地址线为 16 位，存储器由 4 片容量为 8 KB 的芯片构成时，采用部分译码的结构示意图如图 11.16 所示。采用部分译码法时，由于未参加译码的高位地址和存储器地址无关，即这些地址取值随意，所以存在地址重叠问题。

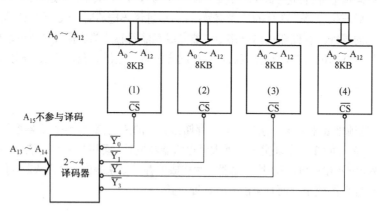

图 11.16　部分译码法结构示意图

11.5　微机存储器的层次结构及管理

11.5.1　存储器层次结构

早期的计算机系统中，CPU 速度较低，只使用 DRAM 就可以满足 CPU 的需求。随着超大规模集成电路和计算机体系结构的发展，CPU 的性能飞速提高，而 DRAM 的速度提高则相对缓慢，存储器与 CPU 之间的速度差别日益扩大，如果依然只使用原来的 DRAM 作为全部存储器，CPU 将由于存储器不能及时提供数据而难以发挥应有的性能。如果全部采用速度较快的 SDRAM 作为系统的内存，又会大大增加成本而无法采纳。在对存储器的价格、容量和速度之间进行权衡，综合各种因素，目前的存储器均采用"层次结构"来满足系统的要求。

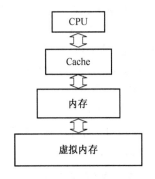

图 11.17 所示为存储器的层次结构。这种分层结构的存储器系统中，上层由 SRAM 构成的高速缓冲存储器（Cache）部分容量最小，速度最快，用于存放使用最频繁、容量不大的程序和数据。主存速度次之，用于存放经常使用的数据或程序。不太常用的数据和程序存放于虚拟内存（磁盘）中。

图 11.17 存储器层次结构图

Cache 自身也是一个多层结构。Cache 的主要部分集成在 CPU 内部，工作频率等同于 CPU 内部核心频率的为一级（L1）Cache；以 CPU 一半频率工作的为二级（L2）Cache；位于主板上以总线频率工作的为三级 Cache（使用较少）。

主存储器通常由 DRAM（DRAM、EDO DRAM、SDRAM、DDR DRAM）芯片构成，通常被组织为多体交叉的存储器模块，以便能够以高速的流水线方式或并行方式同时访问多个存储单元。

虚拟存储器是由硬盘来虚拟为内存，依靠存储器管理部件 MMU（Memory Management Unit）来实现的，它能使计算机具有辅助存储器的容量及接近于主存的速度和辅存的单位成本。

11.5.2 Cache 的工作原理

Cache 的工作原理是基于程序和数据访问的局部性。对大量典型程序运行情况的分析结果表明，程序运行期间，在一个较短的时间间隔内，由程序产生的内存访问地址往往集中在存储器的一个很小范围的地址空间内。这一点其实很容易理解。指令地址本来就是连续分布的，再加上循环程序段和子程序段要多次重复执行。因此，对这些地址中的内容的访问就具有时间上集中分布的倾向。数据分布的这种集中倾向不如指令明显，但对数组的存储和访问及内存变量的安排都使存储器地址相对集中。这种在单位时间内对局部范围的存储器地址频繁访问，而对此范围以外的地址则访问甚少的现象，被称为程序访问的局部化（Locality of Reference）性质或称为程序访问的局部性。

由此可以想到，如果把在一段时间内一定地址范围中被频繁访问的信息集合成批地从主存中读到一个能高速存取的小容量存储器中存放起来，供程序在这段时间内随时使用，从而减少或不再去访问速度相对较慢的主存，就可以加快程序的运行速度。这就是 Cache 的设计思想，在 CPU 和主存之间设置一个小容量的高速存储器，称为高速缓冲存储器（Cache）。

有了 Cache，系统在工作时，就总是不断地将与当前指令集相关联的后继指令集合从内存读到高速 Cache，然后再与 CPU 高速传送，从而达到速度匹配。CPU 在读取指令或数据时，总是先在 Cache 中寻找，若找到便直接读入 CPU，这称为"命中"；若找不到再到主存中查找，称为"未命中"。当 CPU 访问主存读取"未命中"的指令和数据时，将把这些信息同时写入 Cache 中，提高随后访问的命中率。所以在程序执行过程中，Cache 的内容总是在不断地更新。

由于局部性原理，不能保证所请求的数据百分之百地在 Cache 中，这里便存在一个命中率问题。所谓命中率，就是在 CPU 访问 Cache 时，所需信息恰好在 Cache 中的概率。命中率越高，正确获取数据的可能性就越大。如果高速缓存的命中率为 92%，可以理解为 CPU 在访问存储器时，用 92% 的时间是与 Cache 交换数据，8% 的时间是与其他设备交换数据。

Cache 的空间与主存空间在一定范围内应保持适当比例的映射关系，以保证 Cache 有较高的命中率，并且系统成本不过大地增加。一般情况下，可以使 Cache 与内存的空间比为 1:128，即 256 KB 的 Cache 可映射 32 MB 内存；512 KB Cache 可映射 64 MB 内存。在这种情况下，通常可以使命中率在 90%以上，即 CPU 在运行程序的过程中，有 90%的指令和数据可以在 Cache 中取得，只有 10%需要访问主存。对没有命中的数据，CPU 只好直接从内存获取，获取的同时，也把它复制到 Cache 中，以备下次访问。

注意，增加 Cache 只是加快了 CPU 访问存储器系统的速度，而 CPU 访问存储器系统仅是计算机全部操作的一部分，所以增加 Cache 对系统整体速度只能提高 10%～20%。另外，若访问 Cache 没有命中的话，CPU 还要访问主存，这反而延长了存取时间。

11.5.3　存储器管理

1. 基于 8086/8088 的存储空间分配

8088 有 20 根地址信号线，能够寻址 1 MB 的内存空间，其物理地址范围为 00000H～FFFFFH。通常把这 1 MB 空间分为三个区，即 RAM 区、保留区和 ROM 区。

（1）RAM 区

RAM 区为前 640 KB 空间，地址范围在 00000H～9FFFFH，每个单元存放一字节数据，既可读出，也可以写入，是用户的主要工作区（系统程序占用了一部分空间）。

（2）保留区

保留区的空间为 128 KB，地址范围为 A0000H～BFFFFH。该空间用做字符/图形显示缓冲器区域。单色显示适配器只使用 4 KB 的显示缓存，而彩色字符/图形显示适配器需要 16 KB 空间作为显示缓冲区，对高分辨率显示适配器，则需要的缓冲区容量更大。

（3）ROM 区

存储空间的最后 256 KB 为 ROM 区，其地址范围为 C0000H～FFFFFH。其中前 192 KB 存放系统的控制 ROM，包括高分辨率显示适配器的控制 ROM 及硬盘驱动器的控制 ROM。用户要安装固化在 ROM 中的程序，可使用 192 KB ROM 区中没有使用的区域。最后的 64 KB 存储器是基本系统 ROM 区，一般最后 40 KB 是基本 ROM，其中的 8 KB 为基本输入/输出系统 BIOS，32 KB 为 ROM BASIC。存储空间的分配如表 11.2 所示。

表 11.2　8086/8088 存储器空间分配表

地 址 范 围	名　　称	功　　能
00000H～9FFFFH	640 KB 基本 RAM	用户区
A0000H～BFFFFH	128 KB 显示 RAM	保留给显示卡
C0000H～EFFFFH	192 KB 控制 ROM	保留给硬盘适配器和显示卡
F0000H～FFFFFH	系统板上 64 KB ROM	BIOS，ROM BASIC 用

2. 存储器管理

（1）寻址范围

不同 CPU 因地址线数目的不同，其寻址范围也不同，Intel 8086 的地址总线为 20 位，寻址空间仅有 1 MB。实际上 DOS 操作系统还只能管理这 1 MB 中 0～640 K 的存储空间。由于早期的 PC 应用程序规模较小，用户界面为字符形式，也无须处理在现今已很流行的多媒体信息，按当时计算机发展的水平，大多数业界人士都认为，640 KB 的存储容量对一般应用已经足够了，所以当时人们对 1 MB 的内存空间限制也没有觉得有何不妥。相比之下，今天的 PC 则配置了以 GB 为单位的内存。

（2）存储器管理机制

计算机中的物理存储器，是一个字节类型的线性数组，每一字节占用唯一的地址，称为该字节的物理地址，而在像 80386 CPU 的指令系统中，用段和偏移地址两部分寻址。由地址转换机制，把程序地址转换或映射为物理存储器地址。这种办法支持虚拟地址的概念。虚拟地址就是由这两部分组成的，之所以使用"虚拟地址"这一术语，是因为这样的地址并不对应于物理存储器的某一地址，而是通过物理地址映射函数间接地对应的。

广泛使用的存储器管理机制是分段和分页管理，它们都是使用驻留在存储器中的各种表格，规定各自的转换函数。这些表格只允许操作系统进行访问，而应用程序不能对其修改。这样操作系统为每个任务维护一套各自不同的转换表格，其结果是每个任务有不同的虚拟地址空间，并使各任务彼此隔离开来，以便完成多任务分时操作。

以 80386 为例，80386 先使用段机制，把包含两个部分的虚拟地址空间转换为一个中间地址空间的地址，这一中间地址空间称为线性地址空间，其地址称为线性地址。然后再用分页机制把线性地址转换为物理地址。

虚拟地址空间是二维的，它所包含的段数最大可到 16 K 个，每个段最大可到 4 GB，从而构成 64000 GB 容量的庞大虚拟地址空间。线性地址空间和物理地址空间都是一维的，其容量为 $2^{32} = 4$ GB。事实上，分页机制被禁止使用时，线性地址就是物理地址。

80386 以后的微处理器均支持三种工作方式，即实地址方式、虚地址保护方式和 V86 方式。80286 只有实地址方式和虚地址保护方式两种工作方式。8088/8086 只工作在实地址方式。

（3）保护方式

所谓保护有两个含义：一是每个任务分配不同的虚地址空间，使任务之间完全隔离，实现任务间的相互保护；二是任务内的保护机制，保护操作系统存储段及其专用处理寄存器不被用户应用程序所破坏。

通常操作系统存储在一个单独的任务段中，并被所有其他任务共享，每个任务有自己的段表和页表。在同一任务内，定义 0~3 这 4 种特权级别，0 级最高。定义为最高级中的数据只能由任务中最受信任的部分进行访问。特权级可以看成 4 个同心圆，内层最高，外层最低。特权级的典型用法是把操作系统的核心放在 0 级，操作系统的其余部分放在 1 级，而应用程序放在 3 级，留下的部分供中间软件用。不同的软件只能在自己的特权级中运行，这样就可避免应用程序对操作系统内核的破坏，使系统运行更加可靠。

（4）分段机制

80386 的分段模式，使用具有两个部分的虚拟地址，即段部分及偏移量。段部分是指 CS、DS、SS、ES、GS、FS，共 6 个段。80386 为地址偏移部分提供了灵活的机制，使用存储器操作的每条指令规定了计算偏移量的方法，这种规定叫做指令的寻址方法，8 个通用寄存器 EAX~EDI 的任一个都可用做基址寄存器（基地址也可以不要），除堆栈指针外的 7 个寄存器 EAX~EDI 又可用做变址寄存器，再把这个变址寄存器的值乘以 1、2、4、8 中的任一个因子，然后再加上一个 32 位的偏移量作为地址的偏移部分（32 位的偏移量=基地址+[变址寄存器的内容]×比例因子+位移量，如 DS：EDX+[ESI]×8+位移量）。这种寻址方式提供强有力而又灵活的寻址机制，非常适用于高级语言。

段是形成虚拟地址/线性地址转换机制的基础。每个段由三个参数定义。

段的基地址：线性空间中段的开始地址。基地址是线性地址空间对应于段内偏移量为 0 的虚拟地址。

段的界限（Limit）：指段内可以使用的最大偏移量，它指明该段的范围大小。

段的属性：如可读出或写入段的特权级等。

　　以上三个参数都存储在段的描述符中，而描述符又存于段描述符表中，即描述符表是描述符的一个数组，而虚拟地址/线性地址转换时要访问描述符。

　　（5）分页机制

　　分页机制是存储器管理机制的第二部分。分页机制的特点是所管理的存储器块具有固定的大小，它把线性地址空间中的任何一页映射到物理空间的一页。分页转换函数由称为页表的存储器常驻表来描述。可把页表看成 2^{20} 个物理地址的数组，线性地址/物理地址转换就是一个简单的数组查询，线性地址的低 12 位给出页内偏移，然后将此页的偏移加到页基地址上，由于页基地址是 4KB 边界对齐的，即基地址的低 12 位为全零，故偏移量就是物理地址的低 12 位，页基地址提供物理地址的高 20 位，该基地址是把线性地址的高 20 位作为索引，从而在页表中查到的。在 80386 中共有 2^{20} 个表项，每项占 4 字节，需 4 MB 物理空间。为节约内存，分为两级页表机构，第一级用 1 K 个表项，每项 4 字节，占 4 KB 内存。第二级再用 10 位（1 KB），这样两级表组合起来，即可达到 2^{20} 个表项。

　　有了以上关于大容量内存的管理手段，就可支持多用户多任务的操作系统，如 UNIX 操作系统。

本 章 小 结

　　半导体存储器是计算机中重要的存储部件，目前所有的计算机系统都采用了半导体存储器作为内存，此外，系统中的 CMOS 和 Cache 都是半导体存储器件。半导体存储器按使用功能可以分为随机读/写存储器 RAM 和只读存储器 ROM 两类。存储器的地址译码是任何存储器系统设计的核心，重点是存储器芯片的选择方法，存储器芯片选择方法有线选法、全译码法、部分译码法和混合译码法。

　　目前的存储器均采用"层次结构"来满足系统的要求。上层由 SRAM 构成的高速缓冲存储器（Cache）部分容量最小，速度最快，用于存放使用最频繁、容量不大的程序和数据。主存速度次之，用于存放经常使用的数据或程序。不太常用的数据和程序存放于虚拟内存（磁盘）中。

　　把在一段时间内一定地址范围中被频繁访问的信息集合成批地从主存中读到一个能高速存取的小容量存储器中存放起来，供程序在这段时间内随时使用，从而减少或不再去访问速度较慢的主存，就可以加快程序的运行速度。这就是 Cache 的设计思想，在 CPU 和主存之间设置一个小容量的高速存储器，称为高速缓冲存储器（Cache）。

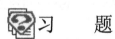# 习　　题

1. 为 8088 构造 64 KB 的存储器系统，采用 SRAM 6264 芯片，要求存储器地址空间连续并且没有地址的重叠。

2. 为 8088 构造 16 KB 的存储器系统，其中 ROM 8 KB、RAM 8 KB。ROM 选用 2716（2 K×8），RAM 选用 2114（1 K×4），要求地址空间从 00000H 开始，RAM 在高地址，ROM 在低地址。画出存储器结构图并写出各个芯片的地址范围。

3. 存储器为什么采用分层结构？

4. 什么是高速缓冲存储器？它的作用是什么？

第 12 章　数/模和模/数转换

现在微机系统里所采用的处理器都是数字型处理器，当需要对模拟信号进行处理时，就必须对模拟信号进行转换。首先，信号需要进行模/数转换，将模拟信号数字化后，才能被处理器所接收和处理；其次，处理器处理完的结果是数字的，当它要作用于模拟设备时，就需要进行数/模转换，产生的模拟信号才能被模拟设备接收。

本章介绍了数/模和模/数转换的基本概念、常用参数，详细介绍 DAC0832 和 ADC0809 两种转换器芯片的外特征、工作原理及其应用，同时，还介绍一些典型的其他转换器的性能。本章的重点是转换器与 CPU 的接口及其应用。建议本章采用 6 学时教学，数/模转换和模/数转换各 3 学时。

12.1　概　　述

在实际的生产中大量遇到的连续变化的物理量，统称为模拟量。所谓的连续，包括两方面的含义：一方面从时间上来说，它是随时间连续变化的；另一方面从数值上来说，它的数值也是连续变化的。如温度、湿度、压力、流量、位移、速度、连续变化的电压和电流，等等。由于微型计算机中的 CPU 只能处理数字信息，因此需要模拟接口来实现数字信息和模拟信息之间的转换。模/数转换（A/D 转换）就是将模拟信息转换成数字信息；数/模转换（D/A 转换）就是将数字信息转换成模拟信息。一个典型的计算机控制系统的组成框图如图 12.1 所示。

生产过程中的各种模拟量经过传感器转换成连续的电信号，再经过变送器传送到模拟接口，在模拟接口中通过 A/D 转换器把模拟信息转换成数字信息及传递给计算机处理，计算机处理后的结果回送给 D/A 转换器，转换生成的模拟信息经过驱动器放大后传递给执行器，从而作用于生产过程。

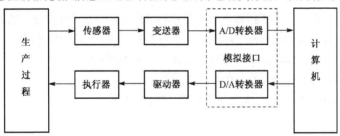

图 12.1　计算机控制系统组成框图

12.2　D/A 转换器

12.2.1　D/A 转换器概述

D/A 转换器将从 CPU 得到的数字量转换成模拟量输出。输出的模拟量严格地说不是连续的，而是以 D/A 转换器的绝对分辨率为量化单位进行变化的。D/A 转换器的绝对分辨率由数字量的位数决定，位数越多，分辨率越高。

目前市场上有各种规格的 D/A 转换集成芯片可供选择。按数据位数划分，常用的有 8 位、10 位、

12位、14位、16位、18位或更多位的D/A转换器。按数据输入方式划分，有串行和并行两种方式，其中在微机系统中使用最多的是并行方式的D/A转换器。按输出形式划分，有电流输出型和电压输出型两种形式，一般来说，电流输出型的转换时间比电压输出型的转换时间短。按输出极性划分，有单极性输出和双极性输出两种。从结构上看，集成D/A转换器可分成两类：一类芯片内部具有数据寄存器、控制逻辑，因此可直接与总线连接；另一类内部只有转换部件，因此不能直接与总线连接，需要在电路中增加锁存器或其他接口（如并行接口）才能连接到总线中。为方便使用，部分型号的芯片内部还集成了基准电压源。

12.2.2　D/A转换器的常用参数

1．分辨率

分辨率是指D/A转换器能够接收的最小有效数字量增量，一般用数字量的有效位数表示。所谓 n 位分辨率，就是指能够区分 2^n 个量化模拟输出量的能力。显然，位数越多，分辨率就越高。需要注意的是，分辨率是一个设计参数，而不是性能参数，它与精度、线性度不是一个概念。

表12.1　不同位数的线性D/A转换器量化单位和分辨率

位　　数	量化单位（%R）	分　辨　率
8	0.3906	1/256
10	0.0977	1/1024
12	0.0244	1/4096
16	0.0015	1/65536

注：R为基准电压

2．转换时间

这是反映D/A转换器转换快慢的一项主要性能指标，指从D/A转换器输入新的数码开始到输出模拟量达到规定的预定值所需要的时间。

3．精度

D/A转换器的精度是指实际模拟输出值与预定的理想值之间在最坏情况下的偏差，它包含所有的误差。精度可以表示为绝对精度和相对精度，一般用以下三种常用的方法表示：

① 用满输出量程FS（Full Scale）的百分比表示，如0.4%FS；

② 用二进制位数表示，如8位、10位、12位等；

③ 用最低位（LSB）的分数值表示相对精度，如(1/2)LSB。

4．线性度

线性度反映当输入的数字量变化时，D/A转换器输出的模拟量按比例变化的程度。理想的D/A转换器的输入与输出是呈线性关系的，但实际上会有一定误差，一般用线性误差来表达线性度。

5．温度系数

这是表示环境温度对各项精度指标影响大小的性能指标，一般有失调温度系数、增益温度系数、差分非线性误差温度系数。

12.2.3　D/A转换器的连接特性

将D/A转换器连接到系统时，需要考虑以下几方面的连接特性。

1．输入缓冲能力

当 DAC 内部具备输入缓冲能力时，意味着 CPU 可将被转换的数据锁存在 DAC 内部的数据锁存器中。因此，这样的 DAC 可直接连接到 CPU 的总线上，若 DAC 还具备双缓冲能力，则可以实现多个 DAC 的同步输出。当 DAC 不具备输入缓冲能力时，在 DAC 与 CPU 总线之间必须增加数据锁存器或并行数据接口。

2．输入数据宽度（分辨率）

不同分辨率的 DAC 的输入数据宽度不同，有 8 位、10 位、12 位、14 位、16 位、18 位或更高。当 DAC 的分辨率高于 CPU 的数据总线宽度时，则每个转换值需要被分解成多个数据进行传送。

3．数字输入编码

DAC 能够接收不同编码形式的数字输入，每种都有各自的特点。例如，对于单极性输出的 DAC，只能接收二进制码或 BCD 码，对于双极性输出的 DAC，只能接收偏移二进制码或补码。

4．输入数据格式

输入数据的方式有两种：并行方式和串行方式。一般，并行方式的速度比串行方式快，但占用 CPU 更多的资源（如端口地址），并且电路复杂，连线较多。串行方式虽然速度较慢，但由于接线少，使用非常方便，随着集成电路的发展，特别是出现高速串行总线后，速度一般已不再是问题，因此串行方式的 DAC 越来越多地被采用。

5．数字逻辑电平

DAC 的数字逻辑电平应与系统总线的数字逻辑电平匹配（或兼容），当不符合要求时，应在中间增加逻辑电平转换电路。

6．输出模拟量的类型

DAC 的输出既可以是电流，也可以是电压。电流型 DAC 的转换速度快，一般来说在几百纳秒到几微秒之内，有的还更快。电流型 DAC 可以通过外接运算放大器电路，将电流输出转换成电压输出，此时，转换时间将增加运算放大器的响应时间。

7．输出模拟量的极性

DAC 的模拟量输出有单极性输出和双极性输出两种，对某些需要正、负信号驱动的设备，就需要使用双极性 DAC 或在单极性 DAC 的输出电路中采取措施。

8．基准电压源

D/A 转换中，基准电压源对接口电路的性能、结构有很大的影响。目前市场上有集成和不集成基准电压源这两种类型的 DAC 转换芯片，若使用不集成基准电压源的 DAC，则需要在 DAC 的外部电路中增加基准电压源。

12.3　D/A 转换器的应用

12.3.1　DAC0832 介绍

DAC0832 是分辨率为 8 位的电流型 DAC，数据类型为并行二进制，数字接口电平兼容 TTL/MOS，芯片内部带有两级缓冲寄存器，需要外接基准电压源，它的内部结构和外部引脚如图 12.2 所示。

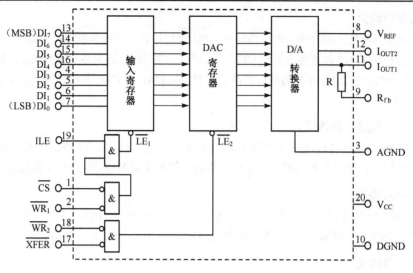

图 12.2　DAC0832 的内部结构和外部引脚

DAC0832 内部有两个 8 位数据寄存器，即输入寄存器和 DAC 寄存器。要转换的（并行）数据首先送到输入寄存器。DAC 寄存器接收从输入寄存器传来的数据并传递给 D/A 转换器进行转换，因此具备双缓冲功能。

DAC0832 通过 5 个控制信号来实现对两个数据寄存器的锁存控制，其中 ILE（输入锁存允许）、$\overline{CS}$（片选）、$\overline{WR_1}$（写信号 1）三个信号控制第一级缓冲器（输入寄存器）的锁存，而 $\overline{WR_2}$（写信号 2）和 $\overline{XFER}$（传输控制）两个信号控制第二级缓冲器（DAC 寄存器）的锁存。图中 $\overline{LE_x}$ 是锁存控制信号（x =1 或 2），当 $\overline{LE_x}$ =1 时，寄存器的输出端随输入端的变化而变化；当 $\overline{LE_x}$ =0 时，数据锁存在寄存器中，输出端保持不变。

DAC0832 的 D/A 转换器采用 R-2R 电阻网络，基准电压 V_{REF} 从外部接入（±10V），共有两个互补输出的电流输出端，其中，当转换数据为 00H 时，I_{OUT1} 输出电流为 0；当转换数据为 0FFH 时，I_{OUT1} 输出电流为 V_{REF}/R。

12.3.2　DAC0832 的连接与编程

1. 多路同步输出

图 12.3 所示为用三个 DAC0832 构成三路同步 D/A 转换。EN 信号控制电路的工作，当 EN=1 时允许进行转换。每个 DAC0832 的 $\overline{CS}$ 与 $\overline{XFER}$ 是分开的，因此电路中的 DAC0832 工作于双缓冲方式。由于所有的 $\overline{WR_1}$ 和 $\overline{WR_2}$ 连接到系统的 $\overline{IOW}$ 信号上，CPU 执行 OUT 指令可完成对缓冲器的输出操作。

图中三个 DAC0832 的片选信号分别连接到地址译码电路的三个输出端。因此，对这三个端口地址的输出操作（三条 OUT 指令），就分别将转换数据锁存到 DAC0832 的第一级缓冲器中，此时，由于第二级缓冲未打开，所以数据还不能进行转换，这样，对第一级缓冲器输出的先后顺序及其延迟就不会影响转换的一致性。当三个第一级缓冲器都得到数据后，CPU 执行一条向第二级缓冲器输出的操作（图中地址为 303H），由于所有的 $\overline{XFER}$ 都连接在这个端口地址的译码器输出端上，因此所有第二级缓冲器同时被打开（锁存），保存在第一级缓冲器上的转换数据输送到 D/A 转换器进行转换，这就实现了多路同步转换操作。

图 12.3 中每个 DAC0832 的输出端都连接了运算放大器，它们与转换器内部的电阻一起构成将电流转换成电压的电路，最大输出值为 V_{REF}。

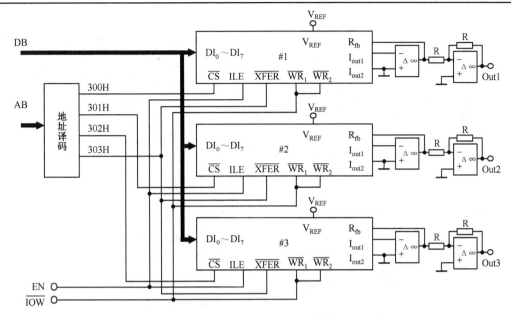

图 12.3　用三个 DAC0832 实现三路同步 D/A 转换

由于 DAC0832 不提供状态信号，因此 CPU 可使用无条件传送方式实现对其访问。下面的程序实现对图12.3中三个 DAC0832 的同步转换控制。设三个 DAC0832 的输入寄存器端口地址分别是 300H、301H 和 302H，DAC 寄存器的端口地址为 303H，并且假设电路中的 EN 端连接到电源 V_{CC}（EN=1）。

```
DA_C :      MOV    DX, 300H      ;向 1#DAC0832 的输入寄存器输出转换数据
            MOV    AL, DA_VAL1
            OUT    DX, AL
            INC    DX            ;向 2#DAC0832 的输入寄存器输出转换数据
            MOV    AL, DA_VAL2
            OUT    DX, AL
            INC    DX            ;向 3#DAC0832 的输入寄存器输出转换数据
            MOV    AL, DA_VAL3
            OUT    DX, AL
            INC    DX            ;向所有 DAC0832 的 DAC 寄存器输出,此时
            OUT    DX, AL        ;AL 中的值无意义
            RET
```

2. 单缓冲双极性输出

图12.4中 DAC0832 的 $\overline{WR_2}$ 与 $\overline{XFER}$ 接地（有效），所以第二级缓冲一直打开，DAC0832 工作于单缓冲方式。由于 ILE 端连接到电源 V_{CC}，$\overline{WR_1}$ 连接到系统的 $\overline{IOW}$ 信号上，CPU 执行 OUT 指令可完成对第一级缓冲器的输出操作。当数据锁存在 DAC0832 的输入寄存器后，该数据直接通过第二级缓冲传递到 D/A 转换器进行转换。

图12.4中 DAC0832 的输出端与三个运算放大器（A1、A2 和 A3）构成双极性输出电路。A1 与转换器内部的电阻一起将电流转换成电压（当转换值是 00H 时，输出电压为 0；当转换值是 0FFH 时，输出电压为–V_{REF}）。A2 构成电压跟随器，其输出电压固定为 $V_{REF}/2$。在 A1 输出与 A2 输出之间由电阻构成求和电路，其电压输出在±$V_{REF}/4$ 之间变化。A3 构成比例放大器（4 倍），将求和电路的输出范围放大到±V_{REF} 之间。

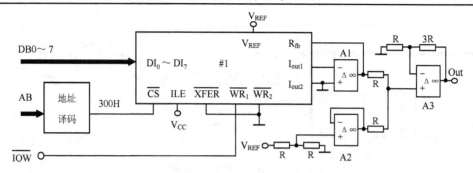

图 12.4 DAC0832 的双极性输出电路

下面的程序在图12.4的电路上实现双极性锯齿波的输出。

```
DA_RAMP:    MOV     DX, 300H        ;设置 DAC0832 的输入寄存器端口地址
            XOR     AL, AL          ;AL = 0
RAMP_A:     DEC     AL
            OUT     DX, AL          ;输出
            CALL    DELAY           ;延时。改变延时时间可使输出波形频率变化
            JMP     RAMP_A
DELAY:      PUSH    CX              ;保护 CX
            MOV     CX, TIME        ;获取时间参数
DEL_N:      PUSH    CX
            LOOP    $               ;延时
            POP     CX
            DEC     CX              ;延时时间减 1
            JCXZ    DEL_EXT         ;判断延时结束否，若结束则返回
            JMP     DEL_N           ;继续延时
DEL_EXT:    POP     CX              ;恢复 CX
            RET
```

下面的程序在图 12.4 的电路上实现双极性正弦波的输出。

```
DA_SIN:     MOV     DX, 300H        ;设置 DAC0832 的输入寄存器端口地址
SIN_A:      LEA     SI, TAB_SIN     ;指针指向 TAB_SIN
            MOV     CX, LEN_SIN     ;得到 TAB_SIN 中数据的个数
SIN_L:      MOV     AL, [SI]        ;得到输出值
            OUT     DX, AL          ;输出
            CALL    DELAY           ;延时。改变延时时间可使输出波形频率变化
            INC     SI
            LOOP    SIN_L           ;波形周期内循环
            JMP     SIN_A
```

表 12.2 TAB_SIN 典型编码值

θ（°）	$\sin(\theta)$	编码	V_{OUT}
-90	-1	0FFH	$-V_{REF}$
-30	-0.5	0C0H	$-(1/2)V_{REF}$
0	0	80H	0
30	0.5	40H	$(1/2)V_{REF}$
90	1	00H	V_{REF}

上面程序中，存放在 TAB_SIN 中的数据是一个正弦周期内的所有数据，由于需要双极性输出，所以这些数据必须采用偏移二进制编码。表 12.2 所示为按照公式 $128 - INT(\sin(\theta) \times 128)$ 计算出来的典型角度的编码值。

严格来说程序的输出是不平滑的，具有一系列的小台阶，为了消除这些台阶，使波形平滑，应在图12.4中电路的输出端 Out 后面添加低通滤波电路。

12.3.3　其他 D/A 转换器介绍

1. 并行 10 位 D/A 转换器 AD7520

AD7520 是一种典型的廉价的不带数据缓冲器的乘法型、10 位、并行输入、电流输出数/模转换器，能提供优良的温度跟踪特性。应用时需要外部提供基准电压源，不能直接与数据总线接口，必须加锁存器或与带锁存功能的 I/O 口相连，另外输出电流不能直接带负载，必须通过运算放大器转换成电压输出，这种芯片使用不是特别方便，但在过去芯片不丰富时，特别是国内能生产与其兼容的芯片 5G7520，不少系统采用这种芯片。类似的芯片还有 AD7533、MX7520、DAC1020 等。

2. 并行 10 位 D/A 转换器 MAX503

MAX503 是一种低功耗、10 位、并行输入、电压输出的 D/A 转换器。可以用+5V 单电源供电，也可以用±5V 双电源供电；芯片内置基准电压源和输出缓冲放大器；当单电源供电时，工作电流仅有 250μA，所以这是用电池供电的便携式应用的理想器件。另外这种芯片还有 SSOP 小外观封装，面积仅 0.065 cm^2。出厂标定已用激光对 D/A 转换器、运算放大器和基准电压源进行了修正，所以使用时不需要进行任何调整。

3. 并行 12 位 D/A 转换器 AD394

AD394 是一种含有 4 个高速、低功耗、12 位、并行输入、电压输出的多通道 D/A 转换器，对于需要多路数/模转换器、印制电路板空间十分紧张、需要低功耗的系统来说是十分理想的器件。该器件的线性误差不超过±(1/2) LSB，满量程精度达到 0.05%（25℃）。

4. 串行 8 位 D/A 转换器 MAX513

MAX513 是一种带有串行数据输入接口、含有三个电压输出的 8 位 D/A 转换器，其中两个转换器还带有输出缓冲放大器。器件带有三线串行接口，最大工作频率可达 5MHz，并且与 SPI、QSPI 和 Microwire 串行接口协议兼容。16 位的串行输入移位寄存器，其中 8 位是 DAC 的输入数据，另外 8 位用于 DAC 选择和暂停运行控制。该芯片极低的功耗和小型 14 引脚的 DIP/SO 封装使其成为便携式和电池供电应用的理想采用器件。工作电流仅为 1mA，在暂停运行处于待机状态时其电流小于 1μA。三个 DAC 中的任何一个都可以单独关断，在关断状态下，功耗最低。

12.4　A/D 转换器

12.4.1　A/D 转换器概述

A/D 转换器用来将连续的模拟输入信号转换成一定宽度的数字信号输出,从而能够被 CPU 读取并进行处理。A/D 转换器作为重要接口，存在于需要进行数据采集的计算机系统中。提供给 A/D 转换器的模拟信号来自于传感器及其处理电路，图 12.5 所示为一个典型的 A/D 转换电路结构图。

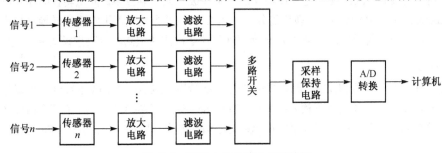

图 12.5　典型 A/D 转换电路结构图

同 D/A 转换器一样，A/D 转换器的绝对分辨率由转换后数字量的位数决定，位数越多，分辨率越高。目前市场上也有各种规格的 A/D 转换集成芯片可供选择。根据模/数转换的工作原理，A/D 转换器可分成下面几种类型。

1．积分型

积分型 A/D 转换器的工作原理是：将输入电压转换成时间（脉冲宽度信号）或频率（脉冲频率），然后由定时器/计数器获得数字值。其优点是用简单电路就能获得高分辨率，但缺点是由于转换精度依赖于积分时间，因此转换速率极低。初期的单片 A/D 转换器大多采用积分型，现在逐次比较型已逐步成为主流。

2．逐次比较型

逐次比较型 A/D 转换器由一个比较器、一个 D/A 转换器和逐次比较逻辑构成，从最高位（MSB）开始，顺序地对每一位，将输入电压与内置 D/A 转换器的输出进行比较，经 N 次比较后得到输出数字值。其电路规模属于中等，优点是速度较高、功耗低，在低分辨率（小于 12 位）时价格便宜，但高精度（大于 12 位）时价格很高。

3．电容阵列逐次比较型

电容阵列逐次比较型 A/D 转换器在内置的 D/A 转换器中采用电容矩阵方式，也可称为电荷再分配型。一般的电阻阵列 D/A 转换器中多数电阻的值必须一致，在单芯片上生成高精度的电阻并不容易。如果用电容阵列取代电阻阵列，可以用低廉成本制成高精度单片 A/D 转换器。最新的逐次比较型 A/D 转换器大多为电容阵列式的。

4．Σ–Δ调制型

Σ–Δ调制型 A/D 转换器利用子样值之间的"相关性"，采用过采样（采样频率远大于奈奎斯特频率）技术，将相邻采样之间的差值限制在Δ增量范围内，通过积分求和、比较和数字滤波得到转换值。它可以很容易地做到高分辨率，但转换速度慢，相当于用牺牲速度来换取高分辨率。同时由于Σ–Δ调制器具备对噪声进行整形或调制的作用，使信号带宽内的噪声减小，大大提高系统性能。

5．并行比较型/串并行比较型

并行比较型 A/D 转换器内部采用多个比较器及编码器输出，仅作一次比较就可实现转换，因此转换速率极高，又称 Flash 型。由于实现 N 位的转换需要 N^2-1 个比较器，因此随着精度的提高，电路规模呈几何增大，功耗和价格随之增高。这类 A/D 转换器只适用于需要高速数据采样的应用，如视频信号采集。

串并行比较型 A/D 转换器在结构上介于并行比较型和逐次比较型之间，最典型的是由两个 $N/2$ 位的并行比较型 A/D 转换器配合 D/A 转换器组成，用两次比较实现转换，所以称为 Half Flash（半快速）型。还有分成三次或更多次比较实现 A/D 转换的叫做多级型 A/D 转换器，而从转换时序角度又可称为流水线（Pipeline）型 A/D 转换器，现代的分级型 A/D 转换器中还加入了对多次转换结果进行数字运算，从而修正转换特性等功能。这类 A/D 转换器速度比逐次比较型高，电路规模比并行比较型小。

6．流水线型

为兼顾高速率和高精度的要求，流水线结构的 A/D 转换器应运而生。这种 A/D 转换器结合了串行和 Flash 型 ADC 的特点，采用基于流水线结构（Pipeline）的多级转换技术，各级模拟信号之间并行处理，能得到较高的转换速度；利用数字校正电路对各级误差进行校正，保证有较高的精度；同时，可有效地控制功耗和成本。

7. 压频变换型

压频变换型（Voltage-Frequency Converter）转换器是通过间接转换方式实现模/数转换的。其原理是首先将输入的模拟信号转换成频率，然后用计数器将频率转换成数字量。从理论上讲，这种 A/D 转换器的分辨率几乎可以无限增加，其优点是分辨率高、功耗低、价格低，但是需要外部计数电路共同完成 A/D 转换。

12.4.2　A/D 转换器的主要技术指标

1. 分辨率

对于 ADC 来说，分辨率指输出的数字量变化一个最小量所对应的模拟信号的变化量，定义为输入模拟信号满量程 FSR 与 2^n 的比值（n 为 ADC 的位数）。例如，具有 12 位数字输出的 ADC 能够分辨出满刻度的 $1/2^{12}$ 或满刻度的 0.24%。分辨率又称精度，由于其高低取决于位数的多少，所以通常也以 ADC 输出数字信号的位数来表示。

2. 转换速率

严格地说，转换时间是指完成一次从模拟到数字转换所需的时间，而采样时间则是另外一个概念，是指两次转换之间的间隔。为了保证转换的正确进行，最小采样时间必须大于或等于转换时间。因此，转换速率就是在保证转换精度的前提下，能够重复进行数据转换的最大次数，常用单位是 ksps（千次/秒）和 Msps（百万次/秒）。

3. 量化误差

量化误差是由于 ADC 的有限分辨率引起的误差。在不考虑其他误差的情况下，一个分辨率有限的 ADC 的阶梯状转移特性曲线与分辨率无限的（理想）ADC 的转移特性曲线（直线）之间的最大偏差，称为量化误差，通常是一个或半个最小数字量的模拟变化量，表示为 1LSB 或 1/2LSB。

4. 偏移误差

偏移误差是指输入信号为零时输出信号不为零的值，所以有时又称为零值误差。偏移误差通常是由于放大器或比较器输入的偏移电压或电流引起的，一般在 ADC 外部通过添加一个电位器使其调至最小。偏移误差一般用满刻度的百分数表示。

5. 满刻度误差

满刻度误差又称为增益误差，是指 ADC 满刻度输出的数字值所对应的实际输入电压与理想输入电压之间的差值，一般满刻度误差的调节在偏移误差调整后进行。

6. 线性度

线性度有时又称为非线性度，它是指 ADC 实际的转移特性曲线与理想直线的最大偏移，不包括以上三种误差。

7. 绝对精度

绝对精度（绝对误差）定义为输出数字值所对应的实际模拟输入电压与理想的模拟输入电压值之差。绝对误差包括增益误差、非线性误差、偏移误差和量化误差。

8. 相对精度

相对精度定义为绝对精度与满量程电压值之比的百分数。

这里需要指出的是，精度和分辨率是两个不同的概念。精度是指转换后所得结果相对于实际值的准确度；分辨率是指 ADC 所能分辨模拟信号的最小变化值，是一个设计参数。由此可知，分辨率很高的 ADC，可能因为温度漂移、线性不良等原因，并不一定具有很高的精度。

12.4.3　A/D 转换器的连接特性

将 A/D 转换器连接到系统时，需要考虑如下几方面的连接特性。

1．模拟信号的输入

不同 ADC 的模拟输入不尽相同，有单通道输入和多通道输入之分。对于具有多通道输入的 ADC，需要设置通道地址线，用于进行通道选择。在有些 ADC 中，成对的通道可输入差分输入信号，以便于信号处理。

2．数字量的输出

ADC 的数字量输出有并行输出和串行输出两种方式，其中，并行输出的数字信息是二进制编码的（个别使用 BCD），输出端一般都有输出缓冲器，可与 CPU 的数据总线直接连接。ADC 的数据线数量可以小于等于 ADC 的分辨率，当数据线的数量小于分辨率时（此时可减少数据总线的宽度），转换的结果需要被多次读操作之后才能完整输出；对于串行输出的 ADC，只能与系统的外部总线连接，一般都采用同步串行控制方式，目前有几种流行的串行总线可被选择。

3．转换启动信号

转换启动信号用来启动 ADC 的转换操作，是由控制器（CPU）发出的控制信号。一般来说，一次转换启动信号只能启动一次转换（个别器件具有自动连续启动工作模式，在这种模式下，上一次转换结束后会自动启动下一次转换）。

4．转换结束信号

每次 A/D 转换结束后，由 ADC 发出转换结束信号，其信号有效可以是高电平，也可以是低电平。可以用转换结束信号作为状态信号，让 CPU 采用查询方式来获取转换结果；也可以用转换结束信号作为中断请求信号，让 CPU 采用中断方式来获取转换结果；在一些特殊的高速应用中，甚至可以用转换结束信号作为 DMA 请求信号，从而可以使用 DMA 方式来获取转换结果。

ADC 还有一些连接特性（如数字逻辑电平、基准电压源、模拟量的极性等）与 DAC 相同或类似，读者可参看 DAC 的相关内容学习与总结。

12.5　A/D 转换器的应用

12.5.1　ADC0809 介绍

ADC0809 是逐次逼近比较型 ADC，分辨率为 8 位，转换时间为 100 μs（$f_C = 640$ kHz），精度为 ±1LSB，输出数字类型为并行二进制，数字接口电平为 TTL，芯片内部带有输出缓冲寄存器，需要外接基准电压源，它的内部结构和外部引脚如图 12.6 所示。

ADC0809 具有 8 个模拟输入通道，可同时接入 8 路模拟信号输入，但每次只能对一个通道进行转换，转换通道由 $ADD_{A\sim C}$ 选择（如表 12.3 所示），这三个选择信号通过 ALE 信号锁存在片内的通道地址锁存器上，再经过译码去选择多路开关导通通道。

表 12.3　ADC0809 通道选择

ADD_C	ADD_B	ADD_A	通　道
0	0	0	IN_0
0	0	1	IN_1
0	1	0	IN_2
0	1	1	IN_3
1	0	0	IN_4
1	0	1	IN_5
1	1	0	IN_6
1	1	1	IN_7

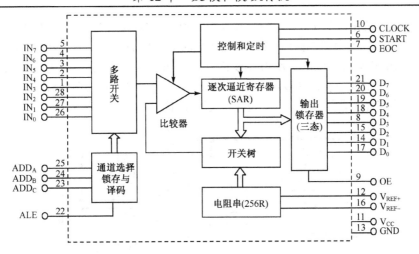

图 12.6 ADC0809 的内部结构和外部引脚

ADC0809 需要外接基准电压源，该基准电压源连接到芯片的 V_{REF+} 和 V_{REF-} 两端（接到内部电阻串上）。为了使逐次逼近比较逻辑工作，需要在 CLOCK 端接入工作时钟（典型频率为 640 kHz）。

ADC0809 的启动信号是 START（高电平有效），转换结束信号是 EOC（高电平有效）。

当 START 从高电平变化到低电平时，ADC 开始转换，同时将 EOC 置成低电平（无效）。当转换结束后，EOC 恢复成高电平（有效），转换结果从 SAR（逐次逼近寄存器）锁存到输出锁存器中。当输出允许信号 OE 有效（高电平）时，转换结果才从输出锁存器传送到输出引脚上；当 OE 处于无效（低电平）时，数据输出引脚处于高阻状态（三态），因此数据输出引脚可直接连接到 CPU 的数据总线上。AD0809 的工作时序如图 12.7 所示。

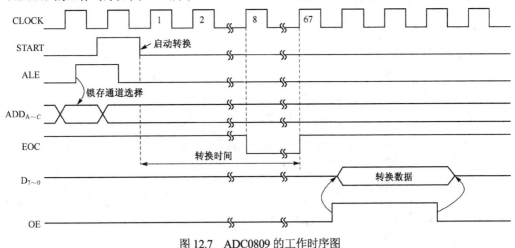

图 12.7 ADC0809 的工作时序图

12.5.2 ADC0809 的连接与编程

图12.8所示为用一个 ADC0809 对 8 路模拟信号进行 A/D 转换。图中 ADC0809 的 ALE 端和 START 端短接在一起，由地址译码输出和 $\overline{IOW}$ 信号共同驱动，这样，可以仅用一次对端口（地址为 300H）的输出（输出数据为通道选择值）操作就分别实现转换通道选择和启动转换的控制，其原理是，由或非门（上面的那个）产生的信号的上升沿通过 ALE 锁存 DB 中的 $D_2 \sim D_0$，实现转换通道的选择；由或非门产生的信号的下降沿通过 START 实现启动转换控制。当转换结束后，利用转换结束时刻 EOC

信号产生的上升沿作为中断请求信号，通过 IRQ_2 在系统中产生 0AH 中断。在 INT0AH 的服务程序中，对端口（地址为 300H）进行输入操作，指令产生的地址译码输出和 $\overline{IOR}$ 信号经或非门（下面的那个）使 ADC0809 的 OE 端有效，ADC0809 内部的三态门被打开，从而通过数据总线得到转换的结果。在图12.8 中，ADC0809 的 CLOCK 端接入 500 kHz 的时钟，V_{REF+} 端、V_{REF-} 端分别连接+5V 电源和地，因此，模拟信号的满量程范围为 0～5 V，每次转换的时间约 132 μs（$66×1/5×10^5$）。

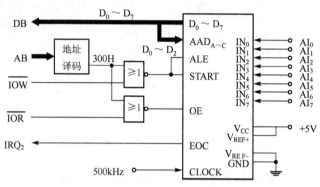

图 12.8　用 ADC0809 实现 8 路 A/D 转换

下面是在图 12.8 的电路上进行 A/D 转换的完整程序，主程序流程图和中断服务程序流程图分别如图 12.9 和图 12.10 所示。

```
STACK        SEGMENT STACK
S_LEN        EQU      200H
             DW       S_LEN  DUP( ? )
STACK        ENDS
DATA         SEGMENT
INT0A_OFF    DW       ?
INT0A_SEG    DW       ?
OCW1         DB       ?
PORT         EQU      300H
N            =        8
CHANNEL      DB       0
BUFFER       DB       N DUP( ? )
MSG1         DB       ' Channel No. ', ' $ '
MSG2         DB       ' Do you want convert ( Y )? ', ' $ '
MSG3         DB       ' Are you want again ( Y )? ', ' $ '
CDLF         DB       0DH, 0AH, ' $ '
DATA         ENDS
DISPSTR      MACRO    STRING                    ;宏定义，显示字符串
             MOV      AH, 09H                   ;STRING 必须是以$结束的串
             MOV      DX, SEG STRING
             PUSH     DS
             MOV      DS, DX
             MOV      DX, OFFSET  STRING
             INT      21H
             POP      DS
             ENDM
DISPCHAR     MACRO    CHAR                      ;宏定义，显示字符
             MOV      AH, 02H
             MOV      DL, CHAR
             INT      21H
             ENDM
```

```
            CODE        SEGMENT
                        ASSUME  CS: CODE,  DS: DATA,  SS: STACK
            START:      MOV     AX, DATA                    ;初始化数据段和堆栈
                        MOV     DS, AX
                        MOV     AX, STACK
                        MOV     SS, AX
                        MOV     SP, S_LEN  SHL  1
                        MOV     AX, 350AH                   ;保存系统 INT0AH 的中断矢量
                        INT     21H
                        MOV     INT0A_OFF, BX
                        MOV     INT0A_SEG, ES
                        CLI                                 ;用设置新的 INT0AH 中断矢量
                        MOV     AX, 250AH
                        MOV     DX, SEG NEW_INT
                        PUSH    DS
                        MOV     DS, DX
                        MOV     DX, OFFSET  NEW_INT
                        INT     21H
                        POP     DS
                        IN      AL, 21H                     ;保存系统的 OCW₁
                        MOV     OCW1, AL
                        AND     AL, 11111011B               ;开放 IRQ₂
                        OUT     21H, AL                     ;设置新的 OCW₁
                        STI
                        DISPSTR MSG2                        ;显示 MSG2
            AGAIN:      MOV     AH, 08H                     ;读键盘的输入
                        INT     21H
                        CMP     AL, 1BH                     ;是否为<ESC>键
                        JNZ     CONV_LIT
                        JMP     EXIT                        ;若是，结束程序
            CONV_LIT:   AND     AL, 11011111B               ;转换成大写字母
                        CMP     AL, 'Y'                     ;是否为<Y>键
                        JNZ     AGAIN                       ;若不是，重新读键盘输入
                        MOV     CHANNEL, N                  ;设置起始转换通道
                        MOV     AL, CHANNEL
                        DEC     AL
                        MOV     DX, PORT                    ;启动转换
                        OUT     DX, AL
            WAIT_FIN:   MOV     AL, CHANNEL                 ;等待所有通道转换结束
                        TEST    CHANNEL, 0FH                ;所有通道转换结束时 CHANNEL=0
                        JNZ     WAIT_FIN
                        MOV     CX, N                       ;显示 8 个转换结果
                        MOV     SI, OFFSET  BUFFER + 7      ;指针指向最后一个转换值
            DISP_VAL:   DISPSTR     CDLF                    ;输出回车与换行
                        DISPSTR     MSG1                    ;显示 MSG1
                        MOV     DL, CL                      ;将通道号转换成字符并显示
                        OR      DL, 30H
                        DISPCHAR    DL
                        DISPCHAR    '='                     ;显示'='
                        MOV     DL, [ SI ]                  ;读转换值
                        AND     DL, 0F0H                    ;取转换值的高半字节，将其转换
                        PUSH    CX                          ;成字符并显示
                        MOV     CL, 4
                        SHR     DL, CL
                        POP     CX
                        OR      DL, 30H
                        CMP     DL, 39H
                        JNA     C_LOW
```

```
                ADD        DL, 07H
C_LOW:          DISPCHAR   DL
                MOV        DL, [ SI ]              ;重读转换值
                AND        DL, 0FH                 ;取转换值的低半字节，将其转换
                OR         DL, 30H                 ;成字符并显示
                CMP        DL, 39H
                JNA        C_END
                ADD        DL, 07H
C_END:          DISPCHAR   DL
                DEC        SI                      ;向前改变指针，使其指向前一个转换值
                LOOP       DISP_VAL                ;循环显示 8 个转换值
                DISPSTR    CDLF                    ;输出回车与换行
                DISPSTR    MSG3                    ;显示 MSG3
                JMP        AGAIN                   ;重新读键盘输入
EXIT:           DISPSTR    CDLF                    ;输出回车与换行
                CLI                                ;恢复系统的 INT0AH 中断矢量
                MOV        AX, 250AH
                MOV        DX, INT0A_SEG
                PUSH       DS
                MOV        DS, DX
                MOV        DX, INT0A_OFF
                INT        21H
                POP        DS
                MOV        AL, OCW1                 ;恢复系统的 OCW₁
                OUT        21H, AL
                STI
                MOV        AX, 4C00H                ;结束程序
                INT        21H
NEW_INT         PROC       FAR
                PUSHF                               ;保护现场
                PUSH       AX
                PUSH       BX
                PUSH       DX
                PUSH       DS
                MOV        AX, DATA
                MOV        DS, AX
                MOV        BL, CHANNEL             ;读通道号
                OR         BL, BL                  ;若通道号等于 0，则退出中断服务
                JZ         EXIT_INT
                DEC        BL
                AND        BL, 07H
                XOR        BH, BH
                MOV        DX, PORT                ;读转换结果
                IN         AL, DX
                MOV        BUFFER [ BX ], AL        ;保存
                MOV        CHANNEL, BL             ;保存新通道号
                OR         BL, BL                  ;判断是否为最后一个通道
                JZ         EXIT_INT                ;若是，不启动转换
                MOV        AL, BL
                OUT        DX, AL                  ;启动转换
EXIT_INT:       POP        DS                      ;恢复现场
                POP        DX
                POP        BX
                MOV        AL, 20H                 ;8259 的 EOI 指令
                OUT        20H, AL
                POP        AX
                POPF
                IRET
NEW_INT         ENDP
CODE            ENDS
                END        START
```

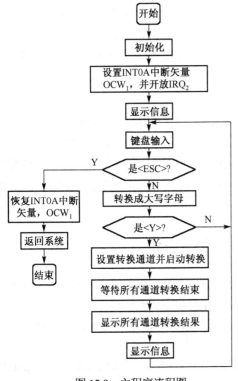

图 12.9　主程序流程图

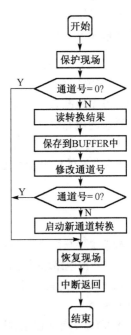

图 12.10　中断服务程序流程图

12.5.3　其他 A/D 转换器介绍

1. 逐次比较单片 8 位 A/D 转换器 AD570

AD570 是 8 位、逐次比较型、并行二进制输出的单片集成 A/D 转换芯片，它将 D/A 转换电路、基准电压源、时钟、比较器、逐次逼近寄存器及输出缓冲器集成在一块芯片上。在使用时，一般只需要接上电源，加入模拟输入，发出启动信号，不需要任何外接电路就可实现 8 位 A/D 转换。该芯片典型的转换时间为 25 μs，国产型号为 CAD570。

2. 逐次比较 8 位 A/D 转换器 MAX166

MAX166 是一种高速、带跟踪/保持电路、并行二进制输出的 A/D 转换芯片。该转换器的输入信号可以是差分的，内部的跟踪/保持电路能对 50kHz 满度信号精确地进行采集和数字化，同时内部具有基准电压源，转换时间达 5 μs，功耗 15 mW，非常适合数据信号处理、高速数据采集、低功耗数据记录、远程通信等应用系统。

3. 串行并行比较 10 位 A/D 转换器 AD876

AD876 是低功耗、串行并行比较型、单电源供电、具有掉电工作模式的 10 位 A/D 转换器，其转换速率达 20×10^6 次/s。由于该芯片采用输出误差校准的多级流水线作业变换技术，所以具有精确的性能和无失码（在整个工作温度范围内）的特点。由于功耗低（160 mW）、单电源供电，使得它特别适用于便携式仪表和小型微控制器应用系统中。同时，芯片的转换速率和分辨率高，使它在使用电荷耦合器件（CCD）作为输入的系统（如彩色扫描、数字复印机、电子摄像机）中获得了广泛应用。

4. 逐次比较 12 位 A/D 转换器 AD574A

AD574A 是快速、逐次比较型、12 位 A/D 转换器。转换时间最大为 35 μs，转换精度小于等于 0.05%，是国内应用最广泛、价格适中的 A/D 转换器。AD574A 内部具有三态输出缓冲器，可直接与系统的数据总线连接，且与 CMOS 和 TTL 电平兼容。由于片内还包含高精度的基准电压源和时钟电路，这使它在不需要任何外部电路和时钟信号的情况下可完成一切 A/D 转换功能，应用非常方便。该芯片的改进型号是 AD674A，新芯片的性能在转换时间上增强到 15 μs。

5. 串行接口逐次比较型 14 位 A/D 转换器 MAX194

MAX194 是一种分辨率为 14 位的逐次比较型 A/D 转换器。该芯片内部含有电容型 DAC、采样比较器、10 个校准 DAC、串行接口和控制逻辑，转换时间为 9.4 μs。串行接口的特点使得它能大大简化应用系统的电路设计，电容型 DAC 变换技术所固有的跟踪/保持能力也极大地扩展了应用领域。MAX194 具有引脚选择模拟输入方式（单极性输入和双极性输入），使用十分方便，同时模拟电源和数字电源分开的结构大大减少了数字噪声耦合的影响。

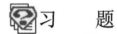

本 章 小 结

模拟量要与微机发生联系，就必须经过 D/A 转换或 A/D 转换。在构建实际应用时，应根据实际需要，对转换电路选择合适的参数，其中主要考虑的参数包括分辨率和转换时间。

DAC0832 是具备双缓冲的 8 位电流型 DAC，可以实现多路模拟量的同步输出，其转换时间典型值为 1 μs。

ADC0809 是 8 位逐次逼近式 ADC，虽然具备 8 路模拟通道，但同一时间只能对其中一路通道进行转换，其转换时间典型值为 100 μs。

习　　题

1. D/A 和 A/D 转换器的参数各有哪些？在与微机系统进行连接时要考虑哪些问题？

2. 在 A/D、D/A 转换器的指标中，精度与分辨率有什么区别？

第 13 章 课程综合设计

本章是在本课程学完之后专门设置的一个总结性环节，也是学生理论联系实际、提高综合运用能力的重要过程。本章旨在通过对一个具体的小系统的设计和调试，培养学生运用该课程的理论知识去解决实际工程问题的能力；帮助学生全面消化已学的相关课程内容，深刻理解该课程的内涵；从硬件的角度掌握微机的组成、接口部件的结构和彼此之间的联系，从软件的角度理解和应用微机系统的运行机制。学生通过完成一套作品，能够进一步掌握科学实验方法，启发创新思维，提高系统设计水平。课程设计的开设弥补了课堂教学中学生自主性不足的缺陷，在巩固此前所学基础知识的同时，有利于学生树立系统设计的整体概念，提高学生独立设计和调试程序的能力，为以后更好地进行工程设计打下基础。

13.1 设 计 过 程

选择本章提供的一个课题或者自拟一个课题，从任务分析开始，根据题目性质可将设计内容分为硬件设计和软件设计两部分，参考软件工程的开发步骤，其过程大致可以归纳为以下 6 个步骤。

1. 需求分析

确定课题之后，首先要进行的就是课题的需求分析，主要包括以下 4 方面的需求。

（1）功能需求：明确所设计的课题必须具备什么样的功能。

（2）性能需求：明确所设计的课题的技术性能指标。

（3）环境需求：明确课题设计与运行时所需要的软件和硬件方面的要求。

（4）用户界面需求：明确人机交互方式、输入/输出数据格式等。

通过以上的分析，再逐步细化各个功能模块，用图文结合的形式，建立起课题的系统逻辑模型。

2. 总体设计

这一步骤是逻辑模型到实物系统的演化，在逻辑模型的基础上，设计合理的方案并完成元器件的选型、软件开发平台的选择和详细配置。

（1）设计供选择方案：对每个方案需提供系统结构框图、数据字典、成本效益分析、系统的进度计划等。

（2）选择最佳实现方案：对各个可能的方案综合权衡，比较各自优、缺点，选择一个最佳方案，并做出详细的实现进度计划。

（3）设计硬/软件结构：首先把复杂的系统进行功能分解，硬件结构需设计好每块芯片和元器件之间的关系，软件需设计好各个模块的功能及衔接的方式方法，同时进一步细化数据图。使用层次图或结构图来描述模块组织之间的关系，为下一步提供明确的设计方向。

3. 硬件设计

（1）将整个硬件系统划分为若干功能单元电路，绘出整个系统逻辑结构电路图，注明各个功能单元电路间的接口信号，并画出一些重要控制信号的时序图。

（2）完成各单元电路设计：包括选择合适的各类元器件和电路板的设计（元器件布局和布线等），电路设计完毕，先在仿真软件中仿真调试通过。

（3）按照电路图安装和焊接实物。

4．软件设计

（1）采用模块化程序结构设计软件，首先将整个软件分成若干功能模块。

（2）对各模块设计一个详细的程序流程图。

（3）根据流程图和硬件结构图，编写源程序。

（4）上机调试各模块程序并通过联调，保证正确无误。

5．联合调试

将软件和硬件一起联调，根据任务指标一一检验，最后完成全部调试和设计工作。

6．撰写课题报告

课题报告是对整个设计过程的文字表述，要求用科学、客观、严谨的语言将以上 5 个步骤详细地撰写出来，撰写时要条理清楚，逻辑结构强。以下是参考结构。

（1）课题分析：从实际出发，考虑本课题应该怎么去做，写出主要设计思路。

（2）总体设计：根据你的分析，确定要准备实现哪些功能，阐述总体工作原理并画出系统结构框图。

（3）详细设计：阐述每个功能模块的工作原理，画出硬件电路图和软件流程图，不要附程序代码。

（4）系统调试：通过各种调试手段（如单步执行、跟踪、反推等）调试程序，逐条写出主要的问题现象、原因及解决的办法。

（5）运行结果：写出整个程序的运行情况，实现了哪些功能，效果如何。

（6）设计总结：写出通过该课程设计学到了什么，有何收获，有何感想和体会。

（7）参考文献：列出三篇以上，按课本上的标准格式列出设计过程中所查阅的参考资料目录。

（8）附件：提交程序清单，此项可打印。

13.2　参 考 题 目

13.2.1　秒表程序设计

1．设计目标

模拟设计一个短跑比赛的秒表计时器，可以显示 0～59s，并可连续存储至少 5 条记录，然后翻阅显示。

2．设计要求

（1）用系统 8253 定时器设计稳定时延程序。

（2）按下定时器的开始键就启动计时。计时过程中，每按一下存储键，就存储一次当前的计时数值，但计时继续，直到按下停止键时关闭计时。

（3）可将存储的历史记录逐条翻阅显示，也可手动清除历史记录。

3．设计提示

（1）获取稳定时延的方法

① 利用 PC 系统为用户预留的定时器中断，中断类型码为 08H，但用户使用接口为 1CH。

② 利用 BIOS 的 INT 1AH 系统功能调用。

③ 利用 DOS 功能调用的 2AH 功能取系统时间设计定时功能。

（2）时间存储与翻阅功能

通过 DOS 功能调用检查键盘状态，当有设定的存储键被按下时，将当前计数的时间存储在存储器（可以是数据段中定义好的一段变量空间）中。翻阅显示时可依次读取存储单元的值逐个显示或整体显示。

13.2.2　骰子模拟程序设计

1．设计目标
模拟实现骰子游戏。

2．设计要求
（1）通过按某键模拟投掷骰子。

（2）模拟显示骰子的旋转，经过一段时间后骰子静止，根据静止时的数字大小确定输赢。

（3）通过按某键可停止骰子旋转。

（4）模拟投掷骰子的力度，通过按键的时间长短或两次按键之间的时间间隔控制骰子的旋转时间和转速。

（5）通过按某键可正常退出模拟程序。

3．设计提示
本课题可用 1～6 分别代替骰子的 6 面数字，当按下某键时，数字开始随机滚动显示，当按下结束键时停止，屏幕上显示的就是当前数字。其中，按键检测、数字显示、时间长短均可以通过 DOS、BIOS 功能调用完成。

13.2.3　霓虹灯控制系统设计

1．设计目标
设计一组霓虹灯，利用键盘和屏幕模拟霓虹灯工作。

2．设计要求
（1）设计至少两组霓虹灯的样式，如图 13.1 所示。可选用 m 行 n 列个符号代表小灯。

（2）可以控制每个小灯的点亮或熄灭。

（3）实现霓虹灯显示：小灯依次点亮一定时间。

（4）可选择霓虹灯样式，可设置点亮间隔时间，精确到秒。

（5）具有自动和手动控制功能。

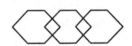

图 13.1　霓虹灯示意图

3．设计提示
（1）可以将霓虹灯设计成直线形、方形、菱形等多种形状，可用字符"*"模拟小灯。

（2）直线形霓虹灯控制方式：小灯可从左向右依次点亮；或者从中间开始，依次向两边点亮一定时间。其他形状可自行设计点亮方式。

13.2.4　计算器程序设计

1．设计目标
模拟 Windows 计算器的功能，设计一个计算器应用程序。

2．设计要求
（1）编写汇编程序，能从键盘上读入数据，并完成加、减、乘、除的计算。

（2）设计一个主菜单，提示用户输入 1、2、3、4、5 数字键，分别表示执行加、减、乘、除和退出功能。若输入错误，提示"Please input number：1 or 2 or 3 or 4 or 5"，然后继续显示主菜单。

（3）分别按数字键"1"、"2"、"3"，则执行相应子程序 1、2、3，进行两字节与两字节的加法、减法和乘法运算，并在屏幕上显示运算结果；按数字键"4"，执行子程序 4，进行两字节除以一字节的除法运算，并显示结果；按数字键"5"程序退出，返回 DOS。

3．设计提示

（1）屏幕显示设置可利用 BIOS 中断的 10 号功能实现；数据与提示信息的输出可利用 DOS 中断的 02 号、09 号功能实现。

（2）数据的输入可利用 DOS 中断的 01 号等子功能实现。

（3）除法运算时注意除数不能为 0。

13.2.5　打字速度训练程序

1．设计目标

设计一个在键盘上练习打字并能统计时间的程序。

2．设计要求

（1）首先在屏幕上给出练习用的例句。

（2）自行编写键盘中断和时间中断处理程序。

（3）练习完一个例句将计时一次。

（4）显示输入练习句所用时间。

（5）有适当交互功能，如按键开始及按键结束等。

3．设计提示

（1）自编中断服务程序处理按键时产生的中断，并把按键的扫描码转换为 ASCII 码放入缓存区 BUFFER，这个工作可简化，即只解释可显示字符（如英文小写字母、数字及一些符号），其他特殊键可不做解释，都用字符码 0 来处理。

（2）在显示输入的字符时，还应判断字符是否为回车符（0DH），如果为回车符，说明一个句子输入完毕，此时调用显示时间的子程序显示出打字时间，然后顺序显示下一个例句。如果所存放的例句都已显示完毕，则再次从第一个例句开始显示，直至输入某一功能键退出程序，结束打字练习。

（3）打字时间统计利用自编的定时器中断处理程序来完成。每输完一个例句，计时一次。在本中断处理程序中，定时器中断的次数记录在计数单元 count 中，当 count 的计数值为 18 时，sec 计数单元加一，当 sec 计数值达到 60 时，min 计数单元加一。

（4）显示时间的子程序分别将各计时单元的二进制数转换为十进制数，并以"分：秒"的形式显示出来。

13.2.6　多路智力竞赛抢答器设计

1．设计目标

假设智力竞赛时有 8 组选手，每组前面放一个按钮。当某一组先按下按钮时，其对应的指示灯亮且电铃响，此时其他按钮均失效，这样，先按下按钮的那一组，就抢到了"答题权"，从而实现"抢答器"的"抢答"功能。

2．设计要求

（1）设计一个可供 8 组选手进行抢答的抢答器。

（2）抢答器开始时不显示序号，只提示"Ready…"，抢答开始后便倒计时，计时完毕才允许抢答。

（3）抢答倒计时的时间为 10s，当某组选手抢答成功后，显示该组编号，并播放一小段音乐，以示祝贺。

（4）系统设置复位按钮，复位后，重新开始抢答，主持人可控制抢答开始。

3．设计提示

（1）8 组选手从 1～8 顺序分配一个数字键当抢答器按钮。

（2）用 S 键当启动键，先检测键盘是否有 S 键按下，若有，便开始倒计时，抢答器倒计时用 8253 定时器，倒数 10s。

（3）倒计时为 0 时开始检测键盘，哪个数字键先按下就显示哪个数字，同时播放一段音乐。

（4）字符或字符串显示用 DOS 功能调用即可。

（5）本课题也可借助 8255A 来实现。

13.2.7　双机通信系统设计

1．设计目标

用汇编语言编写一个双机通信程序，用中断的方式实现发送方从键盘上输入一串字符，接收方将该收到的字符显示在微机屏幕上（数据传输距离在 15m 范围内）。

2．设计要求

（1）设计用串口完成目标系统，画出硬件电路图。

（2）用键盘输入聊天信息，并用串行口将该信息发送到对方。

（3）将接收到的信息显示在屏幕上。

（4）记录聊天内容。

3．设计提示

（1）双机通信连线示意图如图 13.2 所示。

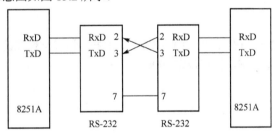

图 13.2　双机通信连接示意图

（2）用 DOS 或 BIOS 调用编写 PC 之间的通信程序。

（3）了解 COM 口地址和各寄存器作用，先画出原理图，再写程序。

13.2.8　模拟 21 点游戏程序设计

1．设计目标

编程实现 21 点游戏。

2．设计要求

（1）游戏规则

① 参加游戏的人基本积分为 100 分。

② 首先计算机自动产生一张底牌（不显示）。

③ 给参加游戏的人发一张牌（显示）。

④ 询问游戏者是否要牌，若不要牌，则跳转第⑨步。

⑤ 跳转第③步。

⑥ 计算牌点的和（A 计 1 点，J、Q、K 计 10 点，2～10 分别计 2～10 点）。

⑦ 若牌点和大于 21 点，跳转第⑮步。

⑧ 重复步骤④～⑦。

⑨ 判断计算机自身的牌点和是否大于游戏者，若大于，则跳转第⑭步。

⑩ 计算机自身再发一张牌（显示）。

⑪ 跳转第⑥步。

⑫ 若牌点和大于 21 点，跳转第⑮步。

⑬ 重复步骤⑨～⑫。

⑭ 提示计算机赢的信息，扣除游戏者积分 10 分，然后跳转第⑯步。

⑮ 提示游戏者赢的信息，奖励游戏者积分 10 分。

⑯ 显示计算机底牌和当前游戏者剩余积分。

⑰ 询问是否继续玩下一盘，若要，重复步骤②～⑰。

⑱ 结束。

（2）按（1）所示规则编程一一实现。

（3）游戏者可自己设置奖励积分数。

3．设计提示

扑克牌的显示可用数字和字母代替，这些数字和字母可用随机函数产生，文字显示和提示均可查询 DOS、BIOS 功能调用。

13.2.9　百米赛跑游戏模拟程序设计

1．设计目标

模拟实现百米赛跑游戏：用键盘的两个键模拟左、右腿，通过交替按键模拟跑步，假定每步步长固定（2m），则 50 次的交替按键就模拟跑完 100m。

2．设计要求

（1）游戏规则

① 输入参赛者姓名。

② 提示参赛者准备（此时按键无效）。

③ 提示开始比赛并启动计时。

④ 读入按键。

⑤ 判断按键是否与前次相同，若相同，则跳转第④步。

⑥ 步数加一，设当前按键为前次按键。

⑦ 判断是否是第 50 步，若不是，则跳转第④步。

⑧ 停止计时，计时精度为 0.01s。

⑨ 显示结果。

⑩ 询问是否继续玩下一盘，若要，重复步骤②～⑩。

⑪ 结束。

（2）按（1）所示规则编程一一实现。

（3）能够记录最近 5 次和最快 5 次的跑步记录。

（4）起跑时增加声音提示。

3．设计提示

步子可用符号代替，按键、计时、显示等可查询 DOS、BIOS 功能调用。

13.2.10　电子实时时钟软件设计

1．设计目标

设计一个驻留系统的时钟显示程序。

2．设计要求

（1）设计一个能准确显示时间的电子时钟，时间显示形式为"时：分：秒"（都是两位），并可在一天 24 小时内循环。

（2）时间显示在屏幕右上角。

（3）可通过 Q 键结束程序。

3．设计提示

（1）定时功能设计参考"13.2.1 秒表程序设计"的提示。

（2）DOS 功能 INT 21H 的 31H 号功能可在程序结束后使程序常驻内存。通常情况下，程序结束后系统将收回内存，中断服务程序不能再用。若要使中断服务程序在程序结束后仍然可用，则必须让中断服务程序驻留内存。31H 号功能使用如下：

```
MOV DX, 驻留内存节数
MOV AH, 31H
INT 21H
```

注意：驻留内存节数不是字节数，这里 1 节等于 16 字节。若需要驻留的程序的总长度为 n 字节，则驻留内存节数为：DX=(n/16)+1+16。式中，"+1"是考虑程序长度为奇数时的情况，"+16"是因为 DOS 在启动应用程序时会在程序前加上一段前缀 PSP，共 256 字节，即 16 节，它需要和程序一起驻留内存。

（3）中断服务程序可改写系统的 INT 1CH，将之改成时钟显示的中断服务程序。为了能够连续显示当前时间，可在设置完自己的中断向量后不恢复原中断向量，而直接调用 INT 21H 的 31H 号功能实现驻留。

（4）DOS 下有三种可执行文件：COM 文件、EXE 文件和 BAT 文件。其中，COM 文件可以迅速地加载和执行，但是其大小不能超过 64 KB，只能有一个段，即代码段，而且程序运行的起点必须是 100H。本课题给出 COM 类型的程序框架，其格式如下：

```
CODE    SEGMENT
        ASSUME CS:CODE,DS:CODE
        ORG 100H
START:  JMP MAIN
        数据空间定义
MAIN:
        程序指令
CODE ENDS
END MAIN
```

13.2.11　简易电子琴设计

1．设计目标

利用 PC 的键盘与扬声器电路，设计简易电子琴，要求可以演奏出一段美妙的音乐。

2．设计要求

（1）查找资料，了解 PC 的键盘与扬声器协调工作的基本原理。

（2）制定 PC 的按键与音阶的对应关系，即按下某个键时，会发出对应频率的声音，要求音阶设置不低于 16 个。

（3）选一段音乐进行编程设置，通过一个按键可开启示范演奏。

3．设计提示

（1）通过计算机键盘模拟电子琴的演奏，首先需要建立音阶与 8253 输出频率的对应表，各音阶参考频率如表 13.1 所示。

表 13.1　各音阶频率表

（1）低音						
音调＼音符	1	2	3	4	5	6	7
A	221	248	278	294	330	371	416
B	248	278	312	330	371	416	467
C	131	147	165	175	196	221	248
D	147	165	185	196	221	248	278
E	165	185	208	221	248	278	312
F	175	196	221	234	262	294	330
G	196	221	248	262	294	330	371
（2）中音						
音调＼音符	1	2	3	4	5	6	7
A	441	495	556	589	661	742	833
B	495	556	624	661	742	833	935
C	262	294	330	350	393	441	495
D	294	330	371	393	441	495	556
E	330	371	416	441	495	556	624
F	350	393	441	467	525	589	661
G	393	441	495	525	589	661	742
（3）高音						
音调＼音符	$\dot{1}$	$\dot{2}$	$\dot{3}$	$\dot{4}$	$\dot{5}$	$\dot{6}$	$\dot{7}$
A	882	990	1112	1178	1322	1484	1665
B	990	1112	1248	1322	1484	1665	1869
C	525	589	661	700	786	882	990
D	589	661	742	786	882	990	1112
E	661	742	833	882	990	1112	1248
F	700	786	882	935	1049	1178	1322
G	786	882	990	1049	1178	1322	1484

（2）8253 可根据频率要求不断改变计数初值的设置，从而可发出不同频率的声音。其硬件原理如图 13.3 所示。

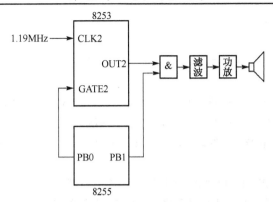

图 13.3　利用 8253 发声原理

（3）采用系统功能调用扫描键盘按键，并根据键值启动不同频率的发音。

13.2.12　交通信号灯控制系统设计

1．设计目标

假设有一个十字路口，交通灯显示情况如图 13.4 所示。当开关闭合时，东西方向绿灯亮 5s 后熄灭；黄灯亮 2s 熄灭；红灯亮 5s 熄灭，黄灯亮 2s 熄灭；然后如此循环。对应东西方向绿黄灯亮的同时，南北方向红灯亮 5s，黄灯亮 2s，接着绿灯亮 5s 熄灭；黄灯亮 2s 后，红灯又亮，然后如此循环。

2．设计要求

用红、黄、绿三个彩色发光二极管模拟控制交通信号。用 8255 的 B 端口和 C 端口控制 12 个 LED 发光二极管的，发光二极管输入为“0”时点亮，为“1”时熄灭。8255 应工作于模式 0，输出状态。

十字路口红、绿灯点亮方式如表 13.2 所示。

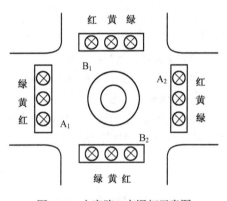

图 13.4　十字路口交通灯示意图

表 13.2　十字路口红、绿灯点亮方式

绿A1	绿B1	绿A2	绿B2	黄A1	黄B1	黄A2	黄B2	红A1	红B1	红A2	红B2
√		√							√		√
				√	√	√	√				
	√		√					√		√	
				√	√	√	√				
√		√							√		√

3．设计提示

（1）用 8255 并行接口控制交通灯的通断

8255 的 CS 端可接地址 220H～227H。实验室中，用红、黄、绿三种 12 只发光二极管的通断模拟通电情况。8255 工作于方式 0。

端口 A 地址（00）：　　60H

端口 B 地址（01）：　　61H

端口 C 地址（10）：　62H

控制端口地址（11）：　63H

A 口、B 口、C 口工作于输出方式，控制发光二极管的通断。发光二极管输入为"0"时点亮，为"1"时熄灭。

| PB7——黄灯 A1 | PB6——黄灯 B1 | PB5——黄灯 A2 | PB4——黄灯 B2 |

PB7——黄灯 A1　　PB6——黄灯 B1　　PB5——黄灯 A2　　PB4——黄灯 B2

PC7——绿灯 A1　　PC6——绿灯 B1　　PC5——绿灯 A2　　PC4——绿灯 B2

PC3——红灯 A1　　PC2——红灯 B1　　PC1——红灯 A2　　PC0——红灯 B2

1）控制方式

① 启动，红灯全亮，PC=1111 0000（可持续 2s，表示系统上电，准备工作）。

② A1、A2 路口绿灯亮，同时 B1、B2 路口红灯亮，PC=0101 1010B。

③ A1、A2 路口黄灯亮，同时 B1、B2 路口黄灯亮，PC=1111 1111B，PB=0000 0000B。

④ B1、B2 路口绿灯亮，同时 A1、A2 路口红灯亮，PC=1010 0101B。

⑤ B1、B2 路口黄灯亮，同时 A1、A2 路口黄灯亮，PC=1111 1111B，PB=0000 0000B。

⑥ 转向②循环。

2）设置 8255A 的方式控制字

```
MOV     DX，63H
MOV     AL，80H      ；A 口、B 口、C 口全为输出
MOV     DX，AL       ；送控制字
```

（2）交通灯的延时控制方法

因为本系统的定时精度并不要求很高，故采用软件定时或硬件定时均可。

① 采用软件延迟

设系统的 CPU 的频率为 8MHz，则时钟节拍为：0.125μs。执行 PUSHF、POPF、LOOP 指令需 23 个节拍。延迟 1s 要循环的次数：

$$X = \frac{延迟时间}{一次循环时间}$$

② 采用 8253 定时器控制定时时间，可参考相关章节内容。

13.2.13　光条式菜单程序设计

1．设计目标

制作一组菜单，随着按键的移动会将相应菜单栏高亮显示。

2．设计要求

（1）界面设计美观清晰、操作简便。

（2）至少设计三个下拉式主菜单，其中包含多个一级子菜单和一个二级子菜单。

（3）当用户利用"↑"、"↓"、"←"、"→"键在菜单上移动时，光条可覆盖该菜单项。

（4）每个菜单有对应的响应子程序，能够判别出各个菜单功能的响应和不同。

3．设计提示

（1）常用的光标控制键可以通过调用 INT 16H 的 0 号子功能获得，即可以在 AH 寄存器中返回它们的扩展码。

光标控制键	PgDn	PgUp	↑	↓	←	→
扩展码（十进制）	81	73	72	80	75	77

（2）利用 INT 10H 的 13H 号功能设计一个定位显示彩色字符串的宏 DISP。

```
DISP    MACRO    X, LENGTH, COLOR
MOV     AX, 1301H
MOV     BX, COLOR
MOV     CX, LENGTH
MOV     DH, YY
MOV     DL, X
MOV     BP, ADDR
INT     10H
ENDM
```

其中，三个参数的含义分别如下。

LENGTH：待显示字符串的长度。

COLOR：待显示字符的属性，0FH 为黑底白字，51H 为红色背景蓝色字符串。

X：待显示字符串首字符所在列值。

ADDR：待显示字符串的首偏移地址。

YY：用来存放字符显示的行值。

（3）光条的生成和移动是本课题的关键问题。如何生成一个光条使之覆盖一个菜单项呢？很简单，只需调用宏 DISP，给 COLOR 带上彩色的属性，重写这个菜单项即可。同理，再给 COLOR 赋予 0FH 属性，重写这个菜单项，光条就消失了。移动光条可分两步进行：先令当前光条消失，然后在下一个位置上生成光条，这样就达到了光条移动的目的。这里要注意光条的定位要准确。

（4）可设置 1 个单元 N 来存放光条的位置，N 为 1，表示光条覆盖第一个菜单项，N 为 2，表示光条覆盖第二个菜单项，依此类推。

13.2.14　单词记忆测试器程序设计

1．设计目标

编写一个可测试单词记忆情况的程序。

2．设计要求

（1）实现单词及其含义的录入（为使程序具有可演示性，单词不少于 10 个）。

（2）单词根据按键控制依次在屏幕上显示，按键选择词义，也可以直接进入下一个或上一个。

（3）单词背完后给出正确率。

（4）第一次背完后，把不认识及跳过的单词再次显示出来，提醒用户再记忆，直到用户全部都记住。

（5）结束后，给出各个单词的记忆结果信息，如记忆次数。

3．设计提示

本课题可采用文件操作、键盘操作和屏幕操作（DOS 和 BIOS 系统中断调用）来完成。对于文件的读/写操作，DOS 提供了两种手段。第一种是使用 FCB（文件控制块）进行存取，第二种是用文件代号法存取。文件代号法支持目录路径，并且对错误采用了更统一的办法处理，下面给出此种存取方法的相关提示。

（1）文件建立的方法：可采用 DOS 中断的 21H 来建立文件（功能号是 3CH）。

调用格式：

```
MOV     DX, OFFSET BUFFER   ;DS:DX 指向文件标志符
MOV     AH, 3CH
```

```
MOV     CX，文件属性代码
INT     21H
```

功能：按照 DS:DX 指示的文件标志符，在默认或指定的磁盘目录下创建一个新文件。若该文件名已经存在，则将该文件长度置0。调用后文件被打开，AX 返回文件描述字（即文件号）或错误类型码（如表13.3所示），文件描述字用于文件的读/写。

表13.3　文件操作错误类型码

错误类型码	含　义	错误类型码	含　义
1	无效功能号	7	内存文件控制块被破坏
2	文件没找到	8	没有足够的内存空间
3	路径未找到码或文件不存在	12	存取码无效，无效访问
4	无文件描述字或打开文件太多	13	无效数据
5	拒绝存取（访问失败）	15	指示了无效的驱动器
6	无效文字描述字		

入口：DS:DX 指向文件标志符（驱动器名、路径及文件名的 ASCII 码字符串）。文件标志符用阿拉伯数字0作为结束标记。CX 是文件属性代码，CX=00 是标准文件，CX=01 是只读文件，CX=02 是隐含文件，CX=04 是系统文件。

出口：CF=0，建立文件成功，AX=文件描述字（文件号）。CF=1，建立文件失败，AX 为错误类型码。

（2）写文件方法：写文件用 DOS 中断21H（功能号40H）来实现。

调用格式：

```
MOV AH, 40H
LEA DX, BUFFER
MOV BX, 文件描述字（文件号）
MOV CX, 数据长度（字节数）
INT 21H
```

功能：按照有效的文件描述字，把缓冲区数据写到磁盘文件当前指针下，长度由 CX 决定。

入口：BX 是有效的文件描述字。CX 是要求写入磁盘文件的字节数。DS:DX 指向数据缓冲区。

出口：CF=0，表示写文件成功，AX 是实际写入磁盘的字节数；CF=1 表示写文件失败，AX 为错误类型码。

（3）文件的关闭。

调用格式：

```
MOV AH, 3EH
MOV BX, 文件描述字
INT 21H
```

功能：将内部缓冲区的文件送到磁盘后关闭文件。

出口：CF=0，表示关闭文件成功，CF=1 表示关闭文件失败，AX 为错误类型码。

13.2.15　汽车信号灯控制系统设计

1. 设计目标

模拟制作一套汽车信号灯微机控制系统，该系统可以正确反映驾驶操作与灯光信号的对应关系。

2．设计要求

汽车控制所需执行的操作包含左转弯、右转弯、应急、脚刹车、手刹车，这些操作均由相应的开关状态反映。所需控制的信号灯有：仪表盘左/右转弯信号指示灯、手刹抬起信号指示灯、左右头灯和左右尾灯。其驾驶操作与灯光信号对应关系如下。

（1）左/右转弯灯开关（合上时）：仪表盘左/右转弯信号指示灯、左/右头灯、左/右尾灯闪烁。

（2）紧急开关合上：所有灯闪烁。

（3）刹车（合上刹车开关）：左右尾灯亮。

（4）左/右转弯刹车：左/右转弯灯、左/右头灯、左/右尾灯闪烁，右/左尾灯亮。

（5）刹车、合上应急开关：尾灯亮、仪表盘左/右转弯信号指示灯和头灯都闪烁。

（6）左/右转弯刹车，并合上紧急开关：右/左尾灯亮，其余灯闪烁。

3．设计提示

（1）引脚信号定义

采用 8255A 的 PA 口作为开关控制，PB 口作为灯的控制，开关与灯的逻辑关系（1 表示开关合上，0 表示打开；1 表示灯亮，1（闪）表示闪烁，0 表示熄灭）。

（2）工作原理

由要求可知，汽车信号灯控制系统可分为：左转、右转、刹车、应急开关闭合、手刹停车 5 种基本操作，而按要求又可组合为 10 组操作，即左转、右转、应急开关合、刹车、左转刹车、右转刹车、刹车并合上应急开关、左转刹车并合上应急开关、右转刹车并合上应急开关和拉上手刹并停靠。因此，可以分别设计 10 个子程序表示以上的 10 种操作功能。

表 13.4　8255 控制信号灯逻辑关系表

开　　关					灯						
左转 PB0	右转 PB1	应急 PB2	脚刹 PB3	手刹 PB4	左转指示 PA0	右转指示 PA1	左头灯 PA2	右头灯 PA3	左尾灯 PA4	右尾灯 PA5	手刹信号 PA6
1	0	0	0	0	1（闪）	0	1（闪）	0	1（闪）	0	0
0	1	0	0	0	0	1（闪）	0	1（闪）	0	1（闪）	0
0	0	1	0	0	1（闪）	1（闪）	1（闪）	1（闪）	1（闪）	1（闪）	0
0	0	0	1	0	0	0	0	0	1	1	0
0	0	0	0	1	0	0	0	0	0	0	1
1	0	0	1	0	1（闪）	0	1（闪）	0	1（闪）	1	0
0	1	0	1	0	0	1（闪）	0	1（闪）	1	1（闪）	0
0	0	1	1	0	1（闪）	1（闪）	1（闪）	1（闪）	1	1	0

5 个开关输入分别控制 5 种基本操作，而 CPU 处理数据时以字节处理，故在编写源代码时只用其中的 5 位。输出为两个头灯、两个尾灯、三个仪表板灯（可采用发光二极管代替）。同上，为便于处理，程序中也是采用 8 位，但在接线时接 7 位即可。

在实现 5 个开关控制 7 个发光二极管时，主要是利用软件实现。软件实现：整体上采用子程序调用，对需要闪烁的状态则采用循环延时来实现，其余则采用顺序执行的方式。如果用硬件控制灯光闪烁，则需采用定时/计数器 8253，在输入一定时钟脉冲的情况下，实现定时计数功能。

13.2.16　步进电机工作原理模拟程序设计

1．设计目标

通过汇编编程，模拟两相混合步进电机工作原理。

2．设计要求

（1）在 PC 显示器上能模拟显示电机按某转速周而复始的转动。例如，将电机的连续动作分解后如图 13.5 所示，这几个图形在同一位置周而复始地显示，就可以模拟电机的连续转动。图形可以适当简化。

（2）通过键盘功能按键，能实现电机的启动和停止。

（3）标注各引线的电流方向。如图 13.6 所示，电流方向与转动位置相对应。

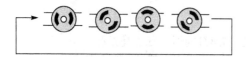

图 13.5　步进电机转动模式分解图

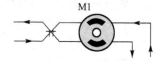

图 13.6　步进电机电流方向与转动位置对应图

3．设计提示

（1）步进电机运行方式的控制

步进电机的转速与输入脉冲频率成正比，频率越高，转速越高，四相步进电机有双四拍、双八拍、双六拍等方式。为了实现对各绕组按一定方式轮流通电，需要一个循环脉冲分配器，这里采用软件实现。

将相序表存放于内存区，再设置一个地址指针。当地址依次+1（或−1）时，可从表中取出通电代码，再输出到步进电机，产生一定的运行方式。

（2）步进电机的速度控制

调节步进电机绕组通电时间，即可调整速度（频率）。

① 1ms（1kHz）的软件延迟参考程序：

设系统的 CPU 的频率为 8 MHz，则时钟节拍为 0.125μs。执行 PUSHF、POPF、LOOP 指令需 23 个节拍。延迟 1s 要循环的次数：

$$X = \frac{\text{延迟时间}}{\text{一次循环时间}} = \frac{1 \text{ ms}}{23 \times 0.125 \text{ μs}} = 347$$

```
DELAY       PROC    NEAR
            PUSH    CX
STAR20T:    MOV     CX, 347      ;送循环次数
LP1:        PUSHF                ;PUSHF、POPF、LOOP 需 23 个节拍
            POPF
            LOOP    LP1
            POP     CX
            RET
DELAY       ENDP
```

② 通过对定时器 8253 定时常数的设定，使其频率升高或降低，也可实现对步进电机速度的控制。

13.2.17　波形发生器设计

1．设计目标

利用实验箱将 DAC0832 和 CPU 相连，设计一个波形发生器，通过按键控制可产生多种波形。

2．设计要求

（1）可产生三种波形：三角波、锯齿波、方波，并在 DAC0832 的 OUT 端用示波器观察波形。

（2）按"S"键产生三角波，按"J"键产生锯齿波，按"F"键产生方波，按"Q"键结束。

（3）波形频率在 1～10 kHz 间可调，频率分辨率为 50 Hz。用键盘输入要求的频率。

3．设计提示

（1）频率调节算法（以锯齿波为例）

① 保持幅值不变，调节周期 T，即可调节频率 $f_1 = 1/T_1$，波形如图 13.7 所示。

假设锯齿波由 256 个小台阶组成，于是 $T_1 = 256T$。若要求锯齿波的频率为 1kHz，每个周期延时时间应为 $1/1000 = 1$ ms，每个小台阶延时为 $1/256 = 0.004$ ms。任意频率 f_1 对应的每个小台阶延时为：

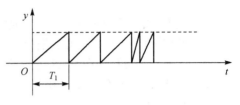

图 13.7　调频

$$T = \frac{1}{f_1} \cdot \frac{1}{256}$$

② 保持斜率不变，调节幅值，调节频率，如图 13.8 所示。

（2）频率调节实现

① 软件延时

利用 D/A 转换产生周期性锯齿波：用延时程序控制周期 T，如图 13.9 所示。

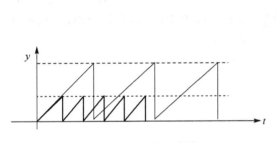

图 13.8　调幅调频率

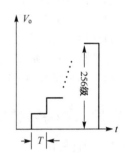

图 13.9　软件延时控制周期

```
            MOV   DX, PORTA
            MOV   AL, 0FFH
DON:        INC   AL
            OUT   DX, AL
            CALL  DELAY
            JMP   DON
DELAY   PROC  NEAR
            MOV   CX, DATA
    X:      LOOP  X
            RET
DELAY   ENDP
```

② 硬件 8253 定时

采用定时器中断，需要初始化 8253（8253 初始化方法：设置控制字、计算计数初值），编写定时器中断服务程序。中断服务程序框架如下：

```
    INT TIMER  PROC
               ...
               控制 DA 输出
               IRET
    INT_TIMER  ENDP
```

13.2.18　数据采集系统设计

1. 设计目标

有一组开关量和两路模拟量，要求采样开关量控制一组发光二极管，定时采样模拟量并显示出来。

2. 设计要求

（1）用 8255A 读取开关数据，并控制发光二极管。

（2）定时采样 ADC0809 某通道模拟信号，每隔 2s 在显示器或数码管上显示出来。

（3）定时控制功能可采用 8253 硬件定时。

（4）完成硬件与软件设计与调试。

3. 设计提示

（1）利用实验板上 8253（地址 200H～207H）的定时/计数器 1ms 的脉冲输出，该信号由 IRQ5 引入产生中断。

（2）定时/计数器 2（方式 3），对实验板的 8MHz 时钟进行分频，产生 500kHz 的方波，该方波引入实验板上 ADC0809 的 CLK 端，ADC0809 的转换结束信号 $\overline{EOC}$ 端由 IRQ7 引入产生中断，ADC 0809 的 IN_0 接电位器的输出。

（3）编写程序，IRQ5 每次中断启动 ADC0809 进行 A/D 转换，然后利用 IRQ7 中断读 ADC0809 的 A/D 转换结果，并在屏幕显示（固定位置，动态更新），同时利用该值决定 0832 输出值的阈值。

定时器 8253 的端口地址：200H，201H，202H，203H。

ADC0809 的端口地址：210H，211H。

13.2.19　文本编辑器设计

1. 设计目标

设计一个功能比较完备的文本编辑器。

2. 设计要求

（1）如图 13.10 所示，设计一个有菜单栏的编辑窗口，在该窗口内可以实现文本的输入，利用 DEL 键、BackSpace 键、Home 键、End 键、上下左右光标键，实现对输入文本的全屏幕编辑。

图 13.10　文本编辑器效果图

（2）实现文件的新建、打开、保存、另存为与退出等功能。

（3）要求使用彩色组和背景颜色来设计界面颜色。

（4）模拟一些通用编辑器（如系统 EDIT）的其他功能，如比较详细的帮助功能，对特定的命令或保留字（如 C 语言或汇编语言中的关键字）能显示不同的颜色。

3．设计提示

本题可充分应用 DOS 和 BIOS 的中断功能实现。

（1）学习使用磁盘文件的建立、打开、关闭和读/写等操作的功能调用。DOS 提供了一组完成磁盘文件的建立、打开、关闭和读/写等功能调用，利用 DOS 和 BIOS 功能调用，可实现对磁盘文件的存取。

（2）菜单的设计，参考"13.2.13　光条式菜单程序设计"一题，理解对菜单的设计和选择。

13.2.20　学生成绩管理程序

1．设计目标

用汇编语言编程实现数据的录入、浏览、修改和删除操作。

2．设计要求

（1）各科成绩的录入、修改和删除。

（2）按姓名查询每个学生各门课的成绩。

（3）显示查询结果。

（4）统计各分数段的人数。

3．设计提示

（1）本课题采用模块化程序设计，主程序完成菜单显示，子程序完成各个功能。

（2）录入子程序：先打开一个文件，如 score.txt，并置文件指针到文件尾，然后接收用户输入，再把用户的输入写入文件，最后关闭文件返回主程序。

（3）删除子程序：先打开文件，再得到要删除学生的姓名，然后读文件中的记录，直到其记录的名字与输入的名字相同为止，把文件指针后退 8 个字符（此处假设 4 门课成绩所占的空间为 8 个字符），写入 8 个"0"字符，关闭文件返回主程序。

（4）修改子程序：先打开文件 score.txt，输入待修改记录关键字，然后读文件中的记录，并与用户输入的关键字做比较，若不同，则读下一个记录，若相同，则将文件指针后退 N 个字符（N 为一个记录的总长度），然后把用户新输入的记录写入文件，最后关闭文件返回主程序。

（5）查询子程序：先打开文件，输入要查找学生的姓名，然后读文件记录，并同要查找的学生姓名做比较，若相同，则输出；若不同，则继续读文件记录，最后显示查询结果，关闭文件返回主程序。

其他自己查阅相关资料完成。

附录 A　常用 ASCII 码表

十进制	十六进制	字符	十进制	十六进制	字符	十进制	十六进制	字符
0	00	NULL	43	2B	+	86	56	V
1	01	SOH	44	2C	,	87	57	W
2	02	STX	45	2D	—	88	58	X
3	03	ETX	46	2E	.	89	59	Y
4	04	EOT	47	2F	/	90	5A	Z
5	05	ENQ	48	30	0	91	5B	[
6	06	ACK	49	31	1	92	5C	"
7	07	BEL	50	32	2	93	5D	]
8	08	BS	51	33	3	94	5E	^
9	09	HT	52	34	4	95	5F	—
10	0A	LF	53	35	5	96	60	`
11	0B	VT	54	36	6	97	61	a
12	0C	FF	55	37	7	98	62	b
13	0D	CR	56	38	8	99	63	c
14	0E	SO	57	39	9	100	64	d
15	0F	SI	58	3A	:	101	65	e
16	10	DLE	59	3B	;	102	66	f
17	11	DC1	60	3C	<	103	67	g
18	12	DC2	61	3D	=	104	68	h
19	13	DC3	62	3E	>	105	69	i
20	14	DC4	63	3F	?	106	6A	j
21	15	NAK	64	40	@	107	6B	k
22	16	SYN	65	41	A	108	6C	l
23	17	ETB	66	42	B	109	6D	m
24	18	CAN	67	43	C	110	6E	n
25	19	EM	68	44	D	111	6F	o
26	1A	SUB	69	45	E	112	70	p
27	1B	ESC	70	46	F	113	71	q
28	1C	FS	71	47	G	114	72	r
29	1D	GS	72	48	H	115	73	s
30	1E	RS	73	49	I	116	74	t
31	1F	US	74	4A	J	117	75	u
32	20	SPACE	75	4B	K	118	76	v
33	21	!	76	4C	L	119	77	w
34	22	"	77	4D	M	120	78	x
35	23	#	78	4E	N	121	79	y
36	24	$	79	4F	O	122	7A	z
37	25	%	80	50	P	123	7B	{
38	26	&	81	51	Q	124	7C		
39	27	`	82	52	R	125	7D	}
40	28	(	83	53	S	126	7E	—
41	29	)	84	54	T	127	7F	DEL
42	2A	*	85	55	U			

注：ASCII 码中 0～31 为不可显示的控制字符。

附录 B　DOS 系统功能调用表（INT 21H）

表 B.1　DOS 功能调用分类

DOS 功能		功能调用号（十六进制）
设备管理	字符设备	01, 02, 03, 04, 05, 06, 07, 08, 09, 0A, 0B, 0C
	磁盘设备	0D, 0E, 19, 1A, 1B, 1C, 2F, 36
文件管理		0F, 10, 13, 14, 15, 16, 21, 22, 24, 27, 28, 29, 3C, 3D, 3E, 3F, 40, 41, 42, 43, 44, 45, 46, 5A, 5B, 5C
目录管理	目录查找	11, 12, 4E, 4F
	目录更改	17, 23, 56
	子目录操作	39, 3A, 3B, 47
内存管理		48, 49, 4A, 4B
其他管理	程序处理与中断	0, 25, 26, 31, 33, 35, 4C, 4D, 62
	日历和机器状态	2A, 2B, 2C, 2D, 2E, 30, 33, 38, 54, 57, 58, 59
	保留	18, 1D, 1E, 1F, 20, 32, 34, 37, 50, 51, 52, 53, 55

表 B.2　错误代码说明

错误类型码	含　义	错误类型码	含　义
1	无效功能号	10	不正确的环境
2	文件没找到	11	不正确的格式
3	路径未找到或文件不存在	12	存取码无效，无效访问
4	无文件描述字或打开文件太多	13	无效数据
5	拒绝存取（访问失败）	14	指示了无效的驱动器
6	无效文字描述字	15	试图删除当前目录
7	内存文件控制块被破坏	16	不是相同的设备
8	没有足够的内存空间	17	没有更多的文件
9	不正确的存储块地址		

表 B.3　DOS 功能调用参数说明

AH	功　能	调用参数	返回参数
00	程序终止（同 INT 20H）	CS=程序段前缀	—
01	键盘输入并回显	—	AL=输入字符的 ASCII 码
02	显示输出	DL=输出字符	—
03	COM1 输入	—	AL=输入数据
04	COM1 输出	DL=输出数据	—
05	打印单字符	DL=输出字符	—
06	直接控制台 I/O	DL=FF（输入） DL=字符（输出）	AL=输入字符
07	键盘输入（无回显）	—	AL=输入字符

（续表）

AH	功 能	调 用 参 数	返 回 参 数
08	键盘输入（无回显） 检测 Ctrl-Break	—	AL=输入字符
09	显示字符串	DS:DX=串地址 字符串以'$'结束	—
0A	键盘输入到缓冲区	DS:DX=缓冲区首地址 (DS:DX)=缓冲区最大字符数	(DS:DX+1)=实际输入的字符数
0B	检验键盘状态	—	AL=00 无键按下 AL=FF 有键按下
0C	清除输入缓冲区并 请求指定的输入功能	AL=输入功能号 (1, 6, 7, 8, A)	—
0D	磁盘复位		清除文件缓冲区
0E	指定当前默认的磁盘驱动器	DL=驱动器号 0=A, 1=B, …	AL=驱动器数
0F	打开文件	DS:DX=FCB 首地址	AL=00 文件找到 AL=FF 文件未找到
10	关闭文件	DS:DX=FCB 首地址	AL=00 目录修改成功 AL=FF 目录中未找到文件
11	查找第一个目录项	DS:DX=FCB 首地址	AL=00 找到 AL=FF 未找到
12	查找下一个目录项	DS:DX=FCB 首地址 （文件中带有*或?）	AL=00 找到 AL=FF 未找到
13	删除文件	DS:DX=FCB 首地址	AL=00 删除成功 AL=FF 未找到
14	顺序读文件	DS:DX=FCB 首地址	AL=00 读成功 AL=01 文件结束，记录中无数据 AL=02 DTA 空间不够 AL=03 文件结束，记录不完整
15	顺序写文件	DS:DX=FCB 首地址	AL=00 写成功 AL=01 盘满 AL=02 DTA 空间不够
16	建立文件	DS:DX=FCB 首地址	AL=00 建立成功 AL=FF 无磁盘空间
17	文件重命名	DS:DX=FCB 首地址 (DS:DX+1)=旧文件名 (DS:DX+17)=新文件名	AL=00 成功 AL=FF 未成功
19	取当前默认磁盘驱动器号	—	AL=默认的驱动器号 0=A, 1=B, 2=C, …
1A	设置磁盘缓冲区首地址(DAT)	DS:DX=DAT 首地址	—
1B	取当前默认磁盘驱动器文件表(FAT)信息	—	AL=每簇的扇区数 DS:BX=FAT 标识字节 CX=物理扇区大小 DX=默认驱动器的簇数
1C	取任意磁盘驱动器文件表(FAT)信息	DL=驱动器号 (0=约定驱动器, 1=A, …)	同上
21	随机读文件	DS:DX=FCB 首地址	AL=00 读成功 AL=01 文件结束 AL=02 缓冲区溢出 AL=03 缓冲区不满
22	随机写文件	DS:DX=FCB 首地址	AL=00 写成功 AL=01 盘满 AL=02 缓冲区溢出

（续表）

AH	功　　能	调 用 参 数	返 回 参 数
23	测定文件长度值	DS:DX=FCB 首地址	AL=00 成功（文件长度填入 FCB） AL=FF 未找到
24	设置随机记录号	DS:DX=FCB 首地址	—
25	设置中断向量	DS:DX=中断向量 AL=中断类型号	—
26	建立程序段前缀（PSP）	DX=新的程序段前缀	—
27	随机分块读	DS:DX=FCB 首地址 CX=记录数	AL=00 读成功 AL=01 文件结束 AL=02 缓冲区太小，传输结束 AL=03 缓冲区不满
28	随机分块写	DS:DX=FCB 首地址 CX=记录数	AL=00 写成功 AL=01 盘满 AL=02 缓冲区溢出
29	分析文件名	ES:DI=FCB 首地址 DS:SI=ASCIIZ 串 AL=控制分析标志	AL=00 标准文件 AL=01 多义文件 AL=02 非法盘符
2A	取日期	—	CX=年，AL=星期 DH:DL=月:日（二进制）
2B	设置系统日期	CX:DH:DL=年:月:日（二进制）	AL=00 成功 AL=FF 无效
2C	取系统时间	—	CH:CL=时:分 DH:DL=秒:1/100 秒
2D	设置系统时间	CH:CL=时:分 DH:DL=秒:1/100 秒	AL=00 成功 AL=FF 无效
2E	置磁盘自动读写标志	AL=00 关闭标志 AL=01 打开标志	—
2F	取磁盘缓冲区的首地址(DAT)	—	ES:BX=缓冲区首址
30	取 DOS 版本号	—	AH=发行号，AL=版本
31	程序结束并驻留内存	AL=返回码（0=正常结束，1=用 Ctrl+C 终止，2=因严重错误终止，3=因功能调用号 AH=31H 终止） DX=驻留区大小（以节数表示，每节 16 字节）	—
33	Ctrl-Break 检测	AL=00 取状态 AL=01 置状态(DL) DL=00 关闭检测 DL=01 打开检测	DL=00 关闭 Ctrl-Break 检测 DL=01 打开 Ctrl-Break 检测
35	取中断向量	AL=中断类型码	ES:BX=中断向量
36	取空闲磁盘空间	DL=驱动器号 0=默认, 1=A, 2=B, …	成功:AX=每簇扇区数 BX=有效簇数 CX=每扇区字节数 DX=总簇数 失败:AX=FFFF
38	置/取国家信息	DS:DX=信息区首地址	BX=国家码（国际电话前缀码） AX=错误码
39	建立子目录(MKDIR)	DS:DX=ASCIIZ 串地址	AX=错误码
3A	删除子目录（RMDIR）	DS:DX=ASCIIZ 串地址	AX=错误码

（续表）

AH	功　能	调 用 参 数	返 回 参 数
3B	改变当前目录(CHDIR)	DS:DX=ASCIIZ 串地址	AX=错误码
3C	建立文件	DS:DX=ASCIIZ 串地址 CX=文件属性	成功:AX=文件代号 错误:AX=错误码
3D	打开文件	DS:DX=ASCIIZ 串地址 AL=0 读 AL=1 写 AL=3 读/写	成功:AX=文件代号 错误:AX=错误码
3E	关闭文件	BX=文件代号	失败:AX=错误码
3F	读文件或设备	DS:DX=数据缓冲区地址 BX=文件代号 CX=读取的字节数	读成功: AX=实际读入的字节数 AX=0 已到文件尾 读出错:AX=错误码
40	写文件或设备	DS:DX=数据缓冲区地址 BX=文件代号 CX=写入的字节数	写成功: AX=实际写入的字节数 写出错:AX=错误码
41	删除文件	DS:DX=ASCIIZ 串地址	成功:AX=00 出错:AX=错误码(2, 5)
42	移动文件指针	BX=文件代号 CX:DX=位移量 AL=移动方式（0:从文件头绝对位移，1:从当前位置相对移动，2:从文件尾绝对位移）	成功:DX:AX=新文件指针位置 出错:AX=错误码
43	置/取文件属性	DS:DX=ASCIIZ 串地址 AL=0 取文件属性 AL=1 置文件属性 CX=文件属性	成功:CX=文件属性 失败:CX=错误码
44	设备文件 I/O 控制	BX=文件代号 AL=0 取状态 AL=1 置状态 DX AL=2 读数据 AL=3 写数据 AL=6 取输入状态 AL=7 取输出状态	DX=设备信息
45	复制文件代号	BX=文件代号 1	成功:AX=文件代号 2 失败:AX=错误码
46	人工复制文件代号	BX=文件代号 1 CX=文件代号 2	失败:AX=错误码
47	取当前目录路径名	DL=驱动器号 DS:SI=ASCIIZ 串地址	(DS:SI)=ASCIIZ 串 失败:AX=出错码
48	分配内存空间	BX=申请内存容量	成功:AX=分配内存首地 失败:BX=最大可用内存
49	释放内容空间	ES=内存起始段地址	失败:AX=错误码
4A	调整已分配的存储块	ES=原内存起始地址 BX=再申请的容量	失败:BX=最大可用空间 AX=错误码
4B	装配/执行程序	DS:DX=ASCIIZ 串地址 ES:BX=参数区首地址 AL=0 装入执行 AL=3 装入不执行	失败:AX=错误码

（续表）

AH	功　能	调 用 参 数	返 回 参 数
4C	带返回码结束	AL=返回码	—
4D	取返回代码	—	AX=返回代码
4E	查找第一个匹配文件	DS:DX=ASCIIZ 串地址 CX=属性	AX=出错代码(02, 18)
4F	查找下一个匹配文件	DS:DX=ASCIIZ 串地址 （文件名中带有?或*）	AX=出错代码(18)
54	取盘自动读/写标志	—	AL=当前标志值
56	文件改名	DS:DX=ASCIIZ 串（旧） ES:DI=ASCIIZ 串（新）	AX=出错码(03, 05, 17)
57	置/取文件日期和时间	BX=文件代号 AL=0 读取 AL=1 设置(DX:CX)	DX:CX=日期和时间 失败:AX=错误码
58	取/置分配策略码	AL=0 取码 AL=1 置码(BX)	成功:AX=策略码 失败:AX=错误码
59	取扩充错误码	—	AX=扩充错误码 BH=错误类型 BL=建议的操作 CH=错误场所
5A	建立临时文件	CX=文件属性 DS:DX=ASCIIZ 串地址	成功:AX=文件代号 失败:AX=错误码
5B	建立新文件	CX=文件属性 DS:DX=ASCIIZ 串地址	成功:AX=文件代号 失败:AX=错误码
5C	控制文件存取	AL=00 封锁 AL=01 开启 BX=文件代号 CX:DX=文件位移 SI:DI=文件长度	失败:AX=错误码
62	取程序段前缀（PSP）	—	BX=PSP 地址

附录 C　ROM–BIOS 调用一览表

中断号 n	功能号（AH）	功能描述	入口参数	出口参数
10H	00H	设置显示模式： AL 的 D6~D0 表示显示模式；D7=0 时先清屏再转为新模式，D7=1 时不清屏	AL=显示模式代码： AL=00，40*25，黑白模式 AL=01，40*25，彩色模式 AL=02，80*25，黑白模式 AL=03，80*25，彩色模式 AL=04，320*200，黑白图形模式 AL=05，320*200，彩色图形模式 AL=06，640*200，黑白图形模式 AL=07，80*25，单色文本模式 AL=08，160*200，16 色图形模式 AL=09，320*200，16 色图形模式 AL=0A，640*200，16 色图形模式 AL=0B，保留（EGA） AL=0C，保留（EGA） AL=0D，320*200，彩色图形模式（EGA） AL=0E，640*200，彩色图形模式（EGA） AL=0F，640*350，黑白图形模式（EGA） AL=10，640*350，彩色图形模式（EGA） AL=11，640*480，单色图形模式（EGA） AL=12，640*480，16 色图形模式（EGA） AL=13，320*200，256 色图形模式（EGA） AL=40，80*30，彩色文本模式（CGE400） AL=41，80*50，彩色文本模式（CGE400） AL=42，640*400，彩色文本模式（CGE400）	—
	01H	置光标类型	CH 低 4 位=光标起始行 CL 低 4 位=光标结束行	—
	02H	置光标位置	DH/DL=行/列 BH=显示页	—
	03H	取光标位置	BH=显示页	DH/DL=光标起始行/列
	04H	读光笔位置	—	AX=0 光笔未触发 AX=1 光笔触发 CH/BX=像素行/列 DH/DL=字符行/列
	05H	置当前显示页	AL=页号	—
	06H	当前显示页上卷	AL=上卷行数，0 为清屏 BH=填充字符属性 CH/CL= 上卷窗口左上角坐标 DH/DL=上卷窗口右下角坐标	—
	07H	当前显示页下卷	AL=下卷行数，0 为清屏 BH=填充字符属性 CH/CL= 下卷窗口左上角坐标 DH/DL=下卷窗口右下角坐标	—
	08H	取光标位置字符和属性	BH=页号	AH/AL=字符/属性
	09H	在当前光标位置显示字符，不改变光标位置	AL=字符 BH/BL=页号/属性 CX=重复次数	—
	0EH	显示字符	AL=字符 BH=页号 BL=前景色	—
	0FH	取当前显示方式	—	AH=每行字符 AL=显示方式代码 BH=当前显示页号

（续表）

中断号 n	功能号（AH）	功 能 描 述	入 口 参 数	出 口 参 数
10H	13H	从指定位置起显示字符串	BH/BL=显示页/属性 CX=字符串长度 DH/DL=行/列 ES:BP=字符串起始逻辑地址 AL=0，用 BL 属性，光标不动 AL=1，用 BL 属性，光标移动 AL=2，[字符，属性]，光标不动 AL=3，[字符，属性]，光标移动	—
12H		取内存容量	—	AX=内存大小 单位：KB
13H	00H	复位磁盘驱动器	AL=驱动器号	
	01H	取驱动器状态	DL=驱动器号	AH=状态代码
	02H	读磁盘扇区	AL=读入扇区数 CH/CL= 磁盘号/扇区号 DH/DL= 磁头号/驱动器号 ES:BX=内存缓冲区地址	—
	03H	写磁盘扇区	AL=待写入扇区数 CH/CL=磁盘号/扇区号 DH/DL=磁头号/驱动器号 ES:BX=内存缓冲区地址	—
	05H	格式化磁道	AL=每道扇区数 DH/DL=磁头号/驱动器号 ES:BX=扇区 ID 地址 CH/CL=磁盘号/扇区号	—
	19H	磁头复位	DL=驱动器号	—
16H	00H	从键盘读字符	—	AH/AL=扫描码
	01H	检测键盘缓冲区是否空	—	ZF=1，缓冲区空 ZF=0，缓冲区不空 AH=扫描码 AL=ASCII
	02H	读控制键状态	—	AL=状态
	10H	清除缓冲区并读键	—	AH/AL=扫描码
17H	00H	打印字符回送状态字节	AL=字符 DX=打印机号	AH=打印机状态字节
	01H	初始化打印机回送状态字节	DX=打印机号	AH=打印机状态字节
	02H	取打印机状态	DX=打印机号	AH=打印机状态字节
19H		重装操作系统	—	
1AH	00H	读当前时钟值	—	双字单元 CX:DX=计时单位数 1 个计时单位=55 ms
	01H	置当前时钟值	双字单元 CX:DX=计时单位数 一个计时单位=55 ms	—
	02H	读实时时钟时间	—	CH:CL=时:分（BCD 码） DH:DL=秒:1/100 秒（BCD 码）
	03H	置实时时钟时间	CH=小时数 CL=分钟数 DH=秒数	
	04H	读实时时钟日期	—	CH/CL=世纪/年 DH/DL=月/日
	05H	置实时时钟日期	CH/CL=世纪/年 DH/DL=月/日	—
	06H	置闹钟，到指定时间后执行 4AH 中断	CH=小时数 CL=分钟数 DH=秒数 DL=1/100 秒	—
	07H	清除闹钟	—	—

附录 D　8086 汇编出错信息摘要

编　号	错　误　信　息	含　义
1	Extra characters on line	命令行出现多余字符
2	Unknown Symbol type	未知的符号类型，可能是类型关键字写错
3	Symbol not defined	符号未定义
4	Syntax error	语法错误，汇编程序无法识别
5	Symbol type usage illegal	符号类型非法使用
6	Operand was expected	无操作数
7	Operator was expected	无操作码
8	Oper and type must match	操作数类型不匹配
9	Illegal use of register	寄存器非法使用
10	Improper oper and type	操作数类型不当
11	Address Out of Range	一个被计值的目标地址超出了当前语句的范围
12	Badly Formed Argument	数字规定的类型中有非法数字存在
13	Illegal Equale	有不允许的类型约定
14	Label Name Conflicts With Symbol Name	在程序中有两个符号相同
15	Missing END Statrment	汇编的源程序结尾未发现 END 语句
16	Multiply Defined Label	源程序中定义了重复标号
17	Unbalanced Parentheses	表达式中多余或缺少括号
18	Undefined Symbol	语句中的符号名可能拼错或未被定义
19	Register already defined	汇编内部出现逻辑错误，寄存器已定义
20	Symbol is multi-defined	重复定义一个符号
21	Symbol is reserved word	企图非法使用一个汇编程序的保留字（如定义 sub 为一变量）
22	Value is out of range	数值大于需要使用的范围
23	CS register illegal usage	试图非法使用 CS 寄存器
24	Must be AX or AL	某些指令只能用 AX 或 AL
25	Illegal size for item	引用的项的长度是非法的（如双字移位）
26	One oper and must be const	一个操作数必须是常数
27	DUP is too large for linker	DUP 嵌套太长，以致从连接程序不能得到所要的记录
28	Block nesting error	嵌套过程、段、结构、宏指令、IRP、IRPC 或 REPT 不是正确结束。如嵌套的外层已终止，而内层还是打开状态
29	Not in conditional block	在没有提供条件汇编指令的情况下，指定了 ENDIF 或 ELSE
30	Symbol has no segment	想使用带有 SEG 的变量，而这个变量不能识别段
31	Must be symbol type	必须是 WORD、DW、QW、BYTE 或 TB，但接收的是其他内容
32	Segment parameters are changed	SEGMENT 的自变量表与第一次使用的这个段的情况不一样
33	Not proper align/combine type	SEGMENT 参数不正确
34	Reference to mult defined	指令引用的内容已是多次定义过的
35	Byte register is illegal	使用一字节寄存器是非法的（如 PUSH AL）
36	Illegal value for DUP count. DUP	计数必须是常数，不能是 0 或负数

附录 E DEBUG 常用命令集

名　称	解　释	格　式
a（Assemble）	逐行汇编	a [address]
c（Compare）	比较两内存块	c range address
d（Dump）	内存十六进制显示	d [address]或 d [range]
e（Enter）	修改内存字节	e address [list]
f（fin）	预置一段内存	f range list
g（Go）	执行程序	g [=address][address...]
h（Hexavithmetic）	计数两个数的和差	h value value
i（Input）	从指定端口地址输入	i pataddress
l（Load）	读盘	l [address [driver] seetor number]
m（Move）	内存块传送	m range address
n（Name）	置文件名	n filespec [filespec...]
o（Output）	从指定端口地址输出	o portadress byte
q（Quit）	结束	q
r（Register）	显示和修改寄存器	r [register name]
s（Search）	查找字节串	s range list
t（Trace）	跟踪执行	t [=address] [value]
u（Unassemble）	反汇编	u [address]或 range
w（Write）	存盘	w[address[driver] sector secnum 或 w[address]
?	联机帮助	?

参 考 文 献

[1] 戴梅萼. 微型计算机技术及应用. 北京：清华大学出版社，1991.

[2] Barry B. Brey. Intel 微处理器全系列：结构、编程与接口（第五版）. 北京：电子工业出版社，2001.

[3] 周明德. 微型计算机系统原理及应用（第四版）. 北京：清华大学出版社，2002.

[4] 易先清，莫松海，俞晓峰等. 微型计算机原理与应用. 北京：电子工业出版社，2001.

[5] 潘明莲等. 微计算机原理（第二版）. 北京：电子工业出版社，2003.

[6] 郑初华. 汇编语言、微机原理及接口技术（第 2 版）. 北京：电子工业出版社，2006.

[7] 朱定华. 微机原理、汇编与接口技术. 北京：清华大学出版社，2005.

[8] 李广军. 微机系统原理与接口技术. 成都：电子科技大学出版社，2005.

[9] 田艾平等. 微型计算机技术. 北京：清华大学出版社，2005.

[10] 艾德才等. 微机原理与接口技术. 北京：清华大学出版社，2005.

[11] 姚燕南等. 微型计算机原理与接口技术. 北京：高等教育出版社，2004.

[12] 仇玉章. 32 位微型计算机原理与接口技术. 北京：清华大学出版社，2000.

[13] 杨文显等. 现代微型计算机原理与接口技术教程. 北京：清华大学出版社，2006.

[14] 孙力娟等. 微型计算机原理与接口技术. 北京：清华大学出版社，2007.

[15] 冯博琴，吴宁. 微型计算机原理与接口技术（第 2 版）. 北京：清华大学出版社，2007.

[16] 郑家声. 微型计算机原理与接口技术. 北京：机械工业出版社，2004.

[17] 杨晓东. 微型计算机原理与接口技术. 北京：机械工业出版社，2007.

[18] 谢瑞和等. 32 位微型计算机原理与接口技术. 北京：高等教育出版社，2004.

[19] 尹建华. 微型计算机原理与接口技术（第 2 版）. 北京：高等教育出版社，2008.

[20] 何小海，刘嘉勇等. 微型计算机原理与接口技术. 成都：四川大学出版社，2003.

[21] 周荷琴，吴秀清. 微型计算机原理与接口技术（第 4 版）. 合肥：中国科学技术大学出版社，2008.

[22] 赵国相，于秀峰. 微型计算机原理与接口技术. 北京：科学出版社，2004.

[23] 杜巧玲. Pentium 系列微型计算机原理与接口技术. 西安：西安电子科技大学出版社，2008.